Anorganische Chemie für Dummies

Uwe Böhme

Anorganische Chemie für Dummies

Fachkorrektur von Dr. Bärbel Häcker

2. Auflage

WILEY-VCH Verlag GmbH & Co. KGaA

Bibliografische Information der Deutschen Nationalbibliothek
Die Deutsche Nationalbibliothek verzeichnet diese Publikation
in der Deutschen Nationalbibliografie; detaillierte bibliografische
Daten sind im Internet über http://dnb.d-nb.de abrufbar.

2. Auflage 2013

© 2013 WILEY-VCH Verlag GmbH & Co. KGaA, Weinheim

Wiley, the Wiley logo, Für Dummies, the Dummies Man logo, and related trademarks and trade dress are trademarks or registered trademarks of John Wiley & Sons, Inc. and/or its affiliates, in the United States and other countries. Used by permission.

Wiley, die Bezeichnung »Für Dummies«, das Dummies-Mann-Logo und darauf bezogene Gestaltungen sind Marken oder eingetragene Marken von John Wiley & Sons, Inc., USA, Deutschland und in anderen Ländern.

Das vorliegende Werk wurde sorgfältig erarbeitet. Dennoch übernehmen Autoren und Verlag für die Richtigkeit von Angaben, Hinweisen und Ratschlägen sowie eventuelle Druckfehler keine Haftung.

Printed in Germany

Gedruckt auf säurefreiem Papier

Korrektur   Dr. Bärbel Häcker
Satz   Kühn & Weyh, Freiburg
Druck und Bindung   CPI – Ebner & Spiegel GmbH, Ulm

ISBN 978-3-527-70944-1

Über den Autor

Uwe Böhme wurde 1962 in Stollberg/Erzgebirge geboren.

Er studierte Chemie an der Technischen Hochschule Merseburg. Von 1988 bis 1992 arbeitete er als wissenschaftlicher Assistent und promovierte 1992 über ringsubstituierte Zirconocenverbindungen.

1992/93 absolvierte er einen Postdoc-Aufenthalt am University-College in London.

Seit 1993 arbeitet er an der Technischen Universität Bergakademie Freiberg im Institut für Anorganische Chemie und habilitierte sich 2004. Als Privatdozent hält er Vorlesungen in Anorganischer und Theoretischer Chemie.

Cartoons im Überblick

Seite 25

Seite 233

Seite 279

Seite 315

www.stiftundmaus.de

Wissenshungrig?

Wollen Sie mehr über die Reihe **... für Dummies** erfahren?

Registrieren Sie sich auf www.fuer-dummies.de für unseren Newsletter und lassen Sie sich regelmäßig informieren. Wir langweilen Sie nicht mit Fach-Chinesisch, sondern bieten Ihnen eine humorvolle und verständliche Vermittlung von Wissenswertem.

Jetzt will ich's wissen!

Abonnieren Sie den kostenlosen
... *für Dummies*-Newsletter:

www.fuer-dummies.de

Entdecken Sie die Themenvielfalt
der ... *für Dummies*-Welt:

- **Computer & Internet**
- **Business & Management**
- **Hobby & Sport**
- **Kunst, Kultur & Sprachen**
- **Naturwissenschaften & Gesundheit**

Inhaltsverzeichnis

Über den Autor	7

Einführung 21

Über dieses Buch	21
Voraussetzungen	22
Wie dieses Buch aufgebaut ist	22
Teil I: Chemie der Elemente	22
Teil II: Konzepte und Modelle in der Anorganischen Chemie	23
Teil III: Analytische Methoden	23
Teil IV: Der Top-Ten-Teil	23
Anhänge	23
Symbole, die in diesem Buch verwendet werden	24
Wie es weitergeht	24

Teil I
Chemie der Elemente 25

Kapitel 1
Was ist Anorganische Chemie? 27

Anorganische Chemie im Alltag	27
Anorganische Chemie in der Küche	27
Bauchemie und Geschirr	28
Dünger und Sprengstoffe	28
Edelsteine und Zahnpaste	29
Pigmente und Farbstoffe	29
Anorganische Chemie früher und heute	29
Die Sprache der Chemiker – Formeln, Gleichungen, Symbole	30
Elektronegativität und Periodizität der Eigenschaften – wichtige Hilfsmittel zur Orientierung	33

Kapitel 2
Wasserstoff und Wasser   37

- Wasser   37
  - Struktur des Wassers   37
  - Eigenschaften des Wassers   38
  - Salzhydrate   40
  - Wasserreinigung und Wasserenthärtung   40
  - Brennstoffzellen   41
- Herstellung und Eigenschaften von Wasserstoff   42
  - Herstellung   42
  - Eigenschaften   43
  - Verwendung   44
- Hydride   45
  - Ionische Hydride   46
  - Metallische Hydride   46
  - Kovalente Hydride   46
  - Hydridokomplexe   47

Kapitel 3
Elektropositive Elemente   49

- Metalle durch Schmelzflusselektrolyse   50
- Wichtige Verbindungen der Alkalimetalle   51
  - Chloride   51
  - Hydroxide   51
  - Natriumsulfat   52
  - Nitrate   53
  - Carbonate   53
- Elektrolytelemente in der Biochemie   54
- Chlorophyll   55
- Kalk/Zement/Gips   56
- Bor und seine Verbindungen   56
  - Wichtige Verbindungen des Bors   57
- Aluminium und seine Verbindungen   61
  - Wichtige Verbindungen des Aluminiums   63
- Metallorganische Verbindungen der Hauptgruppenelemente   66

Kapitel 4
Vom Kohlenstoff zum Blei – die 4. Hauptgruppe   71

- Kohlenstoff   71
  - Elementarer Kohlenstoff   72
  - Reaktionsverhalten von Kohlenstoff   75
  - Verbindungen des Kohlenstoffs   76

Inhaltsverzeichnis

Silicium	78
Darstellung	79
Verwendung	79
Reaktionsverhalten von Silicium	79
Verbindungen des Siliciums	80
Germanium, Zinn und Blei	88
Die Elemente	88
Verbindungen von Germanium, Zinn und Blei	88
Bleiakkumulator	89

Kapitel 5
Die Nichtmetalle   91

Stickstoff	91
Stickstoffwasserstoffverbindungen	96
Oxide und Säuren des Stickstoffs	98
Phosphor	102
Modifikationen des Phosphors	102
Bindungsverhältnisse beim Phosphor	103
Verbindungen des Phosphors	104
Arsen, Antimon, Wismut	107
Giftiges Arsen	108
Sauerstoff	108
Ozon	109
Wasserstoffperoxid	110
Eigenschaften von Oxiden	111
Schwefel	112
Verbindungen des Schwefels	114

Kapitel 6
Halogene und Edelgase   117

Fluor	118
Chlor, Brom und Iod	119
Eigenschaften und Verwendung	120
Verbindungen der Halogene	120
Pseudohalogene und Pseudohalogenide	124
Edelgase	126
Verwendung	127
Edelgasverbindungen	127

Kapitel 7
Die Nebengruppenelemente im Überblick — 129

Vergleichende Übersicht über die Eigenschaften der d- und f-Elemente — 129
Unterschiede und Gemeinsamkeiten zwischen Haupt- und Nebengruppenelementen –
 das Beispiel Magnesium und Zink — 132
Herstellung und Verwendung der Metalle — 132
 Anreicherung der Erze — 133
 Darstellung der Metalle — 133
 Reinigung der Metalle — 134
 Verwendung der Metalle — 135
Metallcarbonyle — 137
Cluster — 140
Metallorganische Verbindungen der Übergangsmetalle — 141
 Alkyl- und Arylverbindungen — 141
 π-Komplexe — 143
Katalyse mit Übergangsmetallen — 146
 Elementarreaktionen — 148
 Beispiele für Komplexkatalysen — 149

Kapitel 8
Komplexverbindungen — 159

Der Chelateffekt — 161
Namen von Komplexverbindungen — 162
Geometrie von Komplexverbindungen — 163
 Isomerie von Komplexverbindungen — 164
Bindungsverhältnisse in Komplexverbindungen — 167
 Die 18-Valenzelektronenregel — 167
 Valenzbindungstheorie — 167
 Ligandenfeldtheorie — 171

Kapitel 9
Die Eigenschaften der Nebengruppenelemente — 189

Die 3. Nebengruppe — 189
Lanthanoide und Actinoide — 190
 Kernspaltung und Kernreaktoren — 192
Die 4. Nebengruppe — 196
Die 5. Nebengruppe — 198
Die 6. Nebengruppe — 199
 Chromverbindungen — 201
 Molybdän und Wolframverbindungen — 204
Die 7. Nebengruppe — 205
Die 8. Nebengruppe — 208

Eisen	210
Korrosion	212
Eisen(II)-Verbindungen	213
Eisen(III)-Verbindungen	213
Eisenkomplexe in der Natur	215
Cobalt	216
Cobalt(II)-Verbindungen	216
Cobalt(III)-Verbindungen	216
Vitamin B_{12}	217
Nickel	219
Oktaedrische Nickel(II)-Komplexe	219
Tetraedrische Nickel(II)-Komplexe	220
Quadratisch-planare Nickel(II)-Komplexe	220
Nickel(0)-Komplexe	221
Platinmetalle	222
Die 1. Nebengruppe	223
Kupfer	223
Silber	226
Gold	228
Die 2. Nebengruppe	229
Zink	229
Cadmium	230
Quecksilber	231

Teil II
Konzepte und Modelle in der Anorganischen Chemie   233

Kapitel 10
Säuren und Basen   235

Säuren und Basen nach Arrhenius	235
Säuren und Basen nach Brønsted	236
Der pH-Wert	238
Alles unter Kontrolle: Pufferlösungen	239
Messung des pH-Werts	240
Säuren und Basen nach Lewis	241
Hart und weich im Reich der Säuren und Basen	241
Nicht Superman, sondern Supersäure	242

Kapitel 11
Elektrochemie — 245

- Redoxreaktionen — 245
  - Oxidation — 246
  - Reduktion — 246
  - Des einen Verlust ist des anderen Gewinn — 246
- Das Standardelektrodenpotenzial — 248
- Elektrolyse — 250
- Von der Taschenlampe zum Laptop – elektrochemische Stromquellen — 252
  - Die Taschenlampenbatterie — 252
  - Der Nickel-Cadmium-Akkumulator — 253
  - Der Nickel-Metallhydrid-Akkumulator — 253
  - Bleiakkumulatoren — 254
  - Lithium-Ionen-Akkumulatoren — 254
  - Brennstoffzellen — 254

Kapitel 12
Die Struktur der Atome — 255

- Der Atombau — 255
- Das Aufbauprinzip — 256
- Gestalt der Orbitale — 259
  - s-Orbitale — 259
  - p-Orbitale — 260
  - d-Orbitale — 260

Kapitel 13
Bindungsmodelle in der Anorganischen Chemie — 263

- Metallbindungen — 263
- Ionenbeziehungen — 264
- Zwischen Ionenbeziehung und Atombindung — 265
- Atombindungen — 265
  - Lewis-Formeln — 266
  - Die Geometrie von Molekülen — 268
- Molekülorbitaltheorie — 270
- Valenzstrukturtheorie — 275

Teil III
Analytische Methoden — 279

Kapitel 14
Qualitative Analyse – der Trennungsgang — 281

- Vorbereitung der Probe — 281
  - Soda-Pottasche-Aufschluss — 282
  - Saurer Aufschluss — 282
  - Oxidationsschmelze — 282
  - Freiberger Aufschluss — 283
- Nachweis der Anionen — 283
- Nachweis der Kationen — 284

Kapitel 15
Quantitative Analyse — 287

- Titration — 287
  - Elektrochemische Indikation — 290
- Gravimetrie — 291
- Moderne Elementanalytik — 291
  - AAS — 292
  - AES — 293
  - ICP-OES — 293
  - RFA — 293
  - Anwendungen — 293

Kapitel 16
Elektrochemische Analytik — 295

- Konduktometrie — 295
- Potenziometrie — 296
  - pH-Wert messen — 297
- Cyclovoltammetrie — 298
- Polarographie — 299
- Coulometrie — 301
- Elektrogravimetrie — 302

Kapitel 17
Moleküle sichtbar machen – die Einkristall-Strukturanalyse — 303

- Ergebnisse der Strukturbestimmung — 306
- Ein Beispiel für eine Einkristall-Strukturanalyse — 306

Kapitel 18
Spektroskopische Methoden — 309

Moleküle absorbieren Licht – die UV-Vis-Spektroskopie — 310
Moleküle tanzen – die IR- und Raman-Spektroskopie — 313

Teil IV
Der Top-Ten-Teil — 315

Kapitel 19
Zehn wichtige Entdeckungen in der Anorganischen Chemie — 317

Organische und Anorganische Verbindungen sind verwandt — 317
Pflanzen brauchen Dünger — 318
Periodizität der Elemente — 318
Die Entdeckung der Radioaktivität — 319
Das erste High-Tech-Material — 319
Die Entdeckung der Katalyse — 319
Das Grignard-Reagenz — 320
Dünger und Sprengstoffe – die Ammoniaksynthese — 320
Silikone für alle — 321
Das Ziegler-Natta-Verfahren — 322

Kapitel 20
Zehn Tipps für Studenten — 323

Positiv Denken! — 323
Schreiben Sie in Vorlesungen mit! — 323
Nutzen Sie die Seminare und Übungen! — 324
Lösen Sie Aufgaben! — 324
Praktika während des Studiums — 324
Stellen Sie sich vor! — 324
E-Mails — 325
Lernen Sie langfristig! — 325
Eine Prüfung ist ein wichtiges Ereignis! — 326
Dress Code — 326

Kapitel 21
Zehn Tipps für wissenschaftliches Arbeiten — 327

Das Thema — 327
Der Betreuer — 328
Machen Sie sich einen Zeitplan — 328
Lesen Sie die Fachliteratur — 328

Schreiben Sie Protokolle	329
Das Konzept der Arbeit	329
Die Arbeit schreiben	330
Sprache und Stil	330
Vorsicht bei der Nutzung des Internets	331
Zitate und Literaturangaben	331

Anhang A
Hilfreiche Webseiten — 333

Lexika und Nachschlagewerke	333
Vorlesungen und Lehrmaterialien zur Anorganischen Chemie	334
Portale	334
Software	335
Linklisten zur Chemie	335

Anhang B
Weiterführende Literatur — 337

Lehrbücher	337
Spezialgebiete	338
Nachschlagewerke	338
Synthesechemie	339
Analytische Chemie	340

Anhang C
Wichtige Trivialnamen — 341

Verbindungsklassen	341
Liste der Trivialnamen	341

Srichwortverzeichnis — 345

Einführung

Der Begriff »Chemie« ist im Alltag oft negativ besetzt und wird mit »Chemieunfällen« in Verbindung gebracht. Darunter verstehen Nachrichtenredakteure und Journalisten Dinge, wie auslaufende Chemikalien oder Gase in einer Fabrik, Arbeitsunfälle beim Umgang mit Gefahrstoffen und Ähnliches. Im Unterschied dazu können sich viele Menschen unter »anorganischer Chemie« gar nicht so recht etwas vorstellen. Das macht die Sache nicht gerade einfacher. Anorganische Chemie ist alles, was nicht organische Chemie ist; also die Art von Chemie, die über Kohlenwasserstoffe und andere Verbindungen, die C–H-Bindungen enthalten, hinausgeht. Das bedeutet, wir haben in der anorganischen Chemie ca. 90 Elemente zur Verfügung, aus denen wir Verbindungen herstellen können! Da gibt es sehr viele Möglichkeiten, wie man diese Bausteine miteinander verknüpfen kann. Aber haben Sie keine Angst, ich werde alles so einfach wie möglich beschreiben und mich auf die wesentlichen Dinge beschränken. Natürlich beinhaltet anorganische Chemie viel Stoffwissen, viele Verbindungen und man muss wissen, wie Verbindungen miteinander reagieren, wenn man verstehen will, wie man eine neue Verbindung herstellt.

Leider gerät neuerdings das praktische Wissen (»Wie stelle ich etwas im Labor her? Wie reagiert diese Verbindung?«) immer mehr in den Hintergrund. Mit all unseren Computerprogrammen, Simulationen und Berechnungen vergessen wir manchmal, dass irgendwer auch noch im Labor oder in der Werkhalle stehen und die berechnete Verbindung herstellen muss, bevor wir diese als Medikament, Treibstoff oder Werkstoff verwenden können!

Über dieses Buch

Anorganische Chemie für Dummies ist ein Buch, das ich zu Beginn des Studiums gerne gehabt hätte, um die teilweise schwierige Materie besser zu verstehen. Das Buch ist kein alles umfassendes Lehrbuch der anorganischen Chemie, sondern soll die wichtigsten Aspekte zusammenfassen und Dinge verständlich erklären. Falls Sie eine Nebenfachausbildung in anorganischer Chemie absolvieren, können Sie mit diesem Buch wahrscheinlich auskommen. Falls Sie Chemie als Hauptfach studieren, wird es ganz sicher nicht ausreichen, kann Ihnen aber helfen, Dinge besser zu verstehen. Weiterhin ist dieses Buch auch für Jugendliche geeignet, die sich für Chemie und Naturwissenschaften begeistern.

Ich werde Ihnen zeigen, dass man viele Sachverhalte der anorganischen Chemie aus dem Aufbau des Periodensystems herleiten kann. Daneben ist aber leider auch noch etwas Stoffwissen notwendig. Das wird in diesem Buch ebenfalls dargestellt und zwar so einfach wie möglich. Stellen Sie sich vor, dieses Stoffwissen entspricht den Vokabeln einer Fremdsprache, die Sie gerade erlernen wollen (oder müssen). Ohne Vokabelkenntnisse werden Sie sich im Ausland nur sehr schwer verständlich machen können. Je mehr Vokabeln Sie beherrschen, desto leichter lernen Sie neue Worte in der Fremdsprache.

Voraussetzungen

Ich vermute, dass Sie in der Vergangenheit schon einmal ein wenig Chemie gehört haben, auch wenn es das letzte Mal vor vielen Jahren im Chemieunterricht gewesen sein sollte. Daher gehe ich davon aus, dass sie zumindest mit einigen grundlegenden Prinzipien der Chemie vertraut sind. Sie wissen, was das Periodensystem der Elemente ist, dieses finden Sie noch einmal auf der »Schummelseite« am Anfang des Buches. Ich nehme an, dass Sie wissen, was Atome sind, dass jedes Atom aus Atomkern (mit Neutronen und Protonen) und einer Elektronenhülle aufgebaut ist. Sie wissen vermutlich ungefähr, was Säuren und Basen sind, dass es Oxidationen und Reduktionen gibt und Sie erinnern sich vielleicht noch an die Begriffe *Atombindung* und *Ionenbeziehung*.

Weiterhin nehme ich an, dass Sie dieses Buch lesen, um die wichtigsten Aspekte der Anorganischen Chemie zu verstehen und dass Sie dabei noch einige neue Dinge kennen lernen wollen. Da dieses Buch für ein Anorganik-Lehrbuch recht schmal ist, können hier nicht alle Verbindungsklassen und nicht jede einzelne anorganische Verbindung besprochen werden. Ich habe versucht, Schwerpunkte zu setzen und die wichtigsten Zusammenhänge leicht verständlich zu erklären.

Wie dieses Buch aufgebaut ist

Dieses Buch ist in vier Teile eingeteilt, jeder Teil enthält mehrere Kapitel. Das Periodensystem der Elemente habe ich als Grundlage für die Gliederung verwendet. Das ermöglicht mir, die Sachverhalte systematisch darzustellen. Sie können dieses Buch daher gern von vorn bis hinten durchlesen. Andererseits ist der Stoff auch weitgehend modular aufgebaut. Falls Sie also wenig Zeit haben oder nur an einigen Sachverhalten interessiert sind, können Sie auch einzelne Kapitel herausgreifen und nur diese lesen. Sofern zum Verständnis des erwählten Kapitels noch weitere Sachverhalte notwendig sind, habe ich Querverweise eingebaut.

Falls Sie sich durch die Lektüre dieses Buches für die Anorganische Chemie begeistern, habe ich in den Anhängen A und B weiterführende Literatur für Sie zusammengestellt.

Teil I: Chemie der Elemente

Zunächst biete ich Ihnen etwas Motivationstraining, indem ich Ihnen zeige, wo wir in unserem Alltag mit anorganischer Chemie zu tun haben. Sie werden staunen!

Chemiker stellen wichtige Sachverhalte gern in Form von Reaktionsgleichungen und chemischen Formeln dar. Das erleichtert uns die Arbeit sehr, und wir können komplexe Sachverhalte mit wenigen Formelbildern in sehr kompakter Form darstellen. Das ist so eine Art Geheimsprache für uns, und ich will versuchen, Ihnen gleich im ersten Kapitel einen kleinen Einblick in unsere »geheime Welt« zu geben. Sie werden merken, dass das alles gar nicht so schrecklich ist, wenn Sie erst mal einige wichtige Grundregeln verstanden haben.

Danach besprechen wir die Periodizität der Eigenschaften der Elemente. Hierbei gibt es bestimmte Gesetzmäßigkeiten, die man wissen sollte. Mit diesem Wissen ausgerüstet, tauchen wir in das Periodensystem der Elemente ein. Wir fangen ganz links oben beim Wasserstoff an und arbeiten uns vorwärts über die elektropositiven Elemente (1. bis 3. Hauptgruppe), die 4. Hauptgruppe, die Nichtmetalle (5. und 6. Hauptgruppe), bis zu den Halogenen und Edelgasen (7. und 8. Hauptgruppe). Als nächstes folgen die Übergangsmetalle, bei denen wir uns erst einmal die Eigenschaften im Vergleich anschauen. Metallorganische Verbindungen und Katalyse sind hierbei wichtige Aspekte. Danach gehe ich noch auf Komplexverbindungen ein und erkläre Ihnen die Eigenschaften der Nebengruppenelemente an Beispielen. In diesem Teil erfahren Sie noch etwas über Lanthanoide und Actinoide.

Teil II: Konzepte und Modelle in der Anorganischen Chemie

Nach der wunderschönen »Stoffchemie« im Teil I wollen wir uns einige Konzepte der Chemie anschauen. Dadurch – so hoffe ich – werden Ihnen noch einige Zusammenhänge klarer verständlich. Ich werde Ihnen in diesem Teil die Grundlagen der Säure-Base-Theorie, der Elektrochemie und die verschiedenen Bindungsmodelle erklären. Manche mögen diese mehr theoretisch angehauchten Dinge nicht so sehr, aber ich werde es so einfach wie möglich erklären.

Teil III: Analytische Methoden

Ohne die modernen analytischen Methoden wären neue Erkenntnisse in der Chemie undenkbar. Daher erkläre ich Ihnen in diesem Teil die wichtigsten analytischen Methoden, die in der anorganischen Chemie genutzt werden. Die Trennung und der qualitative Nachweis der einzelnen Ionen ist eine Kunst, die jeder Chemiker in seinem Studium als Erstes lernt. Die Grundzüge dieser Arbeitstechnik möchte ich Ihnen vorstellen. Wenn man wissen will »wie viel« von einem Element oder einem Ion in einer Untersuchungsprobe enthalten ist, braucht man quantitative Analysemethoden. Auch das werde ich Ihnen vorstellen. Weiter geht es mit der elektrochemischen Analytik, der Einkristall-Strukturanalyse und einigen spektroskopischen Methoden. Wenn Sie dieses Kapitel gelesen haben, sollten Sie einen Überblick über das Handwerkszeug des anorganischen Chemikers haben.

Teil IV: Der Top-Ten-Teil

Der Top-Ten-Teil enthält zehn wichtige Entdeckungen in der Anorganischen Chemie, zehn Tipps für Studenten aller Fachrichtungen und zehn Tipps für die wissenschaftliche Arbeit, die Ihnen helfen können, erfolgreich durch das Studium zu kommen.

Anhänge

Falls Sie durch die Lektüre des Buches Appetit auf noch mehr Anorganische Chemie bekommen haben, finden Sie in den Anhängen hilfreiche Webseiten und weiterführende Literatur.

Symbole, die in diesem Buch verwendet werden

Dieses Symbol verwende ich, wenn ich Ihnen zeitsparende Tipps gebe.

Die hier dargestellten Sachverhalte sind wichtig für das allgemeine Verständnis. Mit diesem Symbol weise ich auf wichtige Aspekte hin, die in der anorganischen Chemie immer wieder eine Rolle spielen. Diese Dinge sollten Sie sich merken.

Ich verwende dieses Icon selten, da ich versucht habe, alles möglichst einfach zu erklären. Wenn meine Erklärungen über das Grundlagenwissen hinausgehen, zeige ich das mit diesem Icon an. Man kann über diese Stellen auch hinwegspringen, falls Sie jedoch an einer detaillierten Erklärung der Zusammenhänge interessiert sind, können Sie das gerne lesen.

Wie es weitergeht

Das dürfen Sie selbst entscheiden. Falls Sie etwas Bestimmtes verstehen möchten, schlagen Sie ruhig das entsprechende Kapitel auf oder suchen Sie sich im Stichwortverzeichnis die passende Stelle heraus. Falls am Semesterende eine Prüfung auf Sie wartet und Sie bis jetzt nur sehr geringe Kenntnisse in Anorganischer Chemie haben, fangen Sie bei Kapitel 1 an und lesen Sie von dort aus weiter.

Das Buch ist modular aufgebaut, man benötigt nur sehr wenige Vorkenntnisse und wenn doch, so sind entsprechende Querverweise eingefügt. Sie können also eigentlich nichts Falsch machen. Ich hoffe, Sie haben Spaß an der Lektüre.

Teil I

Chemie der Elemente

In diesem Teil ... sind Sie ständig von chemischen Prozessen aller Art umgeben. Wenn Sie kochen, saubermachen oder atmen, finden chemische Prozesse statt. Deshalb erläutere ich Ihnen zunächst einige Aspekte der Anorganischen Chemie im Alltag.

Danach werde ich die ganze Chemie der Elemente vor Ihnen ausbreiten. Für Manche ist dies schrecklich unübersichtlich, für mich spiegelt es jedoch die ganze Vielfalt und Schönheit des Fachgebietes wieder. Keine Angst, wir fangen ganz einfach an, nämlich mit dem allen vertrauten Wasser und dem Wasserstoff. Im Anschluss besprechen wir die Hauptgruppenelemente, die Nebengruppenelemente und Komplexverbindungen.

Was ist Anorganische Chemie?

In diesem Kapitel

- Anorganische Chemie im Alltag
- Entwicklung der Anorganischen Chemie
- Die Sprache der Chemiker
- Das Periodensystem kennen lernen

*W*enn Sie demnächst eine Prüfung in Anorganischer Chemie vor sich haben, kann es sein, dass Sie dieses Kapitel überspringen und stattdessen etwas zu dem Thema lesen, mit dem Sie gerade Schwierigkeiten haben. Wenn Sie etwas mehr über den Hintergrund der Anorganischen Chemie erfahren wollen und vielleicht die vielfältigen, ganz alltäglichen und auch großartigen Einsatzgebiete der Anorganischen Chemie kennen lernen wollen, dann fangen Sie am besten mit diesem Kapitel an! Chemische Prozesse umgeben uns in unserem täglichen Leben, häufig wenden wir im Alltag Stoffumwandlungen an oder nutzen die Produkte chemischer Synthesen. Sie erhalten in diesem Kapitel einen kleinen Einblick in die Vielfalt chemischer Prozesse.

Danach erkläre ich Ihnen etwas die Sprache und Formelwelt der Chemiker, und wir werfen einen Blick auf das »gefürchtete« Periodensystem der Elemente.

Anorganische Chemie im Alltag

Anorganische Verbindungen begegnen uns heute in allen Lebensbereichen. Nachfolgend habe ich für Sie einige Beispiele zusammengestellt. Damit möchte ich Ihnen etwas Appetit machen, Ihr Interesse wecken und Ihnen zeigen, dass dieses seltsame Fachgebiet durchaus spannend sein kann.

Anorganische Chemie in der Küche

Kochsalz ist aus unserer Küche nicht wegzudenken. Leicht gesalzene Speisen schmecken nicht nur besser als völlig ungesalzene Kost, sondern das Kochsalz (Natriumchlorid) hat auch wichtige physiologische Funktionen (physiologisch = die Lebensvorgänge im Organismus betreffend). Natriumchlorid ist essenzieller (lebenswichtiger) Bestandteil des Blutplasmas und anderer Körperflüssigkeiten. Natrium (Na^+) und andere Kationen stabilisieren über elektrostatische Wechselwirkungen Zellmembranen und die Konformation von Enzymen und anderen Biomolekülen wie z. B. DNA oder RNA. Die Aufnahme von zu viel oder zu wenig Natriumchlorid mit der Nahrung hat drastische Folgen für die Gesundheit. Wenn man nur destilliertes Wasser trinken würde, so würde man daran sterben. Ganz ähnlich ist es, wenn man nur Salzwasser trinkt. Auch das führt zum Tod, Schiffbrüchige mussten häufig dieses Schicksal erleiden. Oder wie Paracelsus bereits im 16. Jahrhundert erkannte: »*All Ding' sind Gift und nichts ohn' Gift; allein die Dosis macht, dass ein Ding kein Gift ist.*«

Ohne **Backtriebmittel** würde man keinen lockeren Kuchen bekommen und es gäbe am Nachmittag zum Kaffee nur feste Teigfladen zu essen. Natriumhydrogencarbonat und Ammoniumhydrogencarbonat (»Hirschhornsalz«) sind in Backpulvern enthalten. Wenn der Teig erhitzt wird, zersetzen sich diese Verbindungen und setzen Kohlendioxid frei. Dieses Gas macht den Teig schön locker und fluffig.

Falls der Abfluss in der Küche mal verstopft sein sollte, greifen Sie bestimmt zum **Abflussreiniger**. Dabei handelt es sich meist um die gefährlichsten Chemikalien, die im Haushalt zu finden sind. Zur Beseitigung von Fetten, Proteinen und Essensresten im Abfluss braucht man schon ein aggressives Mittel. Deshalb enthalten viele Abflussreiniger starke Laugen (Kaliumhydroxid oder Natriumhydroxid) und häufig noch ein Oxidationsmittel (z. B. Natriumhypochlorit). Die Lauge soll die Fette und Proteine hydrolysieren und das Oxidationsmittel soll die Verunreinigungen oxidieren und damit zerstören.

Bauchemie und Geschirr

Jeder Bauarbeiter wendet grundlegende chemische Prozesse an, sicher oft ohne sich dessen bewusst zu sein. So weiß er z. B., dass er Mischungen von Gips mit Wasser sehr schnell verarbeiten muss, da der Gips sonst aushärtet und nicht mehr zu gebrauchen ist. Er weiß, dass er Kalkbrühe auf keinen Fall in die Augen kriegen darf, sonst wird er blind! (Kalklösungen sind starke Basen.) Außerdem kennt er die unterschiedlichen Aushärtzeiten für Beton und Kalkmörtel, die auf unterschiedlichen chemischen Prozessen beruhen. Mehr dazu erfahren Sie im Kapitel 3.

Der größte Teil der Minerale auf der Erde besteht aus Silikaten, also aus Verbindungen, die Silicium, Sauerstoff und andere Elemente enthalten. Dem entsprechend werden bei jedem Hausbau Silikate verbaut. Jeder **Ziegel** enthält Silikate. Andererseits gibt es auch High-Tech-Werkstoffe, die Siliciumverbindungen enthalten. Die bekannteste Stoffklasse sind die Silikone. Viele Fugen im Badezimmer oder in anderen Feuchträumen werden heute mit Silikonen abgedichtet. Silikone dienen außerdem zur Hydrophobierung (also wasserabweisend machen) von Sandstein und anderen Natursteinmaterialien im Außenbereich. **Geschirr**, **Glas** und **Porzellan** bestehen ebenfalls zu einem großen Teil aus Siliciumdioxid. Mehr über Silikate, Silikone und andere Siliciumverbindungen werde ich Ihnen in Kapitel 4 erklären.

Dünger und Sprengstoffe

Anfang des 20. Jahrhunderts waren Nitrate knapp und teuer. Die einzig nennenswerten Vorkommen fand man in Chile (Chilesalpeter = Natriumnitrat), und es war damals bereits abzusehen, dass die Vorkommen bald erschöpft sein würden. Zur Herstellung von Düngern und Sprengstoffen brauchte man dringend ein technisches Verfahren. Haber und Bosch entwickelten gemeinsam ein Verfahren zur Herstellung von Ammoniak (NH_3) aus Luftstickstoff. Um den reaktionsträgen Stickstoff aus der Luft zu überreden, mit Wasserstoff zu reagieren, braucht man gewaltige Drücke, Temperaturen von 400–500 °C und einen geeigneten Katalysator. Die ersten Versuchsreaktoren explodierten meist nach wenigen Tagen, da der Wasserstoff aus dem Reaktor entwich. Wie diese Schwierigkeiten bewältigt wurden und wie man aus dem Ammoniak dann Dünger und Sprengstoffe herstellt, erzähle ich Ihnen im Kapitel 5.

Edelsteine und Zahnpaste

Die beiden Dinge haben auf den ersten Blick wenig gemeinsam, aber es gibt anorganische Verbindungen, die durchaus beides sein können: wertvoller Edelstein oder Mittel zum Zähne reinigen! Wichtig für die jeweilige Anwendung ist aber nicht nur die chemische Zusammensetzung, sondern auch in welcher Form die Verbindung vorliegt. So ist fein verteiltes amorphes Siliciumdioxid z. B. Bestandteil der meisten Zahnpasten. Die fein verteilten Siliciumdioxid-Partikel verdicken die flüssige Zahnputzmischung und verwandeln diese in eine schöne cremige Paste. Wenn das Siliciumdioxid jedoch schöne Kristalle bildet, die noch Spuren anderer Elemente enthalten können, so hat man Halbedelsteine und Edelsteine wie z. B. Achat, Amethyst, Citrin, Chrysopras, Rauchquarz, Rosenquarz und Onyx.

Pigmente und Farbstoffe

Ohne Pigmente und Farbstoffe wäre unser Alltag grau und langweilig. Zum Glück ist das nicht so, es gibt organische und anorganische Pigmente. Die letzteren zeichnen sich häufig durch sehr hohe Beständigkeit aus. Bereits vor mehr als 20 000 Jahren benutzten die Menschen der Eiszeit Naturfarbstoffe wie Ocker, Hämatit, Manganbraun und verschiedene Tone für Höhlenzeichnungen. Zinnober, Azurit, Malachit und Lapislazuli waren schon im 3. Jahrtausend vor Christus in China bzw. Ägypten bekannt. Um etwa 2000 vor Christus stellte man bereits durch Brennen von natürlichem Ocker rote und violette Pigmente für Töpferwaren her. Anorganische Pigmente sind heute aus unserem Alltag nicht wegzudenken. Nahezu alle Anstrichstoffe für draußen enthalten anorganische Pigmente, die dafür lichtecht (= beständig im Sonnenlicht) und wetterbeständig sein müssen.

Anorganische Chemie früher und heute

Wir sprachen gerade die Höhlenmalereien an. Das sind sozusagen die ersten Anwendungen der anorganischen Chemie, wobei man sicher durch einfaches Probieren herausgefunden hatte, welcher farbige Brei sich als Malfarbe eignet.

Im Mittelalter hatte man beim Durchführen »alchymischer Experimente« die großartigsten Ziele im Auge. Die Suche nach dem Stein der Weisen, der ewiges Leben versprach oder mit dessen Hilfe man unedle Metalle in Gold zu verwandeln hoffte. Diese beiden Ziele erreichten die Alchimisten nicht, aber als Nebenprodukt dieser verbissenen Forschung wurde zum Beispiel das europäische Porzellan entwickelt oder das Element Phosphor entdeckt.

Heute beruht die Anorganische Chemie weitgehend auf naturwissenschaftlichen Grundlagen. Die Physik liefert uns die Schrödinger-Gleichung und die Wellenfunktion zur Beschreibung der Elektronenbewegungen in den Molekülen. Die Mathematik und die Computertechnologie ermöglichen uns, dass wir die Wellenfunktion – mit einigen Vereinfachungen – berechnen können und somit Eigenschaften und Reaktivität von Molekülen vorhersagen können.

Aber die Elemente des Periodensystems sind so unterschiedlich und es gibt so viele Möglichkeiten, diese Elemente miteinander zu kombinieren, d. h. Verbindungen, Legierungen, Mischungen herzustellen, dass die anorganische Chemie immer noch weitgehend eine empirische Wissenschaft ist. Wenn ich also wissen will, wie eine Verbindung oder ein Gemisch von Verbindungen reagiert, wozu sich diese verwenden lässt, was ich damit anstreichen, wegätzen oder beschichten kann, so muss ich das im Labor ausprobieren. Und das ist ja eigentlich das Spannende: Im Labor stehen, etwas Neues herstellen, was noch nie ein Mensch zuvor hergestellt hat und ausprobieren, was das Zeug für Eigenschaften hat! In unserer weitgehend »fertigen« und vernetzten Welt, wo die Kids häufig nur noch am Bildschirm sitzen und Spiele spielen, die andere für sie kreiert haben, ist das eine Möglichkeit, etwas Neues zu machen, die Zukunft mit zu gestalten. Deshalb liebe ich diesen Beruf so sehr.

Die Sprache der Chemiker – Formeln, Gleichungen, Symbole

Jetzt kommen wir zu einem heiklen Kapitel. Die Sprache der Chemiker ist vollgestopft mit Abkürzungen, Formeln, Gleichungen und Symbolen, die ein Außenstehender meist nicht vollständig versteht. Ich will versuchen, Ihnen das zu erläutern, damit Sie vielleicht auch bald zu den »Eingeweihten« gehören, die sich in dieser Sprache ausdrücken können oder zumindest die wesentlichen Grundlagen beherrschen.

Die Zusammensetzung chemischer Verbindungen wird häufig über die *Summenformel* (a in Tabelle 1.1) ausgedrückt. Die **Summenformel** liefert jedoch keine Information darüber, wie der räumliche Aufbau der Verbindung aussieht, oder ob es sich um eine Molekülverbindung oder ein Ionengitter handelt. Dafür gibt es die Strukturformel (b), bzw. Darstellungen für das Kristallgitter (c).

Die **Strukturformel** zeigt, welche Atome miteinander verknüpft sind, und sie liefert Informationen über die Bindungsverhältnisse (Einfach-, Doppel- oder Dreifachbindung). Die Strukturformel liefert jedoch keine Informationen über die genaue Gestalt des Moleküls. Bindungslängen und Bindungswinkel werden hierbei häufig nur grob vereinfacht dargestellt. Chemiker können die genaue räumliche Gestalt von Molekülen mittlerweile mithilfe der Einkristall-Strukturanalyse bestimmen (wer mehr darüber wissen will schaut bitte in Kapitel 17 nach). Darstellungen, die diese räumliche Gestalt besser widerspiegeln, sind **Kugel-Stab-Darstellungen** (d) oder noch besser **Kalottendarstellungen** (e), die die tatsächlichen Atomradien verwenden. Die Kalottenmodelle wären eigentlich die beste Art, Moleküle darzustellen. Allerdings wird diese Darstellungsart bei großen Molekülen sehr schnell unübersichtlich und schwer zu erkennen. Außerdem kann niemand mal schnell an der Tafel oder in sein Notizheft eine Seite voll mit Kalottendarstellungen hinkritzeln. Das wäre viel zu mühsam! Deshalb verwendet man am häufigsten im Unterricht und in Lehrbüchern die Darstellung der Summen- oder Strukturformeln. Das macht uns als Chemiker die Arbeit zwar leichter, aber wir dürfen dabei nicht die tatsächliche räumliche Gestalt der Moleküle und Ionenkristalle vergessen!

1 ➤ Was ist Anorganische Chemie?

	Kohlenstoffdioxid (»Kohlendioxid«)	Natriumchlorid (»Kochsalz«)
Summenformel (a)	CO_2	NaCl
Mitte – Strukturformel (b) rechts – Kristallgitter (c)	O=C=O	
Kugel-Stab-Darstellung (d)		
Kalottendarstellung (e)		

Tabelle 1.1: Darstellungen in der Anorganischen Chemie

Außerdem lieben Chemiker die **Reaktionsgleichungen**. Fast alle chemischen Sachverhalte kann man in eine Reaktionsgleichung hineinpressen. Im Unterschied zur Mathematik verwenden wir allerdings keine Gleichheitszeichen, sondern verschiedene Arten von Pfeilen. Da gibt es einmal den Pfeil, der in eine Richtung zeigt. Aus den Ausgangsstoffen A und B entstehen die Produkte C und D:

A + B → C + D

Ein Pfeil ist hier besser als ein Gleichheitszeichen, da man häufig die Reaktionsprodukte nicht wieder ohne weiteres in die Ausgangsstoffe zurückverwandeln kann. Anders ist das beim chemischen Gleichgewicht. Hierbei liegen die Ausgangsstoffe A und B mit den Reaktionsprodukten C und D im Gleichgewicht vor. Zur Symbolisierung eines Gleichgewichtes verwendet man einen doppelten Pfeil, der in beide Richtungen zeigt:

A + B $\rightleftharpoons$ C + D

Ausgangsstoffe und Produkte existieren nebeneinander in unterschiedlichen Anteilen. Man versucht häufig die Lage des Gleichgewichtes durch geschickte Wahl der Reaktionsbedingungen zu beeinflussen, damit man möglichst viel vom Reaktionsprodukt erhält. Ein Beispiel für eine solche Gleichgewichtsreaktion werde ich Ihnen im Kapitel 5 bei der technischen Ammoniaksynthese vorstellen. Dann gibt es noch spezielle Pfeile, wie zum Beispiel den Mesomeriepfeil, der eine Umlagerung von Mehrfachbindungen beschreibt:

In dem obigen Beispiel sehen Sie gleich noch einen Pfeil von O zum M (Metallatom). Dieser symbolisiert hier eine Donor-Akzeptor-Wechselwirkung vom Sauerstoffatom (Elektronenpaar-Donor) zum Metallatom (Elektronenpaar-Akzeptor).

Wie das obige Beispiel zeigt, verwenden wir ganz bestimmte Symbole zur Bezeichnung von Bindungsverhältnissen. Den größten Teil dieser Symbole werden Sie wahrscheinlich schon kennen. Zur sicheren Verständigung gebe ich Ihnen in der nachfolgenden Tabelle aber trotzdem eine Übersicht über die in diesem Buch verwendeten »Bindungsstriche«.

Bindungsstrich	Erklärung
A—B	Einfachbindung zwischen A und B
A=B	Doppelbindung ...
A≡B	Dreifachbindung ...
A→B	Donor-Akzeptor-Wechselwirkung von A nach B
A◀B	Einfachbindung, wobei A in der Papierebene und B **vor** der Papierebene liegt
	Diese »Keilbindung« wird manchmal auch zur symbolischen Darstellung von Bindungspolaritäten verwendet!
A······B	Einfachbindung, wobei A in der Papierebene und B **hinter** der Papierebene liegt
A----B	schwache Wechselwirkung zwischen A und B, z. B. eine Wasserstoffbrückenbindung

Tabelle 1.2: Symbole für Bindungen in diesem Buch.

1 ➤ Was ist Anorganische Chemie?

Die wichtigsten Symbole des Chemikers sind die **Elementsymbole** des Periodensystems. Es wäre gut, wenn Sie die Elementsymbole auswendig wissen, wenn Sie also lernen, was die Abkürzungen C, N, P, Cl, Ti, Fe, usw. bedeuten. Daneben gibt es noch eine Reihe anderer Abkürzungen, die häufig verwendet werden. Diese werden manchmal direkt auf den Reaktionspfeil geschrieben oder sie tauchen im Text auf. Einige übliche Abkürzungen habe ich Ihnen in der nachfolgenden Tabelle zusammengestellt.

Abkürzung	Erklärung
ΔT	Erhitzen
solv.	solvatisiert mit Lösungsmittel
aq.	solvatisiert mit Wasser
δ	chemische Verschiebung im NMR-Spektrum
$\delta+$ bzw. $\delta-$	Partialladungen an Atomen
$\oplus$ $\ominus$	Formalladungen an Atomen
λ	Wellenlänge »lambda« häufig für Lichtabsorption oder eingestrahltes Licht
Å	Einheit »Ångström« für Bindungslängen 1 Å = 10^{-10} m

Tabelle 1.3: Übliche Abkürzungen in der chemischen Literatur.

Elektronegativität und Periodizität der Eigenschaften – wichtige Hilfsmittel zur Orientierung

In der Anorganischen Chemie arbeiten wir mit vielen verschiedenen Elementen, die wir miteinander kombinieren können. Zur Vorhersage der Eigenschaften der entstehenden Verbindungen ist das Periodensystem der Elemente (siehe Schummelseite am Anfang des Buches) ein wichtiges Hilfsmittel. Diese regelmäßige Anordnung der Elemente ist keinesfalls willkürlich, sondern folgt den Gesetzen des **Aufbauprinzips** (siehe Kapitel 12). Aus dem Periodensystem kann man sich bestimmte Gesetzmäßigkeiten ableiten, und wenn man weiß, wo ein Element im Periodensystem steht, so kann man die Eigenschaften und die Reaktivität dieses Elements bereits ungefähr voraussagen. Folgende allgemeingültigen Aussagen lassen sich aus dem PSE und den Elektronegativitäten der Elemente ableiten:

✔ Die Elektronegativität im Periodensystem der Elemente nimmt in den Hauptgruppen von links nach rechts zu.

✔ Die Elektronegativität innerhalb der Hauptgruppen nimmt nach unten hin ab.

✔ Die Elemente der 1. bis 3. Hauptgruppe geben sehr gern Elektronen ab (sie sind sehr elektropositiv). Dabei entstehen positiv geladene Kationen, die die gleiche Ladung besitzen wie die Gruppennummer (1. Hauptgruppe – M^+, 2. Hauptgruppe – M^{2+}, 3. Hauptgruppe – M^{3+})

✔ Die Elemente der 4. Hauptgruppe besitzen eine mittlere Elektronegativität. Kohlenstoff hat fast die gleiche Elektronegativität wie Wasserstoff und die beiden Elemente bilden sehr stabile kovalente Bindungen. Deshalb gibt es tausende von Kohlenwasserstoffen, die das Hauptgebiet der organischen Chemie darstellen.

✔ Die Elemente der 5. bis 7. Hauptgruppe haben eine zunehmend höhere Elektronegativität. Deshalb bilden sich hier häufig Anionen. Die Elemente nehmen dabei so viele Elektronen auf, dass sie die Elektronenkonfiguration der nachfolgenden Edelgase erreichen. Also z. B. kann Stickstoff 3 Elektronen aufnehmen, sodass 5 + 3 = 8 Elektronen in der Valenzschale enthalten sind.

✔ Die Übergangsmetalle treten in mehreren Oxidationsstufen auf, das hängt von ihrer Elektronenkonfiguration ab. Mehr dazu erfahren Sie im Kapitel 9.

1	2	3	4	5	6	7	8	9	10	11	12	13	14	15	16	17	18
H																	He
Li	Be											B	C	N	O	F	Ne
Na	Mg											Al	Si	P	S	Cl	Ar
K	Ca	Sc	Ti	V	Cr	Mn	Fe	Co	Ni	Cu	Zn	Ga	Ge	As	Se	Br	Kr
Rb	Sr	Y	Zr	Nb	Mo	Tc	Ru	Rh	Pd	Ag	Cd	In	Sn	Sb	Te	I	Xe
Cs	Ba	La	Hf	Ta	W	Re	Os	Ir	Pt	Au	Hg	Tl	Pb	Bi	Po	At	Rn
Fr	Ra	Ac	Rf	Ha	Sg	Bh	Hs	Mt									

Lanthanoide	Ce	Pr	Nd	Pm	Sm	Eu	Gd	Tb	Dy	Ho	Er	Tm	Yb	Lu
Actinoide	Th	Pa	U	Np	Pu	Am	Cm	Bk	Cf	Es	Fm	Md	No	Lw

Abbildung 1.1: Einteilung der Elemente in 18 Gruppen.

✔ In der Fachliteratur gibt es verschiedene Darstellungsweisen des Periodensystems der Elemente (PSE). Einige Varianten habe ich für Sie in Abbildung 1.1 und Abbildung 1.2 zusammengestellt. Die modernste Form des PSE finden Sie in Abbildung 1.1. Hierbei werden die 18 Gruppen einfach von vorn bis hinten durchnummeriert. Diese Variante ist gegenwärtig die von der **IUPAC** (= International Union of Pure and Applied Chemistry) offiziell empfohlene Darstellungsweise. Klassischerweise nimmt man jedoch eine Einteilung in Haupt- und Nebengruppen vor. Bei Hauptgruppenelementen werden die s- und p-Orbitale mit maximal acht Elektronen aufgefüllt. Bei den Nebengruppenelementen werden die d-Orbitale schrittweise mit Elektronen gefüllt. Letztere zeigen eine starke Variationsbreite in den Oxidationsstufen und haben deutlich andere Eigenschaften als die

1 ▶ Was ist Anorganische Chemie?

Hauptgruppenelemente. Deshalb halte ich die Unterscheidung in Haupt- und Nebengruppen für sinnvoll und werde diese Bezeichnungen auch in diesem Buch konsequent verwenden.

Haupt-gruppen		Nebengruppen								Hauptgruppen					
I.	II.	3.	4.	5.	6.	7.	8.	1.	2.	III.	IV.	V.	VI.	VII.	VIII.
H															He

Haupt-gruppen		Nebengruppen								Hauptgruppen					
Ia	IIa	IIIb	IVb	Vb	VIb	VIIIb	VIIIb	Ib	IIb	IIIa	IVa	Va	VIa	VIIa	VIIIa
H															He

Haupt-gruppen		Nebengruppen								Hauptgruppen					
1.	2.	3.	4.	5.	6.	7.	8.	1.	2.	3.	4.	5.	6.	7.	8.
H															He
Li	Be									B	C	N	O	F	Ne
Na	Mg									Al	Si	P	S	Cl	Ar
K	Ca	Sc	Ti	V	Cr	Mn	Fe	Co	Ni	Cu	Zn	Ga	Ge	As	Se	Br	Kr
Rb	Sr	Y	Zr	Nb	Mo	Tc	Ru	Rh	Pd	Ag	Cd	In	Sn	Sb	Te	I	Xe
Cs	Ba	La	Hf	Ta	W	Re	Os	Ir	Pt	Au	Hg	Tl	Pb	Bi	Po	At	Rn
Fr	Ra	Ac	Rf	Ha	Sg	Bh	Hs	Mt							

Lanthanoide	Ce	Pr	Nd	Pm	Sm	Eu	Gd	Tb	Dy	Ho	Er	Tm	Yb	Lu
Actinoide	Th	Pa	U	Np	Pu	Am	Cm	Bk	Cf	Es	Fm	Md	No	Lw

Abbildung 1.2: Verschiedene Varianten der Einteilung der Elemente in Haupt- und Nebengruppen.

Lassen Sie sich bitte durch diese verschiedenen Darstellungsweisen nicht verwirren. Welches PSE Sie auch immer zur Hand nehmen werden, die Reihenfolge und Anordnung der Elemente ist die gleiche! Also nur Mut, arbeiten Sie mit dem PSE.

Wasserstoff und Wasser

In diesem Kapitel

- Wasser als Quelle des Lebens
- Wasser als Lösungsmittel
- Hartes und weiches Wasser, Wasserenthärtung
- Brennstoffzellen
- Herstellung und Eigenschaften von Wasserstoff
- Wasserstoff als Reduktionsmittel und in Luftballons
- Hydride

Wasser wird vielfach auch als die »Quelle des Lebens« bezeichnet. Einerseits ist das Leben auf der Erde mit hoher Wahrscheinlichkeit im Wasser entstanden. Andererseits brauchen alle Lebewesen Wasser, um ihre Lebensvorgänge aufrecht zu erhalten. Der Mensch besteht zu mehr als 70 % aus Wasser. Ein großer Teil der Erde ist mit Wasserflächen bedeckt. Das Wasser befindet sich auf der Erde in einem ständigen Kreislauf aus Verdunstung, Wolkenbildung, Niederschlag und Transport in Bächen, Flüssen und Meeren.

Struktur des Wassers

Das Wassermolekül ist gewinkelt. Die beiden freien Elektronenpaare am Sauerstoffatom beanspruchen mehr Platz als die Wasserstoffatome, daher ist der H–O–H-Winkel etwas kleiner als im idealen Tetraeder.

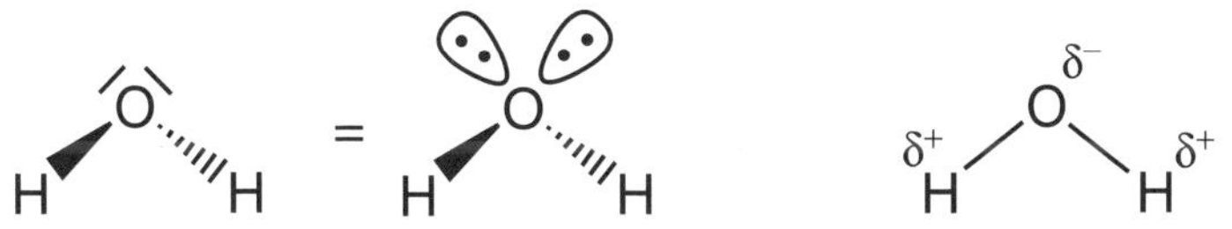

Abbildung 2.1: Struktur des Wassermoleküls mit Darstellung der freien Elektronenpaare am Sauerstoff (links) und Beschreibung der Ladungsverhältnisse (rechts).

Das Wassermolekül hat eine ungleichmäßige Ladungsverteilung, man sagt dazu »das Molekül ist polar«. Das Sauerstoffatom zieht aufgrund seiner hohen Elektronegativität die Bindungselektronen zu sich heran, es erhält dadurch eine negative Partialladung, die Wasserstoffatome hingegen tragen eine positive Partialladung (= Teilladung). Aufgrund dieser Polarität können die Sauerstoffatome des Wassers in flüssiger Phase die Wasserstoffatome von benachbarten Wassermolekülen anziehen, was zur Ausbildung von Wasserstoffbrücken führt.

Eigenschaften des Wassers

Die durch Wasserstoffbrücken entstehenden Assoziate (= Zusammenlagerungen von Molekülen) sind die Ursache für verschiedene **Anomalien** im physikalischen Verhalten von Wasser verglichen mit den anderen Hydriden der 6. Hauptgruppe (H_2S, H_2Se, H_2Te). Der Schmelzpunkt, der Siedepunkt, die Verdampfungswärme und die Oberflächenspannung sind beim Wasser deutlich höher als bei H_2S und H_2Se. Der Dampfdruck des Wassers ist hingegen niedriger als bei den anderen beiden Molekülen. Die ausgeprägten Wasserstoffbrücken im Wasser halten die Moleküle zusammen und sorgen z. B. dafür, dass diese es schwerer haben, die flüssige Phase zu verlassen (hoher Siedepunkt und niedriger Dampfdruck).

Wenn Wasser gefriert, so kristallisiert es normalerweise in einer hexagonalen Kristallstruktur aus. Jedes Wasserstoffatom befindet sich zwischen zwei Sauerstoffatomen. An eines der beiden Sauerstoffatome ist es dichter gebunden (durchgezogene Linie in Abbildung 2.2). Zum anderen Sauerstoffatom existiert ein längerer Abstand, also eine Wasserstoffbrückenbindung (gestrichelte Linie). Diese Festkörperstruktur besitzt recht große Hohlräume, dadurch ist die Dichte des Eises mit 0,92 g/cm³ recht niedrig. Unter Einwirkung von Druck wurden elf weitere kristalline Modifikationen von Eis erhalten. Diese besitzen eine größere Packungsdichte im Festkörper und weisen veränderte Wasserstoffbrücken auf (z. B. gegabelte und gekrümmte Wasserstoffbrücken).

Wenn man eine Flüssigkeit erwärmt, so dehnt sich diese normalerweise aufgrund der Wärmebewegung der Moleküle in der Flüssigkeit kontinuierlich aus, die Dichte sinkt also mit zunehmender Temperatur. Beim Wasser gibt es jedoch wieder eine Besonderheit. Beim langsamen Erwärmen des Wassers steigt dessen Dichte von 0 bis 4 °C kontinuierlich an! Oberhalb von 4 °C sinkt die Dichte dann wieder ab. Man bezeichnet dieses seltsame Verhalten als **Dichteanomalie des Wassers**. Man kann diese Anomalie damit erklären, dass auch nach dem Schmelzen des Eises bei 0 °C im flüssigen Wasser zunächst geordnete Strukturen niedriger Packungsdichte vorliegen. Beim langsamen Erwärmen brechen diese über Wasserstoffbrücken verbundenen Strukturen nach und nach zusammen, die Dichte der Flüssigkeit steigt dadurch an.

Der Dipolcharakter des Wassermoleküls führt zur **Eigendissoziation**. Diese kann man zunächst stark vereinfacht in folgender Form darstellen:

$$H_2O \rightleftharpoons H^+ + OH^-$$

Das Proton (H^+) kann jedoch aufgrund seiner Ladung und der hohen Energie, die bei der Solvatation (= Anlagerung von Wasser) frei wird, in wässriger Lösung nicht in freier Form existieren, sondern reagiert sofort mit weiteren Wassermolekülen zu einem größeren positiv geladenen Aggregat, das man in folgender Weise formulieren kann:

$$H^+ + n\,H_2O \rightleftharpoons [H(H_2O)_n]^+$$

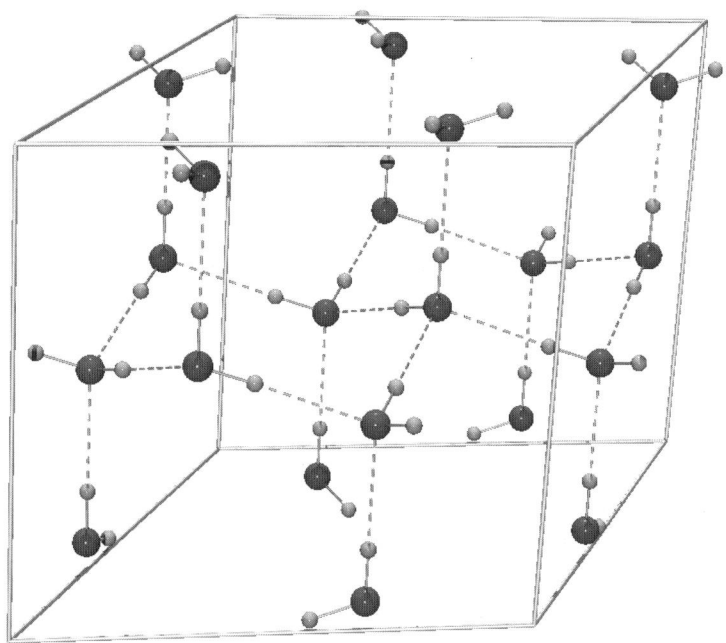

Abbildung 2.2: Kristallstruktur von Eis mit Darstellung der Elementarzelle.

Um diesen Sachverhalt möglichst annähernd korrekt wiederzugeben, beschreibt man die Eigendissoziation des Wassers daher meist so:

$$2\,H_2O \rightleftharpoons H_3O^+ + OH^-$$

Dabei bezeichnet man H_3O^+ als **Hydronium-Ion** und OH^- als **Hydroxid-Ion**. Tatsächlich kann man das Hydronium-Ion auch in Form fester Säurehydrate stabilisieren, z. B. Hydroniumperchlorat, $H_3O^+\,ClO_4^-$. In wässriger Lösungen können sich vier Wassermoleküle direkt an ein Proton anlagern, sodass man für das Proton mit dieser ersten Koordinationssphäre auch das Ion $[H_9O_4]^+$ schreiben könnte.

 Verwenden Sie bei ihrer beruflichen Tätigkeit lieber den Ausdruck Hydronium-Ion (H_3O^+), wenn Sie Dissoziationsgleichgewichte in wässrigen Lösungen beschreiben. Diese Formulierung spiegelt die Realität deutlich besser wider, als wenn Sie nur von Protonen (H^+) sprechen!

Die Eigendissoziation des Wassers führt dazu, dass immer einige wenige Wassermoleküle dissoziert vorliegen. Die Konzentration von Hydroniumionen bei 22 °C in reinem klarem Wasser beträgt 10^{-7} mol/l. Der negative dekadische Logarithmus dieses Wertes, also der Exponent, ist als **pH-Wert** definiert. Der pH-Wert von Wasser beträgt also 7.

Salzhydrate

Viele Salze liegen im festen Zustand hydratisiert vor, das heißt, sie enthalten bestimmte Mengen an Wasser. Die Wassermoleküle sind dabei in das Kristallgitter integriert und häufig über schwache Wechselwirkungen (koordinative Bindungen, Wasserstoffbrückenbindungen) an andere Ionen gebunden. Bekannte Beispiele für wasserhaltige Salze sind die »Vitriole«. Dabei handelt es sich um Salze des »Vitriolöls« (= Schwefelsäure). Die meisten Vitriole besitzen sieben Moleküle Wasser pro Formeleinheit, z. B. $FeSO_4 \cdot 7H_2O$. Dabei sind sechs Wassermoleküle an das Eisen(II)-Ion gebunden (»Kristallwasser«) und ein Wassermolekül besetzt einen definierten Platz im Kristallgitter (»Koordinationswasser«). Weitere bekannte Arten von Salzhydraten sind z. B. Alaun, $KAl(SO_4) \cdot 10H_2O$; Glaubersalz, $Na_2SO_4 \cdot 10H_2O$ und Soda, $Na_2CO_3 \cdot 10H_2O$. Wenn man diese Salze an der Luft stehen lässt, so verlieren sie häufig einen Teil ihres Kristallwassers durch Verdunstung. Man bezeichnet diesen Vorgang als **Verwitterung** der Kristalle.

Wenn man ein Metallsalz in Wasser auflöst, so dissoziiert die Verbindung in Kationen und Anionen. Beide Arten von Ionen werden in Lösung durch Wechselwirkungen mit den Wassermolekülen stabilisiert. Die Anionen bilden Wasserstoffbrücken mit den Wassermolekülen aus. Die Kationen bilden **Aquokomplexe**, bei denen jedes Metallion von zumeist sechs Wassermolekülen umgeben ist. Man kann diesen Sachverhalt auch in einer Formel ausdrücken:

$FeSO_4 \cdot 7H_2O + n\,H_2O \rightarrow \qquad [Fe(H_2O)_6]^+ \qquad + \qquad SO_4^{2-} \cdot (n+1)H_2O$

$\qquad\qquad\qquad\qquad\qquad\qquad\qquad$ Aquokomplex $\qquad\qquad$ hydratisiertes Anion

Leider gibt es in der Chemie viele Trivialnamen. Im vorigen Abschnitt habe ich Ihnen einige davon vorgestellt. Dabei handelt es sich meist um historisch entstandene Begriffe, die auf mehr oder weniger altmodische Weise die Entstehung (»Vitriole« = Salze des Vitriolöls) oder die Zusammensetzung (»Bleiglanz« = besteht aus Blei und Schwefel) beschreiben. Manchmal ist es auch der Name des Entdeckers, der sich hinter der Bezeichnung einer Verbindung verbirgt (Glaubersalz, nach dem Apotheker und Chemiker Johann Rudolph Glauber). Wann immer Sie beim Lesen oder im Gespräch auf einen solchen Trivialnamen stoßen, erkundigen Sie sich, was sich dahinter verbirgt. Die wichtigsten Trivialnamen in der anorganischen Chemie habe ich für Sie im Anhang C zusammengestellt.

Wasserreinigung und Wasserenthärtung

Trinkwasser muss sauber sein. Dazu wird es über große Sandfilter geleitet, damit es schwebeteilchenfrei wird. Chemische Verunreinigungen, z. B. Eisenhydroxide, werden durch Zugabe von Aluminiumsulfat entfernt. Früher wurde Trinkwasser in manchen Gegenden noch durch Chlorierung keimfrei gemacht. Chlor verwendet man heute jedoch fast nur noch in Schwimmbädern. Eine andere Methode, um keimfreies Wasser zu erhalten, ist die Ozonisierung. Dabei wirkt Ozon als starkes Oxidationsmittel.

Brauchwasser für industrielle Anwendungen (z. B. Kühlwasser) und im Haushalt (Wäsche waschen, Geschirrspüler) muss enthärtet werden. **Hartes Wasser** enthält gelöste Salze, die dann an bestimmten Stellen auskristallisieren und dadurch Schäden verursachen können. Bekannte Beispiele für solche »Kalkablagerunge« im Haushalt sind z. B. die Heizstäbe der

Waschmaschine oder des Wasserkochers. Man unterscheidet zwischen temporärer und permanenter Härte des Wassers. Die temporäre Härte des Wassers entsteht durch Calcium-, Magnesium- und Hydrogencarbonationen. Diese kann man durch Erhitzen des Wassers als schwerlösliche Carbonate ausfällen:

$$Ca^{2+} + Mg^{2+} + 4\,HCO_3^- \xrightleftharpoons{Erhitzen} CaCO_3 + MgCO_3 + 2\,CO_2 + 2\,H_2O$$

Die permanente Härte des Wassers entsteht, wenn das Wasser noch zusätzlich Sulfat oder Chloridionen enthält. Diese lassen sich nicht durch Erhitzen ausfällen, sondern müssen durch andere Methoden entfernt werden. Eine vollständige Beseitigung störender Ionen aus dem Wasser ist zum Beispiel mit Ionenaustauschern möglich. Wenn Wasser nur sehr wenige der oben genannten Ionen enthält, spricht man von **weichem Wasser**. Reines Wasser ohne irgendwelche anderen Ionen (außer H_3O^+ und OH^-) wird durch Destillation, mithilfe von Ionenaustauschern oder durch spezielle Osmoseverfahren (»Umkehrosmose«) gewonnen. Man bezeichnet dieses dann entsprechend als **destilliertes, entionisiertes** oder **demineralisiertes Wasser**.

Brennstoffzellen

In den letzten Jahren wurde viel über Brennstoffzellen als saubere Energiequellen berichtet. Die grundlegende Reaktion hierbei ist äußerst simpel und kann folgendermaßen formuliert werden:

$$2\,H_2 + O_2 \rightarrow 2\,H_2O + \text{Energie}$$

Dabei wird die chemische Energie des Wasserstoffs in elektrische Energie umgewandelt. Wenn man diese beiden Elemente direkt miteinander reagieren lässt, verläuft die Reaktion explosionsartig. Aus der Schule kennen Sie diese Reaktion sicher noch unter dem Namen »Knallgasprobe« zum Nachweis von Wasserstoff. Man muss diese Reaktion also unter geeigneten Bedingungen in einer sogenannten Brennstoffzelle ablaufen lassen, um die dabei frei werdende Energie als elektrische Energie nutzbar machen zu können. Dabei wird die oben dargestellte Reaktion in zwei Teilreaktionen zerlegt, die an den Elektroden der Brennstoffzelle ablaufen:

Anodenreaktion: $2\,H_2 \rightarrow 4\,H^+ + 4\,e^-$

Kathodenreaktion: $O_2 + 4\,H^+ + 4\,e^- \rightarrow 2\,H_2O$

Die beiden Elektroden müssen über einen Elektrolyten oder eine protonendurchlässige Membran miteinander verbunden sein, damit die oben dargestellte Bruttoreaktion ablaufen kann. Es gibt zahlreiche Varianten von Brennstoffzellen, z. B.:

- ✔ alkalische Brennstoffzellen, mit KOH in Wasser als Elektrolyt, Kohlenstoffelektroden und Platin als Katalysator, Wasserstoff als Brennstoff

- ✔ phosphorsaure Brennstoffzellen, mit Phosphorsäure in Wasser als Elektrolyt und platinierten Kohlenstoffelektroden, Wasserstoff als Brennstoff

- ✔ Carbonat-Brennstoffzelle, mit geschmolzenem Lithiumcarbonat und Natriumcarbonat als Elektrolyt, hohe Betriebstemperaturen notwendig

✔ Oxid-Brennstoffzelle, mit einem festen Metalloxid als Elektrolyt, hohe Betriebstemperaturen notwendig

✔ Polymer-Elektrolyt-Brennstoffzelle (PEM), mit einer Protonen leitenden Membran anstelle eines Elektrolyten, Kohlenstoffelektroden, Platin als Katalysator

Mit den ersten beiden Brennstoffzellen wurde auf zahlreichen Raumfahrtmissionen Energie und Trinkwasser produziert. Insbesondere die letzte Brennstoffzelle wird zurzeit von den Autoherstellern favorisiert.

Da bei der Reaktion von Wasserstoff und Sauerstoff ausschließlich Wasser als Endprodukt entsteht, sind die Brennstoffzellen eine attraktive Alternative als Energiequelle für Kraftfahrzeuge aller Art. Die Autohersteller haben in den letzten Jahren große Anstrengungen unternommen, um Brennstoffzellen in PKW und Busse zu integrieren. Ein Problem dabei ist die sichere Handhabung und Speicherung des Wasserstoffs im Kraftfahrzeug. Gegenwärtig gibt es intensive Forschungsarbeiten, wie man möglichst große Mengen Wasserstoff sicher im PKW speichern kann. Erfolg versprechend sind dabei Metallhydride oder poröse Strukturen wie Aktivkohle und Kohlenstoffnanoröhren.

Als Alternative zur direkten Verbrennung von Wasserstoff kann man Methanol oder andere Kohlenwasserstoffe als Brennstoffe verwenden. Dabei entstehen dann allerdings wieder Nebenprodukte wie Kohlenmonoxid oder Kohlendioxid. Eine solche Brennstoffzelle arbeitet dann nicht mehr abgasfrei.

Herstellung und Eigenschaften von Wasserstoff

Nachdem ich Ihnen im vorangegangenen Kapitel bereits etwas über die Verwendung von Wasserstoff berichtet habe, sollten Sie unbedingt noch einiges über das Element selbst erfahren. Das Wasserstoffatom hat *ein* Elektron in seiner Elektronenhülle. Es braucht noch ein weiteres Elektron, damit die 1s-Schale vollständig besetzt ist und eine stabile Elektronenkonfiguration erreicht wird. Deshalb verbinden sich zwei Wasserstoffatome zum Molekül H_2. Diese können dann die beiden Elektronen gemeinsam »nutzen« und erreichen dadurch eine stabile Elektronenkonfiguration. Mehr dazu erfahren Sie im Kapitel 12 unter dem Stichwort »Aufbauprinzip«. Wasserstoff besitzt eine mittlere Elektronegativität von 2,1. Dementsprechend kann Wasserstoff mit elektronegativeren Elementen (F, Cl) als Kation (hier Proton genannt, H^+); mit elektropositiveren Elementen (Li, Na) als Anion (hier Hydrid genannt, H^-) oder mit Elementen ähnlicher Elektronegativität (C, N) kovalent gebunden auftreten.

Herstellung

Es gibt grundsätzlich drei Möglichkeiten, Wasserstoff herzustellen: durch Reduktion von Protonen (H^+), durch Oxidation von Hydridionen (H^-) und durch thermische Spaltung von Kohlenwasserstoffen. Nachfolgend gebe ich Ihnen eine Übersicht über die wichtigsten Herstellungsmethoden für Wasserstoff.

- ✔ Herstellung von Wasserstoff durch Reduktion von Protonen (H^+):
  - Reaktion von stark elektropositiven Metallen mit Wasser, z. B.

    $2\,Na + 2\,H_2O \rightarrow 2\,NaOH + H_2$
  - Reaktion von aktiven Metallen mit Säure, z. B.

    $Zn + 2\,HCl \rightarrow ZnCl_2 + H_2$
  - Element und starke Base, z. B.

    $Al + NaOH + 3\,H_2O \rightarrow Na[Al(OH)_4] + 1{,}5\,H_2$
  - Elektrolyse von Wasser

    $2\,H_2O \rightarrow O_2 + 2\,H_2$
  - Reaktion von Wasser mit Kohle bei 1000 °C

    $C + H_2O \rightarrow CO + H_2$
- ✔ Herstellung von Wasserstoff durch Oxidation von Hydridionen (H^-), z. B.

  $LiH + H_2O \rightarrow LiOH + H_2$
- ✔ Herstellung von Wasserstoff durch Spaltung von Kohlenwasserstoffen (»Cracken« von Kohlenwasserstoffen bei 400 bis 500 °C, z. B.

  $C_6H_{12} \rightarrow C_6H_6 + 3\,H_2$

Eigenschaften

Molekularer Wasserstoff (H_2) ist ein farbloses, geruchloses und brennbares Gas. Wasserstoff reagiert mit elementarem Fluor explosionsartig. Ansonsten ist H_2 jedoch recht reaktionsträge und muss fast immer aktiviert werden, damit es mit anderen Elementen und Verbindungen reagiert. Zur Aktivierung des Wasserstoffmoleküls gibt es folgende Möglichkeiten:

- ✔ Zufuhr von Wärmeenergie,
- ✔ Reaktion mit Radikalen,
- ✔ Reaktion in Gegenwart von Katalysatoren.

Zufuhr von Wärmeenergie ist z. B. bei der Reaktion von Wasserstoff mit Alkali- und Erdalkalimetallen (= Metalle der 1. und 2. Hauptgruppe) notwendig. Dabei entstehen salzartige Hydride, d.h. die Metalle tragen eine positive und Wasserstoff eine negative Ladung. Die Reaktionen kann man wie folgt formulieren:

$2\,Li + H_2 \rightarrow 2\,LiH$

$Ca + H_2 \rightarrow CaH_2$

Die Reduktion von Metalloxiden mit Wasserstoff bei hohen Temperaturen ist zugleich eine wichtige Herstellungsmethode für die Metalle Molybdän, Wolfram und Germanium:

$WO_3 + 3\,H_2 \rightarrow W + 3\,H_2O$ bei 800 °C

$GeO_2 + 2\,H_2 \rightarrow Ge + 2\,H_2O$

Die Reaktionen von Wasserstoff mit Sauerstoff oder Chlor sind Radikalreaktionen. Das Sauerstoffmolekül ist bereits selbst ein Radikal (mehr dazu im Kapitel 5). Die Reaktion zwischen Sauerstoff und Wasserstoff startet durch Zündung mit einer Flamme. Die Reaktion verläuft dann explosionsartig und wird im Labor mit kleinsten Mengen als »Knallgasprobe« zum Nachweis von Wasserstoff genutzt. Gemische von Wasserstoff und Luft explodieren über einen weiten Mischungsbereich von ca. 6 bis 66 Volumenprozent Wasserstoff. Die Explosionsgefahr macht die Verwendung von Wasserstoff in Labor und Technik so gefährlich und erfordert daher sorgfältigste Handhabung des Wasserstoffgases.

Bei der Reaktion von Wasserstoff mit Chlor müssen zunächst Chlorradikale erzeugt werden. Das geschieht am effektivsten durch Einstrahlung von UV-Licht in das Chlor-Wasserstoff-Gemisch.

Bildung von Chlorradikalen durch Einstrahlung von UV-Licht: $Cl_2 \rightarrow 2\,Cl\cdot$

Kettenreaktion: $H_2 + Cl\cdot \rightarrow HCl + H\cdot$

$H\cdot + Cl_2 \rightarrow HCl + Cl\cdot$ usw.

Auch diese Reaktion verläuft explosionsartig und wird deshalb als Chlorknallgasreaktion bezeichnet.

Katalysatoren braucht man bei der Reaktion von Wasserstoff mit Stickstoff oder mit Kohlenmonoxid. Die Reaktion mit Stickstoff wird im Haber-Bosch-Verfahren zur Herstellung von Ammoniak genutzt (siehe Kapitel 5).

$N_2 + 3\,H_2 \rightleftharpoons 2\,NH_3$

Aus Kohlenmonoxid und Wasserstoff erhält man in Abhängigkeit vom Katalysator und den Reaktionsbedingungen Methanol, Methan oder Kohlenwasserstoffe:

$CO + 2\,H_2 \rightarrow CH_3OH$ bei 300 °C mit ZnO/Cr_2O_3 als Katalysator

$CO + 3\,H_2 \rightarrow CH_4 + H_2O$ bei 250 °C mit Ni-Katalysatoren

$n\,CO + (2n+1)\,H_2 \rightarrow C_nH_{2n+2} + n\,H_2O$ bei 200 °C mit $Fe_2O_3/MgO/ThO_2$-Katalysator

Verwendung

Wasserstoff wird in der Industrie in großen Mengen verwendet. Die wichtigsten Anwendungsgebiete sind:

- ✔ Herstellung von Ammoniak (siehe Kapitel 5)
- ✔ Synthese von langkettigen Alkoholen als Waschmittelrohstoffe nach dem Oxoverfahren mit Rhodium- und Cobalt-Katalysatoren entsprechend

    $R\text{-}CH=CH_2 + CO + 2\,H_2 \rightarrow R\text{–}CH_2\text{–}CH_2\text{–}CH_2\text{–}OH$

2 ➤ Wasserstoff und Wasser

- ✔ Methanolsynthese (siehe oben)
- ✔ Hydrierung pflanzlicher Öle (Herstellung von Speisefetten und Margarine)
- ✔ zur Darstellung von Chlorwasserstoff
- ✔ als Reduktionsmittel, z. B. zur Herstellung von Metallen
- ✔ als Brennstoff für Raketen
- ✔ in Brennstoffzellen zur Energieerzeugung

Wasserstoff ist leichter als Luft, wird jedoch heute nicht mehr für Luftballons oder Luftschiffe verwendet, da hierbei immer eine große Explosionsgefahr besteht! Stattdessen verwendet man heute für diesen Zweck das Element Helium.

Hydride

Wasserstoff bildet mit allen Elementen des Periodensystems Verbindungen. Solche Verbindungen bezeichnet man ganz allgemein als Hydride. Eigentlich sollte man nur solche Verbindungen als Hydride bezeichnen, bei denen der Wasserstoff eine negative Partialladung (= Teilladung) trägt. Allerdings hat sich dieser Begriff für alle Arten von binären Element-Wasserstoff-Verbindungen eingebürgert und wird deshalb auch hier verwendet. Die Bindungsverhältnisse zwischen Wasserstoff und den Elementen verändern sich dabei je nach den Eigenschaften des Elements E. Ich habe versucht, in der nachfolgenden Tabelle eine Systematik der Hydride für Sie zu erarbeiten. Diese Einteilung ist etwas willkürlich, da die Übergänge von einer Verbindungsklasse zur nächsten fließend sind.

Name	Beispiele	Eigenschaften
Ionische Hydride	LiH, NaH, KH, RbH, CsH, CaH_2, SrH_2, BaH_2	ionische Wechselwirkung zwischen E^+ und H^-, starke Reduktionsmittel
Metallische Hydride	Hydride der Übergangsmetalle und der Lanthanoide (z. B. TiH_2, PdH, CrH)	keine stöchiometrische Zusammensetzung, metallische oder halbmetallische Eigenschaften, niedrige Oxydationsstufe des Metalls
kovalent molekulare Hydride	EH_4 mit Elementen der 4. Hauptgruppe EH_3 ... 5. Hauptgruppe EH_2 ... 6. Hauptgruppe EH ... 7. Hauptgruppe	kovalente oder polar kovalente Bindungen, die Verbindungen sind teilweise leicht flüchtig, in der flüssigen Phase Stabilisierung durch Wasserstoffbrücken
kovalent polymere Hydride	$(ZnH_2)_n$, $(BeH_2)_n$, höhere Borane	Elektronenmangelverbindungen mit Wasserstoffbrückenbindungen, die Polymere sind nicht flüchtig

Tabelle 2.1: Einteilung der Hydride

Ionische Hydride

Die Metalle der ersten und zweiten Hauptgruppe (Alkali- und Erdalkalimetalle) bilden mit Wasserstoff ionische Hydride. Dabei handelt es sich um farblose kristalline Verbindungen, die über 500 °C schmelzen oder sich beim Erhitzen zersetzen. Schmelzen der salzartigen Hydride leiten den elektrischen Strom. Bei der Elektrolyse dieser Schmelzen entsteht an der Anode Wasserstoff:

$2\,H^- \rightarrow H_2 + 2\,e^-$ (Anode)

$2\,Na^+ + 2\,e^- \rightarrow 2\,Na$ (Kathode)

Aus den beschriebenen Eigenschaften erkennt man, dass sich diese Hydride wie anorganische Salze verhalten und dass die Bindungsverhältnisse weitgehend ionisch sind.

Je stärker sich die Elektronegativitäten zwischen Wasserstoff und den Alkali- bzw. Erdalkalimetallen unterscheiden, umso mehr erhöht sich die Reaktivität der Hydride. So reagieren die Hydride von Natrium bis Cäsium mit Wasser explosionsartig. Lithiumhydrid, Strontiumhydrid und Bariumhydrid reagieren mit Wasser lebhaft, während Calciumhydrid mit Wasser langsamer und wenig gefährlich abreagiert. Deshalb verwendet man Calciumhydrid (CaH_2) auch häufig als Trockenmittel für organische Lösungsmittel. Ionische Hydride sind starke Reduktionsmittel und werden häufig auch als solche eingesetzt, so z. B. zur Darstellung von Titanium, Vanadium oder Bor.

Metallische Hydride

Die Übergangsmetalle (alle Nebengruppenelemente), die Lanthanoide und die Actinoide bilden mit Wasserstoff die sogenannten metallischen Hydride. Diese werden häufig auch als Übergangsmetallhydride oder interstitielle Hydride (= Einlagerungshydride) bezeichnet. Dabei handelt es sich um graue bis schwarze Feststoffe, die pyrophor sein können. Pyrophore Feststoffe entzünden sich an der Luft spontan. Der Wasserstoff wird bei diesen Verbindungen in Zwischengitterplätze des Metallgitters eingelagert. Das Metallgitter bleibt dabei im Wesentlichen erhalten, wird jedoch durch die Einlagerung des Wasserstoffs etwas aufgeweitet. Das Verhältnis von Metall zu Wasserstoff variiert in den metallischen Hydriden sehr stark. Es handelt sich hierbei also um nichtstöchiometrische Verbindungen. Metallische Hydride sind in den letzten Jahren als mögliche Speicherverbindungen für Wasserstoff interessant geworden (siehe weiter vorn in diesem Kapitel unter Brennstoffzellen).

Kovalente Hydride

Kovalente Hydride werden von Elementen gebildet, deren Elektronegativität ausreicht, um kovalente Bindungen mit Wasserstoff zu erreichen. Das sind natürlich zunächst die Elemente der 4. bis 7. Hauptgruppe, die **kovalente molekulare Hydride** bilden. Bekannte Beispiele sind Wasser (H_2O), Ammoniak (NH_3) und Methan (CH_4). Aber auch Fluorwasserstoff (HF) und Chlorwasserstoff (HCl) kann man als kovalente molekulare Hydride bezeichnen. Das Proton (H^+) übt in diesen Verbindungen eine stark polarisierende Wirkung auf die Bindungspartner aus, sodass man hier von polar kovalenten Bindungen sprechen kann.

Bei den Hydriden von Bor, Beryllium und Zink ist die Valenzschale der Zentralatome nicht vollständig besetzt, sodass sich hierbei mehrere Hydride über Wasserstoffbrücken zu dimeren (zwei), oligomeren (mehrere) oder polymeren (viele) Einheiten zusammenschließen. Man spricht dann von **kovalent polymeren Hydriden**. Typische Beispiele sind $(BeH_2)_n$, B_2H_6 und $(ZnH_2)_n$ (siehe Abbildung 2.3). Zu den Bindungsverhältnissen in diesen Elektronenmangelverbindungen erfahren Sie mehr im Kapitel 3.

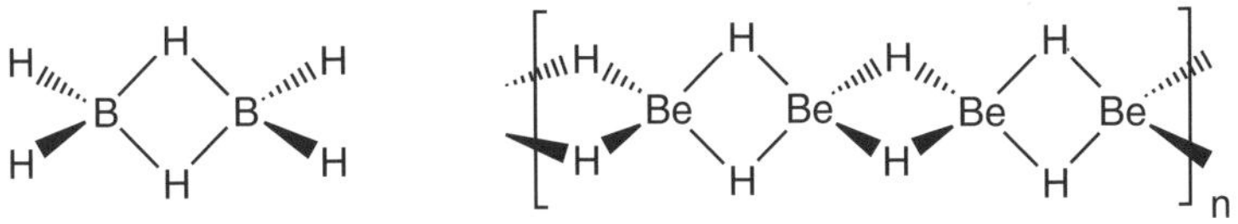

Abbildung 2.3: Beispiele für kovalent polymere Hydride.

Hydridokomplexe

Kovalente Hydride, die nicht beständig sind, wie z. B. BH_3 oder AlH_3, können Hydridionen addieren und so anionische Hydridokomplexe wie BH_4^- oder AlH_4^- bilden. Die in den nachfolgenden Reaktionen entstehenden Produkte sind salzartige ionische Hydridokomplexe. Diese werden aufgrund ihrer guten Löslichkeit in organischen Lösungsmitteln häufig in der organischen Chemie als Reduktionsmittel verwendet.

$4\,LiH + AlCl_3 \rightarrow LiAlH_4 + 3\,LiCl$

$2\,NaH + B_2H_6 \rightarrow 2\,NaBH_4$

Elektropositive Elemente

In diesem Kapitel

▶ Änderung der Eigenschaften bei den Elementen der 1. bis 3. Hauptgruppe

▶ Das Standardelektrodenpotenzial

▶ Schmelzflusselektrolyse zur Darstellung der Metalle

▶ Elektrolytelemente in der Biochemie

▶ Chlorophyll

▶ Kalk, Zement, Gips

▶ Bor und seine Verbindungen

▶ Aluminium

▶ Metallorganische Verbindungen der Hauptgruppenelemente

---

*I*n der 1. Hauptgruppe des Periodensystems finden wir die elektropositivsten Elemente. Diese geben besonders gern und einfach ihre Außenelektronen ab und bilden dabei positiv geladene Ionen. Innerhalb einer Gruppe nimmt mit zunehmender Atommasse die Tendenz zur Elektronenabgabe ebenfalls zu. Somit finden wir das elektropositivste Element, das Element, welches am leichtesten seine Außenelektronen abgibt, ganz unten in der ersten Hauptgruppe! Es handelt sich dabei um das Element Francium. In der 2. und 3. Hauptgruppe nimmt die Elektronegativität langsam zu. Diese Zusammenhänge sind noch einmal in der nachfolgenden Abbildung dargestellt.

Natrium, Kalium und Aluminium kommen in der Erdkruste recht häufig vor, aber aufgrund der geringen Elektronegativität niemals als Elemente, sondern immer in Form von Verbindungen. Um die Elemente aus ihren Verbindungen darzustellen, muss man sich ganz schön anstrengen und viel Energie (genauer gesagt Elektroenergie) hineinstecken. Wie das funktioniert, erkläre ich im nächsten Abschnitt.

Lithium, Natrium, Kalium und Magnesium sind stark elektropositive Metalle. Daher ist es sehr schwierig, die Metalle in reiner Form aus ihren Verbindungen herzustellen. Die beste Methode zur Darstellung dieser Metalle ist die Elektrolyse. Eine Elektrolyse aus wässriger Lösung ist dabei nicht möglich, da in diesem Fall der Wasserstoff aus dem Wasser reduziert werden würde und nicht das Metall! Wasserstoff hat ein höheres Standardelektrodenpotenzial als die genannten Metalle und wird daher bei der Elektrolyse vor den elektropositiven Metallen reduziert. Zum Verständnis dieses Sachverhaltes muss ich Sie auf Kapitel 11 verweisen, dort wird das Standardelektrodenpotenzial erklärt.

	1. HG	2. HG	3. HG
	H 2,1		
	Li 1,0	Be 1,5	B 2,0
	Na 0,9	Mg 1,2	Al 1,5
	K 0,8	Ca 1,0	Ga 1,6
	Rb 0,8	Sr 1,0	In 1,7
	Cs 0,7	Ba 0,9	Tl 1,8
	Fr 0,7	Ra 0,9	

Elektronegativität

Abbildung 3.1: Änderung der Elektronegativität bei den Elementen der 1. bis 3. Hauptgruppe

Metalle durch Schmelzflusselektrolyse

Die Schmelzflusselektrolyse von Natriumchlorid wird in großen, mit Stein ausgemauerten Gefäßen durchgeführt. In dem Gefäß befindet sich eine Schmelze aus Natriumchlorid. Dieses wird mit etwas Calciumchlorid versetzt, um die Schmelztemperatur zu erniedrigen. Die Anode besteht aus Graphit und wird von unten in die Elektrolysezelle eingebaut. An dieser Anode entwickelt sich Chlor, welches in einer Glocke aufgefangen wird, die in die Schmelze eintaucht. Das Chlor wird abgeleitet und als wertvolles Nebenprodukt weiterverarbeitet. Kathoden- und Anodenraum sind durch ein von der Glocke herabhängendes Drahtnetz

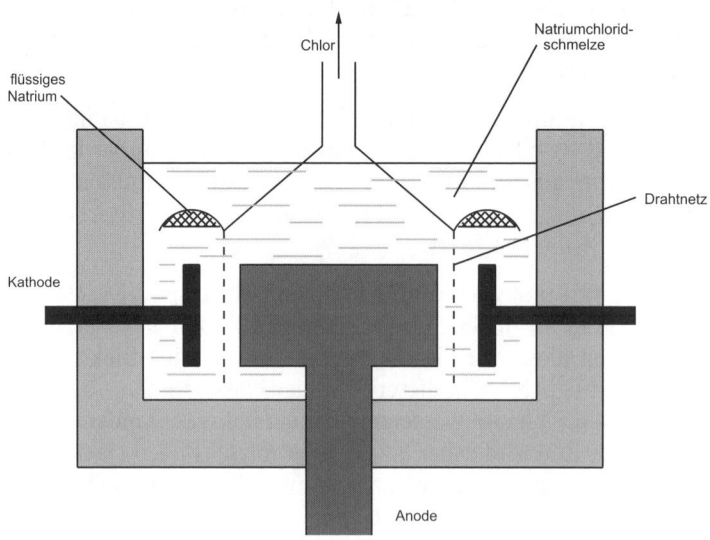

Abbildung 3.2: Schmelzflusselektrolyse von Natriumchlorid.

voneinander getrennt. Die Kathode befindet sich ringförmig um die Anode und besteht aus Eisen. An der Kathode wird das Natrium abgeschieden. Da dieses leichter ist als die Natriumchloridschmelze, steigt das flüssige Metall nach oben und wird in einem glockenförmigen Sammelgefäß aufgefangen. Der Zutritt von Luft wird dabei vermieden, da das flüssige Natrium hoch reaktiv ist. Dieses Herstellungsverfahren wird bei den anderen Alkalimetallen in ähnlicher Weise angewendet.

Wichtige Verbindungen der Alkalimetalle

Von den Alkalimetallen gibt es einige technisch wichtige Verbindungen, die ich Ihnen hier kurz vorstellen möchte.

Chloride

Natriumchlorid dient als Ausgangsstoff für nahezu alle anderen Natriumverbindungen, die in diesem Kapitel beschrieben werden. Natriumchlorid kennen wir alle als Speise-, Tafel- oder Kochsalz. Dieses gewinnt man entweder durch Eindampfen wässriger Steinsalzlösungen aus Lagerstätten oder durch Verdampfen von Meerwasser.

Natriumchlorid gibt es in Form riesiger Steinsalz-Lagerstätten in verschiedenen Gegenden der Welt. Diese Lagerstätten sind durch das Austrocknen urzeitlicher Meere entstanden. Bei der Verdunstung des Meerwassers schied sich zuerst das schwerer lösliche Natriumchlorid ab. Das leichter lösliche Kaliumchlorid kristallisierte später aus. Dadurch sind die Steinsalzlagerstätten manchmal von einer Schicht Kaliumchlorid bedeckt. Häufig wurde diese Kaliumchloridschicht allerdings durch eindringendes Wasser ausgewaschen.

Kaliumchlorid und andere Kaliumsalze sind heute wichtige Düngemittel.

Hydroxide

Natriumhydroxid und **Kaliumhydroxid** sind starke Basen, die zahlreiche technische Anwendungen besitzen, so z. B. zur Herstellung von Seife, in der Farbstoffindustrie und bei der Herstellung von Cellulose und Kunstseide. Natriumhydroxid wird durch Kaustifizierung von Soda oder durch Elektrolyse hergestellt. Beim ersteren Verfahren setzt man eine wässrige Lösung von Soda (Na_2CO_3) mit Calciumhydroxid (»Ätzkalk«, $Ca(OH)_2$) entsprechend folgender Gleichung um:

$$Na_2CO_3 + Ca(OH)_2 \rightarrow 2\,NaOH + CaCO_3$$

Das entstehende Natriumhydroxid ist leicht löslich und kann vom schwerlöslichen Calciumcarbonat durch mehrfaches Dekantieren (= Abgießen der überstehenden Lösung) abgetrennt werden.

Bei der Herstellung von NaOH durch Elektrolyse verwendet man eine wässrige Lösung von Natriumchlorid. Dabei laufen folgende Reaktionen ab:

Kathode: $\quad 2\,H_2O + 2\,e^- \rightarrow H_2\uparrow + 2\,OH^-$

Anode: $\quad 2\,NaCl \rightarrow 2\,Na^+ + Cl_2\uparrow + 2\,e^-$

Gesamtreaktion: $\quad 2\,H_2O + 2\,NaCl \rightarrow H_2\uparrow + 2\,NaOH + Cl_2\uparrow$

Der Gasraum über Kathode und Anode muss voneinander getrennt werden, damit die Gase Chlor und Wasserstoff nicht miteinander in Berührung kommen. Außerdem muss man verhindern, dass die an der Kathode gebildete Base mit dem Chlor in Berührung kommt, da sonst unerwünschte Nebenreaktionen, wie die Bildung von Natriumhypochlorit (NaOCl), stattfinden würden. Es gibt verschiedene Varianten, die beiden Elektrodenbereiche voneinander zu trennen. Als Beispiel ist in der nachstehenden Abbildung das Diaphragma-Verfahren dargestellt.

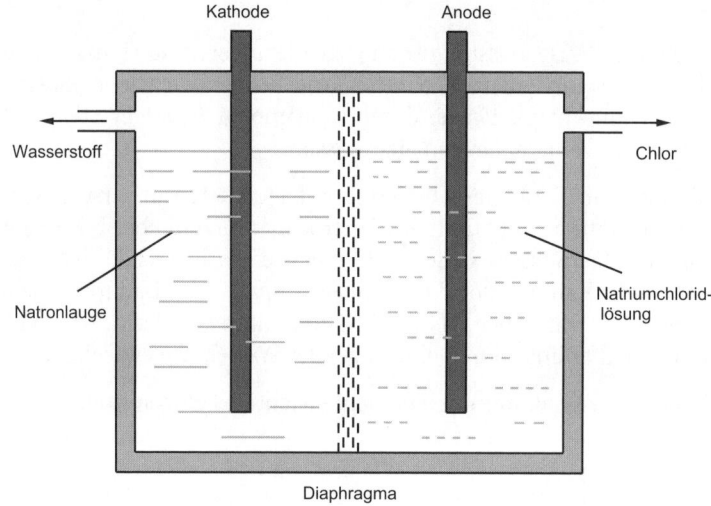

Abbildung 3.3: Diaphragmaverfahren zur Herstellung von Natriumhydroxid.

Natriumsulfat

Die technische Darstellung von Natriumsulfat erfolgt durch Einwirken von Schwefelsäure auf Natriumchlorid bei 800 °C:

$H_2SO_4 + 2\,NaCl \rightarrow Na_2SO_4 + 2\,HCl$

Diese Reaktion führt man hauptsächlich zur Darstellung von Salzsäure durch; Natriumsulfat ist eigentlich das Nebenprodukt. Natriumsulfat wird in der Glas-, Papier- und Farbstoffindustrie verwendet, außerdem als Füllstoff in Waschmitteln. Natriumsulfat löst sich sehr gut in Wasser. Lässt man eine wässrige Lösung dieses Salzes langsam verdunsten, so kristallisiert unterhalb von 32,4 °C Natriumsulfat mit 10 Wassermolekülen aus ($Na_2SO_4 \cdot 10H_2O$). Dieses sogenannte »Glaubersalz« wurde früher auch als Abführmittel verwendet.

Nitrate

Natriumnitrat wurde einst in den regenarmen Regionen Chiles abgebaut. Daher wird diese Verbindung häufig als »Chilesalpeter« bezeichnet. Da die Vorkommen in Chile weitgehend erschöpft sind, wird diese Verbindung heute synthetisch hergestellt. Dabei setzt man Soda (Natriumcarbonat) mit Salpetersäure um:

$Na_2CO_3 + 2\,HNO_3 \rightarrow 2\,NaNO_3 + H_2O + CO_2$

Natriumnitrat wird als Düngemittel verwendet. Die Verbindung ist *hygroskopisch*, d. h. sie nimmt beim Stehen an der Luft langsam Wasser auf und zerfließt dabei. Daher kann man diese Verbindung nicht zur Herstellung von Schwarzpulver verwenden. Denn sonst würde das Schießpulver beim längeren Stehen langsam feucht werden und nicht mehr funktionieren. Deshalb verwendet man zur Herstellung von Schwarzpulver **Kaliumnitrat**, welches nicht hygroskopisch ist. Die Herstellung von Kaliumnitrat erfolgt dabei analog wie in der obigen Gleichung durch Umsetzung von Kaliumcarbonat mit Salpetersäure.

Carbonate

In Nordamerika und Afrika gibt es riesige Seen, die **Natriumcarbonat** (Soda) enthalten. Daneben braucht man aber technische Verfahren zur Herstellung von Soda. Diese erfolgt nach dem Solvay-Verfahren aus Kochsalz (NaCl), Ammoniak (NH_3) und Kohlendioxid (CO_2). Dazu wird in eine gesättigte wässrige Natriumchlorid-Lösung unter Kühlung der Lösung Ammoniak eingeleitet. Diese Lauge wird mit Kohlendioxid gesättigt, dabei entsteht in der Lösung aus NH_3 und CO_2 Ammoniumhydrogencarbonat (NH_4HCO_3). In Gegenwart von NaCl fällt aus diesem Gemisch Natriumhydrogencarbonat aus. Dieses wird abfiltriert und durch Erhitzen in Natriumcarbonat und CO_2 umgewandelt. Hier noch einmal die Reaktionsgleichungen zusammengefasst:

$NH_3 + CO_2 + H_2O \rightarrow (NH_4)HCO_3$

$(NH_4)HCO_3 + NaCl \rightarrow NH_4Cl + NaHCO_3$

$2\,NaHCO_3 \rightarrow Na_2CO_3 + H_2O + CO_2$ (unter Erhitzen)

Soda ist eine wichtige Chemikalie der Grundstoffindustrie und wird z. B. bei der Seifen- und der Glasherstellung in großen Mengen verwendet. Natriumhydrogencarbonat ($NaHCO_3$) verwendet man als Backpulver und für die Herstellung von Brausepulver. Wenn man das **Brausepulver** in Wasser auflöst, sprudelt es so schön, weil sich das Natriumhydrogencarbonat in Gegenwart der organischen Säuren (Weinsäure oder Zitronensäure) zersetzt und dabei das enthaltene Kohlendioxid freigesetzt wird.

Kaliumcarbonat (Pottasche) kann man z. B. durch Einleiten von Kohlendioxid in Kaliumhydroxid-Lösung (»Kalilauge«) gewinnen:

$2\,KOH + CO_2 \rightarrow K_2CO_3 + H_2O$

Der Trivialname Pottasche stammt daher, dass man diese Verbindung früher durch Auslaugen von Asche mit Wasser gewonnen hat. Kaliumcarbonat verwendet man zur Herstellung von Schmierseife und Glas.

Elektrolytelemente in der Biochemie

Die Ionen K⁺, Na⁺, Ca²⁺ und Mg²⁺ treten im Meerwasser und in der Erdkruste häufig auf. Wegen ihrer großen Verbreitung sind diese vier Ionen auch für nichtkatalytische Funktionen in biologischen Systemen geeignet. Man nennt diese Ionen auch »Elektrolyte« oder »Mengenelemente«, wenn man von biochemischen Prozessen spricht. Diese vier Ionen besitzen ungeheuer vielfältige Funktionen in Pflanzen und Tieren, einige wichtige und bekannte Funktionen sind z. B.:

- ✔ Aufbau von stützenden und abgrenzenden Strukturen in Knochen, Schalen oder Panzern,

- ✔ Stabilisierung von Zellmembranen durch elektrostatische Ladung, Erdalkalimetallionen dienen dabei als Gegenionen für die negativen Ladungen an den Lipidmolekülen der Zellmembranen,

- ✔ Stabilisierung der Konformationen von Enzymen und Polynucleotiden über elektrostatische Wechselwirkungen und osmotische Effekte,

- ✔ die unterschiedliche Konzentration von Ionen zwischen dem Zellinneren und außerhalb der Zelle wird zum Informationstransfer benutzt.

	Mg^{2+}	Ca^{2+}	Na^+	K^+
Ionenradius (pm)	86	114	116	152
Radius/Ladung	43	57	116	152
relatives Verhältnis Radius/Ladung mit $Mg^{2+} = 1$	1,00	1,33	2,70	3,53

Tabelle 3.1: Verhältnisse von Ionenradien und Ladungen bei den Elektrolytelementen.

Die spezifischen Funktionen der Ionen werden durch die Verhältnisse von Ionenradius zu Ladung ermöglicht. Die vier in Tabelle 3.1 aufgeführten Ionen haben stark unterschiedliche Werte des Radius-zu-Ladung-Verhältnisses (die letzte Zeile in der Tabelle). Diese großen Unterschiede führen dazu, dass sich die vier Kationen in biologischen Systemen gegenseitig nicht ersetzen können. Jedes Ion hat spezifische Funktionen. Das **Magnesium-Ion (Mg^{2+})** ist das Ion mit dem kleinsten Radius und der höchsten Ladung. Man bezeichnet solche kleinen und hochgeladenen Ionen auch als »harte Ionen«. Mg^{2+} bevorzugt die Bindung an Stickstoffliganden und Phosphatreste. Magnesiumionen sind immer am Auf- und Abbau von ATP (Adenosintriphosphat, die Energiewährung der Zelle) beteiligt. Also alle energieliefernden Prozesse im Körper benötigen Magnesiumionen. Daher sind Magnesiumsalze auch immer Bestandteil von isotonischen Getränken für Sportler.

Natriumionen (Na^+) sind gemeinsam mit Chloridionen Bestandteil des Bluts und anderer Körperflüssigkeiten.

Die beiden größeren **Kationen Kalium (K^+)** und **Calcium (Ca^{2+})** neigen zur Ausbildung unregelmäßiger Koordinationsgeometrien mit mehr als sechs Liganden. Daher eignen sich diese Ionen zur Stabilisierung und Aktivierung von Enzymen.

3 ► Elektropositive Elemente

Im Körper liegen diese vier genannten Ionen (zusammen mit entsprechenden Gegenionen) in stark unterschiedlicher Konzentration innerhalb und außerhalb der Zellen vor. So findet man K^+ und Mg^{2+} hauptsächlich intrazellulär und die Ionen Na^+, Ca^{2+} vorwiegend extrazellular. Diese unterschiedlichen Konzentrationen ermöglichen den Informationstransfer in Zellen und entlang der Zelloberfläche.

Chlorophyll

Magnesiumionen finden wir außerdem in allen grünen Pflanzen. Das Magnesium ist in den Chlorophyllmolekülen enthalten (siehe Abbildung 3.4). Diese sind dafür verantwortlich, dass Blätter das Sonnenlicht einfangen und in biochemische Energie umwandeln. Dabei wird Kohlendioxid (CO_2) aus der Luft aufgenommen und über zahlreiche Zwischenstufen in Kohlenhydrate (also Zucker, Stärke und Cellulose) umgewandelt. Die gesamte notwendige Energie für diese Prozesse beziehen die grünen Pflanzen aus dem Sonnenlicht!

Das Chlorophyllmolekül besteht aus einem makrocyclischen vierzähnigen Liganden, der das Magnesium-Ion koordiniert, und einer langen Seitenkette.

Wenn Sonnenlicht auf das Chlorophyll trifft, wird dieses in einen angeregten Zustand versetzt. In photochemischen Reaktionszentren wird diese Anregungsenergie in chemische Energie umgewandelt.

Über Substituenten an der Außenseite des Liganden ist ein langer kettenförmiger Kohlenwasserstoffrest an das Chlorophyllmolekül gebunden. Diese Seitengruppe dient zur Verankerung und Fixierung des Chlorophylls in den Membranen der Chloroplasten (das sind grüne Körperchen, sogenannte Organellen, in Pflanzenzellen, in denen sich die Energiegewinnung abspielt).

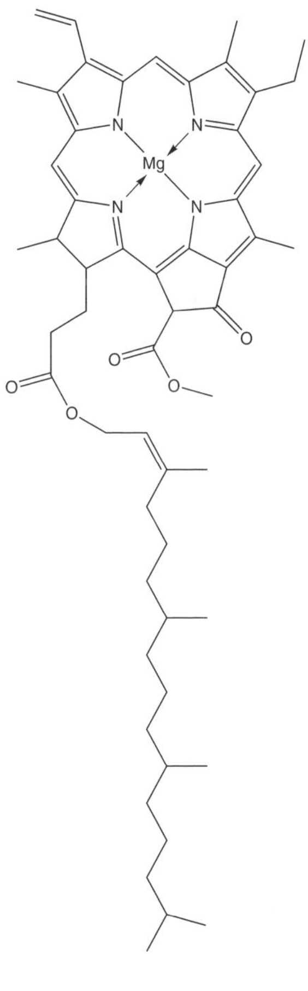

Abbildung 3.4: Chlorophyll

Kalk/Zement/Gips

Kalk, Zement und Gips sind die wichtigsten Bindemittel beim Bau von Häusern. Kalkmörtel besteht aus Löschkalk [Calciumhydroxid, $Ca(OH)_2$], Sand und Wasser. Der Kalkmörtel härtet an der Luft über mehrere Tage hinweg aus. Dabei entstehen aus dem Calciumhydroxid und dem Kohlendioxid der Luft Calciumcarbonat-Kristalle:

$$Ca(OH)_2 + CO_2 \rightarrow CaCO_3\downarrow + H_2O$$

Kalkmörtel wird vorwiegend zum Verputzen von Wänden verwendet. Durch die Wasserabspaltung bei der oben dargestellten Reaktion sind Neubauten häufig feucht. Um das Aushärten zu beschleunigen, stellt man in Neubauten manchmal offene Koksöfen auf oder bläst kohlendioxidhaltige Luft hindurch. Kalkmörtel ist gegen ständige Wassereinwirkung nicht beständig, also nicht für Fundamente oder Bereiche in Bodennähe geeignet. Für Fundamente kann man hingegen Zementmörtel bzw. Beton verwenden. Dieser besteht aus dem eigentlichen Zement, Bausand und Wasser. Das Bindemittel Zement entsteht beim Erhitzen eines Gemisches aus Kalkstein und Ton auf 1450 °C. Zement besteht vor allem aus verschiedenen Calciumsilikaten [z. B. Dicalciumsilikat $(CaO)_2 \cdot SiO_2$ und Tricalciumsilikat $(CaO)_3 \cdot SiO_2$]. Nebenbestandteile sind noch Gips ($CaSO_4 \cdot 2H_2O$) und Anhydrit $CaSO_4$. Beim Anrühren des Zementes mit Sand und Wasser reagieren die instabilen kalkreichen Calciumsilikate zu stabilen wasserhaltigen Calciumsilikaten. Diese kristallisieren aus und bilden mit den Sandkörnchen ein festes Gefüge. Bei diesen Reaktionen wird Wärme frei, abbindender Beton ist also immer etwas wärmer als die Umgebung.

$$2\,(CaO)_3 \cdot SiO_2 + 6\,H_2O \rightarrow (CaO)_3 \cdot (SiO_2)_2 \cdot 3H_2O + 3\,Ca(OH)_2$$
$$2\,(CaO)_2 \cdot SiO_2 + 4\,H_2O \rightarrow (CaO)_3 \cdot (SiO_2)_2 \cdot 3H_2O + Ca(OH)_2$$

Gips aus dem Baumarkt enthält vorwiegend Calciumsulfat-Halbhydrat ($CaSO_4 \cdot 0{,}5H_2O$). Wenn man diesen Gips mit Wasser anrührt, erhält man eine plastische Masse, die – je nach weiteren Zusatzstoffen – mehr oder weniger schnell zu festem Gipsstein ($CaSO_4 \cdot 2H_2O$) aushärtet. Gips wird auch als Füllstoff in den Trockenbauplatten verwendet.

Bor und seine Verbindungen

Bor bildet besonders feste Bindungen mit Sauerstoff. Deshalb kommt dieses Element in der Natur nicht in freier Form vor, sondern immer an Sauerstoff gebunden. Wichtige borhaltige Mineralien sind Kernit ($Na_2B_4O_7 \cdot 4H_2O$) und Borax ($Na_2B_4O_7 \cdot 10H_2O$). Beides sind Salze der Borsäure H_3BO_3. Beim Entwässern von Borsäure erhält man Bortrioxid B_2O_3. Aus diesem wiederum kann man durch Reduktion mit Natrium oder Magnesium amorphes (= »nicht kristallines«) Bor herstellen:

$$B_2O_3 + 3Mg \rightarrow 2B + 3MgO$$

Eine andere Möglichkeit zur Herstellung von Bor besteht in der Reduktion von Bortrichlorid (BCl_3) mit Wasserstoff im Lichtbogen zwischen zwei Wolframelektroden:

$2 BCl_3 + 3 H_2 \rightarrow 2 B + 6 HCl$

Dabei erhält man kristallines Bor. Das ist ein schwarz-grauer Feststoff, der extrem hart ist. Bor ist nach dem Diamanten das zweithärteste Element!

Wichtige Verbindungen des Bors

Borax ($Na_2B_4O_7 \cdot 10 H_2O$) wird zur Herstellung von Glasuren für Porzellan, Steingut und emaillierten Gefäßen verwendet. Weiterhin dient es als Flussmittel zum Löten. Dabei löst Borax die Oxidhaut der zu lötenden Metalle unter Bildung von Metallboraten auf. Die metallische Oberfläche wird dadurch freigelegt. Die Bildung von Metallboraten wird auch in der analytischen Chemie zum Nachweis von Metalloxiden genutzt. Die beim Zusammenschmelzen von Borax mit der unbekannten Substanz entstehenden »Boraxperlen« haben charakteristische Farben, anhand derer die Metalloxide identifiziert werden können. Borax und **Borsäure** (H_3BO_3) dienen zur Herstellung von Borosilicatgläsern und Glasfaserlichtleitern.

Natriumperoxoborat, auch als **Natriumperborat** bezeichnet, wird vielfach als Bleichmittel verwendet. So ist es z. B. in Waschmitteln oder in Mitteln zum Haare bleichen enthalten. Die Bleichwirkung beruht auf der Anwesenheit von Peroxo-Gruppen. Diese wirken oxidierend und daher bleichend auf verschiedene Farbstoffe. Der Vorteil bei der Verwendung von Natriumperborat gegenüber Wasserstoffperoxid besteht darin, dass man dem Verbraucher eine feste und relativ harmlose Substanz in die Hand gibt. Dieselbe Wirkung könnte man auch mit flüssigem Wasserstoffperoxid erreichen. Dieses lässt sich aber schwieriger handhaben und ist stark ätzend! Mehr zu den Eigenschaften von Wasserstoffperoxid erfahren Sie im Kapitel 5.

Die Herstellung von Natriumperborat erfolgt durch Umsetzung von Borax mit Natronlauge und anschließender Zugabe von Wasserstoffperoxid:

$Na_2B_4O_7 \cdot 10 H_2O + 2 NaOH \rightarrow 2 NaBO_2 + 11 H_2O$

$\qquad\qquad$ Natriummetaborat-Lösung

$2 NaBO_2 + 2 H_2O_2 + 4 H_2O \rightarrow Na_2[B_2O_4(OH)_4] \cdot 4 H_2O$

$\qquad\qquad$ Natriumperborat

Die Summenformel des Natriumperborats »$Na_2[B_2O_4(OH)_4] \cdot 4 H_2O$« sagt dabei leider nicht viel über die Struktur der Verbindung aus. In Wasser »dissoziiert« (zerfällt) die Verbindung in Natrium-Kationen (2 Na^+) und in das Peroxoborat-Anion $[B_2O_4(OH)_4]^{2-}$. Dieses Anion enthält Peroxo-Gruppen (–O–O–) mit Sauerstoff in der Oxidationsstufe –1. Da Sauerstoff eine sehr hohe Elektronegativität hat, ist er immer bestrebt, in die Oxidationsstufe –2 zu gelangen. Deshalb sind Verbindungen, die Peroxo-Gruppen besitzen, immer starke Oxidationsmittel. Die Peroxo-Gruppen im Natriumperborat verbrücken zwei Boratome miteinander und bilden dadurch einen Sechsring (siehe Abbildung 3.5).

Abbildung 3.5: Perborat-Anion

Bornitrid (BN) gibt es in verschiedenen *Modifikationen*. Diese haben zwar dieselbe Zusammensetzung und dieselbe Summenformel, aber aufgrund verschiedener Strukturen im Festkörper weisen Modifikationen unterschiedliche Eigenschaften auf. Eine Modifikation ist α-Bornitrid (mit hexagonaler Kristallstruktur). Dieses hat ähnliche Eigenschaften und besitzt ebenfalls eine Schichtstruktur wie Graphit (siehe Kapitel 4). Da dieses Bornitrid bei hohen Temperaturen sehr beständig und außerdem reaktionsträge ist, verwendet man es als Schmiermittel für Hochtemperaturprozesse, als Auskleidung für Brennkammern von Plasmabrennern und Raketen und beim Bau von Atomreaktoren. β-Bornitrid (mit kubischer Kristallstruktur) hat eine dem Diamanten vergleichbare Struktur und auch ähnliche Materialeigenschaften wie dieser. Man bezeichnet β-BN auch als »anorganischen Diamant«. Das extrem harte β-BN wird zur Herstellung von Schleif- und Schneidwerkzeugen und zur Bearbeitung von gehärtetem Stahl verwendet. γ-Bornitrid hat schließlich wieder hexagonale Struktur, allerdings mit einem dem Diamanten ähnlichen Aufbau. Diese Modifikation ist metastabil, d. h. γ-BN wandelt sich irgendwann spontan β-BN um.

Wir haben beim Bornitrid sehr viel von den Ähnlichkeiten mit den Strukturen von Diamant und Graphit gesprochen. Diese Ähnlichkeiten kann man sehr einfach erklären: Zwei Kohlenstoffatome haben 4 + 4 = 8 Außenelektronen. Wenn man diese Atome durch ein Element der 3. Hauptgruppe (Bor) und ein Element der 5. Hauptgruppe (Stickstoff) ersetzt, so erhält man eine Verbindung mit 3 + 5 = 8 Außenelektronen. Wir können also mit Elementen der 3. und 5. Hauptgruppe Verbindungen erzeugen, die die gleiche Anzahl von Außenelektronen besitzen, wie ein Element der 4. Hauptgruppe. Verbindungen mit C–C-Gruppen sind also *isoelektronisch* zu Verbindungen mit B–N-Gruppen. In den obigen Beispielen erhalten wir sogar Verbindungen, die ganz ähnliche Eigenschaften haben wie die Modifikationen des Kohlenstoffs.

Borcarbid (B_4C) wird beim Erhitzen von Bor oder Bortrioxid in Gegenwart von Koks auf 2500 °C hergestellt. Es handelt sich dabei um schwarz glänzende Kristalle, die so hart sind, dass sie sogar Diamanten ritzen können. Man verwendet Borcarbid aufgrund seiner großen Härte als Schleifmittel und zur Herstellung von Panzerplatten.

Als **Borane** bezeichnet man alle Verbindungen, die aus Bor und Wasserstoff bestehen (B_nH_m). Den einfachsten Vertreter dieser Verbindungsklasse, das BH_3, sollte man bei der Reduktion von Borverbindungen mit Wasserstoff erhalten. Alle Versuche zur Herstellung von BH_3 schlagen jedoch fehl und man erhält B_2H_6:

4 BCl₃ + 3 LiAlH₄ → 2 B₂H₆ + 3 LiAlCl₄

2 BBr₃ + 6 H₂ → B₂H₆ + 6HBr

8 BF₃ + 6 NaH → B₂H₆ + 6 NaBF₄

Man kann BH₃ nur in Form von Addukten mit Basen isolieren. Es erscheint zunächst geheimnisvoll, warum BH₃ nur als Dimer oder als Addukt mit Basen auftritt. Man kann diese Erscheinungen jedoch sehr einfach mithilfe der Bindungstheorie erklären. BH₃ ist eine *Elektronenmangelverbindung*. Zur Ausbildung der Bindungen zu den Wasserstoffatomen werden 3 Orbitale benötigt. Nehmen wir an, es liegt eine sp³-Hybridisierung vor, so bleibt ein sp³-Hybridorbital ungenutzt. Dieses energetisch tiefliegende Orbital ist für die Instabilität des BH₃-Moleküls verantwortlich. Das Boratom ist bestrebt, ein »*Elektronenoktett*«, also acht Außenelektronen, in seiner Elektronenhülle zu besitzen. Um dieses Ziel zu erreichen, gibt es zwei Möglichkeiten: Die Bildung von Addukten mit Basen oder die Bildung des Dimeren B₂H₆ oder größerer Borane. Diese beiden Vorgänge sind in Abbildung 3.6 grafisch dargestellt.

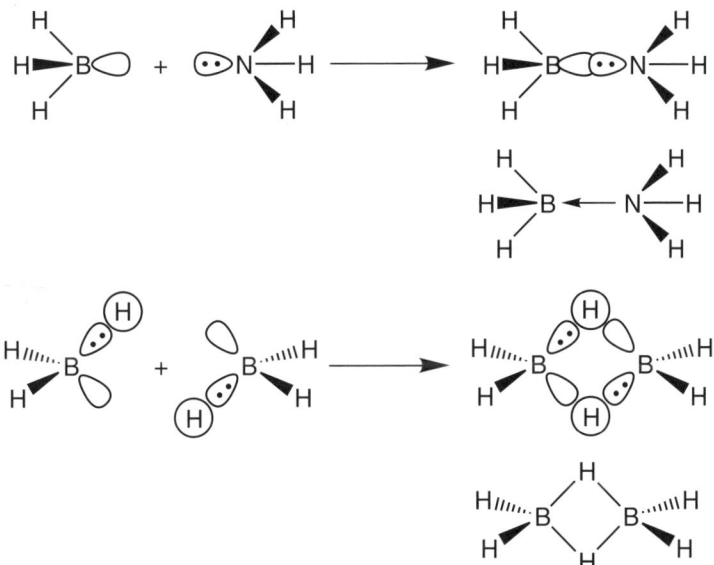

Abbildung 3.6: Bildung von BH₃-Addukten (oben) und Bildung von Diboran (unten).

Die Bildung von Addukten leuchtet Ihnen sicher sofort ein: Die Base (in unserem Beispiel Ammoniak) stellt ein freies Elektronenpaar zur Bindungsbildung mit dem BH₃ zur Verfügung. Es entsteht ein Lewis-Säure-Base-Addukt. Mehr zur Säure-Base-Theorie nach Lewis werde ich Ihnen im Kapitel 10 erzählen.

Schwieriger wird es schon, wenn der Partner zur Bindungsbildung kein freies Elektronenpaar zur Verfügung hat! In Abbildung 3.6 habe ich Ihnen schon einmal suggestiv aufgezeichnet, was passiert. Die B–H-Bindung des ersten Moleküls bildet eine Bindung mit dem leeren

Orbital des anderen Moleküls und umgekehrt. Dabei entsteht ein bindendes Molekülorbital, an dem drei Atome und zwei Elektronen beteiligt sind. Man spricht hierbei von einer *3-Zentren-2-Elektronenbindung*. Verbindungen, die solche Bindungen aufweisen, bezeichnet man, wie bereits erwähnt, als *Elektronenmangelverbindungen*.

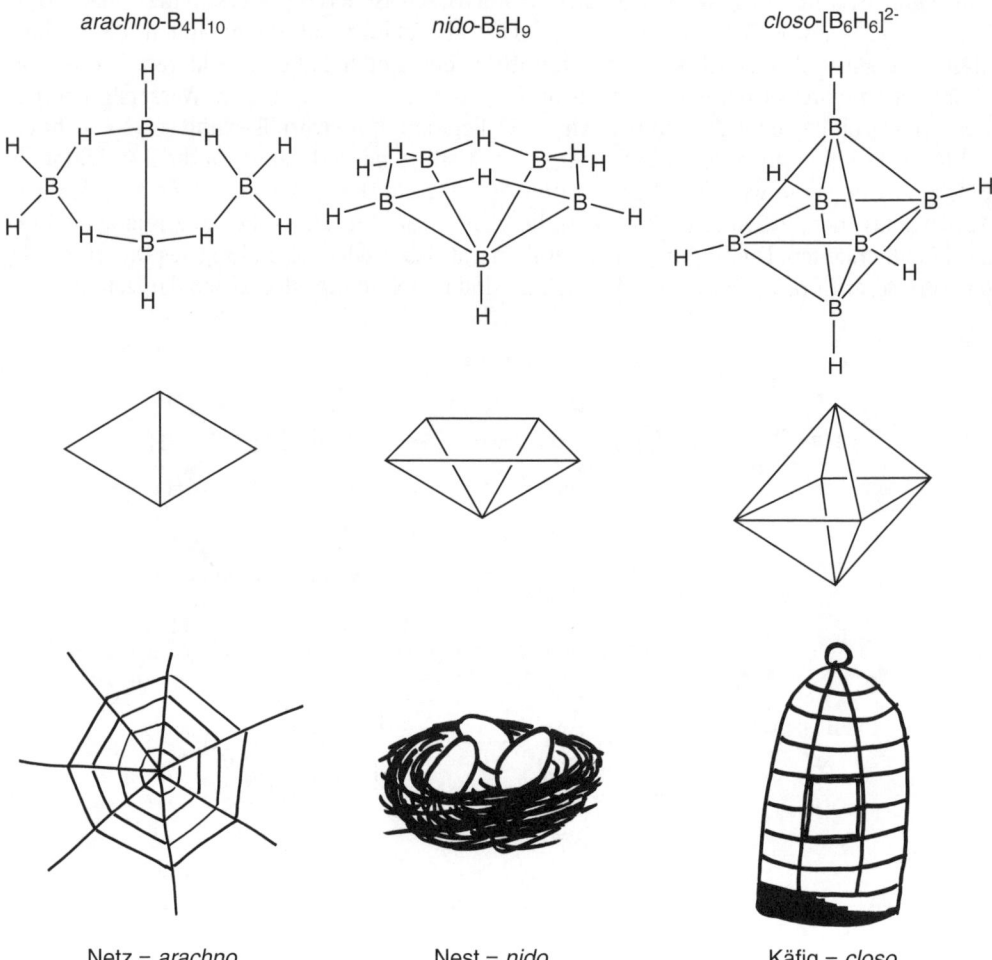

Abbildung 3.7: Beispiele für Strukturen von Polyboranen (oben), Darstellung der Verknüpfung der Boratome (Mitte) und Symbole für die griechischen bzw. lateinischen Begriffe »arachno, nido und closo« (unten).

Die Fähigkeit, Mehrzentrenbindungen auszubilden, führt dazu, dass höhere Borane ausgedehnte Netz- und Käfigstrukturen entwickeln. Drei Beispiele für die Verbindungsklasse der **Polyborane** sind in Abbildung 3.7 dargestellt. Die Vorsilben »*arachno*«, »*nido*« und »*closo*« bezeichnen dabei bestimmte Charakteristika in der Verknüpfung der Boratome untereinander. »*Arachno*« steht dabei für netzartige Strukturen, deshalb wurde für die Bezeichnung das griechische Wort für Spinne bzw. Spinnennetz als Namensgeber gewählt. »*Nido*« steht für nestartige und »*closo*« für käfigartige Strukturen. Beide Begriffe stammen aus dem Lateinischen. Die höheren Borane kann man durch kontrollierte Pyrolyse (= thermische Zersetzung) von B_2H_6 in der Gasphase, durch Umsetzung von Magnesiumborid (MgB_2) mit nicht oxidierenden Säuren wie z. B. Phosphorsäure oder durch Reaktion von Hydridoboraten mit Säuren herstellen. Ganz rechts in Abbildung 3.7 ist ein Borat-Anion dargestellt. Dieses wird erst mit einem Kation zusammen zu einer vollständigen Verbindung, also z. B. mit zwei Natriumionen entsteht die Verbindung $Na_2[closo\text{-}B_6H_6]$ mit dem komplizierten Namen Dinatrium-hexahydrido-*closo*-hexaborat. Die Strukturen der Polyborane sind für Chemiker äußerst faszinierend, deshalb gibt es umfangreiche Untersuchungen dazu. Chemisch verhalten sich die höheren Borane ganz ähnlich wie das einfache Diboran. Anwendungen für die Polyborane gibt es bisher nicht so richtig. Eine Zeit lang versuchte man diese als Raketentreibstoffe einzusetzen. Allerdings gibt es dabei praktische Probleme, da die Verbindungen nicht vollständig verbrennen und nichtflüchtige Polymere dann die Abgasrohre verstopfen.

Weiterhin gibt es noch **Heteroborane**. Dabei handelt es sich um Polyborane, bei denen BH- oder BH_2-Gruppen durch isoelektronische Elementgruppen (EH_n) ersetzt werden. Dabei kommt man dann zu Carbaboranen (E=C), Silaboranen (E=Si), Azaboranen (E=N) usw. Auf der Titelseite dieses Buchs finden Sie z. B. die Struktur eines dimeren Dicarba-*closo*-dodecaborans. Zwei Einheiten von *para*-$C_2B_{10}H_{11}$ sind über eine Bor-Bor-Bindung miteinander verknüpft. Dicarba-*closo*-dodecaborane sind aufgrund einer dreidimensionalen Aromatizität überraschend stabil. So kann man manche dieser Verbindungen z. B. bis 400 °C erhitzen, ohne dass sich diese zersetzen.

Natriumboranat (Natriumtetrahydridoborat) enthält das BH_4^--Anion. In dieser Verbindung ist der Elektronenmangel des BH_3 durch Aufnahme eines zusätzlichen Hydrid-Anions (H^-) aufgehoben. Es handelt sich dabei um einen farblosen Feststoff, der an trockener Luft beständig ist. Natriumborhydrid wird häufig als Reduktionsmittel verwendet. So kann man z. B. Aldehyde, Ketone und Carbonsäurechloride zu Alkoholen reduzieren oder dünne Metallschichten aus wässrigen Lösungen abscheiden.

Aluminium und seine Verbindungen

Aluminium kommt in der Natur hauptsächlich an Sauerstoff gebunden vor. Es ist in sehr vielen Gesteinen wie Granit, Gneis, Porphyr und Basalt enthalten. Es gibt sehr viele aluminiumhaltige Minerale, hier nur einige wichtige Beispiele:

✔ Feldspat, $K[AlSi_3O_8]$

✔ Glimmer, z. B. Muskovit = Kaliglimmer, $KAl_2(OH)_2[AlSi_3O_{10}]$

- Tone, z. B. Kaolin, $Al_2(OH)_4Si_2O_5$
- Bauxit, Aluminiumoxidhydrat, $AlO(OH)$
- Tonerde, Aluminiumoxid, Al_2O_3

Kristallines Aluminiumoxid wird auch als Korund bezeichnet. Durch Spuren anderer Metalloxide gefärbte Korundkristalle sind begehrte Edelsteine, so z. B. Rubin oder Saphir.

Die Herstellung von Aluminium erfolgt durch Schmelzflusselektrolyse von Aluminiumoxid. Der Schmelzpunkt von Aluminiumoxid liegt bei ca. 2000 °C. Es würde sehr viel Energie und besondere Ofenmaterialien erfordern, wenn man die Schmelzflusselektrolyse bei dieser Temperatur durchführen würde. Daher wendet man einen Trick an: Man stellt eine Lösung von Aluminiumoxid in geschmolzenem Kryolith, Na_3AlF_6, her. Die Mischung dieser beiden Komponenten hat einen viel niedrigeren Schmelzpunkt, sodass man die Schmelzflusselektrolyse dann bei »nur noch« 935 bis 950 °C ausführen kann.

Aluminium ist ein silbrig-weiß glänzendes Metall mit einer niedrigen Dichte (2,7 g/cm³). Daher spricht man auch von einem »Leichtmetall«. Aluminium ist sehr gut dehnbar, man kann daher sehr gut Drähte, Bleche und hauchdünne Folien daraus herstellen. Die Eigenschaften bestimmen die Einsatzgebiete von Aluminium: Wir kennen alle die Haushaltsfolie aus Aluminium und auch Schokolade wird häufig in Aluminiumfolie verpackt. Aufgrund seiner geringen Dichte wird es viel im Flugzeugbau verwendet.

Aluminium ist äußerst bestrebt, sich mit Sauerstoff zu verbinden. Dabei entsteht unter starker Wärmeentwicklung Aluminiumoxid. Diese Eigenschaft des Aluminiums wird beim **aluminothermischen Verfahren** benutzt, um Eisenteile miteinander zu verschweißen. Hier verwendet man ein Gemisch von Eisenoxid (Fe_3O_4) und Aluminium. Dieses bringt man in einer geeigneten Form an die Stelle, an der z. B. zwei Eisenbahn- oder Straßenbahnschienen miteinander verschweißt werden sollen. Beim Entzünden dieser Mischung läuft unter starker Licht- und Wärmeentwicklung folgende Reaktion ab:

$3\ Fe_3O_4 + 8\ Al \rightarrow 4\ Al_2O_3 + 9\ Fe$

Das entstehende Eisen verbindet die beiden Schienen sicher und fest miteinander. Diese Reaktion funktioniert auch mit anderen Metalloxiden, die man auf diese Weise zum Metall reduzieren kann, z. B. mit Chromoxid (Cr_2O_3), Manganoxid (Mn_3O_4) oder Titandioxid (TiO_2).

Obwohl oder gerade weil Aluminium sehr gern und heftig mit Sauerstoff reagiert, ist dieses Metall doch an der Luft beständig. Das erscheint auf den ersten Blick unlogisch, aber ich kann Ihnen diesen Sachverhalt erklären. Aluminium bildet an der Luft sehr schnell eine sehr dünne, zusammenhängende und dicht anliegende Oxidschicht auf der Metalloberfläche aus. Diese Oxidschicht schützt das Metall vor weiterer Oxidation. Mit bestimmten Tricks kann man die Oxidation von Aluminium trotzdem vorantreiben. So kann man z. B. die Oberfläche des Aluminiums mit Quecksilber behandeln. Dabei entsteht eine Legierung aus Aluminium und Quecksilber, ein sogenanntes Amalgam. Das amalgamierte Aluminium oxidiert an der Luft sehr schnell, in kurzer Zeit wachsen auf der Oberfläche weiße Fasern von Aluminiumoxidhydrat, die das Aluminium wie eine Schimmelschicht bedecken. Aluminium ist auch gegen oxidierende Säuren wie Salpetersäure beständig. Dieser Effekt beruht ebenfalls auf der

Bildung der schützenden Oxidschicht auf der Oberfläche. Durch Oxidation des Aluminium-Werkstückes in einer Elektrolysezelle lässt sich diese Schutzwirkung noch verbessern. Bei diesem **Eloxal-Verfahren** wird durch anodische Oxidation eine etwa 0,02 mm dicke, harte und beständige Oxidschicht erzeugt. Das so behandelte Aluminium ist weitgehend unempfindlich gegenüber Seewasser, anderen Witterungsbedingungen, Säuren und Laugen.

Gegenüber Wasser und schwachen organischen Säuren ist Aluminium stabil. In starken Säuren und in basischer Lösung wird jedoch die dünne Oxidschicht abgelöst.

Oxidschicht in starken Säuren: $Al(OH)_3 + 3\,H^+ \rightarrow Al^{3+} + 3\,H_2O$

Oxidschicht in basischer Lösung: $Al(OH)_3 + OH^- \rightarrow Al(OH)_4^-$

Das entstehende Al^{3+} bzw. das Aluminat, $Al(OH)_4^-$, sind löslich. Dadurch kann die Säure, bzw. Base weiter am Metall angreifen, und das Aluminium wird oxidiert. Da Aluminium ein stark elektropositives Metall ist, entsteht dabei gasförmiger Wasserstoff (siehe Kapitel 11, elektrochemische Spannungsreihe).

Aluminium in starken Säuren: $Al + 3\,H^+ \rightarrow Al^{3+} + 3/2\,H_2 \uparrow$

Aluminium in basischer Lösung: $Al + OH^- + 3\,H_2O \rightarrow Al(OH)_4^- + 3/2\,H_2 \uparrow$

Wichtige Verbindungen des Aluminiums

Aluminiumhydroxid, $Al(OH)_3$, löst sich sowohl in Säuren als auch in Basen auf. Man bezeichnet solche Verbindungen auch als »amphotere Hydroxide«. Die Reaktionsgleichungen dazu haben wir schon im vorigen Abschnitt bei der Auflösung der Oxidschicht auf Aluminium kennen gelernt.

Aluminiumoxid (»Tonerde«), Al_2O_3, wird aufgrund seiner großen Härte in Pulverform als Schleifmittel verwendet (Korund). Es gibt auch Verfahren zur Herstellung von synthetischen Edelsteinen aus Aluminiumoxid (Rubin, Saphir). Dazu braucht man einen Ofen mit einer sehr heißen Flamme, durch die man Aluminiumoxidpulver hindurchtropfen lässt. Damit man einen schön gefärbten Edelstein erhält, wird das Aluminiumoxid gezielt mit Chromoxid (für Rubine) oder Titanoxid und Eisenoxid (für Saphire) verunreinigt. Diese künstlichen Rubine finden nicht nur in der Schmuckindustrie Verwendung, sondern auch als Achsenlager zur Herstellung hochwertiger Uhren und elektrotechnischer Messgeräte. Auch hier wird wieder die große Härte des Aluminiumoxides genutzt, da Achsenlager aus Rubin nahezu verschleißfrei arbeiten. Mit Ton als Bindemittel stellt man hoch feuerfeste Geräte und keramische Werkstoffe her (Sintertonerde, Sinterkorund).

Aluminiumwasserstoff, $(AlH_3)_n$, entsteht bei der Reaktion von Aluminiumchlorid ($AlCl_3$) und Lithiumaluminiumhydrid ($LiAlH_4$) in Diethylether als Lösungsmittel:

$AlCl_3 + 3\,LiAlH_4 \rightarrow 4\,AlH_3 + 3\,LiCl$

Dabei entsteht zunächst das lösliche Aluminiumwasserstoff-Diethylether-Addukt. Dieses polymerisiert zum eigentlichen Aluminiumwasserstoff, $(AlH_3)_n$, der aus der Lösung ausfällt. Die Verknüpfung der AlH_3-Moleküle erfolgt wie beim Diboran über Wasserstoffbrücken. Der Aluminiumwasserstoff, $(AlH_3)_n$, ist sehr luft- und feuchtigkeitsempfindlich und entzündet sich spontan an der Luft! Deshalb wird diese Verbindung nur selten verwendet. Stattdessen greift man auf weniger gefährliche Verbindungen zurück, z. B. auf **Lithiumaluminiumhydrid, LiAlH$_4$** (»Lithiumalanat«) Diese Verbindung kann z. B. aus Lithiumhydrid und Aluminiumchlorid hergestellt werden:

$AlCl_3 + 4\,LiH \rightarrow LiAlH_4 + 3\,LiCl$

Man kann das Lithiumaluminiumhydrid an trockener Luft handhaben, ohne dass es sich spontan entzündet. Die Verbindung ist jedoch hydrolyseempfindlich, d. h. sie zersetzt sich in Gegenwart von Wasser zu den Metallhydroxiden und Wasserstoff:

$LiAlH_4 + 4\,H_2O \rightarrow LiOH + Al(OH)_3 + 4\,H_2$

Ein weiterer Vorteil von LiAlH$_4$ gegenüber (AlH$_3$)$_n$ ist die gute Löslichkeit in Diethylether. Dies ermöglicht eine gute Dosierbarkeit der Verbindung. Lithiumaluminiumhydrid ist ein beliebtes Reduktions- und Hydrierungsreagenz in der organischen Chemie. So kann man damit verschiedene CO-Doppelbindungen oder Nitrile reduzieren, siehe Abbildung 3.8. Das eigentliche Reduktionsmittel bei diesen Reaktionen sind die Hydridionen (H$^-$).

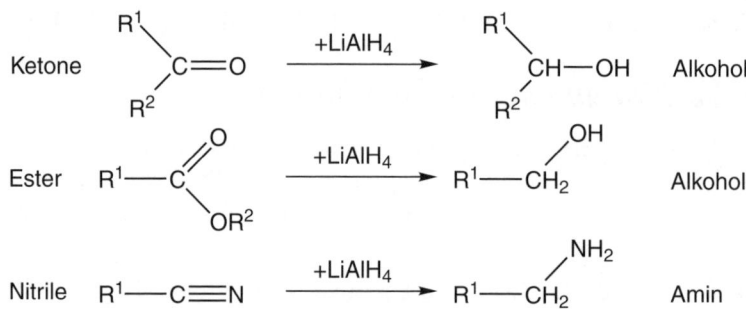

Abbildung 3.8: Beispiele für Hydrierungen mit LiAlH$_4$.

Aluminiumchlorid kann man direkt aus den Elementen Aluminium und Chlor herstellen. Der farblose bis leicht gelbliche Feststoff raucht an der Luft aufgrund der sehr schnell einsetzenden Hydrolysereaktion, die nach folgender Gleichung verläuft:

$AlCl_3 + 3\,H_2O \rightarrow Al(OH)_3 + 3\,HCl \uparrow$

Die Verbindung stellt eine typische »Lewis-Säure« dar (siehe Kapitel 10), die mit verschiedenen »Lewis-Basen« Donor-Akzeptor-Komplexe oder auch -Addukte bildet. Das Prinzip der Adduktbildung ist noch einmal in der nachfolgenden Abbildung dargestellt. Das Aluminiumchlorid hat ein unbesetztes Orbital und ist daher gern bereit, diese Elektronenlücke mit zwei Elektronen von einem anderen Molekül aufzufüllen. In unserem Beispiel dient dazu das freie Elektronenpaar vom Ammoniak. Beachten Sie bitte auch die alternativen Schreibweisen für Addukte, die in der Literatur verwendet werden. Sowohl der Pfeil, der die Donor-Akzeptor-Wechselwirkung symbolhaft darstellt, als auch die Schreibweise mit dem Punkt findet man häufig. Man kann sogar einfach einen Bindungsstrich zwischen Aluminium und Stickstoff zeichnen, allerdings haben dann die beiden Elemente formale Ladungen.

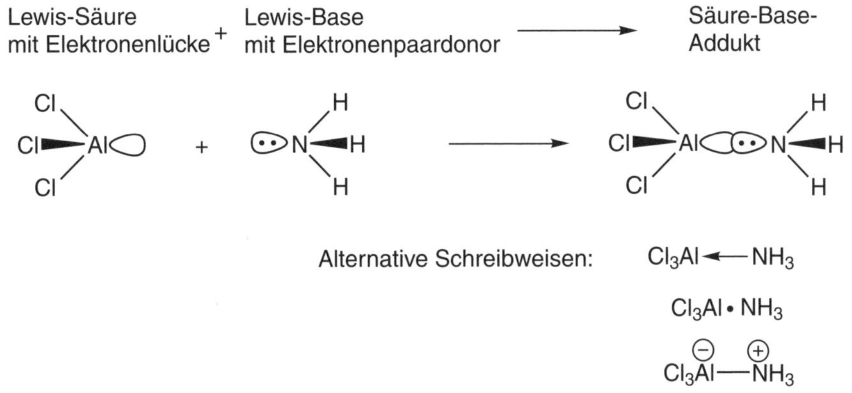

3 ▶ Elektropositive Elemente

Lewis-Säure mit Elektronenlücke + Lewis-Base mit Elektronenpaardonor ⟶ Säure-Base-Addukt

Alternative Schreibweisen: $Cl_3Al \leftarrow NH_3$

$Cl_3Al \cdot NH_3$

$\overset{\ominus}{Cl_3Al} — \overset{\oplus}{NH_3}$

Abbildung 3.9: Adduktbildung mit Aluminiumchlorid.

Die Lewis-Säure-Eigenschaften vom Aluminiumchlorid nutzt man für Umwandlungsprozesse in der Erdölverarbeitung und für Substitutionsreaktionen an Aromaten, siehe Abbildung 3.10. Bei Substitutionsreaktionen an Aromaten aktiviert das $AlCl_3$ die Reagenzien R–Cl (Alkylchlorid) bzw. das Carbonsäurechlorid (R–COCl) derart, dass positiv geladene Intermediate (Zwischenprodukte) entstehen, die dann mit dem Aromaten reagieren. Falls Sie mehr darüber wissen möchten, suchen Sie bitte in einem Organik-Lehrbuch nach Friedel-Crafts-Alkylierung bzw. -Acylierung.

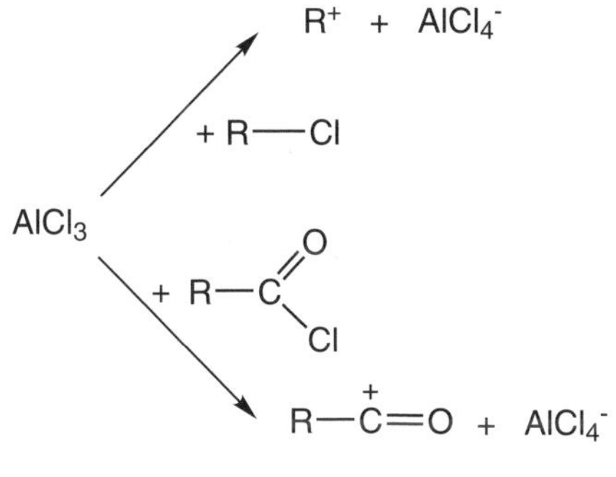

Abbildung 3.10: Aktivierung von Alkylhalogeniden (R-Cl) und Säurechloriden (R-COCl) mit $AlCl_3$.

Kaliumalaun, $KAl(SO_4)_2 \cdot 12H_2O$, Kaliumaluminiumsulfat-Dodecahydrat entsteht aus Kaliumsulfat und Aluminiumsulfat. Wie der Name schon andeutet, gehört diese Verbindung zur Klasse der **Alaune**. Dazu zählen alle Verbindungen der Zusammensetzung $M^+M^{3+}(SO_4)_2 \cdot 12H_2O$, die also ein einwertiges Kation (M^+) und ein dreiwertiges Kation (M^{3+}) enthalten. Alaune kristallisieren häufig in sehr schönen Würfeln und Oktaedern und werden daher viel für Kristallzuchtexperimente verwendet. Von den 12 Wassermolekülen im Alaun sind jeweils sechs an die beiden Metallionen gebunden, sodass man die allgemeine Formel auch als $[M(H_2O)_6]^+[M(H_2O)_6]^{3+}(SO_4)_2$ schreiben könnte. Alaune sind Doppelsalze, d. h. sie zeigen in Lösung die gleichen Eigenschaften wie die einzelnen Salze $M^+_2SO_4$ und $M^{3+}_2(SO_4)_3$, kristallisieren jedoch in einer gemeinsamen Kristallstruktur aus.

Kaliumalaun wurde in der Antike wegen seiner austrocknenden und fäulnishemmenden Wirkung zur Mumifizierung von Leichen verwendet. Heutzutage gebraucht man die Verbindung vor allem zum Gerben von Tierfellen, in der Papierindustrie (Leim für Papier), zur Wasserreinigung (Flockungsmittel) und auch manchmal als Rasierstein zum Stillen von kleinen Schnittwunden.

Metallorganische Verbindungen der Hauptgruppenelemente

Es gibt noch eine weitere Klasse von Verbindungen, die sich aus der Kombination von Metallatomen mit organischen Substituenten ergeben – die metallorganischen Verbindungen. Metallorganische Verbindungen von Lithium, Magnesium und Aluminium haben durchaus wirtschaftliche Bedeutung, werden in großen Mengen hergestellt und es könnte sein, dass Sie eine solche Verbindung einmal benutzen müssen. Deshalb an dieser Stelle einige grundlegende Informationen darüber.

Metallorganische Verbindungen der Elemente der 1. bis 3. Hauptgruppe sind extrem reaktiv und müssen sorgfältig unter Ausschluss von Luft und Feuchtigkeit gehandhabt werden. Ansonsten reagieren diese Verbindungen sofort mit dem Luftsauerstoff oder mit Wasser zu Folgeprodukten. Die hohe Reaktivität dieser Verbindungen kann man mit der Polarität der Metall-Kohlenstoffbindung erklären. Die Metallatome haben eine deutlich geringere Elektronegativität als die daran gebundenen Kohlenstoffatome. Dadurch tragen die Kohlenstoffatome eine negative Partialladung (partial = teilweise, etwas, ein wenig), bzw. kann man die Kohlenstoffatome sogar als Carbanionen betrachten, z. B. Methylanion: H_3C^- (siehe Abbildung 3.11). Carbanionen und negativ geladene Kohlenstoffatome sind höchst reaktiv und treten mit Luftsauerstoff, Wasser und protischen Lösungsmitteln (= Protonen abspaltende Lösungsmittel) begierig in Reaktion. Warum stellt man eigentlich mühsam so hoch reaktive Verbindungen her, die an der Luft sofort wieder kaputt gehen? Weil man diese gerade aufgrund ihrer Reaktivität für verschiedene Synthesen nutzen kann! So verwendet man diese Verbindungen z. B. dazu, die Alkylreste auf beliebige andere Substrate (= Verbindung, die man verändern möchte) zu übertragen und dadurch neue Verbindungen, z. B. pharmazeutische Wirkstoffe, herzustellen.

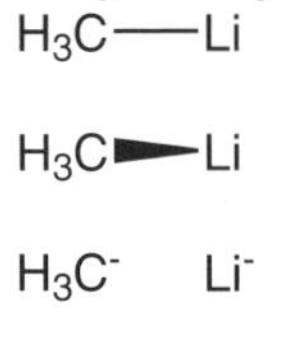

$$H_3\overset{\delta^-}{C}\text{—}\overset{\delta^+}{Li}$$

$$H_3C \blacktriangleright Li$$

$$H_3C^- \quad Li^+$$

Abbildung 3.11: Übliche Darstellungsweisen für die Bindungspolarität in metallorganischen Verbindungen am Beispiel des Methyllithiums.

3 ► Elektropositive Elemente

Lithiumorganyle erhält man durch Reaktion eines Alkylhalogenids (RX) mit metallischem Lithium in einem inerten (= reaktionsträgen) Lösungsmittel, z. B. Hexan. Beispiele für die Synthesen finden Sie in nachfolgenden Gleichungen.

CH_3–CH_2–CH_2–CH_2–Cl + 2 Li → CH_3–CH_2–CH_2–CH_2–Li + LiCl

n-Butylchlorid n-Butyllithium

CH_3–I + 2 Li → CH_3–Li + LiI

Methyliodid Methyllithium

Lithiumorganyle verbinden sich in Lösung zu größeren Aggregaten. So bilden Methyllithium und n-Butyllithium in Hexan und anderen Kohlenwasserstoffen z. B. Hexamere, in Diethylether Tetramere (siehe Abbildung 3.12). Dadurch wird wieder einmal ein Elektronenmangel behoben. Ähnlich wie das Bor in Boranen, leidet das Lithium hier mit nur einem Bindungspartner an zu wenigen Elektronen. Da in der Elektronenhülle des Lithiums noch genügend Platz für weitere Elektronen und damit Bindungspartner besteht, bilden sich diese größeren Aggregate.

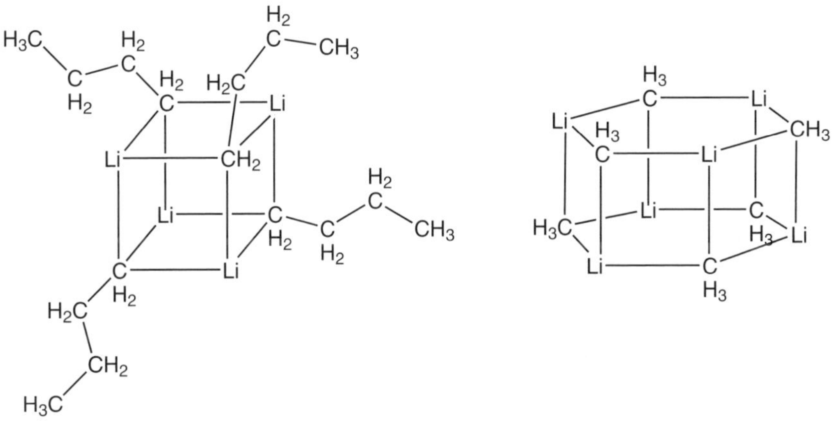

Abbildung 3.12: Tetrameres n-Butyllithium in Diethylether (links) und hexameres Methyllithium in Hexan (rechts).

Organylmagnesiumhalogenide der Zusammensetzung R-Mg-X werden auch nach ihrem Entdecker **Grignard-Verbindungen** genannt. Diese Verbindungen werden in der organischen Chemie vielfach als Reagenzien zur Einführung der Organylreste »R« in organische Moleküle verwendet. Die Herstellung der Grignard-Verbindungen erfolgt durch Umsetzung von metallischem Magnesium mit Alkyl- oder Arylhalogeniden in wasserfreiem Diethylether als Lösungsmittel.

R-X + Mg → R-Mg-X   X = Cl, Br, I   R = Alkyl, Aryl

Der Diethylether hat einen niedrigen Siedepunkt (32 °C), verdampft daher sehr leicht, und die Etherdämpfe wirken bei der Synthese gleichzeitig als Schutzgaspolster über der Reaktionslösung. Man muss also hierbei nicht unbedingt unter Inertgas arbeiten, da die entstehende Grignard-Verbindung durch die Etherdämpfe vor Zersetzung geschützt wird. Auch bei diesen Verbindungen besteht wieder ein Elektronenmangel am Metallatom. Dieser Mangel wird durch Koordination von Ethermolekülen ausgeglichen, sodass die Grignard-Verbindung immer als Solvat (= Komplex mit dem Lösungsmittel) vorliegt. Häufig koordinieren zwei Moleküle Diethylether an einem Molekül Grignard-Verbindung, in Abhängigkeit von der Konzentration wurden aber noch andere Strukturen nachgewiesen. Die dabei auftretenden Gleichgewichtsreaktionen in Lösung werden in der Literatur als »Schlenk-Gleichgewicht« diskutiert.

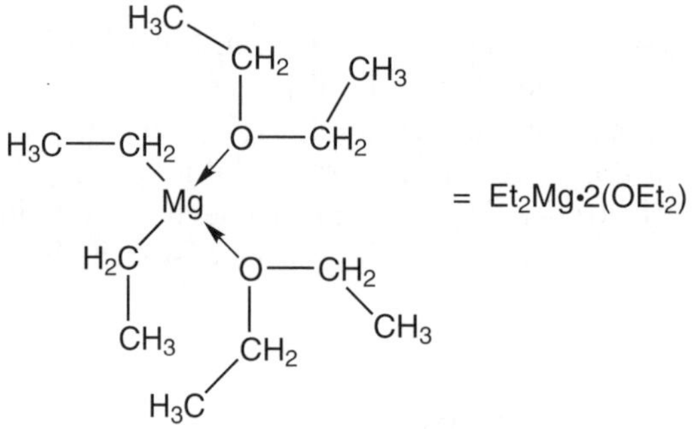

Abbildung 3.13: Beispiel für die Solvatisierung einer Grignard-Verbindung mit Diethylether

Aluminiumorganyle kann man im Labor durch Übertragung der Organylreste von einer Grignard-Verbindung auf ein Aluminiumhalogenid erzeugen:

$3\ R-Mg-Cl\ +\ AlCl_3\ \rightarrow\ AlR_3\ +\ 3\ MgCl_2$

In der chemischen Industrie geht man einen anderen Weg zur Herstellung dieser Verbindungen, indem man ein Alken (= Molekül mit Doppelbindung) und Wasserstoff mit metallischem Aluminium zur Reaktion bringt.

$6\ R-CH=CH_2\ +\ 3\ H_2\ +\ 2\ Al\ \rightarrow\ 2\ (R-CH_2-CH_2)_3Al$

Es muss sich dabei um ein endständiges (sogenanntes »terminales«) Alken handeln, d. h. die Doppelbindung muss sich am Ende der Kohlenwasserstoffkette befinden, sonst klappt die Reaktion nicht. Die Reaktion von Aluminium mit Wasserstoff und Alken wird im Ziegler-Direktverfahren (»Aufbaureaktion«) zur Synthese von langkettigen Alkoholen genutzt. Dabei stellt man zunächst aus Ethylen, Wasserstoff und Aluminium Triethylaluminium her:

$6\ H_2C=CH_2\ +\ 3\ H_2\ +\ 2\ Al\ \rightarrow\ 2\ (CH_3-CH_2)_3Al$

Weiteres Ethylen schiebt sich in die Aluminium-Kohlenstoff-Bindung ein (das Einschieben nennt man »Insertion«), und es entstehen lange Kohlenwasserstoffketten mit einer geraden Anzahl an Kohlenstoffatomen am Aluminium:

$(H_3C-CH_2)_3Al\ +\ 3n\ CH_2=CH_2\ \rightarrow\ [CH_3-CH_2-(H_2C-CH_2)_n]_3Al$

Diese beiden Reaktionen werden bei 80–160 °C und bis zu 200 bar Druck ausgeführt. Also nichts, was Sie zu Hause probieren sollten, zumal das intermediär (zwischendrin) entstehende Triethylaluminium sich spontan an der Luft entzündet! Aus den Kohlenwasserstoffketten stellt man wertvolle Waschmittelrohstoffe her, indem man die Trialkylaluminiumverbindungen zunächst mit Sauerstoff oxidiert und anschließend mit Wasser die Alkohole abspaltet:

$[CH_3–CH_2–(H_2C–CH_2)_n]_3Al + 3/2\ O_2 \rightarrow [CH_3–CH_2–(H_2C–CH_2)_n–O]_3Al$

$[CH_3–CH_2–(H_2C–CH_2)_nO]_3Al + 3\ H_2O \rightarrow 3\ CH_3–CH_2–(H_2C–CH_2)_n–OH + Al(OH)_3$

Die erhaltenen unverzweigten Alkanole mit endständiger OH-Gruppe werden dann z. B. zu biologisch abbaubaren Tensiden weiterverarbeitet.

Vom Kohlenstoff zum Blei – die 4. Hauptgruppe

In diesem Kapitel

▶ Kohlenstoff als wichtiges Element in biologischen Kreisläufen; Treibhauseffekt

▶ Silicium und Germanium als wichtige Voraussetzung der Halbleitertechnologie

▶ Zinn und Blei – Darstellung und Verwendung der Metalle

Die 4. Hauptgruppe enthält wichtige und nützliche Elemente. Einerseits hängt unsere Existenz vom Kreislauf des Kohlenstoffs in der Natur ab, andererseits wäre die moderne Computertechnologie ohne die Halbleiter Silicium und Germanium undenkbar. Graphit und Diamant sind zwei verschiedene Formen des Elements Kohlenstoff. Ich werde Ihnen in diesem Kapitel erklären, wie es zu diesen unterschiedlichen Erscheinungsformen desselben Elements kommt.

Kohlenstoff

Kohlenstoff gibt es in elementarer Form, z. B. als Graphit und Diamant, er ist Bestandteil aller Lebewesen und es existieren Minerale, die Kohlenstoff enthalten. Diese verschiedenen Formen des Kohlenstoffs sind über den CO_2-Zyklus in der Natur miteinander verbunden (siehe Abbildung 4.1). Die Verbrennung von fossilen Energieträgern (Braunkohle, Steinkohle, Erdöl und Erdgas) setzt große Mengen Kohlendioxid frei. Das führt zu einer Anreicherung dieses Gases in der Atmosphäre. Höhere Konzentrationen von Gasen wie etwa CO_2 führen wiederum zu einer verminderten Abstrahlung von Wärmeenergie in den Weltraum. Dieser Effekt ähnelt den Vorgängen in einem Treibhaus, bei dem die Glasscheiben dafür sorgen, dass weniger Wärmeenergie nach außen abgestrahlt werden kann. Man spricht daher auch von einem »Treibhauseffekt« oder von der »globalen Erwärmung«. Der abgebildete CO_2-Kreislauf soll Ihnen helfen, diese Zusammenhänge besser zu verstehen.

Bei allen Lebewesen ist der Kohlenstoff in Form von Kohlenhydraten, Proteinen und Fetten gebunden. Menschen und Tiere nehmen diese Kohlenstoff enthaltenden Verbindungen mit der Nahrung auf, verbrennen sie teilweise und atmen CO_2 wieder aus. Also auch der Mensch ist eine Quelle für Kohlendioxid in der Atmosphäre. Sie sollten trotzdem unbedingt weiter atmen, auch wenn Ihnen die globale Erwärmung Sorgen bereitet!

Minerale, die Kohlenstoff enthalten, bestehen überwiegend aus Calciumcarbonat ($CaCO_3$). Es gibt verschiedene Formen von Calciumcarbonat enthaltenden Mineralen, die sich in ihrer Struktur und Zusammensetzung unterscheiden (Kalkstein, Marmor, Dolomit). Kohle besteht nicht ausschließlich aus Kohlenstoff, sondern enthält noch je nach Entstehungsgeschichte gebundenen Wasserstoff, Sauerstoff und Schwefel.

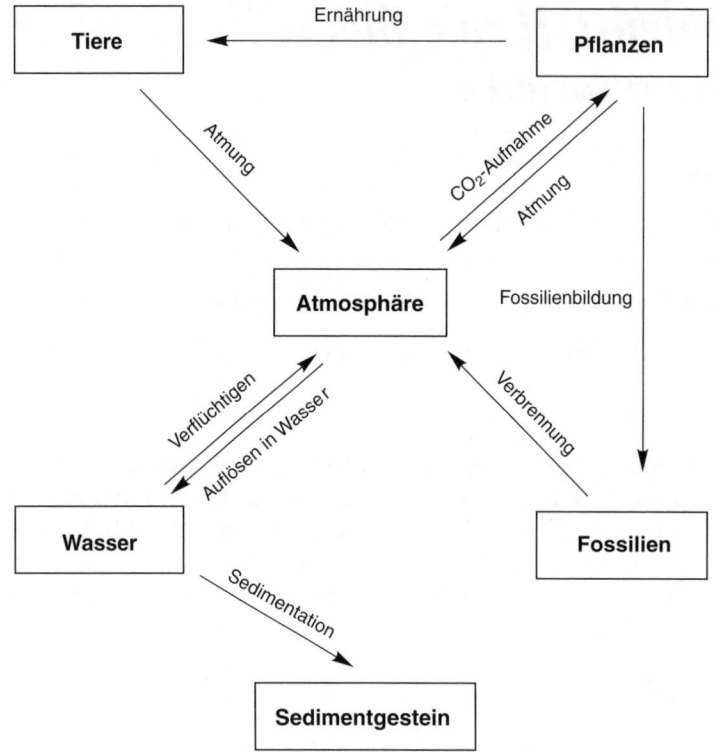

Abbildung 4.1: CO_2-Kreislauf in der Natur.

Elementarer Kohlenstoff

Elementarer Kohlenstoff kommt in verschiedenen Modifikationen vor:

✔ hochmolekulare Formen (C_∞)
  - Graphit
  - Diamant

✔ niedermolekulare Formen (C_n)
  - Fullerene mit n = gerade (C_{60}, C_{70}, C_{76}, usw.)
  - Kohlenstoff-Nanoröhren

Graphit besteht aus ebenen Kohlenstoffschichten. Diese sind übereinander gelagert (siehe Abbildung 4.2). Jedes Kohlenstoffatom ist an drei weitere Atome gebunden, damit ist der Kohlenstoff sp^2-hybridisiert (Erläuterung siehe Kapitel 13). Es entsteht eine Schicht aus Sechsecken. Das p_z-Orbital wird nicht mit in die Hybridisierung einbezogen und steht senkrecht zur Ebene der Kohlenstoffatome. Dieses Orbital kann mit einem p_z-Orbital der nächsten Schicht in Wechselwirkung treten. Damit existieren auch zwischen den Schichten schwache

Wechselwirkungen. Wenn man den Aufbau des Graphits kennt, kann man die Eigenschaften dieser Modifikation verstehen. Die Leitfähigkeit des Graphits beruht auf der Delokalisierung der Elektronen in den p_z-Orbitalen. Die schwarze Farbe des Graphits kann man mit der leichten photochemischen Anregbarkeit dieser Elektronen erklären, und die Schmierwirkung lässt sich auf die leichte Verschiebung der Schichten gegeneinander zurückführen.

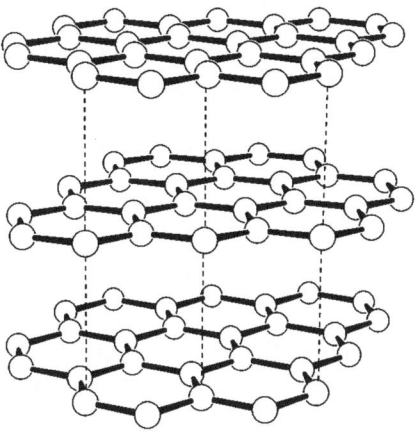

Abbildung 4.2: Schichtgitter von Graphit.

Alkalimetalle wie Natrium oder Kalium werden reversibel von Graphit aufgenommen. Die Metallatome lagern sich dabei *zwischen* die Schichten des Graphitgitters ein. Die elektrische Leitfähigkeit dieser Alkalimetallgraphite ist deutlich höher als die von reinem Graphit. Die Verbindungen kann man auch als starke Reduktionsmittel im Labor verwenden.

Bei sehr hohem Druck (130 000 bar) und Temperaturen um 3000 °C kann man Graphit in Diamant umwandeln. Im Diamantgitter ist jedes Kohlenstoffatom an vier weitere Atome gebunden. Der Kohlenstoff ist sp³-hybridisiert und über Einfachbindungen an vier weitere Kohlenstoffatome gebunden (Abbildung 4.3). Durch diese Bindungen wird Diamant sehr hart und ist nicht leitend für elektrischen Strom. Aber Vorsicht: Diamanten verbrennen an der Luft bei etwa 700 °C! Klare durchsichtige Diamanten ohne Einschlüsse sind wertvolle Edelsteine. Diamanten werden aber auch in der Industrie als Werkstoff für Bohrkronen oder Lager eingesetzt. Allerdings verwendet man dafür meist winzige, undurchsichtige und schwarze Diamanten.

Die niedermolekularen Formen des Kohlenstoffs (Fullerene und Nanoröhren) wurden erst in den letzten 20 Jahren entdeckt. **Fullerene** sind mehr oder weniger kugelförmige Moleküle. Die beiden bekanntesten Vertreter dieser Kohlenstoffmoleküle sind in Abbildung 4.4 dargestellt. Während C_{60} die Gestalt eines Fußballs hat und damit nahezu kugelförmig ist, hat C_{70} eine etwas abgeflachte Gestalt. Warum wurden diese Kohlenstoffmodifikationen erst so spät entdeckt? Zum Nachweis der Existenz dieser Moleküle brauchte man moderne analytische Methoden. Erst mit Hilfe der Massenspektrometrie konnte man die Existenz dieser Moleküle nachweisen und mit der Einkristall-Strukturanalyse ihre Struktur beweisen. Die Synthese von Fullerenen erfolgt durch Verdampfen von Graphit. Dabei erhitzt man Kohle-

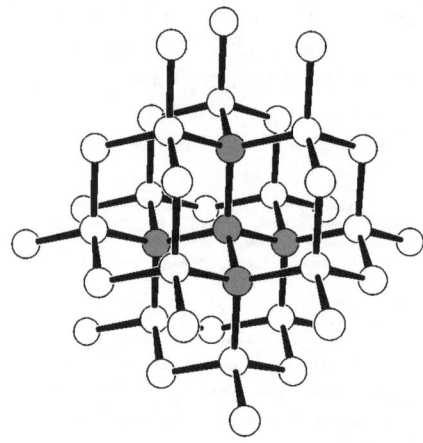

Abbildung 4.3: Kristallgitter von Diamant, ein Tetraeder ist grau hervorgehoben.

elektroden mit einem elektrischen Lichtbogen in einer inerten Atmosphäre aus Helium oder Argon. Hierbei verdampft der Graphit, und es entsteht sehr viel Ruß. Diesen extrahiert man mit Benzol und trennt die einzelnen Fullerene z. B. durch Chromatographie voneinander. Beim Verdampfen von Graphit entstehen außerdem **Kohlenstoff-Nanoröhren**. Es wurden mehrwandige (*multi-walled carbon nanotubes = MWNT*) und einwandige Kohlenstoff-Nanoröhren (single-*walled carbon nanotubes = SWNT*) nachgewiesen. Aufgrund der besonderen Eigenschaften der Kohlenstoff-Nanoröhren setzt man große Hoffnungen auf deren Einsatz als neuartige Werkstoffe und Materialien. So besitzen diese z. B. eine einzigartig hohe mechanische Festigkeit und Elastizität. Je nach Struktur der Röhren beobachtet man metallische Leitfähigkeit oder Halbleitereigenschaften.

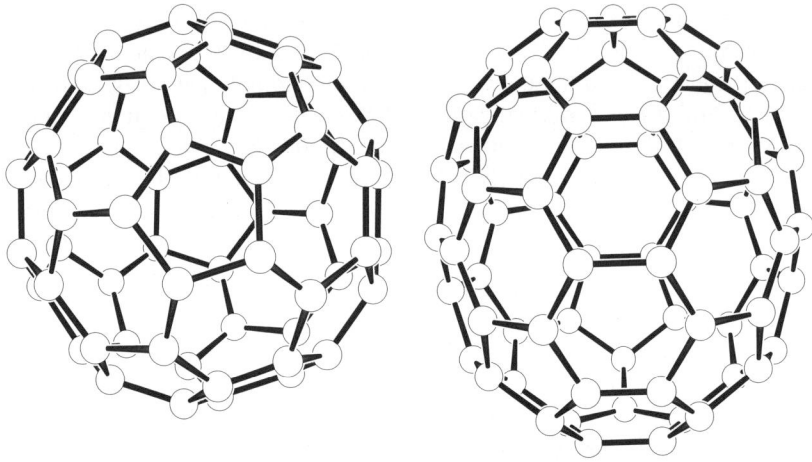

Abbildung 4.4: Die zwei bekanntesten Fullerene C_{60} und C_{70}.

Abbildung 4.5: Beispiel für eine einwandige Kohlenstoff-Nanoröhre (Seitenansicht und Draufsicht, oben) und Draufsicht auf eine mehrwandige Kohlenstoff-Nanoröhre (unten)

Reaktionsverhalten von Kohlenstoff

Kohlenstoff reagiert bei höherer Temperatur mit sauerstoffhaltigen Oxidationsmitteln unter Bildung von Kohlendioxid (CO_2). Das entstehende CO_2 ist sehr stabil, Kohlenstoff ist daher ein sehr gutes Reduktionsmittel.

$$C + 4\,HNO_3 \longrightarrow CO_2 + 4\,NO_2 + 2\,H_2O$$

$$2\,Al_2O_3 + 3\,C \longrightarrow 4\,Al + 3\,CO_2$$

Abbildung 4.6: Kohlenstoff als Reduktionsmittel.

In Gegenwart von Nickelkatalysatoren reagiert Kohlenstoff mit Wasserstoff zu Methan. Feinverteilter Kohlenstoff bzw. Kohlenstoff mit großer Oberfläche (Aktivkohle) adsorbiert an der Oberfläche verschiedenste Moleküle. Aktivkohle wird deshalb vielfach zum »Einfangen« schädlicher oder störender Moleküle verwendet (in Gasmaskenfiltern, als Hilfsmittel beim Umkristallisieren oder in Kohletabletten gegen Durchfall).

Verbindungen des Kohlenstoffs

Carbide

Kohlenstoff bildet mit Elementen gleicher oder kleinerer Elektronegativität Carbide. Man unterscheidet drei Gruppen von Carbiden:

- ✔ kovalente Carbide
- ✔ salzartige Carbide
- ✔ metallartige Carbide

Schauen wir uns die verschiedenen Carbide etwas näher an!

Kovalente Carbide

Diese entstehen mit den etwas elektropositiveren Elementen Silicium und Bor. **Siliciumcarbid (SiC)** ist sehr hart und existiert in zwei verschiedenen kristallinen Formen (α- und β-Form). Die β-Form hat eine diamantähnliche Struktur und wird als Halbleitermaterial verwendet. Aufgrund der hohen Härte verwendet man Siliciumcarbid-Pulver auch als Schleifmittel in der Industrie. **Borcarbid (B_4C)** ist ebenfalls sehr hart und widerstandsfähig gegen viele chemische Reagenzien.

Salzartige Carbide

Elektropositive Metalle der 1. und 2. Hauptgruppe, das Aluminium und die Elemente der 1., 2. und 3. Nebengruppe geben ihre Elektronen an den Kohlenstoff ab. Dabei entstehen kohlenstoffhaltige Anionen. Diese Anionen bilden mit den Metallkationen salzartige Verbindungen. Diese zerfallen in Gegenwart von Wasser sehr schnell unter Freisetzung von Kohlenwasserstoffen (siehe Abbildung 4.7). Je nachdem, welcher Kohlenwasserstoff dabei entsteht, unterscheidet man Methanide (Methan bildende Carbide), Acetylide (Acetylen bildende Carbide) und Allenide (diese enthalten Allen-Anionen im Kristallgitter, bei der Hydrolyse entsteht aber unter Umlagerung Propin).

4 ▶ Vom Kohlenstoff zum Blei – die 4. Hauptgruppe

Acetylide: Acetylen

$$CaC_2 + 2\,H_2O \longrightarrow Ca(OH)_2 + HC\equiv CH$$

Methanide: Methan

$$Al_4C_3 + 12\,H_2O \longrightarrow 4\,Al(OH)_3 + 3\,CH_4$$

Allenide: Propin

$$Mg_2C_3 + 4\,H_2O \longrightarrow 2\,Mg(OH)_2 + H_3C-C\equiv CH$$

Abbildung 4.7: Reaktionen von salzartigen Carbiden mit Wasser.

Calciumcarbid (CaC_2) wurde früher in großen Mengen aus gebranntem Kalk und Koks in elektrisch beheizten Öfen hergestellt. Das Calciumcarbid diente einmal zur Herstellung von Acetylen zum Schweißen und als Rohstoff für die chemische Industrie. Zum anderen verwendete man das CaC_2 zur Herstellung von Calciumcyanamid ($CaCN_2$). Dieses benötigte man für die Herstellung von stickstoffhaltigen Verbindungen für die chemische Industrie (Cyanamid, Melamin) und als Düngemittel. Heute wird Acetylen überwiegend aus Erdöl hergestellt, sodass der Weg über das Calciumcarbid nur noch wenig genutzt wird.

$$CaO + 3\,C \xrightarrow{2000\,°C} CaC_2 + CO$$

$$CaC_2 + N_2 \xrightarrow{1100\,°C} CaCN_2 + C$$

Abbildung 4.8: Herstellung von Calciumcarbid (oben) und Calciumcyanamid (unten).

Metallartige Carbide

Kohlenstoff kann sich in die oktaedrischen Lücken der Metallgitter von Metallen der 4. bis 8. Nebengruppe einlagern. Die dabei entstehenden Carbide haben ähnliche Eigenschaften wie Legierungen. Sie sind sehr hart und besitzen hohe Schmelzpunkte.

Oxide der Kohlenstoffs

Kohlendioxid (CO_2) und Kohlenmonoxid (CO) sind die wichtigsten Oxide des Kohlenstoffs. Es gibt noch eine Reihe instabiler Oxide (C_3O_2, C_5O_2, CO_3), diese möchte ich hier aber nicht weiter besprechen.

Kohlenmonoxid (CO) ist ein farbloses, geruchloses und giftiges Gas. Die Giftwirkung beruht auf der Bindung des Kohlenmonoxids an das Hämoglobin des Blutes. Dadurch sind die roten Blutkörperchen nicht mehr in der Lage, Sauerstoff zu transportieren, und man erstickt in kürzester Zeit. CO entsteht, wenn bei Verbrennungsprozessen zu wenig Sauerstoff vorhanden ist. Im Labor kann man CO durch Eintropfen von konzentrierter Schwefelsäure in Ameisensäure herstellen. Dabei wird die Ameisensäure in CO und Wasser zersetzt. In der Chemie wird Kohlenmonoxid als Donorligand für Übergangsmetalle und für Insertionsreaktionen der CO-Gruppe verwendet. In der Technik dient CO als Reduktionsmittel, z. B. bei der Herstellung von Roheisen im Hochofen (siehe Kapitel 7).

Auf die Bedeutung von **Kohlendioxid (CO_2)** in der Natur habe ich bereits am Anfang des Kapitels hingewiesen. Es handelt sich ebenfalls um ein farbloses und geruchloses Gas. In geringen Mengen (ca. 0,03 %) ist es ständig in der Luft vorhanden und auch nicht giftig. Steigt jedoch die Konzentration von CO_2 in einem geschlossenen Raum an, so wirkt dieses Gas erstickend, und man kann daran ebenfalls sterben. Kohlendioxid hat einen Sublimationspunkt bei −78,5 °C, das heißt beim Abkühlen wird dieses Gas nicht flüssig, sondern fest. Das feste CO_2 nennt man »Trockeneis«. Dieses wird im Labor häufig als Kühlmittel und als Quelle für gasförmiges CO_2 verwendet. Kohlendioxid löst sich recht gut in Wasser (etwa 0,88 l CO_2 in 1 l Wasser). Dabei reagiert nur ein kleiner Teil des CO_2 mit den Wassermolekülen zu Kohlensäure (H_2CO_3). Die Hauptmenge des CO_2 ist physikalisch gelöst, d.h. locker an die Wassermoleküle gebunden. Die Art der in Wasser vorliegenden Moleküle und Ionen ist vom pH-Wert abhängig (siehe Abbildung 4.9). In sauren Lösungen liegt demnach vorwiegend Hydrogencarbonat (HCO_3^-) vor, in basischen Lösungen liegen überwiegend Carbonat-Ionen (CO_3^{2-}) vor.

pH-Wert kleiner 8

$$CO_2 + H_2O \xrightleftharpoons{langsam} H_2CO_3$$

$$H_2CO_3 + OH^- \xrightleftharpoons{schnell} HCO_3^- + H_2O$$

pH-Wert größer 10

$$CO_2 + OH^- \xrightleftharpoons{langsam} HCO_3^-$$

$$HCO_3^- + OH^- \xrightleftharpoons{schnell} CO_3^{2-} + H_2O$$

Abbildung 4.9: Reaktionen beim Lösen von CO_2 in Wasser.

Silicium

Silicium ist ein sehr häufiges Element. Der Anteil von Silicium an der Erdkruste beträgt 25,7 Masseprozent. Nach Sauerstoff ist es damit das zweithäufigste Element der Lithosphäre. Silicium tritt in sehr vielen Gesteinen in Form von Silikaten, Alumosilikaten und als Quarz bzw. Sand auf. Reines Silicium bildet dunkelgraue glänzende, harte und spröde Kristalle. Das Element hat die gleiche Gitterstruktur wie Diamant. Silicium ist ein Halbleiter, dessen elektronische Eigenschaften sich mit dem Bändermodell (Valenz- und Leitungsband) beschreiben lassen.

Darstellung

Die technische Darstellung von Silicium erfolgt durch Reduktion von Quarz mit Kohle oder Calciumcarbid im elektrischen Ofen bei etwa 2000 °C.

$SiO_2 + 2\,C \rightarrow Si + 2\,CO$

Im Labormaßstab kann man Magnesium als Reduktionsmittel zur Herstellung von Silicium verwenden. Die Reaktion verläuft beim Entzünden des Gemisches sehr heftig unter starker Wärmeentwicklung. Man sollte die Reaktivität daher unbedingt durch Vermischen mit einem Überschuss von Quarzsand oder Magnesiumoxid verringern. Bei dieser Herstellungsweise erhält man das Silicium als reaktives braunes Pulver. Durch Auflösen dieses Pulvers in geschmolzenem Aluminium und Abkühlen der Flüssigkeit erhält man daraus kristallines Silicium. Es handelt sich hierbei also um Umkristallisieren aus flüssigem Aluminium! Die Trennung von Aluminium und kristallinem Silicium gelingt relativ einfach durch Umsetzung mit Salzsäure. Diese löst das Aluminium auf, und das Silicium bleibt ungelöst zurück. Man kann auch direkt kristallines Silicium herstellen, indem man Aluminium als Reduktionsmittel für Quarzsand verwendet:

$SiO_2 + 2\,Mg \rightarrow Si + 2\,MgO$

$3\,SiO_2 + 4\,Al \rightarrow 3\,Si + 2\,Al_2O_3$

Verwendung

- ✔ Ferrosilicium dient als Legierungsbestandteil zur Veredlung von Stahl.
- ✔ Integrierte Schaltkreise bestehen aus hochreinem monokristallinem Silicium.
- ✔ Solarzellen stellt man aus mono- oder polykristallinem Silicium her.
- ✔ Siliciumcarbid dient aufgrund seiner hohen Härte als Schleifmittel.
- ✔ Silicumcarbid und Siliciumnitrid verwendet man für keramische Erzeugnisse.

Reaktionsverhalten von Silicium

In Verbindungen tritt Silicium hauptsächlich vierwertig auf, zweiwertiges Silicium ist ebenfalls bekannt, aber wenig beständig. Silicium reagiert mit Fluor bereits bei Raumtemperatur unter Feuererscheinung zu SiF_4! Mit den anderen Halogenen reagiert es erst beim Erhitzen. Stickstoff reagiert mit Silicium bei 1400 °C unter Bildung von Siliciumnitrid (Si_3N_4). Gegenüber Säuren ist es weitgehend resistent, mit Ausnahme von HF-HNO_3-Mischungen. Von heißer Natron- und Kalilauge wird es unter Bildung von Alkalisilikaten gelöst:

$Si + 4\,NaOH \rightarrow Na_4SiO_4 + 2\,H_2$

Durch Zusammenschmelzen von Silicium mit Metallen erhält man Silicide (intermetallische Verbindungen von Silicium mit Metallen, siehe nächstes Kapitel).

Die Affinität (= »Liebe, Hingezogenheit«) des Siliciums zum Sauerstoff ist sehr groß. Die freie Bildungsenthalpie des SiO_2 beträgt bei der Schmelztemperatur des Siliciums –586 kJ/mol.

SiO₂ ist eine sehr stabile Verbindung. Dementsprechend gibt es eine Vielzahl von Mineralen, die aus SiO_2 bestehen (z. B. Quarz, Amethyst, Citrin, Chalcedon, Achat, Chrysopras, Jaspis, Onyx). Siliciumdioxid wird von den meisten Säuren nicht angegriffen. Einzig Flusssäure (HF) ist in der Lage, SiO_2 unter Bildung von Siliciumtetrafluorid (SiF_4) und Hexafluorosilikaten (SiF_6^{2-}) aufzulösen:

$SiO_2 + 4\,HF \rightarrow SiF_4\uparrow + 2\,H_2O$

$SiO_2 + 6\,HF$ (im Überschuss) $\rightarrow H_2SiF_6 + 2\,H_2O$

Verbindungen des Siliciums

Silicide

Verbindungen, die aus Metall und Silicium bestehen, nennt man Silicide. Die Silicide mit Übergangsmetallen verhalten sich wie Legierungen. Silicide mit Metallen der 1. und 2. Hauptgruppe sind starke Reduktionsmittel und recht reaktiv. Sie reagieren mit Wasser, Säuren und Basen unter Bildung von Siliciumwasserstoff. Zwei Beispiele für das Reaktionsverhalten dieser Silicide sollen hier genügen:

$Na_4Si + 4\,H_2O \rightarrow SiH_4\uparrow + 4\,NaOH$

$Mg_2Si + 2\,H_2SO_4 \rightarrow 2\,MgSO_4 + SiH_4\uparrow$

Silane

Als Silane bezeichnet man Verbindungen, die nur aus Silicium und Wasserstoff bestehen. Die »Mutter« aller Silane ist sozusagen SiH_4. Davon abgeleitet gibt es auch höhere Silane, Si_2H_6, Si_3H_8, ... usw. Ähnlich wie bei den Kohlenwasserstoffen in der organischen Chemie kann man für diese Verbindungsklasse eine allgemeine Strukturformel angeben, diese lautet: Si_nH_{2n+2}. Doch Vorsicht, die Silane sind deutlich reaktiver als die Kohlenwasserstoffe und reagieren an der Luft explosionsartig! Das ist darauf zurückzuführen, dass die Si–H-Bindung sehr energiereich ist und diese Verbindungen deswegen thermisch instabil sind und äußerst heftig mit Wasser reagieren. Substituierte Silane z. B. $HSiCl_3$ oder $HSiCl_2Me$ kann man an Doppelbindungen addieren. Diese Reaktion nennt man »Hydrosilierung«, sie wird im Allgemeinen in Gegenwart eines Platinkatalysators durchgeführt und führt zu Alkylhalogensilanen, wie in der folgenden Abbildung dargestellt.

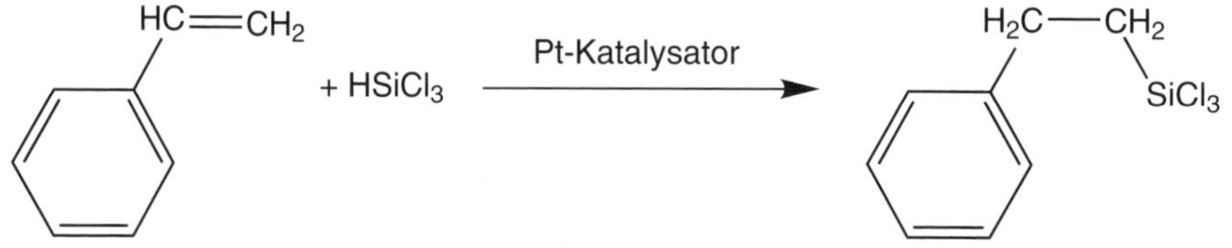

Abbildung 4.10: Hydrosilierung

Siliciumhalogenide

SiF_4, $SiCl_4$, $SiBr_4$ und SiI_4 sind sehr hydrolyseempfindliche Verbindungen. $SiCl_4$ raucht an feuchter Luft und zersetzt sich in Wasser sehr schnell zu Siliciumdioxid und HCl:

$SiCl_4 + 2\,H_2O \rightarrow SiO_{2(aq)} + 4\,HCl$

Bei der Hydrolyse von SiF_4 mit Wasser entsteht nicht nur SiO_2, sondern auch das Hexafluorosilikat-Anion (SiF_6^{2-}):

$2\,SiF_4 + 2\,H_2O \rightarrow SiO_{2(aq)} + 2H^+ + SiF_6^{2-} + 2\,HF$

Silicium hat die Möglichkeit, mehr als acht Valenzelektronen in die Valenzschale aufzunehmen. Das bedeutet, es sind mehr als vier Bindungspartner möglich. Man spricht hierbei von der »*Oktetterweiterung*«. Diese Möglichkeit haben Elemente ab der 3. Periode des Periodensystems. Die Bindungsbildung kann man dabei mit der Beteiligung von d-Orbitalen erklären. Im vorliegenden Fall (SiF_6^{2-}) wären also bei sechs Bindungspartnern, 12 Valenzelektronen vorhanden. Diese verteilen sich auf das s-Orbital, drei p-Orbitale und zwei d-Orbitale. Also liegt nach dem Hybridisierungskonzept (siehe Kapitel 13) eine sp^3d^2-Hybridisierung vor.

Silikate

Es gibt sehr viele Silikate mit vielfältigen Strukturen und sehr unterschiedlichen Anwendungsmöglichkeiten. Deshalb werden hier nur beispielhaft wesentliche Strukturmerkmale und ausgewählte Anwendungen besprochen. Silikate sind Salze diverser Kieselsäuren. Sie bilden vielfältige Mineralien und sind geologisch und technisch außerordentlich wichtig. Über 80 % der Erdkruste bestehen aus Silikaten. Technisch wichtige Produkte wie Glas, Porzellan, Email, Tonwaren, Zement und Wasserglas bestehen aus Silikaten. Zeolithe und Feldspate sind Beispiele für technisch wichtige Silikatmineralien. Nach dem Dispersionsgrad kann man die Silikate in grobdisperse (Mineralien und Gläser), kolloide (z.B. Tonmineralien) und molekulardisperse (z.B. in stark alkalischen Lösungen) Silikate einteilen. Silikathaltige Gläser liegen im amorphen Zustand vor.

Silikationen bestehen aus SiO_4-Tetraedern, die über gemeinsame Ecken verknüpft sind. Der besseren Übersichtlichkeit wegen formuliert man die Silikate häufig nicht wie die übrigen Salze, sondern man zerlegt sie formal in Oxide. So schreibt man z.B. für Beryll statt $Be_3Al_2[Si_6O_{18}]$ oft auch $3\,BeO \cdot Al_2O_3 \cdot 6\,SiO_2$.

Obwohl die Silikate sehr unterschiedliche Strukturen haben können, liegt ihnen das folgende einfache Bauprinzip zugrunde: Jedes Siliciumatom ist stets von vier Sauerstoffatomen umgeben, und nur die verschiedenartige Verknüpfung dieser SiO_4-Einheiten liefert die einzelnen Silikat-Klassen, bei denen man sechs Haupttypen unterscheidet. Aus den verschiedenen Verknüpfungsmöglichkeiten ergeben sich folgende Strukturtypen:

1. Inselsilikate (Nesosilikate)
2. Gruppensilikate (Sorosilikate)

3. Ringsilikate (Cyclosilikate)

4. Kettensilikate (Inosilikate)

5. Schichtsilikate (Blattsilikate, Phyllosilikate)

6. Gerüstsilikate (Tektosilikate)

Eigenschaften und Verwendung

Bei den Silikaten findet man interessante Wechselbeziehungen zwischen den Kristallstrukturen und den physikalisch-chemischen Eigenschaften. So bilden die Silikate mit Bandstruktur vielfach faserige (z. B. Hornblende-Asbest) oder stängelige (z. B. Aktinolith) Kristalle. Verbindungen mit Blattstruktur lassen sich leicht in Blättchen spalten (z. B. Glimmer), während Silikate mit Inselstrukturen schlecht spaltbar sind. Die Quellfähigkeit mancher Tonmineralien mit Blattstruktur ist auf eine Wasseraufnahme zwischen den Silicium-Sauerstoff-Schichten zurückzuführen (z. B. bei Montmorilloniten). Auch die anisotrope Kompressibilität von Schichtsilikaten liegt in dieser Struktur begründet.

Die katalytischen Eigenschaften von Silikaten werden für verschiedene Anwendungen genutzt. In Silikaten können andere Elemente, beispielsweise Aluminium, einige sonst vom Silicium eingenommene Gitterstellen besetzen. Zu diesen Alumosilikaten gehören z. B. die Feldspate und die Zeolithe. Letztere werden als Molekularsiebe und Ionenaustauscher verwendet. Alumosilikate und Calciumsilikate haben als Füllstoffe in der Lack-, Kautschuk-, Kunststoff- und Papierindustrie, Mg-Silikate (Talk) als Absorber und Füllstoff in Kosmetik und Pharmazie Bedeutung erlangt. Alkali-Alumo-Silikate dienen als Ersatz für Phosphate in Waschmitteln. Auch für das Abbinden von Portlandzement spielen Silikate eine wichtige Rolle.

Da manche Silikate an ihren Oberflächen freie OH-Gruppen besitzen, lassen sich dort reaktive Gruppen anbinden; man nutzt diese Eigenschaft zur Immobilisierung funktioneller Gruppen.

Strukturtypen von Silikaten

1. Inselsilikate (Nesosilikate)

Das sind Silikate mit selbständigen, diskreten Anionen, als Strukturmerkmal finden wir hier isolierte SiO_4-Tetraeder.

Beispiele für Inselsilikate sind:

- ✔ Olivin $(Mg, Fe)_2[SiO_4]$
- ✔ Zirkon $ZrSiO_4$
- ✔ Topas $Al_2SiO_4(F,OH)_2 = Al_2O_3 \cdot SiO_2 \cdot (F,OH)_2$
- ✔ Granate, z. B.:
  - Almandin $Fe_3Al_2[SiO_4]_3$

- Pyrop $Mg_3Al_2[SiO_4]_3$
- Grossular $Ca_3Al_2[SiO_4]_3$

Das Inselsilikat Larnit $Ca_2[SiO_4]$ ist ein Hauptbestandteil des Portlandzements. Calciumsilikate haben eine Schlüsselfunktion in der Kristallchemie der Zemente. Granate, Zirkon und Topas sind begehrte Edelsteine.

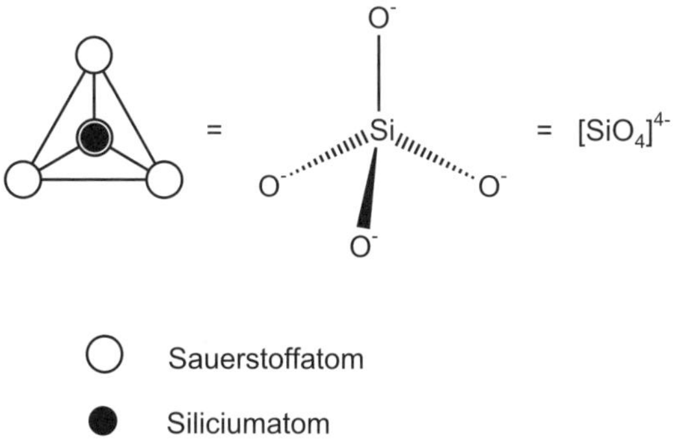

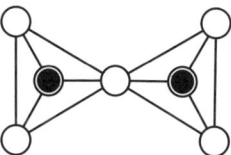

○ Sauerstoffatom

● Siliciumatom

Abbildung 4.11: $[SiO_4]^{4-}$-Tetraeder in Inselsilikaten (Die SiO_4-Tetraeder werden in den folgenden Abbildungen nur noch schematisch in der Draufsicht dargestellt.)

2. Gruppensilikate (Sorosilikate)

Strukturmerkmal der Gruppensilikate sind eine begrenzte Anzahl verknüpfter SiO_4-Tetraeder, die sich linear zusammenschließen. Beispiele für Gruppensilikate sind:

✔ Thortveitit $Sc_2[Si_2O_7]$
✔ Hemimorphit $Zn_4[Si_2O_7](OH)_2 \cdot H_2O$

Abbildung 4.12: Lineare $[Si_2O_7]^{6-}$-Einheit in Gruppensilikaten.

3. Ringsilikate (Cyclosilikate)

Strukturmerkmal ist hierbei eine begrenzte Anzahl verknüpfter SiO_4-Tetraeder, die sich zu Ringen zusammenschließen. Beispiele für Ringsilikate mit einer $[Si_3O_9]^{6-}$-Einheit:

✔ Wollastonit; $Ca_3[Si_3O_9]$
✔ Benitoid; $BaTi[Si_3O_9]$

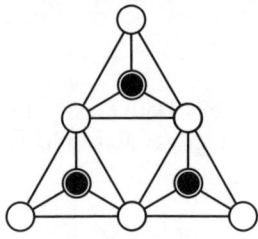

Abbildung 4.13: ringförmige $[Si_3O_9]^{6-}$-Einheit in Gruppensilikaten.

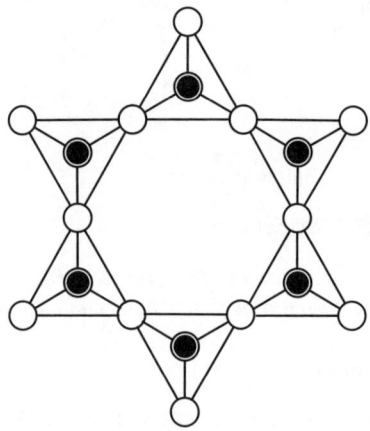

Abbildung 4.14: Sechsringstrukturelement $[Si_6O_{18}]^{12-}$ in Gruppensilikaten.

Beispiele für Ringsilikate mit der $[Si_6O_{18}]^{12-}$-Einheit:

- Beryll $Al_2Be_3[Si_6O_{18}]$
- Turmalin $Na(Mg, Fe, Li, Mn, Al)_3Al_6(BO_3)_3Si_6O_{18}(OH, F)_4$
- Dioptas $Cu_6[Si_6O_{18}] \cdot 6H_2O$

Achtringe, Neunringe und Zwölfringe aus Silikatgruppen sind ebenfalls bekannt.

4. Kettensilikate (Inosilikate)

Kettensilikate besitzen lange eindimensionale Einfach- oder Doppelketten aus SiO_4-Tetraedern.

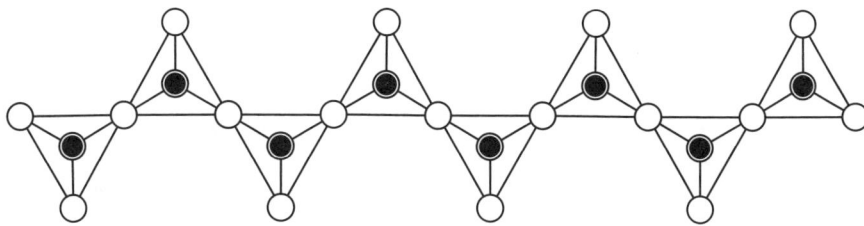

Abbildung 4.15: $[SiO_3]_n^{2n-}$-Einfachketten

Die Mineralklasse der Pyroxene sind ein typisches Beispiele für Kettensilikate mit Einfachketten. Dazu gehören z. B. folgende Mineralien:

- ✔ Diopsid $CaMg(SiO_3)$
- ✔ Enstatit $MgSiO_3$
- ✔ Spodumen $LiAlSi_2O_6$

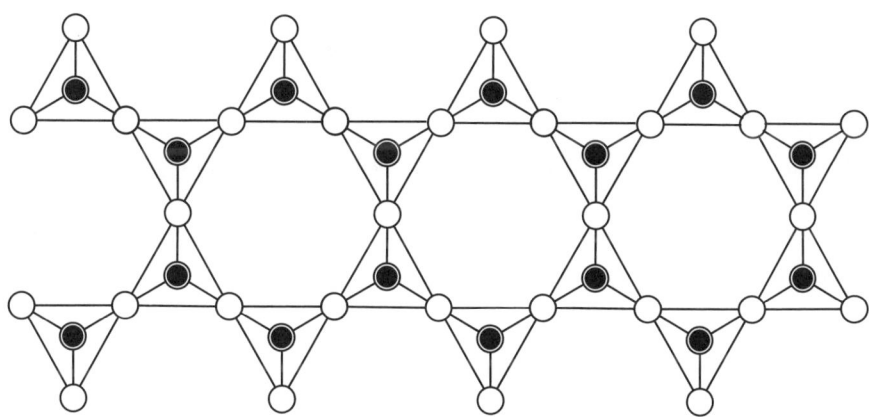

Abbildung 4.16: $[Si_4O_{11}]_n^{6n-}$-Doppelketten

Amphibole (Sammelbezeichnung für die Mineralklasse) besitzen Silikat-Doppelketten. Ein Beispiel für ein Amphibol ist Tremolit = $Ca_2Mg_5[Si_4O_{11}]_2(OH)_2$. Alkalireiche Silikate aus Quarzsand-Soda-Schmelzen (»Wasserglas«) haben Kettenstruktur. Asbest besteht aus Amphibolen in feinfaseriger Form.

5. Schichtsilikate (Blattsilikate, Phyllosilikate)

Schichtsilikate besitzen eine zweidimensionale, unendliche Struktur. Jedes SiO$_4$-Tetraeder ist über drei Ecken mit jeweils einem weiteren Tetraeder verbunden. Die Verknüpfung erfolgt zu sechsgliedrigen Ringen; Bruttozusammensetzung: $[Si_2O_5]_n^{2n-}$.

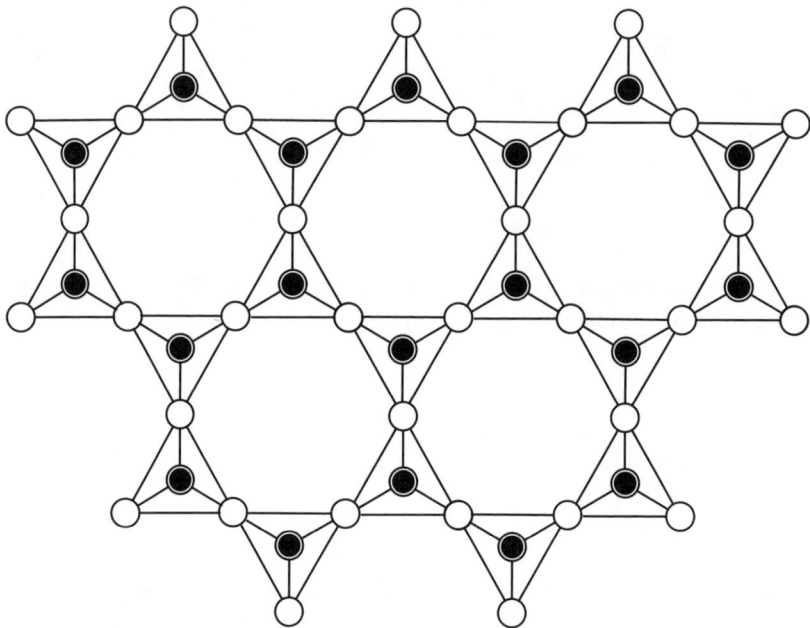

Abbildung 4.17: Zweidimensional unendliche Schichtstruktur aus $[Si_2O_5]_n^{2n-}$-Einheiten.

Typische Beispiele für Schichtsilikate sind:

✔ Tonmineralien (Sammelbezeichnung)
- z. B. Kaolinit $Al_4[Si_4O_{10}](OH)_8$
- Talk $Mg_3[Si_4O_{10}](OH)_2$

✔ Glimmer (Sammelbezeichnung)
- z. B. Muskovit $KAl_2[AlSi_3O_{10}](OH)_2$

In Glimmern sind die Siliciumatome teilweise durch Aluminiumatome ersetzt (»Alumosilikat«). Muskovit leitet sich aus Pyrophillit, $Al_2[Si_4O_{10}](OH)_2$, durch Ersatz jedes vierten Siliciumatoms durch ein Al^{3+}-Kation ab. Zur Wahrung der Elektroneutralität muss je ein Kalium-Ion die Struktur ergänzen.

6. Gerüstsilikate (Tektosilikate)

In diesen Silikaten setzt sich die Verkettung der [SiO$_4$]-Tetraeder in allen drei Raumrichtungen fort, es entstehen dreidimensionale Netzwerke. Es handelt sich praktisch um Polymere von SiO_2. Den Grenzfall der Tektosilikate bilden deshalb die SiO_2-Modifikationen Quarz, Tridymit und Christobalit. Außerdem gibt es noch amorphes, also nicht kristallines, Siliciumdioxid. Ein bekanntes Beispiel dafür ist der Halbedelstein Opal. Als allgemeine Formel für Opal kann man $SiO_2 \cdot nH_2O$ angeben. Bei den Feldspaten schließen sich vier $[SiO_4]$-Tetraeder zu einem Ring zusammen. Diese Ringe sind wieder untereinander verbunden, so entsteht ein dreidimensionales Netzwerk. Durch den Einbau von AlO_2^--Ionen anstelle von SiO_2 müssen zum Ausgleich der negativen Ladungen weitere Kationen in das Kristallgitter aufgenommen werden.

Hier noch einmal eine Übersicht über die wichtigsten Arten der Gerüstsilikate:

✔ polymorphe Formen von Siliciumdioxid SiO_2
- Quarz
- Tridymit
- Christobalit

✔ amorphes Siliciumdioxid $SiO_2 \cdot nH_2O$
- Opal

✔ Feldspate (sehr verschiedene Zusammensetzung) z. B.
- Albit $Na[AlSi_3O_8]$,
- Orthoklas (Kalifeldspat) $K_2Al_2Si_6O_{16} = K_2O \cdot Al_2O_3 \cdot 6\ SiO_2$
- Anorthit $Ca[Al_2Si_2O_8]$

✔ Feldspatoide (Feldspatvertreter)
- Nephelin (Mineralgruppe) $(Na, K)[AlSiO_4]$
- Leucit (Mineralgruppe) $K[AlSi_2O_6]$
- Sodalith (Mineralgruppe) $Na_8[Al_6Si_6O_{24}]X_2$ $X = Cl, SO_4, S, S_n$
- Zeolithe (Mineralgruppe), z. B. Analcim $Na[AlSi_2O_6] \cdot H_2O$
- Natrolith $Na_2[Al_2Si_3O_{10}] \cdot 2H_2O$

Sodalith mit S_n^{2-} als Anion ist Ultramarinblau bzw. Hauptbestandteil von Lapislazuli. Zeolithe bilden käfigartige Hohlräume aus Alumosilikaten. Sie besitzen einen variablen Gehalt an Wasser und können häufig Kationen austauschen. Daher werden Zeolithe als Ionenaustauscher verwendet und in großem Umfang technisch hergestellt.

7. Ausnahmen

Es gibt auch einige Ausnahmen beim Aufbau der Silikate, z. B. Thaumasit, bei dem Si^{4+}-Ionen oktaedrisch von OH-Gruppen umgeben sind. Beim Neptunit erstrecken sich die Tetraederketten nicht nur in einer, sondern in drei Richtungen des Raumes. Im Gegensatz zu den geordneten kristallinen Strukturen der Silikate besitzen silikatische Gläser eine amorphe Struktur. Opal ist ebenfalls amorph, siehe 6. Gerüstsilikate (Tektosilikate).

Germanium, Zinn und Blei

Wir bewegen uns innerhalb der 4. Hauptgruppe immer weiter nach unten. Bei jedem neuen Element kommt eine Elektronenschale hinzu, die Atome werden immer schwerer (Atommasse) und der Atomradius immer größer. Das führt zu einer drastischen Änderung der Eigenschaften der Elemente. Während Kohlenstoff ein reines Nichtmetall ist, findet man bei Silicium und Germanium typische Eigenschaften von Halbmetallen und schließlich sind die Elemente Zinn und Blei Metalle. Ab dem Element Silicium tritt die Koordinationszahl 6 auf. Beim Zinn und noch mehr beim Blei wird die Oxidationsstufe +2 immer stabiler.

Die Elemente

Germanium wird als Halbleiter verwendet. Die Bedeutung schwindet jedoch, da Halbleiter aus Silicium preiswerter sind und daneben noch andere effizientere Halbleitermaterialien entwickelt wurden, z. B. Galliumarsenid. Zinn ist weich und wird in verschiedenen Legierungen verwendet, z. B. gemeinsam mit Kupfer als *Bronze*, gemeinsam mit Blei als *Lötmetall* oder in Legierungen, aus denen Achsenlager für Maschinen hergestellt werden (*Lagermetalle* aus Zinn, Antimon und Kupfer). Die Hauptmenge des Zinns wird für die Beschichtung von Blechdosen aus Eisen verwendet, damit diese widerstandsfähig gegenüber Korrosion sind. Blei ist ebenfalls weich und wird bereits seit der Antike verarbeitet. Die alten Römer verwendeten bereits Wasserrohre aus Blei. In Altbauten gibt es teilweise immer noch Bleirohre, diese werden aber nach und nach ersetzt, da aus den Rohrleitungen giftige Bleiionen in das Trinkwasser gelangen können. Die größte Menge an Blei wird für Bleiakkumulatoren verwendet (siehe weiter unten).

Verbindungen von Germanium, Zinn und Blei

Tetrahalogenide

GeF_4 ist ein Gas, $GeCl_4$ ist flüssig, $GeBr_4$ und GeI_4 sind Feststoffe. Also wir bemerken hier: Mit zunehmender Masse des Halogenides erfolgt ein Übergang vom Gas über die Flüssigkeit zum Feststoff. Ähnlich ist das auch beim Zinn, während $SnCl_4$ eine farblose Flüssigkeit ist, sind $SnBr_4$ und SnI_4 fest. Ausnahmen stellen SnF_4 und PbF_4 dar, aufgrund der ionischen Bindungsverhältnisse sind beide Verbindungen feste salzartige Verbindungen. Die Halogenide zersetzen sich in Wasser. Bei der Hydrolysereaktion erfolgt zunächst eine Anlagerung von Wasser, bevor der Zerfall in die Hydrolyseprodukte eintritt.

$SnCl_4 + 2\,H_2O \rightarrow SnCl_4(H_2O)_2 \rightarrow$ Zinnhydroxide + Salzsäure

Dihalogenide

Die Dihalogenide von Ge, Sn und Pb sind ionischer als die Tetrahalogenide. Zinn(II)-chlorid ist ein Reduktionsmittel. So kann man z. B. mit wässrigen Lösungen von $SnCl_2$ die Metalle Gold, Silber und Quecksilber ausfällen oder verschiedene andere Ionen in niedrigere Wertigkeitsstufen überführen (Fe^{3+} zu Fe^{2+}, CrO_4^{2-} zu Cr^{3+}, MnO_4^- zu Mn^{2+}, I_2 zu I^-). Die Beständigkeit der Oxidationsstufe 2+ nimmt in der 4. Hauptgruppe nach unten hin zu. Zweiwertige Bleiverbindungen zeigen somit keinerlei Reduktionswirkung.

Oxide

Germaniumdioxid (GeO_2) und Zinndioxid (SnO_2) sind thermisch stabil. Bleidioxid (PbO_2) ist thermisch instabil und zersetzt sich bei 300 bis 600 °C in Bleimonoxid (PbO) und Sauerstoff. Beim Erhitzen von PbO an der Luft auf 450–500 °C entsteht Pb_3O_4, Mennige. Dabei handelt es sich um ein leuchtend hellrotes Pulver. Mennige wird als Pigment (Farbstoff) und als Rostschutzüberzug für Stahl und Eisenkonstruktionen verwendet. Bleioxide nutzt man für die Herstellung von Bleikristallglas. Dieses hat ein hohes Brechungsvermögen und funkelt deshalb herrlich im Licht.

Bleiakkumulator

An dieser Stelle möchte ich gleich noch den Bleiakkumulator besprechen. In nahezu jedem PKW ist eine Autobatterie eingebaut, die nach diesem Prinzip arbeitet Bei der Entladung des Akkumulators wird Strom zur Verfügung gestellt, z. B. zum Starten des Autos. Während der Fahrt des Autos liefert die Lichtmaschine des Autos elektrischen Strom, dabei wird der Akkumulator über eine Elektrolysereaktion wieder aufgeladen. Bleiverbindungen und Schwefelsäure sind die wichtigsten Komponenten in der Autobatterie. Deshalb kann man sich beim Auffüllen der Batterieflüssigkeit auch leicht die Hosen verätzen! Zum Glück sind moderne Autobatterien so konstruiert, dass sie weitgehend wartungsfrei arbeiten und im Normalfall keinerlei Säure austritt. Die in einem Bleiakkumulator ablaufenden Reaktionen sind nachfolgend vereinfacht dargestellt.

Der negative Pol besteht aus Bleiplatten, dort läuft folgende Reaktion ab:

$$Pb(fest) + SO_4^{2-} \xrightleftharpoons[Laden]{Entladen} PbSO_4(fest) + 2e^-$$

Der positive Pol besteht aus Bleioxid, welches sich in einem Gitter aus Blei befindet (Pb/PbO_2-Platten):

$$PbO_2(fest) + 4H^+ + SO_4^{2-} + 2e^- \xrightleftharpoons[Laden]{Entladen} PbSO_4(fest) + 2H_2O$$

Die Gesamtgleichung der Elektrodenreaktionen ergibt sich als Summe der beiden Teilgleichungen folgendermaßen:

$$Pb(fest) + PbO_2(fest) + 4H^+ + 2SO_4^{2-} \xrightleftharpoons[Laden]{Entladen} 2PbSO_4(fest) + 2H_2O$$

Eine handelsübliche Autobatterie mit 12 V Spannung enthält sechs in Reihe geschaltete Zellen mit je 2 V Zellspannung.

In Abbildung 4.18 finden Sie einen kleinen Bleiakku. Dieser besteht aus drei in Reihe geschalteten Zellen und liefert damit 6 Volt.

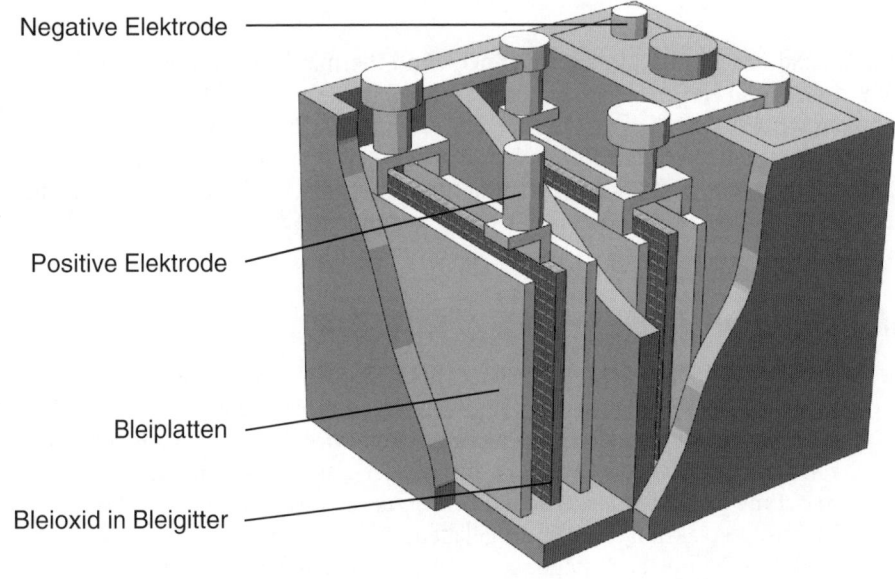

Abbildung 4.18: Bleiakkumulator mit 6 Volt (Schnittansicht)

Die Nichtmetalle

In diesem Kapitel

▶ Änderung der Eigenschaften bei den Elementen der 5. und 6. Hauptgruppe

▶ Stickstoffkreislauf in der Natur

▶ Ammoniak und Salpetersäure für Sprengstoffe und Dünger

▶ Phosphor, Phosphorsäuren und Phosphate

▶ giftiges Arsen

▶ Sauerstoff, Ozon, Wasserstoffperoxid

▶ Oxide und Säuren des Schwefels, Schwefelwasserstoff und Sulfide

In der 5. und 6. Hauptgruppe des Periodensystems ändern sich die Eigenschaften der Elemente kontinuierlich: Die Elemente der 2. und 3. Periode (Stickstoff, Phosphor, Sauerstoff und Schwefel) haben recht hohe Elektronegativitäten und sind typische Nichtmetalle. Von oben nach unten nimmt die Elektronegativität der Elemente ab. Arsen, Selen und Tellur sind Halbmetalle. Die Elemente mit der geringsten Elektronegativität in den beiden Gruppen zeigen metallische Eigenschaften. Die Eigenschaftsänderungen sind noch einmal in der nachfolgenden Abbildung dargestellt.

Periode	Eigenschaften	5. HG	6. HG
2.	Nichtmetalle	N 3,0	O 3,5
3.		P 2,1	S 2,5
4.	Halbmetalle	As 2,0	Se 2,4
5.	Metalle	Sb 1,9	Te 2,1
6.		Bi 1,9	Po 2,0

Abbildung 5.1: Änderung der Eigenschaften von Nichtmetallen zu Metallen bei den Elementen der 5. und 6. Hauptgruppe. Hinter den Elementsymbolen sind die Elektronegativitäten angegeben.

Stickstoff

Dieses Element ist zu 78,1 Volumenprozent in unserer Atemluft enthalten. Es ist derjenige Teil der Luft, den wir beim Atmen eigentlich nicht gebrauchen können, den unsere Lungen wieder unverändert abgeben. Reiner Stickstoff wirkt »erstickend« daher der Name des Elements. Molekularer Stickstoff (N_2) ist eine sehr stabile Verbindung, zwischen den beiden Stickstoffatomen existiert eine Dreifachbindung. Es gibt kaum größere Vorkommen von stickstoffhaltigen Mineralen, da die meisten Stickstoff enthaltenden Salze in Wasser leicht löslich sind. Die einzigen nennenswerten Bodenschätze waren in Chile zu finden. An einigen chilenischen Küstenabschnitten am Pazifischen Ozean hat es seit Jahrhunderten nicht geregnet, deshalb konnten sich dort größere Mengen von »Chilesalpeter« ($NaNO_3$) ablagern. Die dort lagernden Vorräte sind aber inzwischen weitgehend erschöpft. Pflanzen und Tiere enthalten Stickstoff in den Aminosäuren und Eiweißen. Bei intensiver landwirtschaftlicher Nutzung wird dem Boden jedes Jahr bei der Ernte Stickstoff (und andere Elemente) entzogen. Diese »Entnahme« von Stickstoff muss wieder ersetzt werden und zwar durch regelmäßige Düngung mit mineralischen oder natürlichen Düngern wie Stallmist. Wie wir weiter unten sehen werden, verwendet man Ammoniumverbindungen (NH_4^+) und Nitrate (NO_3^-) als mineralische Düngemittel. Es gibt einige Pflanzen, z. B. die Lupine, die in der Lage sind, Stickstoff aus der Luft zu binden und zu nutzen. Dies erfolgt über eine Symbiose mit Bakterien im Boden. Diese Knöllchenbakterien übernehmen die mühsame Arbeit, den Stickstoff aus der Luft zu spalten. Mühsam ist das deshalb, weil die Bakterien sehr viel Energie benötigen, um die Stickstoff-Stickstoff-Dreifachbindung zu spalten. Diese Energie erhalten die Knöllchenbakterien in Form von energiereichen Verbindungen von den Pflanzen, mit denen sie in Symbiose leben. Dafür produzieren sie nützliche Stickstoffverbindungen für die Pflanzen. Wie Sie sehen, gibt es vielfältige Zusammenhänge zwischen den Stickstoffverbindungen in der Natur. Man fasst diese Zusammenhänge auch unter dem Begriff »Stickstoffkreislauf in der Natur« zusammen. Einen solchen Stickstoffkreislauf mit zahlreichen Verzweigungen habe ich Ihnen in der nachfolgenden Abbildung zusammengestellt.

Noch ein paar Worte zur Erklärung der Abbildung. Ganz oben stehen die in der Atmosphäre vorkommenden Stickstoffverbindungen: Luftstickstoff und die in geringen Mengen vorhandenen Verbindungen Ammoniak (NH_3), Stickstoffmonoxid (NO) und Stickstoffdioxid (NO_2). Die Pflanzen nehmen Stickstoffverbindungen in Form von Ammoniumionen (NH_4^+) und Nitrationen (NO_3^-) aus dem Boden auf. Wie kommt der Stickstoff in den Boden? Dazu fangen wir noch einmal ganz links in der Abbildung an und sehen dort Mikroorganismen auf dem Pfeil stehen. Damit sind eben diese Knöllchenbakterien und andere im Boden lebende Mikroorganismen gemeint, die in der Lage sind, Luftstickstoff zu spalten und in nützliche Biomoleküle einzubauen. Diese Reaktionen, bei denen Mikroorganismen den reaktionsträgen atmosphärischen Stickstoff in chemisch reaktive und biologisch verfügbare Verbindungen umwandeln, nennt man »biologische Stickstoff-Fixierung« oder »Stickstoffassimilation«. Diese Reaktionen sind von großer Bedeutung, weil Stickstoff für pflanzliches, tierisches und menschliches Leben ein essenzielles Element darstellt.

Der organisch gebundene Stickstoff wird durch Mineralisation in Ammoniumionen (NH_4^+) umgewandelt (Abbildung 5.1, Mitte), durch Nitrifikation entstehen daraus Nitrationen (NO_3^-). Diese im Boden teilweise an Humus und Tonminerale gebundenen Ionen werden von Land- und Wasserpflanzen in Proteine umgewandelt. Umgekehrt wird bei der Verwesung von Organismen durch denitrifizierende Bakterien und andere Prozesse Stickstoff in die Atmosphäre freigesetzt. Tiere nehmen Pflanzen als Nahrung auf und bilden tierische Proteine. Nach dem Tod der Tiere, verwesen diese und es werden wieder Stickstoffverbindungen freigesetzt.

5 ► Die Nichtmetalle

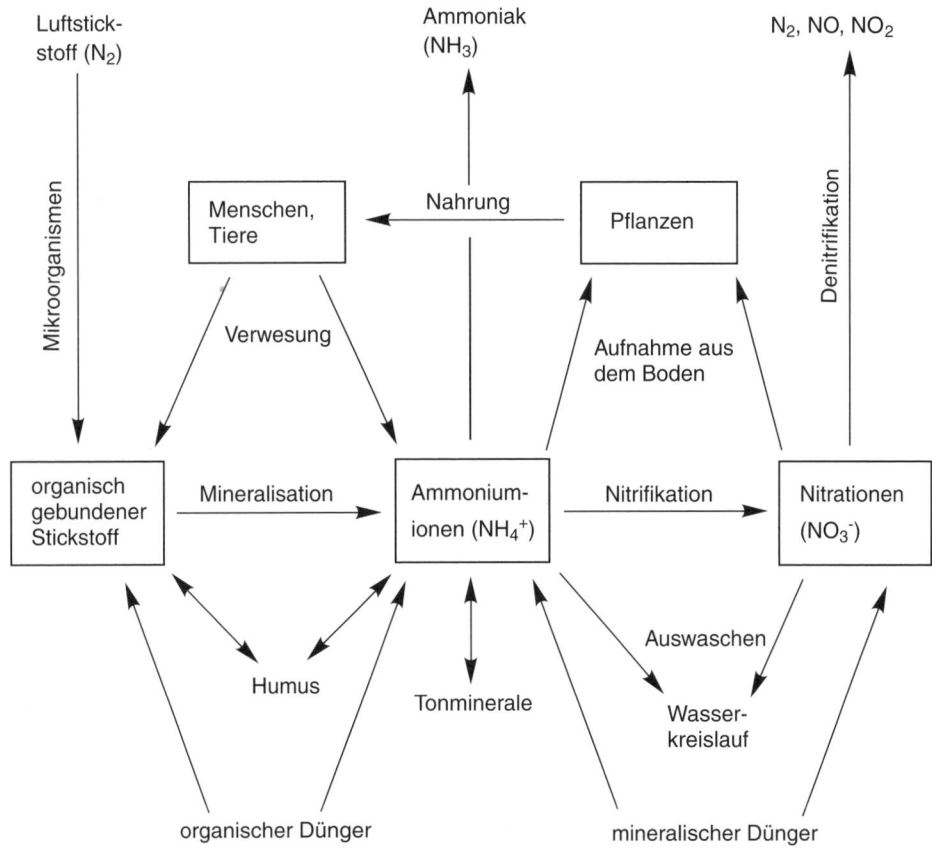

Abbildung 5.2: Stickstoffkreislauf in der Natur.

Bei intensiver landwirtschaftlicher Nutzung ist es nicht möglich, den Bedarf der Kulturpflanzen an Stickstoffverbindungen ausschließlich mit natürlichen Düngern und stickstoffbindenden Pflanzen zu decken. Man braucht ein technisches Verfahren, Stickstoffverbindungen aus dem Luftstickstoff herzustellen (»industrielle Stickstoff-Fixierung«). Dazu wurde das **Haber-Bosch-Verfahren** entwickelt. In diesem großtechnischen Verfahren stellt man Ammoniak (NH_3) aus Stickstoff und Wasserstoff her.

Hierzu benötigt man diese beiden Gase in größtmöglicher Reinheit. Stickstoff gewinnt man aus der Luft, indem man sie durch mehrfach aufeinander folgendes Komprimieren (= zusammendrücken) und Expandieren (= ausdehnen lassen) verflüssigt. Beim Komprimieren erwärmt sich das Gasgemisch, die entstehende Wärme führt man über Wärmetauscher ab. Beim Expandieren kühlt sich das Gasgemisch ab. Wenn man diese Schritte in einer geeigneten Apparatur oft genug hintereinander ausführt, wird das gesamte Gasgemisch schließlich flüssig. Durch mehrfaches Verdampfen und wieder Kondensieren kann man dann die einzelnen Gase voneinander trennen. Auf diese Weise erhält man reinen Stickstoff, Sauerstoff und die in der Luft enthaltenen Edelgase.

Wasserstoff erhält man zweckmäßiger Weise aus Wasser durch Reduktion mit Kohlenstoff, Erdgas oder Erdöl. Die Reduktion mit Kohlenstoff liefert zunächst das sogenannte »Wassergas«:

$$C + H_2O \rightleftharpoons CO + H_2$$

Alternativ kann man Wasserstoff auch aus Erdgas oder Erdöl erzeugen. Dazu setzt man leichte Kohlenwasserstoffe, wie z. B. Methan, mit Wasserdampf um (»Steam-Reforming-Verfahren«):

$$CH_4 + H_2O \rightleftharpoons CO + 3\,H_2$$

Das Kohlenmonoxid (CO) würde bei der Ammoniaksynthese stören, deshalb wird es durch »Konvertierung« zu Kohlendioxid (CO_2) umgewandelt:

$$CO + H_2O \rightleftharpoons CO_2 + H_2$$

Das CO_2 wird dann mit Wasser aus dem Gasgemisch ausgewaschen. Das Synthesegasgemisch aus Stickstoff und Wasserstoff wird vor der Ammoniaksynthese sehr sorgfältig gereinigt, da Verunreinigungen wie CO_2 oder CO den Katalysator bei der Ammoniaksynthese in kurzer Zeit »vergiften« würden. Die Ammoniaksynthese selbst folgt der Reaktionsgleichung:

$$N_2 + 3\,H_2 \rightleftharpoons 2\,NH_3$$

Diese Reaktion sieht auf den ersten Blick zunächst einmal harmlos aus, stellt aber höchste Anforderungen hinsichtlich ihrer technischen Durchführung. Bei dieser Reaktion handelt es sich, wie der doppelte Pfeile andeutet, um eine Gleichgewichtsreaktion. Die Lage eines chemischen Gleichgewichtes kann man durch verschiedene Faktoren beeinflussen. Zunächst sollten Sie wissen, dass die Reaktion »exotherm« ist, d.h. sie verläuft unter Abgabe von Wärme. Bei möglichst niedrigen Temperaturen liegt das Gleichgewicht weit auf der rechten Seite (beim NH_3). Allerdings dauert es sehr lange, bis sich das Gleichgewicht einstellt. Damit das schneller geht, verwendet man einen Katalysator. Allerdings benötigt der Katalysator eine gewisse Mindesttemperatur, damit er überhaupt wirksam ist. Man hat sich als Kompromiss bei dieser Reaktion auf eine Temperatur von 500 °C geeinigt. Als Katalysator für die Ammoniaksynthese verwendet man häufig Fe_3O_4, welches mit geringen Mengen Aluminiumoxid, Kaliumoxid und Calciumoxid versetzt wurde. Der Katalysator wird dann direkt im Reaktor reduziert, dabei entsteht metallisches Eisen, während die anderen Oxide unverändert vorliegen. Das Aluminiumoxid verhindert das Zusammenwachsen der Eisenkristalle. Das Kaliumoxid soll die »Vergiftung« des Katalysators unterbinden.

Eine weitere und ganz wichtige Möglichkeit, die Lage des chemischen Gleichgewichtes bei dieser Reaktion zu beeinflussen, ist der Druck. Bei der Ammoniaksynthese entstehen aus vier Gasmolekülen ($N_2 + 3\,H_2$) zwei neue Gasmoleküle ($2\,NH_3$). Die Reaktion verläuft also unter Volumenabnahme! Wenn man nun einen möglichst großen Druck im Reaktor erzeugt, dann liegt das Gleichgewicht auf der rechten Seite, es entsteht viel Ammoniak. Dementsprechend wird die Ammoniaksynthese bei ca. 30 MPa Druck ausgeführt. Vor allem dieser gewaltige Druck stellt ein großes Problem dar. Der Wasserstoff diffundiert in die stählerne Wand des Reaktors hinein, verbindet sich dort mit dem im Stahl vorhandenen Kohlenstoff zu Methan. Dadurch verarmt der Stahl langsam an Kohlenstoff und wird immer weicher. Das kann so weit führen, dass der Reaktor plötzlich und ohne Vorwarnung platzt! Einer der Entwickler dieses Verfahrens (Carl Bosch) hatte die geniale Idee, die Apparatewand einfach in zwei Teile zu teilen. Das innere Rohr des Reaktors besteht aus kohlenstofffreiem Eisen (»Weicheisen«). Dieses ist nicht fest genug für den hohen Druck, lässt aber den Wasserstoff langsam hindurch diffundieren. Das innere Reaktorrohr ist von einem druckfesten Stahlmantel umgeben. Dieser Stahlmantel darf aber keinesfalls von dem Wasserstoff angegriffen werden. Deshalb erhält er viele kleine Bohrungen (»Bosch-Löcher«), durch die der aus dem inneren Mantel austretende Wasserstoff ungehindert entweichen kann. Mit solchen Hochdruckreaktoren werden heute jährlich weltweit mehrere Millionen Tonnen Ammoniak hergestellt. Inzwischen hat man auch wasserstoffbeständige Stahllegierungen entwickelt, mit denen man auf die aufwändige Doppelwandkonstruktion des Reaktors verzichten kann. Da es sich bei der Ammoniaksynthese um eine Gleichgewichtsreaktion handelt, ist die Umsetzung nicht vollständig. Man erhält Ausbeuten von etwa 11 %, sodass aus dem Reaktor ein Gemisch von Ammoniak, Stickstoff und Wasserstoff strömt. Der Ammoniak wird daraus durch Kühlung oder durch Absorption mit Wasser abgetrennt. Der erzeugte Ammoniak wird dann entweder in großen Kühltanks gelagert oder man verarbeitet die wässrige Lösung von Ammoniak (25–23 %iger »konzentrierter Ammoniak«) weiter.

Der Ammoniak ist die Schlüsselverbindung zur Herstellung aller anderen Stickstoffverbindungen. Die nachfolgende Tabelle gibt Ihnen zunächst eine Übersicht über die wichtigsten Verbindungen, die nur aus Stickstoff, Wasserstoff und Sauerstoff bestehen. Anschließend werde ich Ihnen zu den einzelnen Verbindungen einige Sachverhalte erklären.

Oxidationszahl des Stickstoffs	Formel	Name	Eigenschaften
–3	NH_3	Ammoniak	stechend riechendes farbloses Gas
–2	$H_2N–NH_2$	Hydrazin	an der Luft rauchende Flüssigkeit
–1	$H_2N–OH$	Hydroxylamin	weißer Feststoff
0/–1	HN_3	Stickstoffwasserstoffsäure	stechend riechende farblose Flüssigkeit
+1	N_2O	Distickstoffmonoxid	farbloses Gas
+2	NO	Stickstoffmonoxid	farbloses Gas
	N_2O_2	dimeres Stickstoffmonoxid	blau
+3	N_2O_3	Distickstofftrioxid	blaugrün
	HNO_2	salpetrige Säure	nur in wässriger Lösung und in der Gasphase beständig
+4	NO_2	Stickstoffdioxid	braunes Gas
	N_2O_4	dimeres Stickstoffdioxid	farblos
+5	N_2O_5	Distickstoffpentoxid	farblose Kristalle
	HNO_3	Salpetersäure	farblose Flüssigkeit

Tabelle 5.1: Wichtige Verbindungen des Stickstoffs.

Stickstoffwasserstoffverbindungen

Ammoniak, NH_3, ist ein stechend riechendes farbloses Gas. Die technische Darstellung von Ammoniak haben wir schon im vorigen Abschnitt kennen gelernt. Im Labor stellt man die Verbindung bei Bedarf durch Reaktion von Ammoniumchlorid mit wässrigen Lösungen starker Basen, z. B. Natrium- oder Kaliumhydroxid, her:

$NH_4Cl + NaOH \rightarrow NH_3\uparrow + NaCl + H_2O$

Das Molekül hat eine trigonal pyramidale Struktur. Das Stickstoffatom befindet sich mit einem freien Elektronenpaar an der Spitze der Pyramide. Das Elektronenpaar wird häufig auch durch einen Stich symbolisiert (siehe Abbildung 5.3).

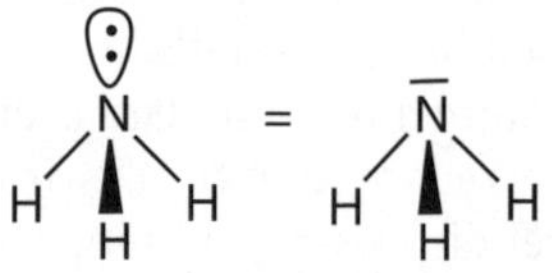

Abbildung 5.3: Struktur von Ammoniak mit freiem Elektronenpaar.

Das freie Elektronenpaar am Stickstoff führt zu einem nucleophilen Reaktionsverhalten (nucleophil = »Kern liebend«, reagiert gern mit einem Atomkern, mit einem positiv geladenen Ion). Das führt dazu, dass Ammoniak in wässriger Lösung als Base reagiert.

$NH_3 + H-O-H \rightarrow NH_4^+ + OH^-$

Ammoniak bildet auch Addukte oder Donor-Akzeptor-Komplexe mit Molekülen, die eine Elektronenlücke haben, z. B. mit BH_3:

$NH_3 + BH_3 \rightarrow H_3N-BH_3$

Ammoniak wird zur Herstellung von Düngemitteln, von Salpetersäure, als Umlaufmittel in Kühlanlagen und als Lösungsmittel verwendet.

Hydrazin, H_2N-NH_2, ist eine an der Luft rauchende Flüssigkeit. Die Struktur der Verbindung ist in der nachfolgenden Abbildung dargestellt. Die Valenzstrichformel zeigt eine Einfachbindung zwischen den beiden Stickstoffatomen und eine auf den ersten Blick symmetrische Anordnung des gesamten Moleküls. Allerdings bewirkt die Abstoßung der freien Elektronenpaare an den beiden Stickstoffatomen, dass die NH_2-Gruppen gegeneinander verdreht sind.

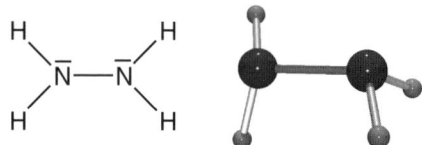

Abbildung 5.4: Valenzstrichformel (links) und Geometrie (rechts) von Hydrazin.

An jedem der beiden freien Elektronenpaare kann ein Proton (H+) gebunden werden. Daher kann Hydrazin zwei verschiedene Kationen ausbilden und davon abgeleitet existieren auch zwei Reihen von Salzen:

$H_2N–NH_2 + H_2O \rightarrow H_2N–NH_3^+ + OH^-$ Hydrazinium(1+)-Salze: N_2H_5X

$H_2N–NH_3^+ + H_2O \rightarrow H_3N^+–NH_3^+ + OH^-$ Hydrazinium(2+)-Salze: $N_2H_6X_2$

Hydrazin wird technisch nach dem Raschig-Verfahren hergestellt. Dabei entsteht zunächst aus Ammoniak und Natriumhypochlorit Chloramin (H_2NCl). Dieses reagiert mit weiterem Ammoniak zum gewünschten Hydrazin weiter:

$$NH_3 + NaOCl \rightarrow H_2NCl + NaOH$$

$$H_2NCl + NH_3 \rightarrow H_2N–NH_2 + HCl$$

Summengleichung: $2\,NH_3 + NaOCl \rightarrow H_2N–NH_2 + NaOH$

Bei der Verbrennung von Hydrazin werden große Mengen Wärme frei. Deshalb werden diese Verbindung und methylsubstituierte Hydrazinderivate als Raketentreibstoffe verwendet. Hydrazin wirkt in basischer Lösung als Reduktionsmittel. So kann man z. B. Silberionen (Ag^+) mit Hydrazin zu Silber reduzieren und so auf Glas einen Silberspiegel erzeugen.

Hydroxylamin, $H_2N–OH$, ist ein weißer Feststoff, der sich bei höheren Temperaturen zersetzt. Die Darstellung dieser Verbindung erfolgt durch Reduktion von Nitriten (NO_2^-) mit Schwefeldioxid (SO_2):

$NO_2^- + 2\,SO_2 + 3\,H_2O \rightarrow H_2NOH + 2\,HSO_4^- + H^+$

Man kann die Verbindung auch durch Reduktion von Nitriten oder Nitraten mit Wasserstoff oder durch elektrolytische Reduktion herstellen. Hydroxylamin wird im Labor in vielfältiger Weise für Redoxreaktionen eingesetzt. So reduziert es z. B. Eisen(III) in saurer Lösung und oxidiert Eisen(II) in basischer Lösung. Ansonsten wird Hydroxylamin als Antioxidationsmittel in fotografischen Entwicklerlösungen verwendet.

Stickstoffwasserstoffsäure, HN_3, ist eine stechend riechende farblose Flüssigkeit, die leicht explodieren kann. Stickstoffwasserstoffsäure erhält man aus der Reaktion von Hydraziniumsalzen mit salpetriger Säure:

$N_2H_5^+ + HNO_2 \rightarrow HN_3 + H_3O^+ + H_2O$

Bei dieser Verbindung sind drei Stickstoffatome aneinander gebunden und am dritten Atom befindet sich das Wasserstoffatom. Man kann zwei Valenzstrukturen zur Beschreibung der Bindungsverhältnisse formulieren (siehe Abbildung 5.5). Das entsprechende Anion dieser Säure nennt man Azid-Ion, Salze sind dann Azide.

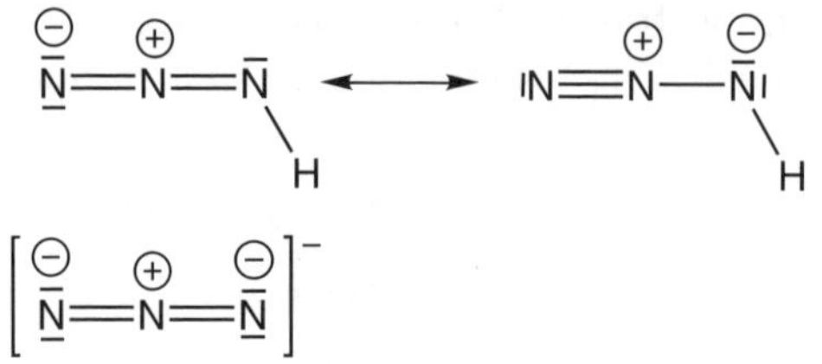

$$\overset{\ominus}{\underset{|}{N}}=\overset{\oplus}{N}=\overset{}{\underset{|}{N}}-H \longleftrightarrow |N\equiv\overset{\oplus}{N}-\overset{\ominus}{\underset{|}{N}}-H$$

$$\left[\overset{\ominus}{\underset{|}{N}}=\overset{\oplus}{N}=\overset{\ominus}{\underset{|}{N}}\right]^-$$

Abbildung 5.5: Valenzstrukturen von Stickstoffwasserstoffsäure (oben) und vom Azid-Ion (unten).

Schwermetallazide, z. B. Bleiazid, besitzen weitgehend kovalente Bindungen zwischen dem Metall und dem daran gebundenen Stickstoffatom. Dies begünstigt den Zerfall dieser Verbindungen, die deshalb leicht explodieren! Im Unterschied dazu sind Alkalimetallazide ionisch aufgebaut. Das Azid-Anion ist recht stabil, sodass diese Verbindungen ungefährlich sind. Natriumazid kann man aus Natriumamid und Distickstoffmonoxid herstellen:

$NaNH_2 + N_2O \rightarrow NaN_3 + H_2O$

Oxide und Säuren des Stickstoffs

Distickstoffmonoxid, N_2O, ist ein farbloses Gas. Aufgrund seiner Wirkung auf den Menschen wird es auch als Lachgas bezeichnet. Aber Vorsicht, Sie sollten nicht zu viel davon einatmen, denn es wirkt in größeren Mengen betäubend und wird deshalb auch bei Operationen als Kurzzeitnarkotikum (Betäubungsmittel) verwendet. Es wird durch thermische Zersetzung von Ammoniumnitrat bei 170 °C hergestellt:

$NH_4NO_3 \rightarrow N_2O + 2\,H_2O$

Das Gas ist wenig reaktionsfähig und zerfällt bei hohen Temperaturen zu Sauerstoff und Stickstoff:

$2\,N_2O \rightarrow 2\,N_2 + O_2$

Stickstoffmonoxid, NO, ist ein farbloses giftiges Gas. Die Darstellung erfolgt durch Oxidation von Ammoniak. Dabei muss man ganz bestimmte Bedingungen einhalten, denn normalerweise führt die Verbrennung von Ammoniak zur stabilsten Stickstoffverbindung, dem Distickstoffmolekül:

$4\,NH_3 + 3\,O_2 \rightarrow 2\,N_2 + 6\,H_2O$

Man braucht Stickstoffmonoxid jedoch, um daraus andere Stickstoffverbindungen, wie z. B. Salpetersäure, herzustellen. Es gibt ein technisches Verfahren, das Ostwald-Verfahren, bei dem die Verbrennung von Ammoniak in Gegenwart eines Katalysators durchgeführt wird. Dabei darf der Ammoniak nur sehr kurze Zeit mit dem Katalysator in Berührung kommen. Deshalb führt man diese Reaktion in einem Strömungsreaktor mit hoher Strömungsgeschwindigkeit durch, sodass das Ammoniak-Luft-Gemisch nur eine Tausendstel Sekunde mit einem auf 750–900 °C erhitzten Platinnetz in Berührung kommt. Dabei läuft folgende Reaktion ab:

$4\,NH_3 + 5\,O_2 \rightarrow 4\,NO + 6\,H_2O$

Das so erhaltene Stickstoffmonoxid reagiert an der Luft sehr schnell weiter zum braunen Stickstoffdioxid:

$NO + 0{,}5\,O_2 \rightarrow NO_2$

Aus der Valenzstruktur des Stickstoffmonoxids sehen wir, dass es sich um ein Radikal mit einem ungepaarten Elektron handelt (siehe Abbildung 5.6).

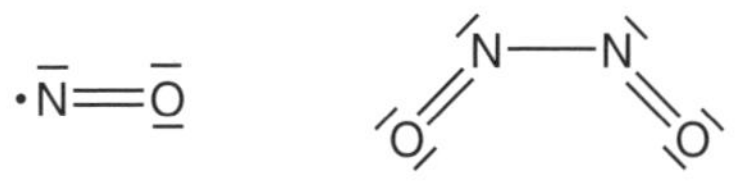

Abbildung 5.6: Valenzstruktur von NO (links) und N_2O_2 (rechts).

Stickstoffmonoxid dimerisiert im flüssigen und im festen Zustand zum **dimeren Stickstoffmonoxid, N_2O_2**.

Distickstofftrioxid, N_2O_3, ist nur unterhalb von –40 °C in Form einer blaugrünen Flüssigkeit beständig. Unterhalb von –100 °C erstarrt diese zu blauen Kristallen. Bei Temperaturen über –40 °C verdampft Distickstofftrioxid und zerfällt dabei in ein Gemisch aus NO und NO_2 entsprechend folgendem Gleichgewicht:

$N_2O_3 \rightleftharpoons NO + NO_2$

Die Valenzstruktur von N_2O_3 ist in Abbildung 5.7 dargestellt.

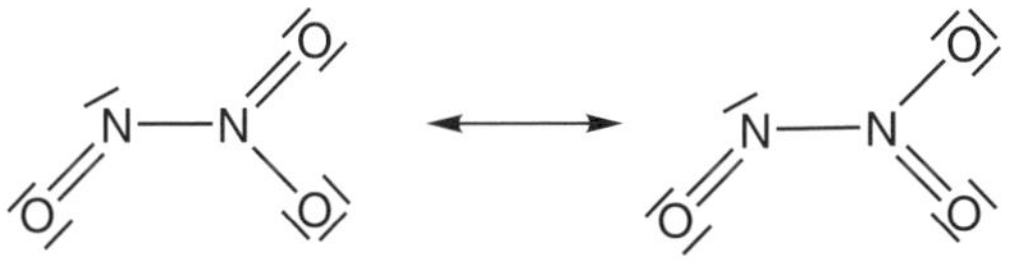

Abbildung 5.7: Valenzstrukturen von N_2O_3.

Wenn man Distickstofftrioxid oder ein Gemisch von NO und NO_2 in Wasser einleitet, so erhält man **salpetrige Säure, HNO_2**. Diese ist nur in wässriger Lösung und in der Gasphase beständig. Beim Erwärmen oder Einengen von salpetriger Säure in Wasser zerfällt diese in Salpetersäure und Stickstoffmonoxid:

$3\,HNO_2 \rightarrow HNO_3 + 2\,NO + H_2O$

Die Salze der salpetrigen Säure nennt man **Nitrite**. Diese sind beständig und werden entweder durch Einleiten eines Gemisches von NO und NO_2 in Lauge oder durch Reduktion von Nitraten hergestellt:

$NO + NO_2 + 2\,NaOH \rightarrow 2\,NaNO_2 + H_2O$

$NaNO_3 + Pb \rightarrow NaNO_2 + PbO$

Aus den Nitriten kann man dann bei Bedarf die salpetrige Säure durch vorsichtiges Ansäuern freisetzen:

$2\,NaNO_2 + H_2SO_4 \rightarrow 2\,HNO_2 + Na_2SO_4$

Salpetrige Säure kann man sowohl als mildes Oxidations- als auch als Reduktionsmittel verwenden. Man kann z. B. Bleidioxid (PbO$_2$) oder Kaliumpermanganat (KMnO$_4$) mit Nitriten reduzieren:

$2\,MnO_4^- + 5\,NO_2^- + 6\,H_3O^+ \rightarrow 2\,Mn^{2+} + 5\,NO_3^- + 9\,H_2O$

Oxidationsreaktionen erfolgen z. B. mit Ammoniak (NH$_3$), Fe^{2+}, Schwefeldioxid (SO$_2$) oder Iodidionen (I$^-$):

$2\,I^- + 2\,NO_2^- + 4\,H_3O^+ \rightarrow I_2 + 2\,NO + 6\,H_2O$

In der Industrie verwendet man Natriumnitrit zur Synthese von Hydroxylamin, organischen Nitroverbindungen (Sprengstoffe) und Diazoverbindungen (Farbstoffe).

Stickstoffdioxid, NO$_2$, ist ein braunes giftiges Gas. Man kann es durch Oxidation von NO an der Luft oder durch Reduktion von Nitraten herstellen. Im Labor lässt sich Stickstoffdioxid z. B. durch Erhitzen von Bleinitrat erzeugen:

$Pb(NO_3)_2 \rightarrow PbO + 2\,NO_2 + 0{,}5\,O_2$ \qquad unter Erhitzen

Stickstoffdioxid wirkt als starkes Oxidationsmittel und ist eine wichtige Zwischenverbindung bei der industriellen Herstellung von Salpetersäure. Beim Einleiten von NO$_2$ in Wasser erhält man ein Gemisch aus Salpetersäure und salpetriger Säure:

$2\,NO_2 + H_2O \rightarrow HNO_2 + HNO_3$

Stickstoffdioxid besitzt ebenso wie Stickstoffmonoxid ein ungepaartes Elektron. Beim Abkühlen dimerisiert das Radikal NO$_2$ zum farblosen **dimeren Stickstoffdioxid, N$_2$O$_4$** (siehe Abbildung 5.8).

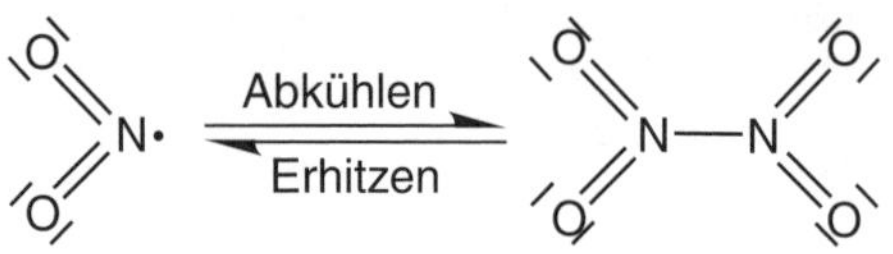

Abbildung 5.8: Dimerisierung von NO$_2$.

Distickstoffpentoxid, N$_2$O$_5$, ist das Anhydrid der Salpetersäure. Dementsprechend kann man diese Verbindung durch Wasserentzug aus Salpetersäure herstellen. Als Wasser entziehendes Mittel verwendet man Phosphor(V)-oxid:

$2\,HNO_3 \rightarrow N_2O_5 + H_2O$ \qquad mit P$_4$O$_{10}$

Dabei entsteht das Distickstoffpentoxid als farbloser zersetzbarer oder explosiver Feststoff, der eine starke Oxidationswirkung hat. Der kristalline Feststoff liegt als Nitroniumnitrat NO$_2^+$NO$_3^-$ vor. In Lösung und in der Gasphase existiert N$_2$O$_5$ als kovalente Verbindung (Valenzstrukturen siehe Abbildung 5.9).

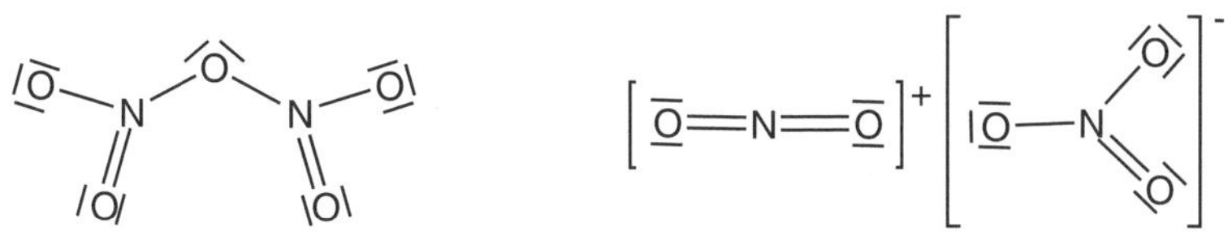

Abbildung 5.9: Valenzstrukturen von N_2O_5.

Reine **Salpetersäure, HNO_3**, ist eine farblose Flüssigkeit. Die handelsübliche konzentrierte Salpetersäure enthält 69 % HNO_3 in Wasser. Diese ist häufig durch geringe Mengen an gelöstem NO_2 gelb gefärbt. Das NO_2 entsteht durch Zersetzung der Salpetersäure unter Einwirkung von Licht:

$2\,HNO_3 \rightarrow 2\,NO_2 + H_2O + 0{,}5\,O_2$ unter Lichteinstrahlung

Durch Einleiten eines Überschusses von NO_2 in konzentrierte Salpetersäure erhält man »rauchende Salpetersäure«. Die industrielle Herstellung der Salpetersäure erfolgt durch Einleiten von NO_2 in Wasser. Die dabei entstehende salpetrige Säure zerfällt in der sauren Lösung zu Salpetersäure und Stickstoffmonoxid. Durch Einleiten von Luftsauerstoff wird letzteres weiter zu NO_2 oxidiert. Das NO_2 reagiert wieder mit Wasser usw., sodass letztendlich nur noch Salpetersäure entsteht:

$6\,NO_2 + 3\,H_2O \rightarrow 3\,HNO_2 + 3\,HNO_3$

$3\,HNO_2 \rightarrow HNO_3 + 2\,NO + H_2O$

$2\,NO + O_2 \rightarrow 2\,NO_2$

Summe: $4\,NO_2 + 2\,H_2O + O_2 \rightarrow 4\,HNO_3$

Konzentrierte Salpetersäure ist ein starkes Oxidationsmittel, sie ist in der Lage, fast alle Metalle (außer Gold, Rhodium, Iridium und Platin) zu oxidieren. Einige Metalle, wie z. B. Aluminium, Chrom und Eisen, werden von Salpetersäure nur an der Oberfläche oxidiert. Dabei entsteht eine fest haftende hauchdünne Oxidschicht, die das Metall vor weiterer Oxidation schützt. Man spricht bei diesem Effekt von **Passivierung**. Man bezeichnet 50 %ige Salpetersäure als **Scheidewasser**, da diese Silber auflöst, aber nicht Gold. Zum Auflösen von Gold, dem »König der Metalle«, kann man ein Gemisch von konzentrierter Salpetersäure und konzentrierter Salzsäure im Verhältnis 1 zu 3 verwenden. Diese Mischung von Säuren heißt **Königswasser**. Die stark oxidierende Wirkung des Königswassers beruht auf der Bildung von reaktivem Chlor und Nitrosylchlorid:

$HNO_3 + 3\,HCl \rightarrow NOCl + 2\,Cl + 2\,H_2O$

Salpetersäure und daraus hergestellte Nitrate besitzen vielfältige Anwendungsgebiete in der chemischen Industrie und werden daher in großen Mengen produziert und verarbeitet. Anwendungen sind z. B.:

✔ Herstellung von Düngemitteln (Ammoniumnitrat, Natriumnitrat, Kaliumnitrat, Calciumnitrat)

- ✔ Produktion von Sprengstoffen (TNT, C4, Semtex)
- ✔ Herstellung von Schwarzpulver (aus Kaliumnitrat, Holzkohle und Schwefel)
- ✔ Nitrierung organischer Verbindungen

Phosphor

Das Element Phosphor kommt in der Natur nicht in reiner Form vor, sondern ausschließlich in Form von Phosphaten, also Salzen der Phosphorsäure. Das wichtigste Mineral ist Apatit. Dabei handelt es sich um Calciumphosphate, die je nach Fundort noch Calciumhydroxid, Calciumfluorid oder Calciumchlorid enthalten. Die Zusammensetzung des Apatits beschreibt man durch folgende Formel: $Ca_5(PO_4)_3(OH, F, Cl)$. Das Element Phosphor wird in elektrischen Lichtbogenöfen bei 1400 bis 1500 °C unter Zugabe von Koks und Quarzsand aus Apatit hergestellt:

$$2\,Ca_5(PO_4)_3F + 8\,SiO_2 + 15\,C \rightarrow 3\,P_2 + 15\,CO + 6\,CaSiO_3 + Ca_4Si_2O_7F_2$$

Dabei wird das Phosphat (PO_4^{3-}) durch den Koks reduziert, während der Quarzsand mit dem verbleibenden Calciumoxid und Fluorid eine flüssige Schlacke bildet. Der gebildete Phosphor entweicht gasförmig und dimerisiert zu P_4. Dieser wird durch Destillation gereinigt und dann als weißer Phosphor verkauft.

Modifikationen des Phosphors

Bei der Destillation verdampft Phosphor in Form tetraedrischer P_4-Moleküle. Bei der Kondensation des Phosphordampfes bildet sich **weißer Phosphor**. Dieser enthält die besagten P_4-Einheiten (siehe Abbildung 5.10). Wegen der Tetraedergeometrie betragen die Bindungswinkel im P_4 nur 60 °. Es handelt sich also um hoch gespannte und damit äußerst reaktive Bindungen! Das führt dazu, dass weißer Phosphor an der Luft selbstentzündlich ist und mit den meisten anderen Elementen heftig reagiert. Man lagert weißen Phosphor am besten unter einer Schicht Wasser.

Es gibt noch mehrere andere Modifikationen des Phosphors. Die Wichtigsten möchte ich Ihnen hier vorstellen. Durch Erhitzen von weißem Phosphor unter Luftausschluss, über mehrere Stunden hinweg, erhält man **roten Phosphor**. Dieser besteht aus einem unregelmäßigen Netzwerk von Phosphoratomen. Man bezeichnet diese Modifikation auch als amorph, also nicht kristallin, ohne regelmäßige Struktur. **Violetter Phosphor** entsteht aus weißem Phosphor durch mehrwöchiges Erhitzen auf ca. 550 °C. Diese Modifikation besteht aus einem komplizierten Schichtgitter von übereinander gestapelten Röhren. Die Struktur einer solchen Röhre ist in der Abbildung 5.10 dargestellt. **Schwarzer Phosphor** wird aus weißem Phosphor durch Erhitzen auf 200 °C bei hohem Druck oder durch Erhitzen in Gegenwart von Quecksilber hergestellt. Diese Modifikation besteht aus gewellten Schichten von parallel angeordneten Phosphorketten.

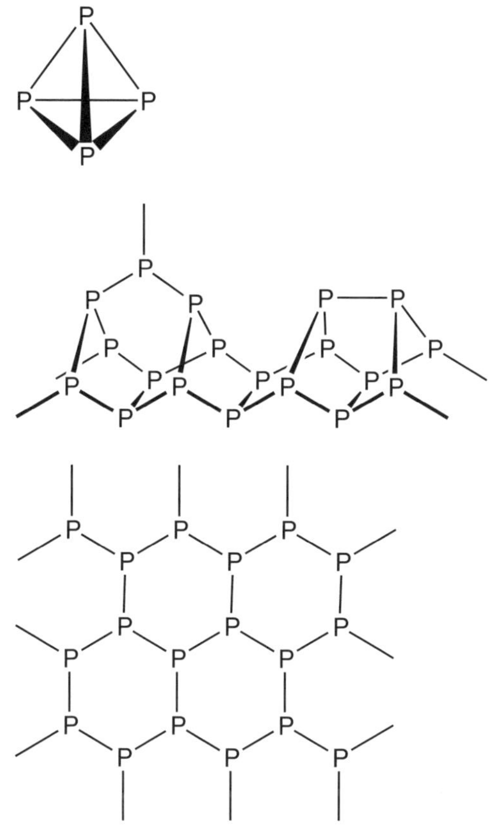

weißer Phosphor

violetter Phosphor

schwarzer Phosphor

Abbildung 5.10: Modifikationen des Phosphors.

Bindungsverhältnisse beim Phosphor

Phosphor kann drei, vier, fünf oder sechs Bindungen zu benachbarten Atomen ausbilden. Eine einfache Erklärung dafür bietet das Hybridisierungskonzept (siehe Kapitel 13). Im Unterschied zum Stickstoff kann man annehmen, dass 3d-Orbitale an der Bindungsbildung beteiligt werden. Somit ergeben sich folgende Möglichkeiten:

- ✔ sp^3-Hybridisierung mit 3 σ-Bindungen und einem freien Elektronenpaar, z. B. PH_3
- ✔ sp^3-Hybridisierung mit 4 σ-Bindungen, z. B. PH_4^+
- ✔ sp^3-Hybridisierung mit 4 σ-Bindungen und einer π-Bindung, z. B. $OPCl_3$
- ✔ sp^3d^1-Hybridisierung mit 5 σ-Bindungen, z. B. PCl_5
- ✔ sp^3d^2-Hybridisierung mit 6 σ-Bindungen, z. B. PF_6^-

Verbindungen des Phosphors

Phosphan, PH_3, ist ein nach Knoblauch riechendes, stark giftiges Gas. Man kann es durch Hydrolyse von Calciumphosphid oder durch Reaktion von weißem Phosphor mit heißer konzentrierter Lauge herstellen:

$Ca_3P_2 + 6\,H_2O \rightarrow 3\,Ca(OH)_2 + 2\,PH_3$

$P_4 + 3\,OH^- + 3\,H_2O \rightarrow PH_3 + 3\,H_2PO_2^-$

PH_3 wird heute vor allem zur Dotierung von Halbleitersilicium verwendet.

Phosphortrichlorid, PCl_3, wird durch Umsetzung von Phosphor mit Chlor gewonnen. Es handelt sich dabei um eine Flüssigkeit, die an feuchter Luft stark raucht. Der Rauch zeigt an, dass sich die Verbindung mit Wasser (Luftfeuchtigkeit) zersetzt:

$PCl_3 + 3\,H_2O \rightarrow H_3PO_3 + 3\,HCl$

Man bezeichnet Verbindungen, die sich mit Wasser oder Feuchtigkeit zersetzen, als hydrolyseempfindlich«. Phosphortrichlorid wird zur Herstellung von Weichmachern, Flammschutzmitteln, Insektiziden und Phosphorpentachlorid verwendet.

Phosphorpentachlorid ist ebenfalls hydrolyseempfindlich. Die Verbindung wird durch vollständige Chlorierung von PCl_3 hergestellt:

$PCl_3 + Cl_2 \rightarrow PCl_5$

Bei Raumtemperatur liegt Phosphorpentachlorid als weißer kristalliner Feststoff vor. Dieser Feststoff besteht nicht aus PCl_5-Molekülen, sondern aus den Ionen $[PCl_4]^+$ und $[PCl_6]^-$. PCl_5-Moleküle existieren nur im gasförmigen Zustand und in einigen unpolaren Lösungsmitteln. Phosphorpentachlorid wird als Chlorierungsmittel in der organischen Chemie verwendet und dient als Ausgangsstoff zur Herstellung von anorganischem Kautschuk auf Basis von Polyphosphazenen.

Phosphorpentaoxid, P_4O_{10}, ist ein weißes geruchloses Pulver, das aus der Luft Feuchtigkeit aufnimmt und sich dabei in eine klebrige Masse von Polyphosphorsäuren verwandelt. Aufgrund der wasserentziehenden Wirkung verwendet man Phosphorpentaoxid als Trockenmittel im Labor. Die Verbindung entsteht bei der Verbrennung von Phosphor an der Luft:

$P_4 + 5\,O_2 \rightarrow P_4O_{10}$

Die seltsame Zusammensetzung des Oxides aus vier Atomen Phosphor und zehn Atomen Sauerstoff versteht man besser, wenn man sich vorstellt, dass die Verbindung aus dem Gerüst des weißen Phosphors (P_4) entsteht, bei dem in jede P–P-Bindung ein Sauerstoffatom eingeschoben wird ($6 \times O$) und noch ein Sauerstoffatom direkt an jedes Phosphoratom ($4 \times O$) gebunden vorliegt.

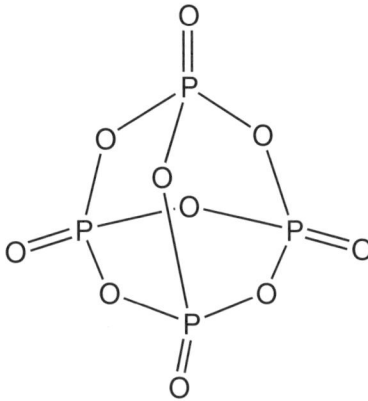

Abbildung 5.11: Struktur von P_4O_{10}.

Die Hydrolyse des P_4O_{10} verläuft über **Metaphosphorsäuren**, **Polyphosphorsäuren**, bis zur **Orthophosphorsäure**. Damit kommen wir direkt zu den Sauerstoffsäuren des Phosphors. Die wichtigsten davon habe ich Ihnen in der Tabelle 5.2 zusammengestellt.

Die Salze der Polyphosphorsäuren, die Polyphosphate, bilden mit Metallionen wasserlösliche Komplexverbindungen. Deshalb wurden Polyphosphate häufig zur Wasserenthärtung Waschmitteln zugefügt. Phosphathaltige Waschmittelzusätze führen allerdings vielerorts zur Überdüngung von Gewässern und werden deshalb zunehmend durch andere Wasserenthärter ersetzt.

Diphosphorsäure, $H_4P_2O_7$, entsteht beim Erhitzen von Phosphorsäure auf 250 °C unter Wasserabspaltung.

Phosphorsäure, H_3PO_4, ist die wichtigste industriell hergestellte Phosphorverbindung. Sie ist eine dreibasige Säure, d.h. sie kann dreimal mit einer Base reagieren und dabei jedes Mal ein Proton abspalten. Dementsprechend lassen sich drei Reihen von Salzen von der Phosphorsäure herstellen. Das sind die primären Phosphate (MH_2PO_4), die sekundären Phosphate (M_2HPO_4) und die tertiären Phosphate (M_3PO_4). Für die technische Herstellung von Phosphorsäure gibt es zwei Verfahren. Beim nassen Aufschluss (»Gipsverfahren«) wird Calciumphosphat mit Schwefelsäure umgesetzt:

$$Ca_3(PO_4)_2 + 3\,H_2SO_4 + 2\,H_2O \rightarrow 2\,H_3PO_4 + 3\,CaSO_4 \cdot 2H_2O$$

Der dabei entstehende Gips ($CaSO_4 \cdot 2H_2O$) wird abfiltriert und die Phosphorsäure anschließend weiter gereinigt. Beim trockenen Aufschluss wird aus Apatit mit Koks und Siliciumdioxid Phosphor hergestellt, der mit einem Überschuss von Luft zu P_4O_{10} verbrannt wird. Die Reaktion des Phosphorpentaoxids mit Wasser ergibt 85 bis 90 %ige Phosphorsäure.

Phosphorsäure dient als Ausgangsstoff zur Herstellung von Mitteln zur Wasserenthärtung, von Salzen als Tierfutterzusatz, für Düngemittel und Korrosionsschutzmittel.

Bezeichnung	Summenformel	Struktur
Polysäuren		
Metaphosphorsäure	$(HPO_3)_n$	Ringe verschiedener Größe
Polyphosphorsäure	$H_{n+2}P_nO_{3n+1}$	
Disäuren		
Diphosphorsäure	$H_4P_2O_7$	
Monosäuren		
Orthophosphorsäure oder Phosphorsäure	H_3PO_4	
Phosphonsäure oder phosphorige Säure	H_3PO_3	
Phosphinsäure oder hypophosphorige Säure	H_3PO_2	

Tabelle 5.2: Sauerstoffsäuren des Phosphors.

Phosphonsäure oder phosphorige Säure, H_3PO_3, erhält man bei der Hydrolyse von Phosphortrichlorid:

$PCl_3 + 3\,H_2O \rightarrow H_3PO_3 + 3\,HCl$

Bei dieser Säure existiert ein Gleichgewicht zwischen zwei verschiedenen Formen, die sich in der Position eines Wasserstoffatoms unterscheiden. Man spricht in solchen Fällen von *Tautomerie*. Dieses Gleichgewicht liegt in wässriger Lösung nahezu vollständig auf der rechten Seite:

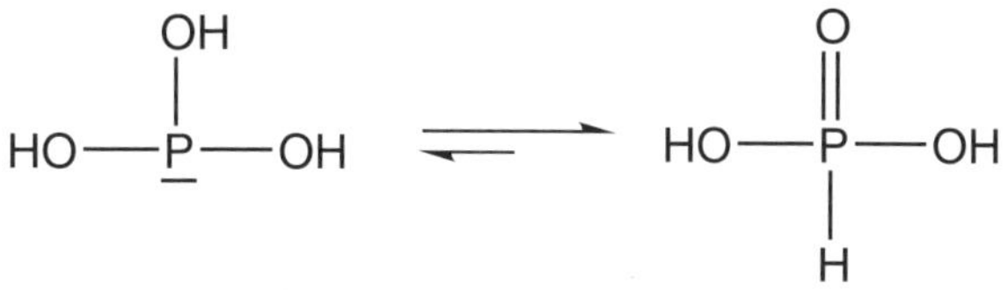

$$HO-\underset{\underset{OH}{|}}{P}-OH \rightleftharpoons HO-\underset{\underset{H}{|}}{\overset{\overset{O}{\|}}{P}}-OH$$

Abbildung 5.12: Tautomerie bei Phosphonsäure.

Phosphonsäure ist ein starkes Reduktionsmittel. Die Reduktionswirkung beruht auf der leichten Oxidierbarkeit der P–H-Bindung. Die Säure wird dabei selbst zur Phosphorsäure oxidiert. Phosphonsäure bildet zwei Reihen von Salzen, die primären (MH_2PO_3) und die sekundären Phosphite (M_2HPO_3).

Phosphinsäure oder **hypophosphorige Säure, H_3PO_2**, ist eine einbasige Säure, sie kann also nur ein Proton abgeben. Sie wirkt als starkes Reduktionsmittel. Die Darstellung der Säure erfolgt durch Kochen von weißem Phosphor mit Bariumhydroxid und anschließendem Ausfällen der Bariumionen mit Schwefelsäure.

Arsen, Antimon, Wismut

Diese drei Elemente der 5. Hauptgruppe treten in der Natur als Sulfide oder Oxide auf. Bekannte Minerale sind:

- ✔ Auripigment, As_2S_3
- ✔ Arsennickelkies, NiAsS (= $NiAs_2 \cdot NiS_2$)
- ✔ Arsenkies, FeAsS (= $FeAs_2 \cdot FeS_2$)
- ✔ Grauspießglanz, Sb_2S_3
- ✔ Wismutglanz, Bi_2S_3
- ✔ Claudetit, As_2O_3
- ✔ Antimonblüte, Sb_2O_3
- ✔ Wismutit, Bi_2O_3

Wie man aus der Auflistung sieht, sind die drei Elemente entweder dreifach positiv (As^{3+} in As_2S_3) oder zweifach negativ geladen (As^{2-} in $FeAs_2 \cdot FeS_2$). Vor allem die Oxidationsstufe 3+ ist typisch für diese Elemente.

Beim Arsen gibt es, ähnlich wie beim Phosphor, mehrere Modifikationen. Einmal existiert das instabile gelbe Arsen (As_4) und zum anderen das stabile graue oder metallische Arsen. Weiterhin gibt es noch das schwarze Arsen, welches eine ähnliche Struktur wie schwarzer Phosphor besitzt. Bei Antimon und Wismut gibt es nur jeweils eine metallische Modifikation.

Giftiges Arsen

Diarsentrioxid (Arsenik) As_2O_3, entsteht bei der Aufarbeitung arsenhaltiger Erze durch »Abrösten« (Verbrennung mit Luftsauerstoff):

$$2\,FeAsS + 5\,O_2 \rightarrow Fe_2O_3 + 2\,SO_2 + As_2O_3$$

Arsenik ist sehr giftig, die tödliche Dosis für den Menschen beträgt ca. 0,1 g. Seit der Antike wurde es für Mordanschläge missbraucht. Bis zum 18. Jahrhundert konnte man eine Vergiftung mit Arsen nicht nachweisen. Wenn der Mörder die richtige Dosis des Giftes verwendete, war ihm der Mord nicht zu beweisen. Erst mit der Einführung der Arsenprobe nach Marsh (1836) gab es eine sichere Methode zum Nachweis einer Arsenvergiftung. Die zu untersuchende Probe wird dazu in einem Kolben mit frisch entstehendem Wasserstoff in Kontakt gebracht (Wasserstoff *in statu nascendi*« = $H_{nasc.}$). Sofern Arsenik darin enthalten ist, reagiert dieses zu Arsenwasserstoff. Dieser ist leicht flüchtig und entweicht über ein am Kolben angebrachtes Glasrohr. Am Ende des Glasrohrs entzündet man eine Flamme und hält eine Porzellan- oder Glasschale darüber. Der Arsenwasserstoff zersetzt sich in der Flamme und elementares Arsen scheidet sich an der Oberfläche der Schale in Form eines schwarzen »Arsenspiegels« ab. Die ablaufenden Reaktionen kann man folgendermaßen formulieren:

$$6\,Zn + 12\,H_3O^+ \rightarrow 6\,Zn^{2+} + 12\,H_{nasc.} + 12\,H_2O$$

$$12\,H_{nasc.} + As_2O_3 \rightarrow 2\,AsH_3 + 3\,H_2O$$

$$2\,AsH_3 + 1{,}5\,O_2 \rightarrow 2\,As + 3\,H_2O$$

Sauerstoff

Sauerstoff ist zu 20,9 % in der Luft enthalten. Wir brauchen diesen Sauerstoff dringend zum Atmen, er wird über die Lungen aufgenommen, über den Blutkreislauf in all unsere Zellen transportiert und dort zur »kalten Verbrennung« von Nährstoffen (z. B. Kohlenhydraten) verwendet. Diese Verbrennungsprozesse liefern die zum Aufrechterhalten unserer Lebensprozesse notwendige Energie:

$$Kohlenhydrate + O_2 \rightarrow CO_2 + H_2O + Energie$$

Sauerstoff (O_2) ist ein farb- und geruchloses Gas, es unterhält die Verbrennung. Das Sauerstoffmolekül hat zwei ungepaarte Elektronen, es ist paramagnetisch. Sauerstoff reagiert mit fast allen anderen Elementen. Aufgrund seiner hohen Elektronegativität trägt es in den entstehenden Verbindungen fast immer eine negative Ladung bzw. Partialladung. Einzige Ausnahme ist die Reaktion mit dem Element Fluor, dieses hat eine höhere Elektronegativität als Sauerstoff. Beispiele für Reaktionen verschiedener Elemente mit Sauerstoff sind in der nachfolgenden Übersicht zusammengestellt.

Reaktionen mit Metallen:

$$4\,Al + 3\,O_2 \rightarrow 2\,Al_2O_3$$

$3\,Fe + 2\,O_2 \rightarrow Fe_3O_4$

Reaktionen mit Nichtmetallen:

$C + O_2 \rightarrow CO_2$

$2\,C + O_2 \rightarrow 2\,CO$ bei Sauerstoffmangel entstehen niedere Oxide

$P_4 + 5\,O_2 \rightarrow P_4O_{10}$

Reaktionen mit mehratomigen Verbindungen

$CH_4 + 2\,O_2 \rightarrow CO_2 + 2\,H_2O$

$PbS + 1,5\,O_2 \rightarrow PbO + SO_2$

Die Energiegewinnung aus Brennstoffen wie Kohle, Öl oder Holz verläuft grundsätzlich über Oxidationsreaktionen mit Luftsauerstoff. Flüssiger Sauerstoff dient als Oxidationsmittel in Raketenantrieben. Sauerstoff und Acetylen erzeugen eine sehr heiße Flamme, die zum Schweißen von Metallen verwendet wird.

Ozon

Neben dem molekularen Sauerstoff (O_2) existiert noch Ozon (O_3). Für die Valenzstruktur von Ozon kann man zwei mesomere Grenzstrukturen formulieren, die gleichberechtigt existieren (Abbildung 5.13).

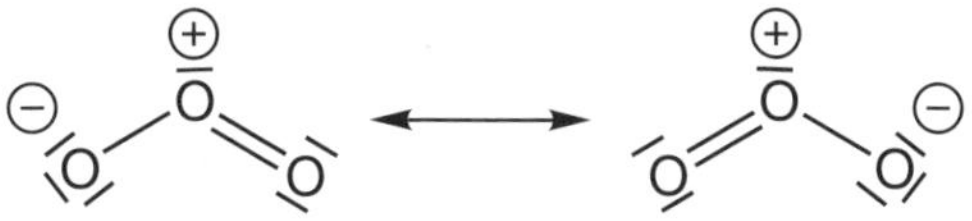

Abbildung 5.13: Valenzstrukturen von Ozon.

Dieses Molekül bildet sich in der Stratosphäre (ca. 15 bis 50 km Höhe über dem Erdboden) in Konzentrationen von einigen ppm durch die Einwirkung von energiereicher Sonnenstrahlung. Dabei werden zunächst Sauerstoffmoleküle durch kurzwelliges Sonnenlicht in Atome gespalten. Die Sauerstoffatome reagieren sofort weiter mit einem Sauerstoffmolekül zu Ozon. Die dabei frei werdende Energie muss dazu auf einen Stoßpartner, hier als »M« bezeichnet, übertragen werden. Dieser Stoßpartner wird dabei in einen angeregten Zustand »M*« versetzt:

O_2 + Energie (UV-Licht) $\rightarrow 2\,O$

$O + O_2 + M \rightarrow O_3 + M^*$

Die Übertragung von Lichtenergie auf den Stoßpartner führt zu einem Temperaturanstieg in der Atmosphäre. Andererseits gibt es auch ozonabbauende Prozesse in der Stratosphäre. Zur Spaltung von Ozon reicht bereits sichtbares Licht aus, da die Bindungsenergie von Ozon (101 kJ/mol) wesentlich kleiner ist als die von O_2 (495 kJ/mol):

O_3 + Energie (sichtbares Licht) $\rightarrow O_2 + O$

$O_3 + O \rightarrow 2\,O_2$

Ozon wird in der Stratosphäre ständig gebildet und wieder abgebaut. Man spricht hierbei von einem dynamischen Gleichgewicht. In der Stratosphäre filtert das Ozon einen Teil der gefährlichen Höhenstrahlung heraus, erfüllt dort also eine wichtige Funktion, um die Lebewesen auf der Erde vor der Sonnenstrahlung zu schützen. Während Ozon weit oben in der Stratosphäre also für uns nützlich und überlebenswichtig ist, hat sein Auftreten am Erdboden durchaus negative Wirkungen. Ozon ist nämlich aufgrund seiner stark oxidierenden Wirkung für den Menschen giftig. Dynamische Gleichgewichte unter Beteiligung von Ozon spielen auch eine Rolle bei der Bildung von photochemischem Smog (»Los-Angeles-Smog«).

Die oxidierende Wirkung von Ozon wird z. B. in der Trinkwasseraufbereitung genutzt. Man kann mit Ozon in einem Arbeitsschritt Elemente wie Eisen und Mangan oxidieren, organische Verunreinigungen zerstören und das Trinkwasser entkeimen.

Wasserstoffperoxid

Wasserstoffperoxid ist eine farblose Verbindung, die in reinem Zustand eine sirupartige Flüssigkeit bildet. Die Verbindung ist mit Wasser in jedem Verhältnis mischbar. In den Handel kommt Wasserstoffperoxid üblicherweise als wässrige Lösung mit Gehalten zwischen 3 und 35 %. Im Vakuum kann man Wasserstoffperoxid unzersetzt destillieren. Allerdings ist beim Umgang mit konzentrierten Lösungen oder reinem Wasserstoffperoxid große Vorsicht geboten, da die Verbindung ein starkes Oxidationsmittel ist und mit geeigneten oxidierbaren Verbindungen heftig oder sogar explosionsartig reagieren kann. Die Struktur des Moleküls ist in Abbildung 5.14 dargestellt. Das Molekül ist nicht planar, sondern die freien Elektronenpaare an den Sauerstoffatomen sorgen durch Abstoßungskräfte untereinander dafür, dass die beiden Wasserstoffatome in einem Winkel von ca. 94° zueinander stehen.

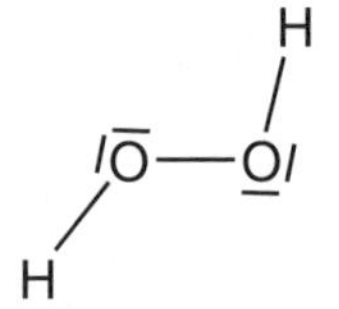

Abbildung 5.14: Valenzstruktur von Wasserstoffperoxid.

Die technische Herstellung von Wasserstoffperoxid erfolgt durch **Hydrierung von Sauerstoff**. Als Wasserstoffüberträger verwendet man dazu Anthrahydrochinon. Die Reaktion dieser Verbindung mit Sauerstoff führt zu Anthrachinon und Wasserstoffperoxid (obere Gleichung in Abbildung 5.15). Das Wasserstoffperoxid wird abgetrennt, und das Anthrachinon mit Wasserstoff in Gegenwart eines Palladium-Katalysators wieder zum Anthrahydrochinon reduziert.

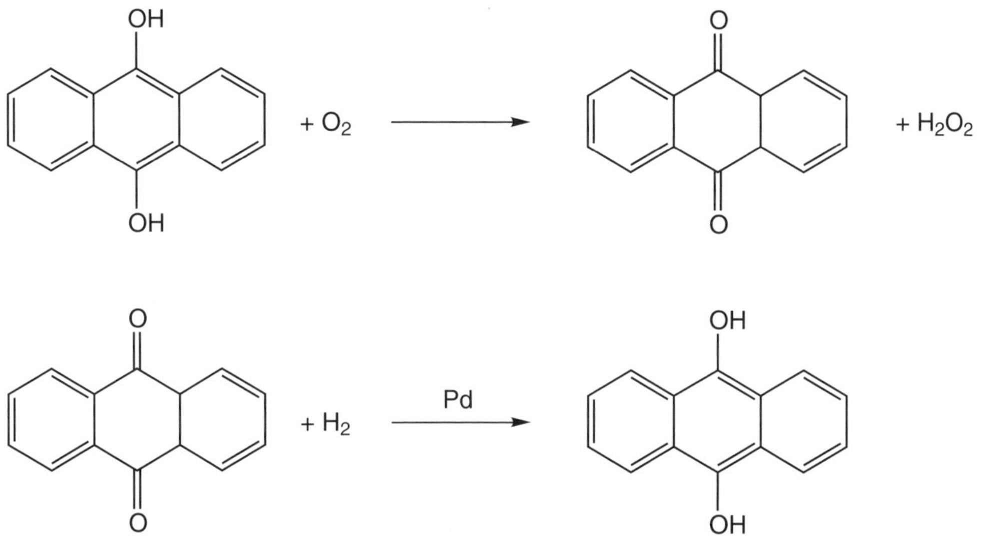

Abbildung 5.15: Herstellung von Wasserstoffperoxid.

Auf dem gleichen Prinzip beruht die Herstellung von Wasserstoffperoxid nach dem »Isopropanol-Verfahren«. Dabei dient Isopropanol als Hydrierungsmittel und wird dabei selbst zum Aceton oxidiert:

$(H_3C)_2CH-OH + O_2 \to (H_3C)_2C=O + H_2O_2$

Alternativ kann man Wasserstoffperoxid auch durch **Oxidation von Wasser** herstellen. Hierzu verwendet man Schwefelsäure, die man in einer Elektrolysezelle durch anodische Oxidation in Peroxodischwefelsäure umwandelt. An der Kathode entsteht Wasserstoff.

Anode: $\quad 2\,H_2SO_4 \to HO_3S-O-O-SO_3H + 2\,e^- + 2\,H^+$

Kathode: $\quad 2\,H^+ + 2\,e^- \to H_2$

Die Hydrolyse der Peroxodischwefelsäure ergibt dann Wasserstoffperoxid und Schwefelsäure.

Wasserstoffperoxid wird aufgrund seiner oxidierenden Eigenschaften vor allem zum Bleichen (Papier, Textilien, Leder, Pelz, Wolle, Haare, Federn, Fette, Öle) verwendet. Gebunden in Natriumperborat ist es in Waschmitteln enthalten (siehe Kapitel 3). Aufgrund seiner desinfizierenden Wirkung wird es in niedriger Konzentration (1–3 %) zur Wunddesinfektion eingesetzt.

Eigenschaften von Oxiden

Es gibt von fast allen Elementen des Periodensystems Oxide. Eine Klassifizierung der Oxide ist anhand ihrer Reaktivität gegenüber Wasser möglich. Je nach Art des Oxids entstehen dabei Säuren oder Basen. In einigen Fällen reagieren die Oxide gar nicht mit Wasser.

Basische Oxide entstehen bei der Reaktion von elektropositiven Metallen mit Sauerstoff. Die entstehenden Oxide enthalten Oxidanionen und Metallkationen und bilden Ionenkristalle hoher Stabilität aus. Bei der Reaktion von Wasser mit löslichen ionischen Oxiden reagieren die Oxidionen mit dem Wasser unter Bildung von Hydroxidionen. Diese sind für die basische Reaktion der entstehenden Lösung verantwortlich:

$Na_2O + H_2O \rightarrow 2\,Na^+ + 2\,OH^-$

In Wasser unlösliche ionische Oxide reagieren gegenüber verdünnten Säuren basisch. Basische Oxide bilden vorwiegend die Elemente der 1. und 2. Hauptgruppe und die Nebengruppenelemente in niedrigen Oxidationsstufen.

Saure Oxide werden hauptsächlich von Nichtmetallen, also Elementen der 5. bis 7. Hauptgruppe, und von Nebengruppenelemente in hohen Oxidationsstufen gebildet. Die Bindungen zwischen Metall- und Sauerstoffatom tragen hierbei deutlich kovalenten Charakter. Dadurch findet bei der Reaktion dieser Metalloxide mit Wasser keine Spaltung der Metall-Sauerstoff-Bindung statt, sondern es werden Protonen an das Sauerstoffatom addiert, und das Metallatom nimmt zusätzlich OH-Gruppen auf unter Bildung einer löslichen Säure. Beispiele dafür sind:

$N_2O_5 + H_2O \rightarrow 2\,HNO_3$

$SO_3 + H_2O \rightarrow H_2SO_4$

$CrO_3 + H_2O \rightarrow H_2CrO_4$

Amphotere Oxide reagieren mit starken Säuren als Basen und mit starken Basen als Säuren. Sie zeigen also ein doppeldeutiges Verhalten, daher der Begriff »amphoter«. Amphotere Oxide sind z. B. Aluminiumoxid (Al_2O_3) und Zinkoxid (ZnO).

Reaktion mit Säuren: $Al_2O_3 + 6\,H_3O^+ + 3\,H_2O \rightarrow 2\,[Al(H_2O)_6]^{3+}$

Reaktion mit Basen: $Al_2O_3 + 2\,OH^- + 3\,H_2O \rightarrow 2\,[Al(OH)_4]^-$

Einige Oxide wie z. B. Kohlenmonoxid (CO) und Distickstoffmonoxid (NO) reagieren gar nicht mit Wasser, Säuren oder Basen.

Schwefel

Dieses Element ist seit der Antike bekannt. Es gibt große Vorkommen in elementarer Form, vorwiegend in der Nähe von Vulkanen. Außerdem enthalten alle sulfidischen Erze Schwefel in Form von Sulfiden (S^{2-}), und in Erdgas ist häufig Schwefelwasserstoff (H_2S) enthalten. Schwefel kommt außerdem in Form von Sulfaten in der Natur vor. Bekannte Minerale sind Gips ($CaSO_4 \cdot 2H_2O$), Anhydrit ($CaSO_4$), Glaubersalz ($Na_2SO_4 \cdot 10H_2O$), Bittersalz ($MgSO_4 \cdot 7H_2O$) und Schwerspat ($BaSO_4$). Schwefel wird in großen Mengen zur Herstellung von Schwefelsäure und zum Vulkanisieren von Kautschuk verwendet. Beim Vulkanisieren werden die langkettigen Kautschukmoleküle durch den Schwefel vernetzt und der Kautschuk wird dadurch elastisch. Kleine Mengen werden in der Medizin als Schwefelmilch und Schwefelsalbe gegen Hautkrankheiten eingesetzt. Weitere Anwendungsgebiete sind die Herstellung von Schwarzpulver und Feuerwerkskörpern.

5 ▶ Die Nichtmetalle

Die Gewinnung von unterirdisch vorkommendem elementarem Schwefel erfolgt durch das Frasch-Verfahren. Dabei wird überhitzter Wasserdampf über Rohrleitungen in die unterirdische Lagerstätte hineingepresst. Dadurch schmilzt der Schwefel und gelangt über ein zweites Rohr an die Oberfläche, wo er sich abkühlt und auskristallisiert. Bei der Verarbeitung fossiler Brennstoffe wie Kohle, Erdöl oder Erdgas fällt in größeren Mengen Schwefelwasserstoff als Nebenprodukt an. Es ist ökonomisch sinnvoll, aus diesem Nebenprodukt ebenfalls Schwefel zu gewinnen. Dies erfolgt durch katalytische Verbrennung des Schwefelwasserstoffs in zwei Stufen. Zunächst wird ein großer Teil des H_2S mit Sauerstoff verbrannt und die entstehende Reaktionswärme thermisch genutzt. Das abgekühlte Gasgemisch wird danach über einen Ofen mit eisenhaltigem Aluminiumoxid als Katalysator geschickt, wobei der restliche Schwefelwasserstoff mit Schwefeldioxid zu Schwefel reagiert. Die ablaufenden Reaktionen sind folgende:

$H_2S + 1,5\ O_2 \rightarrow SO_2 + H_2O +$ Wärmeenergie

$2\ H_2S + SO_2 \rightarrow 3\ S + 2\ H_2O$

Elementarer Schwefel existiert in Molekülen unterschiedlicher Zusammensetzung. Die häufigste Modifikation besteht aus S_8-Ringen, es gibt aber nahezu alle möglichen S_n-Moleküle von S_2 bis S. All diese Schwefelmodifikationen bilden Ketten oder Ringe. Die Strukturen von zwei Schwefel-Allotropen sind in Abbildung 5.16 dargestellt.

Wenn ein Element in mehreren Formen auftritt, die sich in ihren physikalischen und teilweise auch chemischen Eigenschaften unterscheiden, so spricht man von **Allotropie**. Diese Erscheinung tritt z. B. beim Schwefel, Phosphor und Kohlenstoff auf.

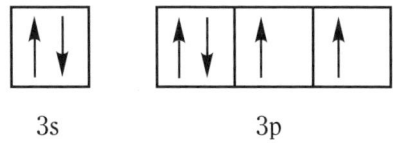

Abbildung 5.16: Strukturen von S_6 und S_8.

Die Fähigkeit des Schwefels zur Ausbildung von S–S-Bindungen kann man mit der Elektronenkonfiguration des Elementes erklären. Im Grundzustand besitzt Schwefel die Valenzelektronenkonfiguration $3s^2\ 3p^4$:

| ↑↓ | ↑↓ | ↑ | ↑ |

3s   3p

Die beiden ungepaarten 3p-Elektronen bilden kovalente Bindungen mit benachbarten Schwefelatomen aus und komplettieren dadurch die Valenzschale des Schwefelatoms. Die beiden Elektronenpaare am Schwefelatom sorgen dafür, dass eine Zickzackkette entsteht, die die Ausbildung von Ringen begünstigt.

Verbindungen des Schwefels

Schwefelwasserstoff, H_2S, ist ein farbloses sehr giftiges Gas, welches den typischen Geruch von faulen Eiern hat. Schwefelwasserstoff ist in saurem Erdgas und einigen Mineralquellen enthalten. Die Darstellung im Labor erfolgt häufig durch Reaktion von Eisen(II)-sulfid mit Salzsäure:

$$FeS + 2\,HCl \rightarrow H_2S + FeCl_2$$

Man benötigt den Schwefelwasserstoff im Labor vielfach zum Nachweis von Schwermetallionen. Viele Schwermetalle bilden mit H_2S schwer lösliche Metallsulfide. Diese kann man anhand unterschiedlicher Fällungsbedingungen und ihrer Farben voneinander unterscheiden.

Schwefeldioxid, SO_2, ist ein stechend riechendes farbloses Gas. Es hat sowohl reduzierende als auch oxidierende Eigenschaften. Schwefeldioxid entsteht beim Verbrennen von Schwefel an der Luft. Sulfidische Erze werden häufig bei der Aufarbeitung (»Rösten« der Sulfide) in Metalloxid und SO_2 überführt:

$$ZnS + 1{,}5\,O_2 \rightarrow ZnO + SO_2$$

Schwefeldioxid wird zur Herstellung von Schwefelsäure, als Kühlmittel in großen Kühlanlagen, als Desinfektionsmittel, z. B. zum »Ausschwefeln« von Weinfässern, und als Bleichmittel für Wollfasern verwendet.

Schwefeldioxid löst sich sehr gut in Wasser. Die entstehende Lösung bezeichnet man gemeinhin als **»schweflige Säure«**. Diese enthält jedoch hauptsächlich physikalisch gelöstes SO_2, hydratisiertes SO_2, und die Ionen HSO_3^- und $S_2O_5^{2-}$. Die freie schweflige Säure, H_2SO_3, ist in freier Form nicht beständig und zerfällt sofort wieder in SO_2 und Wasser. Man kann jedoch Salze der schwefligen Säure herstellen, indem man SO_2 in Basen einleitet und die entstehenden Hydrogensulfite ($MHSO_3$) weiter mit Metallcarbonaten umsetzt, z. B.:

$$NaOH + SO_2 \rightarrow NaHSO_3$$

$$2\,NaHSO_3 + Na_2CO_3 \rightarrow 2\,Na_2SO_3 + H_2O + CO_2$$

Schwefeltrioxid, SO_3, existiert bei Raumtemperatur in drei verschiedene Formen: γ-Schwefeltrioxid besteht aus zyklischen Trimeren, β-Schwefeltrioxid aus helixförmigen Ketten und α-Schwefeltrioxid aus Schichten. Nur die γ-Form ist eine echte Modifikation, die anderen beiden Formen enthalten geringe Mengen Wasser, sind also eigentlich Polyschwefelsäuren. Im gasförmigen Zustand bildet SO_3 ebene trigonale Moleküle mit sp^2-hybridisierten Schwefelatomen. Schwefeltrioxid entsteht beim Erhitzen von Hydrogensulfaten oder von rauchender Schwefelsäure.

Schwefelsäure, H_2SO_4, ist eine ölige durchsichtige Flüssigkeit. Sie ist eine starke zweibasige Säure, die zwei Reihen von Salzen bildet, die Hydrogensulfate $MHSO_4$ und die Sulfate, MSO_4. Schwefelsäure wird aus Schwefeltrioxid hergestellt. Da sich SO_3 in Wasser nur sehr schlecht löst, leitet man das gasförmige SO_3 in konzentrierte Schwefelsäure ein. Dabei entsteht Dischwefelsäure $H_2S_2O_7$. Diese wird dann wieder mit Wasser in Schwefelsäure umgewandelt:

$SO_3 + H_2SO_4 \rightarrow H_2S_2O_7$

$H_2S_2O_7 + H_2O \rightarrow 2\,H_2SO_4$

Schwefelsäure ist ein wichtiges Produkt der chemischen Industrie und besitzt vielfältige Anwendungen: Herstellung von Düngemitteln (Superphosphat, Ammoniumphosphat), von anorganischen Säuren (Salzsäure, Phosphorsäure), Sulfaten (Aluminiumsulfat), Aufbereitung von Uran- und Kupfererzen, im Gemisch mit Salpetersäure zur Nitrierung organischer Verbindungen (»Nitriersäure«) und als Akkumulatorensäure in Autobatterien.

Es gibt noch mehr Sauerstoffsäuren des Schwefels, die ich Ihnen an dieser Stelle nur noch in einer Tabelle zusammenfassend nennen möchte, werfen Sie einen Blick auf die nächste Seite.

Oxidations-zahl des Schwefels	Name	Formel	Struktur	Name des Anions
+2	Thioschwefelsäure	$H_2S_2O_3$	HO–S(=S)(=O)–OH	Thiosulfat
+3	dithionige Säure	$H_2S_2O_4$	HO–S(=O)–S(=O)–OH	Dithionit
+4	schweflige Säure	H_2SO_3	HO–S(=O)–OH	Sulfit
+3 / +5	dischweflige Säure	$H_2S_2O_5$	HO–S(=O)–S(=O)(=O)–OH	Disulfit
+5	Dithionsäure	$H_2S_2O_6$	HO–S(=O)(=O)–S(=O)(=O)–OH	Dithionat
+6	Schwefelsäure	H_2SO_4	HO–S(=O)(=O)–OH	Sulfat
	Dischwefelsäure	$H_2S_2O_7$	HO–S(=O)(=O)–O–S(=O)(=O)–OH	Disulfat
	Peroxoschwefelsäure	H_2SO_5	HO–S(=O)(=O)–O–OH	Peroxosulfat
	Peroxodischwefelsäure	$H_2S_2O_8$	HO–S(=O)(=O)–O–O–S(=O)(=O)–OH	Peroxodisulfat

Tabelle 5.3: Sauerstoffsäuren des Schwefels.

Halogene und Edelgase

In diesem Kapitel

▶ Änderung der Eigenschaften bei den Elementen der 7. Hauptgruppe

▶ Halogene im elementaren Zustand

▶ Eigenschaften der Halogenide

▶ Pseudohalogene und Pseudohalogenide

▶ besondere Eigenschaften der Edelgase

▶ Vorkommen und Verwendung der Edelgase

▶ Luftverflüssigung

Die Elemente der 7. Hauptgruppe besitzen sieben Außenelektronen. Sie brauchen nur noch ein zusätzliches Elektron, um eine stabile Elektronenkonfiguration (»Edelgaskonfiguration«) mit acht Außenelektronen zu erreichen. Deshalb bilden diese Elemente besonders häufig einfach negativ geladene Ionen (X^-). Gemeinsam mit Metall-Kationen erhält man dann Salze, Metallhalogenide (M^+X^-). Deshalb nennt man diese Elemente Halogene, aus dem griechischen für »Salzbildner«. Der ionische Charakter der Bindung ist bei den Fluoriden am stärksten ausgeprägt. Fluor nimmt innerhalb der Halogene eine Sonderstellung ein, da es aufgrund seiner extrem hohen Elektronegativität ausschließlich als negativ geladenes Anion F^- oder in stark polaren Atombindungen als Bindungspartner mit negativer Partialladung auftritt. Einzige Ausnahme ist die kovalente Bindung im Fluormolekül F_2. Auch die anderen Halogene bilden zweiatomige Halogenmoleküle X_2. Chlor, Brom und Iod ähneln sich in ihren Eigenschaften. Es gibt Verbindungen dieser drei Elemente in den Oxidationsstufen +1, 3+, +4, +5 und +7. Innerhalb der Gruppe nimmt die Elektronegativität dieser Elemente von oben nach unten ab, deshalb sind die hohen Oxidationsstufen beim Brom und Iod stabiler.

Astat tritt nur in Form kurzlebiger Isotope bei radioaktiven Zerfallsreihen auf. Das längstlebige Isotop des Astats hat eine Halbwertszeit von ca. acht Stunden. Über die Chemie dieses Elementes ist daher nur sehr wenig bekannt.

Die Elemente der 8. Hauptgruppe haben bereits acht Außenelektronen, also eine voll besetzte Elektronenhülle, und sind deshalb äußerst reaktionsträge. Man bezeichnet sie auch als Edelgase. Inzwischen gibt es einige Verbindungen der schweren Edelgase, die ich Ihnen vorstellen werde.

Beginnen wir zunächst mit den Halogenen, danach folgen die Edelgase.

Fluor

Fluoridionen sind in folgenden Mineralen enthalten:

- Flussspat, CaF_2
- Fluorapatit, $Ca_5[(PO_4)_3(F,Cl)]$
- Topas (Edelstein), $Al_2SiO_4(F, OH)_2$
- Kryolith, Na_3AlF_6

Elementares Fluor ist extrem reaktiv und gefährlich und muss deshalb in speziellen Geräten unter besonderen Sicherheitsvorkehrungen hergestellt werden. Die einzige brauchbare Möglichkeit zur Herstellung von F_2 besteht in der Elektrolyse einer Mischung von Kaliumfluorid und Fluorwasserstoff. An der Anode aus Kohlenstoff entsteht Fluor und an der Kathode aus Spezialstahl Wasserstoff. Der Gasraum über der Elektrolysezelle muss sorgfältig durch eine Glocke getrennt werden, damit die beiden Gase nicht miteinander in Berührung kommen. Diese würden sonst explosionsartig miteinander reagieren.

Elementares Fluor ist ein höchst reaktionsfreudiges Element. Es reagiert mit fast allen Elementen außer Stickstoff (N_2), Helium, Neon und Argon. In allen Verbindungen besitzt Fluor die Oxidationsstufe –1. Aufgrund der ähnlichen Ionenradien von F^- und OH^- können sich die beiden Ionen im Kristallgitter leicht ersetzen. Deshalb tauchen in der obigen Aufzählung beide Ionen beim Topas auf: Al_2SiO_4**(F, OH)$_2$**.

Fluor wird zur Herstellung von Metallfluoriden (z. B. SbF_3, BiF_3, AsF_5) und Halogenfluoriden (z. B. BrF_5, ClF_3) benutzt. Letztere dienen wiederum als Fluorierungsmittel oder Lösungsmittel für Spezialanwendungen. Ein wichtiges Anwendungsgebiet für elementares Fluor ist die Atomtechnologie. Dort wird das flüchtige Uranhexafluorid zur Trennung der Uranisotope ^{235}U und ^{238}U verwendet.

Die wichtigste Verbindung des Fluors ist der **Fluorwasserstoff, HF**. Die Herstellung dieser Verbindung erfolgt durch Reaktion von Calciumfluorid mit konzentrierter Schwefelsäure:

$$CaF_2 + H_2SO_4 \rightarrow CaSO_4 + 2\,HF$$

Im flüssigen Zustand und in der Gasphase sind die Fluorwasserstoffmoleküle durch Wasserstoffbrücken miteinander verbunden und bilden lange Ketten aus. Eigentlich sollte man also die Formel für diese Verbindung als $(HF)_n$ schreiben. Fluorwasserstoff ist hygroskopisch und löst sich sehr leicht in Wasser. Die entstehende Lösung wird **Flusssäure** genannt. Aufgrund der hohen Bindungsdissoziationsenergie der H–F-Bindung ist Flusssäure nur eine verhältnismäßig schwache Säure mit einem pK_S-Wert von 3,17 (Definition des pK_S-Wertes siehe Kapitel 10). Handelsübliche Flusssäure enthält 40 % Fluorwasserstoff und wird in Gefäßen aus Polyethylen oder Perfluorpolyethylen gelagert. Glasgefäße sind dafür ungeeignet, da Flusssäure Glas angreift und zerstört. Diese Eigenschaft wird zum Ätzen von Glas genutzt (Milchglasscheiben, Schriftzüge auf Glas usw.). Dabei wird das Siliciumdioxid des Glases zu Siliciumtetrafluorid (SiF_4) und Hexafluorokieselsäure (H_2SiF_6) umgesetzt:

$$SiO_2 + 4\,HF \rightarrow SiF_4 + 2\,H_2O$$

$SiF_4 + 2\,HF \rightarrow H_2SiF_6$

Fluorwasserstoff ist extrem gefährlich, hinterlässt auf der Haut schwer heilende Wunden und zerstört Knochengewebe. Deshalb ist beim Arbeiten mit dieser Verbindung, auch in geringen Konzentrationen, höchste Vorsicht geboten!

Fluorwasserstoff dient zur Herstellung von anorganischen Fluoriden und Fluorkohlenwasserstoffen, zum Ätzen von Glas und als Ätzmittel in der Halbleiter- und Solarsiliciumtechnologie.

Chlor, Brom und Iod

Die größten Vorkommen dieser drei Elemente in Form von Halogeniden X^- gibt es im Meerwasser und in Salzlagerstätten. Wichtige Minerale sind:

- Steinsalz, NaCl
- Sylvin, KCl
- Karnallit, $MgCl_2 \cdot KCl \cdot 6H_2O$
- Bromkarnallit, $MgBr_2 \cdot KBr \cdot 6H_2O$
- Bischofit, $MgCl_2 \cdot 6H_2O$

Natriumchlorid wird aus den Salzlagerstätten bergmännisch abgebaut oder durch Verdunstungsprozesse aus Meerwasser gewonnen. Bromide sind häufige Begleiter in diesen Lagerstätten und werden bei Bedarf von den Chloriden abgetrennt und separat weiter verarbeitet.

Die Gewinnung von Chlor aus Natriumchlorid erfolgt durch Elektrolyse wässriger Natriumchloridlösungen. Die ablaufenden Reaktionen kann man mit folgenden Gleichungen beschreiben:

Kathode: $\quad 2\,H_2O + 2\,e^- \rightarrow H_2\uparrow + 2\,OH^-$

Anode: $\quad 2\,NaCl \rightarrow 2\,Na^+ + Cl_2\uparrow + 2\,e^-$

Gesamtreaktion: $\quad 2\,H_2O + 2\,NaCl \rightarrow H_2\uparrow + 2\,NaOH + Cl_2\uparrow$

Im Gasraum über der Elektrolysezelle müssen die entstehenden Gase Chlor und Wasserstoff sorgfältig voneinander getrennt werden, da diese sonst explosionsartig miteinander reagieren können (Chlorknallgasreaktion). Außerdem darf die an der Kathode entstehende Lauge (OH^-) nicht mit dem Chlorgas in Berührung kommen, da sie sonst miteinander zu Hypochlorit und Chlorid reagieren würden:

$Cl_2 + 2\,OH^- \rightarrow OCl^- + Cl^- + H_2O$

Diese Forderungen werden im **Diaphragma-** oder auch **Membranverfahren** durch eine Trennwand zwischen Kathoden- und Anodenraum erfüllt. Diese Trennwand ist für Ionen in wässriger Lösung durchlässig, verhindert jedoch den Durchtritt von Gasmolekülen. Eine schematische Darstellung der Elektrolysezelle finden Sie in Kapitel 3.

Die Darstellung von Brom erfolgt zum Beispiel aus Karnallitlaugen, die als begleitendes Mineral Bromkarnallit (MgBr$_2 \cdot$ KBr $\cdot$ 6H$_2$O) enthalten. Dazu leitet man in die wässrige Salzlösung Chlorgas ein und oxidiert auf diese Weise das enthaltene Bromid zum Brom, welches gasförmig abgetrennt wird:

$$MgBr_2 + KBr + 1{,}5\,Cl_2 \rightarrow MgCl_2 + KCl + 1{,}5\,Br_2$$

Iod ist in nennenswerten Mengen in Form von Calciumiodat, Ca(IO$_3$)$_2$ (Mineralname: Latutarit) im Chilesalpeter (NaNO$_3$) enthalten. Iod gewinnt man außerdem aus der Asche von Meeresalgen, die größere Mengen organisch gebundenes Iod enthalten.

Eigenschaften und Verwendung

Die Oxidationskraft der Halogene nimmt in der Reihenfolge F$_2$ >> Cl$_2$ > Br$_2$ > I$_2$ ab. Die Halogene reagieren mit Wasserstoff zu Halogenwasserstoffen (HX), mit Metallen zu Metallhalogeniden (MX) und mit Elementen der 3. bis 6. Hauptgruppe zu molekularen Halogenverbindungen.

Chlor ist ein gelbgrünes, stechend riechendes Gas, welches sich in Wasser sehr gut löst. Es ist ein starkes Atemgift und wurde im Ersten Weltkrieg als Giftgas eingesetzt. Es wird als Oxidations-, Bleich- und Desinfektionsmittel verwendet. Große Mengen an Chlor werden zur Herstellung anorganischer und organischer Chlorverbindungen verwendet. Beispiele sind chlorierte Kohlenwasserstoffe und Polyvinylchlorid. Durch Chlorierung hergestellte Zwischenprodukte zeichnen sich häufig durch eine hohe Reaktivität aus und werden deshalb auch zur Herstellung von völlig chlorfreien Produkten der chemischen Industrie benötigt, z. B. Silicone, Glykol oder Methylcellulose.

Brom ist eine schwere, tiefbraune Flüssigkeit, die in Wasser mäßig löslich ist. Es wirkt auf die Haut stark ätzend. Es wird zur Darstellung von Bromwasserstoff, Alkalimetallhalogeniden (Pharmazeutika), Antiflammstoffen, Fungiziden, Silberbromid (fotografische Filme) oder Bromaceton (Tränengas) verwendet.

Iod bildet blauschwarze, metallisch glänzende Kristalle, die leicht sublimieren. Der bei der Sublimation entstehende Ioddampf ist violett. Iod löst sich kaum in Wasser, dafür gut in einer Reihe von organischen Lösungsmitteln wie Ethanol, Aceton, Diethylether und Chloroform. Iod wird als Desinfektionsmittel und zur Herstellung anorganischer und organischer Iodverbindungen verwendet. Beispiele für Anwendungen sind: Natriumiodid als Zusatz zum Speisesalz, Röntgenkontrastmittel, Silberiodid für fotografische Filme, Metalliodide als Katalysatoren und die Herstellung hochreiner Metalle nach dem Verfahren von van Arkel und de Boer (siehe Kapitel 9).

Verbindungen der Halogene

In ihrer stabilsten Oxidationsstufe −1 bilden die Halogene eine Vielzahl von Halogeniden MX$_n$. Je nachdem, wie groß die Differenz der Elektronegativitäten zwischen den beteiligten Elementen M und X ist, kann man zwischen kovalenten und ionischen Halogeniden unterscheiden. **Ionische Halogenide** entstehen mit stark elektropositiven Metallen, vorwiegend aus

6 ▸ Halogene und Edelgase

der 1. und 2. Hauptgruppe. Diese Halogenide haben den Charakter von Salzen. Sie bilden im Festkörper Ionengitter aus diskreten Ionen aus, haben hohe Schmelz- und Siedepunkte und die Schmelzen dieser Halogenide leiten den elektrischen Strom. Ionische Halogenide lösen sich in Wasser unter Bildung hydratisierter Kationen und Anionen auf. Beispiele für ionische Halogenide sind LiCl, NaCl, KCl, $MgCl_2$, CaF_2 oder $NiCl_2$.

Kovalente Halogenide entstehen mit Elementen der 3. bis 6. Hauptgruppe. Diese bilden im Festkörper Molekülkristalle, besitzen niedrige Schmelz- und Siedepunkte und leiten den elektrischen Strom nicht. Beispiele für kovalente Halogenide sind Tetrachlorkohlenstoff (CCl_4), Bortrichlorid (BCl_3), Siliciumtetrachlorid ($SiCl_4$) oder Phosphortrichlorid (PCl_3). Die meisten kovalenten Halogenide lösen sich in Wasser unter Bildung der Halogenwasserstoffsäure und der Sauerstoffsäure des anderen Elementes auf. Ein Beispiel dafür ist die Hydrolyse von PCl_3:

$$PCl_3 + 3\,H_2O \rightarrow H_3PO_3 + 3\,HCl$$

Halogenatome können kovalente Metallhalogenide verbrücken, sodass Dimere entstehen. Ein bekanntes Beispiel dafür ist Al_2Cl_6. In Abbildung 6.1 links ist symbolhaft dargestellt, wie die Brückenbindung von einem freien Elektronenpaar am Chlor zum Aluminium hin stattfindet. Die Darstellung auf der rechten Seite wird üblicherweise vereinfachend genutzt.

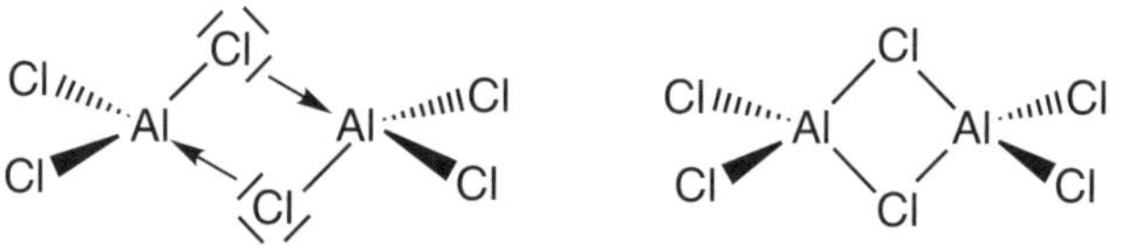

Abbildung 6.1: Struktur von Al_2Cl_6.

Mit zunehmender Größe und Polarisierbarkeit der Halogenidionen erhöht sich der kovalente Charakter der Halogenide. Das sieht man sehr schön an der Reihe der Aluminiumhalogenide, bei denen AlF_3 ein Ionengitter bildet. $AlCl_3$ bildet im festen Zustand ein Schichtgitter und in der Schmelze Al_2Cl_6-Dimere. $AlBr_3$ und AlI_3 bilden ausschließlich kovalente Dimere. Mit zunehmender Ladung des Kations nimmt der kovalente Charakter der Halogenide bei gleich bleibendem Halogenid-Ion zu. Das kann man an der Reihe KCl (ionisch), $CaCl_2$, $ScCl_3$, $TiCl_4$ (kovalent) zeigen. Bei Metallen, die mit dem gleichen Halogen mehrere Verbindungen in verschiedenen Oxidationsstufen bilden, hat die Verbindung in der höheren Oxidationsstufe einen höheren Kovalenzgrad. Ein Beispiel dafür ist der ionische Charakter von UF_4 im Gegensatz zum flüchtigen Gas UF_6.

Chlor-, **Brom-** und **Iodwasserstoff** sind stechend riechende, farblose Gase, die beim Menschen Lunge und Schleimhäute verätzen. An feuchter Luft bilden diese Gase weiße Nebel. Das deutet bereits darauf hin, dass diese drei Halogenwasserstoffe in Wasser gut löslich sind. In Wasser liegen die Verbindungen HX nahezu vollständig dissoziiert als Ionen H^+ und X^- vor. Die wässrige Lösung von Chlorwasserstoff in Wasser wird **Salzsäure** genannt. Handelsübliche konzentrierte Salzsäure (»rauchende Salzsäure«) enthält 36 bis 38 % HCl. Im menschlichen Magensaft ist etwa 0,4 % Chlorwasserstoff enthalten. Salzsäure ist eine starke nicht oxidierende Säure. Sie neutralisiert starke Basen und löst unedle Metalle unter Wasserstoffentwicklung auf, z. B.:

$$Zn + 2\,HCl \rightarrow ZnCl_2 + H_2\uparrow$$

Bromwasserstoffsäure und Iodwasserstoffsäure sind noch stärkere Säure als Salzsäure. Sie zeigen ähnliche Reaktivität wie die Salzsäure. Unterschiede zeigen sich in der leichteren Oxidierbarkeit dieser beiden Säuren.

Sauerstoffsäuren und deren Salze

Die Sauerstoffsäuren der Halogene möchte ich Ihnen am Beispiel der Chlorverbindungen vorstellen. Eine Übersicht über die Sauerstoffsäuren des Chlors finden Sie in Tabelle 6.1. Das Wasserstoffatom ist in allen Säuren an ein Sauerstoffatom gebunden. Von Brom und Iod existieren analoge Verbindungen.

Oxidationszahl	Formel	Namen der Säuren	Namen der Salze
+1	HOCl	Unterchlorige Säure	Hypochlorit
+3	$HClO_2$	Chlorige Säure	Chlorit
+5	$HClO_3$	Chlorsäure	Chlorate
+7	$HClO_4$	Perchlorsäure	Perchlorate

Tabelle 6.1: Sauerstoffsäuren des Chlors.

Unterchlorige Säure entsteht in geringen Mengen beim Einleiten von Chlor in Wasser durch Disproportionierung des Chlors:

$$Cl_2 + H_2O \rightleftharpoons H^+ + Cl^- + HOCl$$

Das Gleichgewicht liegt überwiegend auf der linken Seite, es liegt also überwiegend in Wasser gelöstes Chlor vor (»Chlorwasser«). Wenn man dieses Gleichgewicht auf die rechte Seite verschieben will, so kann man die Chloridionen durch Zugabe von Silbernitrat oder von Quecksilberoxid (HgO) ausfällen. Die unterchlorige Säure existiert nur in Form wässriger Lösungen. Beim Versuch, diese Lösungen zu entwässern, entsteht Chlormonoxid (Cl_2O). Dieses ist also das Anhydrid der unterchlorigen Säure:

$$2\,HOCl \rightarrow Cl_2O + H_2O$$

Die Salze der unterchlorigen Säure nennt man Hypochlorite. Man erhält diese durch Einleiten von Chlor in Laugen, z. B.:

$$Cl_2 + 2\,NaOH \rightarrow NaCl + NaOCl + H_2O$$

Natriumhypochlorit wird genau auf diese Weise hergestellt und findet vielfach Anwendung als Bleichmittel für Zellstoff und Textilien, zur Desinfektion in Schwimmbädern und in Haushalts- und Industriereinigungsmitteln. Die bleichende und desinfizierende Wirkung des Natriumhypochlorits beruht auf der Zersetzung zu Chlorid und Sauerstoff:

$2\,NaOCl + H_2O \rightarrow 2\,NaCl + O_2$

Der frisch entstehende Sauerstoff (»*in statu nascendi*«) ist eines der stärksten Oxidationsmittel. Aufgrund von Nebenreaktionen zwischen Chlorid- und Hypochloritionen entstehen außerdem noch geringe Mengen Chlor. Dies ist die Ursache für den charakteristischen Geruch von Hypochlorit-haltigen Reinigungsmitteln.

Chlorkalk entsteht bei der Reaktion von Chlor mit Calciumhydroxid:

$Cl_2 + Ca(OH)_2 \rightarrow CaCl(OCl) + H_2O$

Es handelt sich dabei um ein gemischtes Salz der Salzsäure und der unterchlorigen Säure, sodass wir statt $2\,CaCl(OCl)$ auch $CaCl_2 \cdot Ca(OCl)_2$ schreiben könnten. Chlorkalk war früher ein wichtiges Produkt der chemischen Industrie. Der Transport von Chlorkalk war bis etwa 1912 die einzige Möglichkeit, gebundenes Chlor von einem Ort zum anderen zu transportieren. Bei Bedarf konnte man daraus jederzeit mit Hilfe von Salzsäure das benötigte Chlor freisetzen:

$CaCl(OCl) + 2\,HCl \rightarrow CaCl_2 + Cl_2 + H_2O$

Chlorige Säure ist die instabilste der Sauerstoffsäuren des Chlors. Sie entsteht beim Einleiten von Chlordioxid in Wasser unter Disproportionierung in chlorige Säure und Chlorsäure:

$2\,ClO_2 + H_2O \rightleftharpoons HClO_2 + HClO_3$

Die entstehende chlorige Säure zersetzt sich allerdings recht schnell. Deutlich stabiler sind die Alkalimetallchlorite, die man gemeinsam mit Chloraten erhält, wenn man Chlordioxid in Alkalilauge einleitet:

$2\,ClO_2 + 2\,NaOH \rightarrow NaClO_2 + NaClO_3 + H_2O$

Das dabei entstandene Natriumchlorat kann man durch Zugabe von Wasserstoffperoxid zu Natriumchlorit reduzieren:

$NaClO_3 + H_2O_2 \rightarrow NaClO_2 + O_2 + H_2O$

Lösungen von Alkalimetallchloriten wirken stark oxidierend und werden z. B. als Bleichmittel zum faserschonenden Bleichen von Textilien eingesetzt. Schwermetallchlorite wie Silberchlorit ($AgClO_2$) oder Bleichlorit ($Pb(ClO_2)_2$) reagieren beim Erwärmen oder auf Schlag explosiv.

Chlorsäure entsteht bei der Reaktion von unterchloriger Säure mit Natriumhypochlorit. Die Säure oxidiert hierbei ihr eigenes Salz zum Chlorat und wandelt sich dabei selbst in das Chlorid um:

$2\,HClO + NaClO \rightarrow 2\,HCl + NaClO_3$

Man kann auch so vorgehen, dass man eine Lösung von Natriumhypochlorit in Wasser ein wenig ansäuert. Dann verläuft die Oxidation zum Chlorat immer weiter, da bei der Oxidation immer wieder neue Salzsäure gebildet wird. Bei der technischen Herstellung verwendet man eine heiße Lösung von Natriumchlorid, die elektrolytisch zum Natriumchlorat oxidiert wird.

Eine praktikable Synthese von Chlorsäure im Labor geht von Bariumchlorat aus, welches mit Schwefelsäure behandelt wird:

$Ba(ClO_3)_2 + H_2SO_4 \rightarrow 2\,HClO_3 + BaSO_4$

Das als Nebenprodukt entstehende Bariumsulfat ist schwerlöslich und kann leicht durch Filtration abgetrennt werden.

Chlorsäure und die Chlorate sind kräftige Oxidationsmittel. Wenn man Filterpapier in 40 %ige Chlorsäure eintaucht und dieses an der Luft liegen lässt, so entzündet es sich nach kurzer Zeit. Ebenso entzündet sich ein Holzspan, den man in Chlorsäure eintaucht. Mischungen von Chloraten und oxidierbaren Verbindungen wie Schwefel, Kohlenstoff oder Zucker explodieren schon beim Verreiben im Mörser. Deshalb ist beim Arbeiten mit Chloraten immer höchste Vorsicht geboten! Kaliumchlorat wird zur Herstellung von Streichhölzern, von Feuerwerkskörpern und in der Sprengstoffindustrie verwendet. Natriumchlorat ist ein effektives Unkrautvernichtungsmittel.

Perchlorsäure wird aus Kaliumchlorat gewonnen. Beim vorsichtigen Erhitzen disproportioniert dieses in Kaliumchlorid und Kaliumperchlorat. Das gewonnene Gemisch der Kaliumsalze behandelt man mit konzentrierter Schwefelsäure, dadurch wird die Perchlorsäure freigesetzt und kann im Vakuum vorsichtig abdestilliert werden.

$4\,KClO_3 \rightarrow KCl + 3\,KClO_4$

$3\,KClO_4 + H_2SO_4 \rightarrow KHSO_4 + HClO_4$

Reine Perchlorsäure ist ein extrem wirksames Oxidationsmittel. Papier, Holz oder andere brennbare Substanzen werden explosionsartig oxidiert. Auch sonst kann sich die Perchlorsäure ohne erkennbaren äußeren Anlass explosionsartig zersetzen. Dabei läuft folgende Reaktion ab:

$4\,HClO_4 \rightarrow 2\,H_2O + 2\,Cl_2 + 7\,O_2$

Perchlorsäure kommt als 72 %ige wässrige Lösung in den Handel. Ammoniumperchlorat und Kaliumperchlorat sind wirksame Oxidationsmittel für Explosiv- und Treibstoffe (Feuerwerkskörper, Raketen).

Pseudohalogene und Pseudohalogenide

Unter diesen beiden Begriffen fasst man Verbindungen zusammen, die ähnliche Eigenschaften wie die Halogene (X_2) bzw. die Halogenidionen (X^-) aufweisen, obwohl sie aus völlig anderen Atomen und Atomgruppen bestehen. Pseudohalogene sind Dicyan, $(CN)_2$, und Dirhodan, $(SCN)_2$. Zu den Pseudohalogeniden zählt man Cyanid (CN^-), Cyanat (OCN^-), Fulminat (CNO^-), Thiocyanat (SCN^-) und Azid (N_3^-). Ich möchte Ihnen die Ähnlichkeiten in den Eigenschaften zwischen Halogen und Pseudohalogen am Beispiel von Dicyan erläutern. Man kann Dicyan ganz ähnlich wie Iod durch Reduktion von Kupfer(II)-salzen herstellen:

Halogen: $2\,Cu^{2+} + 4\,I^- \rightarrow I_2 + 2\,CuI$

Pseudohalogen: $2\,Cu^{2+} + 4\,CN^- \rightarrow (CN)_2 + 2\,CuCN$

Dicyan disproportioniert im basischen wie die Halogene in eine niedrige (Cyanid) und eine höhere Oxidationsstufe (Cyanat):

Halogen: $Cl_2 + 2\,OH^- \rightleftharpoons Cl^- + OCl^- + H_2O$

Pseudohalogen: $(CN)_2 + 2\,OH^- \rightarrow CN^- + OCN^- + H_2O$

Mit Silbernitrat bilden sowohl die Halogenidionen Cl⁻, Br⁻ und I⁻ als auch das Cyanidion einen schwerlöslichen Niederschlag von Silberhalogenid bzw. Silbercyanid. Dieser Niederschlag löst sich beim Chlorid und beim Cyanid im Überschuss dieser Ionen wieder auf:

Halogenid: $AgCl + Cl^- \rightarrow [AgCl_2]^-$

Pseudohalogenid: $AgCN + CN^- \rightarrow [Ag(CN)_2]^-$

Es gibt sogar Verbindungen, die aus Halogenatom und Pseudohalogen zusammengesetzt sind, z. B. Chlorcyan (ClCN), Bromcyan (BrCN) und Iodcyan (ICN).

Als kleine Hilfestellung habe ich für Sie in der nachfolgenden Tabelle die Valenzstrichformeln der Pseudohalogene und -halogenide aufgezeichnet. Bitte beachten Sie, dass man bei den Summenformeln der Pseudohalogenide die Ladung üblicherweise an das Ende des Ions schreibt, aber dass sich die negative Ladung, bzw. die Stelle, an der eine Bindung des Anions erfolgt, tatsächlich am ersten Atom des Moleküls befindet! Das ist zugegebenermaßen etwas verwirrend.

Summenformel	Valenzstrichformeln	Name
$(CN)_2$	IN≡C—C≡NI	Dicyan
$(SCN)_2$	IN≡C—S̄—S̄—C≡NI	Dirhodan
CN^-	⊖IC≡NI	Cyanid
OCN^-	⊖IŌ—C≡NI	Cyanat
CNO^-	⊖C̄=N⁺=Ō⊖	Fulminat
SCN^-	⊖IS̄—C≡NI	Thiocyanat
N_3^-	⊖N̄=N⁺=N̄⊖	Azid

Tabelle 6.2: Valenzstrichformeln der Pseudohalogene und -halogenide.

Edelgase

Die Edelgase sind in unterschiedlichen Anteilen in der Luft enthalten. **Helium** ist leichter als Luft und steigt nach oben. Da es ein sehr leichtes Element ist, wird es von der Gravitationskraft der Erde nicht zurückgehalten und entschwindet langsam in den Weltraum. Das auf der Erdoberfläche vorhandene Helium stammt aus radioaktiven Zerfallsreaktionen der Elemente Thorium und Uran. Helium wird in technischem Maßstab aus amerikanischen Erdgasen gewonnen, die bis zu 8 % Helium enthalten. Dazu wird das Erdgas zunächst unter Druck mit Wasser und Calciumhydroxid gewaschen, um enthaltenes Kohlendioxid abzutrennen. Das Erdgas wird dann schrittweise komprimiert und wieder entspannt und auf diese Weise bis auf ca. −200 °C abgekühlt und verflüssigt. Dabei bleibt allein das enthaltene Helium gasförmig und wird auf diese Weise abgetrennt.

Die Edelgase **Neon**, **Argon**, **Krypton** und **Xenon** werden bei der Verflüssigung von Luft abgetrennt und einzeln isoliert. Beim Komprimieren (= Zusammendrücken) von Gasen erwärmen sich diese, beim Expandieren (= Ausdehnen) kühlen sie sich ab (Joule-Thompson-Effekt). Diese Erkenntnis wird zur Verflüssigung der Luft im Lindeverfahren genutzt. Luft wird zunächst von Kohlendioxid und Wasserdampf befreit. Anschließend wird sie mit einem Kompressor (a) verdichtet und erhitzt sich dabei. Die erhitzte Luft wird zunächst mit einem konventionellen Wärmetauscher (Kühler b) auf die Temperatur des Kühlwassers gekühlt. Danach wird die Luft in einem Gegenstrom-Wärmetauscher (c), der mit kalter Luft betrieben wird, weiter abgekühlt. Die kalte Luft stammt aus einem Vorratsbehälter (d), in dem sich bereits

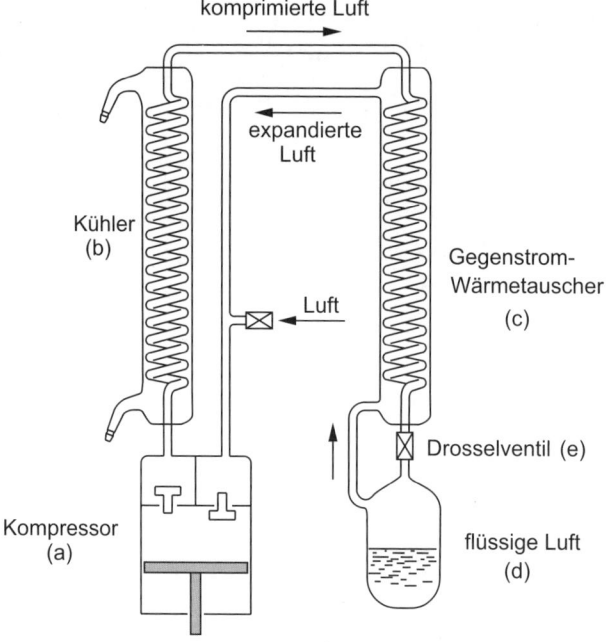

Abbildung 6.2: Schematische Darstellung der Luftverflüssigung nach Linde.

abgekühlte bzw. flüssige Luft befindet. Beim Expandieren der komprimierten Luft über ein Drosselventil (e) kühlt sich diese weiter ab. Dieses Verfahren wird in einem geschlossenen Kreislauf durchgeführt, bis die Luft in der Apparatur verflüssigt ist.

Die verflüssigte Luft wird anschließend fraktioniert, d.h. mehrfach, destilliert. Die unterschiedlichen Siedepunkte der Bestandteile der flüssigen Luft ermöglichen deren Darstellung in reiner Form. In der nachfolgenden Tabelle sind die Siedepunkte der hierbei gewonnenen Gase zusammengestellt.

Gas	Siedepunkte in °C
Xenon, Xe	–108
Krypton, Kr	–153
Sauerstoff, O_2	–183
Argon, Ar	–186
Stickstoff, N_2	–196
Neon, Ne	–246
Helium, He	–269

Tabelle 6.3: Siedepunkte der Gase bei der fraktionierten Destillation flüssiger Luft.

Das schwerste Edelgas, **Radon**, entsteht als Produkt des natürlichen Zerfalls des Elementes Radium. Das längstlebige Isotop von Radon hat nur eine Halbwertszeit von 3,8 Tagen.

Verwendung

Helium wird vielfach als Füllgas für Luftschiffe und Ballons verwendet. Früher verwendete man für diesen Zweck auch Wasserstoff, dieser ist aber brennbar und explosiv. Seit der »Hindenburg-Katastrophe« 1937 wird Wasserstoff nicht mehr als Füllgas für Luftschiffe verwendet. Edelgase sind gegenüber fast allen chemischen Reagenzien inert, d.h. sie reagieren einfach nicht. Deshalb verwendet man das mengenmäßig am häufigsten vorkommende Edelgas Argon (0,9 Volumenprozent Anteil an der Luft) als Schutzgas bei vielen chemischen Prozessen in Laboratorium und Industrie, z. B. für die Synthese von Verbindungen unter Luftausschluss, bei der Verarbeitung von reaktiven Metallen oder beim Schweißen als Schutzgas. Neon wird in Gasentladungslampen eingesetzt und in diesen durch Ionisierung zum Leuchten angeregt. Argon und Krypton werden aufgrund ihrer Reaktionsträgheit und schlechten Wärmeleitfähigkeit als Füllgase in Glühlampen eingesetzt.

Edelgasverbindungen

Edelgasatome können als »Gäste« in Hohlräume von geeigneten »Wirtsmolekülen« eingelagert werden. Dabei entstehen **Clathrate** (= Käfigverbindungen). Solche Clathrate entstehen vor allem mit Verbindungen, die Wasserstoffbrücken ausbilden können, wie Wasser oder Hydrochinon. Allerdings sind hierbei nur schwache intermolekulare Wechselwirkungen am

Werk (Van-der-Waals-Kräfte), sodass die Edelgasclathrate eigentlich keine chemischen Verbindungen sind, sondern nur aufgrund von physikalischen Wechselwirkungen existieren.

Regelrechte chemische Verbindungen zwischen Edelgasen und anderen Elementen wurden erst 1962 entdeckt. Man ging lange Zeit davon aus, dass die Edelgase aufgrund ihrer voll besetzten Valenzschale (acht Außenelektronen) kein Interesse an einer chemischen Bindung haben. Tatsächlich muss man auch zu äußerst drastischen Mitteln greifen, um zumindest die schweren Edelgase Xenon, Radon und Krypton zu einer Verbindungsbildung zu überreden. Mithilfe von Fluor, dem stärksten Oxidationsmittel überhaupt, gelingt die Synthese von Edelgasfluoriden. Hier einige Beispiele für solche Synthesen:

Vom Krypton ist bisher nur **Krypton(II)-fluorid, KrF_2**, bei −183 °C unter der Einwirkung elektrischer Entladungen im Vakuum hergestellt worden. **Xenon(II)-fluorid, XeF_2**, entsteht aus einer Mischung von Xenon und Fluor bei 2 bar Druck und 400 °C oder beim Stehenlassen einer Xenon-Fluor-Mischung im Sonnenlicht. **Xenon(IV)-fluorid, XeF_4**, bildet sich beim Erhitzen von Xenon mit einem Überschuss von Fluor bei 6 bar Druck und 400 °C. **Xenon(VI)-fluorid, XeF_6**, entsteht aus Xenon und überschüssigem Fluor bei 60 bar Überdruck und 300 °C. Vom Radon wurden RnF_2, RnF_4 und RnF_6 hergestellt. Allerdings setzt hierbei der Zerfall der Radonisotope den Verbindungen ein schnelles Ende.

Die Nebengruppenelemente im Überblick

In diesem Kapitel

▶ Die Eigenschaften der d- und f-Elemente

▶ Unterschiede und Gemeinsamkeiten zwischen Haupt- und Nebengruppenelementen

▶ Herstellung und Verwendung der Metalle

▶ Metallcarbonyle und Cluster

▶ Metallorganische Verbindungen der Übergangsmetalle

▶ Katalyse mit Übergangsmetallen

Die Nebengruppenelemente haben charakteristische Eigenschaften, die sie von den Hauptgruppenelementen unterscheiden. Diese werde ich Ihnen in diesem Kapitel vorstellen. Das bietet Ihnen einen guten Einstieg in die Chemie der Nebengruppenelemente. Danach lernen Sie die wichtigen Methoden zur Darstellung von Metallen kennen. Nebengruppenelemente bilden Verbindungen mit ähnlicher Zusammensetzung und verwandten Eigenschaften. Die entsprechenden Stoffklassen (Metallcarbonyle und metallorganische Verbindungen) werden Sie in diesem Kapitel kennenlernen.

Vergleichende Übersicht über die Eigenschaften der d- und f-Elemente

Die d-Elemente unterscheiden sich von den Hauptgruppenelementen durch das Vorhandensein von d-Orbitalen (Orbitalbegriff und Aufbauprinzip siehe Kapitel 12) und die Einbeziehung dieser Orbitale in die Bildung von Bindungen. Häufig werden die d-Elemente auch als Nebengruppenelemente bezeichnet. Ein herausragendes Merkmal der d-Elemente ist das Auftreten farbiger Verbindungen. Bei den Hauptgruppenelementen sind intensiv farbige Verbindungen selten.

Bei den f-Elementen werden die f-Orbitale schrittweise aufgefüllt, hierbei unterscheidet man noch in Lanthanoide – das sind die Elemente, die im Periodensystem nach dem Lanthan stehen – und die Actinoide, die auf das Actinium folgen.

Die d- und f-Elemente besitzen im Vergleich zu den Hauptgruppenelementen eine hohe Dichte, große Härte und hohe Schmelz- und Siedepunkte. Ausnahmen von dieser Regel gibt es leider auch: Quecksilber hat einen Schmelzpunkt von –39 °C, Kupfer und Gold sind recht weiche Metalle. Das Reaktionsverhalten der d-Elemente wird weitgehend durch die d-Orbitale bestimmt. So gibt es bei diesen Elementen viele Komplexverbindungen mit unterschiedlichen Koordinationszahlen und vielfältigen Koordinationsgeometrien (Kapitel 8). Dies ist eine wichtige Voraussetzung für die katalytischen Eigenschaften der Nebengruppenelemente. Außerdem treten die d-Elemente häufig in mehreren Oxidationsstufen auf und können leicht von einer zur anderen Oxidationsstufe wechseln. Die Vielfalt der Oxidationsstufen bei den d-Elementen ist für den Anfänger häufig verwirrend, deshalb zunächst dazu einige Erklärungen. Die höchst mögliche positive Oxidationsstufe ergibt sich bei den elektronenarmen Übergangsmetallen, also von Scandium bis Mangan, als Summe aus der Anzahl der d- und s-Außenelektronen (siehe Tabelle 7.1). Bei den 3d-Elementen haben wir also z. B. die Ionen Scandium (Sc^{3+}), Titanium (Ti^{4+}), Vanadium (V^{5+}), Chrom (Cr^{6+}) und Mangan (Mn^{7+}). Je höher die Ladung der Elemente, desto instabiler sind die vorliegenden Ionen. Elemente in hohen Oxidationsstufen sind deshalb auch häufig gute Oxidationsmittel.

Die Bezeichnungen »frühe« und »späte« Übergangsmetalle sollte man nicht verwenden. Das sind eigentlich unsinnige Begriffe aus dem Englischen, abgeleitet von »early« und »late« transition metals. Oder haben Sie schon einmal ein Metall gesehen, welches Frühaufsteher ist? Besser ist die Unterscheidung zwischen »elektronenarmen« (3. bis 7. Nebengruppe) und »elektronenreichen« Übergangsmetallen (1., 2. und 8. Nebengruppe).

Bei den elektronenreichen d-Elementen wird die höchste Oxidationsstufe nicht mehr erreicht, in wässrigen Lösungen treten nur noch die Oxidationsstufen +2 und +3 auf. Beispiele dafür sind die Ionen Fe^{+3}, Co^{+3}, Ni^{+2}, Cu^{+2} und Zn^{+2}. Übergangsmetalle in niedrigen Oxidationsstufen haben häufig ungepaarte Elektronen und weisen dadurch besondere Eigenschaften wie Para- oder Ferromagnetismus auf.

Nebengruppe	3.	4.	5.	6.	7.	8.			1.	2.
Valenzelektronenkonfiguration	d^1s^2	d^2s^2	d^3s^2	d^4s^2	d^5s^2	d^6s^2	d^7s^2	d^8s^2	$d^{10}s^1$	$d^{10}s^2$
3d-Elemente	Sc	Ti	V	Cr	Mn	Fe	Co	Ni	Cu	Zn
4d-Elemente	Y	Zr	Nb	Mo	Tc	Ru	Rh	Pd	Ag	Cd
5d-Elemente	La	Hf	Ta	W	Re	Os	Ir	Pt	Au	Hg
6d-Elemente	Ac									

Tabelle 7.1: Valenzelektronenkonfigurationen der Nebengruppenelemente.

Die **höchsten Oxidationsstufen** werden mit den elektronegativsten Elementen des Periodensystems Fluor und Sauerstoff realisiert. Beispiele für solche Verbindungen in hohen Oxidationsstufen sind: TiF_4, VF_5, CrF_6, MnO_3F, RuF_6, RhF_6, PdF_4, PtF_6, AuF_3. Die Stabilität der höchsten Oxidationsstufe nimmt innerhalb einer Nebengruppe nach unten hin zu. So gibt es von den Elementen der 7. Nebengruppe z. B. MnF_4, TcF_6 und ReF_7. Die **niedrigsten Oxidationsstufen** der Übergangsmetalle (0 oder negativ) sind nur unter Ausschluss von Luft beständig. Ausnahmen von dieser Regel sind die Elemente der 1. Nebengruppe, die als Cu^+, Ag^+ und Au^+ auftreten können. Zusätzlich zum Luftausschluss erfolgt die Stabilisierung der niedrigen Oxidationsstufen durch eine Komplexbildung mit Liganden, welche Elektronendichte vom Zentralatom abziehen. Man bezeichnet diese als π-Akzeptorliganden. Beispiele für solche Liganden sind Kohlenmonoxid (CO), Cyanid (CN⁻), *ortho*-Phenanthrolin und Triphenylphosphin.

Die **Atomradien** und die **Ionenradien** von Ionen gleicher Ladung nehmen innerhalb einer Reihe von Übergangsmetallen (= Periode) mit zunehmender Atomnummer (Ordnungszahl) ab. Dies ist zunächst überraschend, kann aber relativ einfach erklärt werden. Mit größer werdender Atomnummer wächst die Kernladung jeweils um eine Einheit. Die hinzukommenden Elektronen, die diese Kernladung eigentlich kompensieren sollten, werden allerdings in innere d-Orbitale eingebaut. Diese sind nur unzureichend in der Lage, die Kernladung abzuschirmen. Dadurch kommt es mit steigender Atomnummer zu einer langsamen Vergrößerung der **effektiven Kernladung** und dadurch zu einer stärkeren Anziehung zwischen Atomkern und Elektronenhülle. Das führt zu kleiner werdenden Radien, man spricht auch von einer Kontraktion der Elektronenhülle. Zwischen den 4d- und den 5d-Elementen werden noch die Lanthanoide mit Elektronen aufgefüllt. Dabei werden die noch weiter im Atomrumpf liegenden 4f-Orbitale aufgefüllt. Das führt zu einer nahezu linearen Abnahme der Atom- und Ionenradien mit steigender Atomnummer. Man bezeichnet diesen Effekt als **Lanthanoidenkontraktion**. Diese hat auch Auswirkungen auf die Eigenschaften der Nebengruppenelemente. Die Lanthanoidenkontraktion führt dazu, dass sich die Atom- und Ionenradien der ersten drei 4d-Elemente (Zr, Nb, Mo...) und 5d-Elemente (Hf, Ta, W...) kaum voneinander unterscheiden. Dadurch besitzen diese Elemente sehr ähnliche chemische Eigenschaften und man bezeichnet die Elementpaare Zr/Hf, Nb/Ta und Mo/W auch als **Zwillingselemente**.

Zusammenfassend können wir sagen, dass sich Nebengruppenelemente gegenüber den Hauptgruppenelementen durch spezifische Eigenschaften auszeichnen:

- ✔ Sie bilden besonders häufig **farbige Verbindungen**.

- ✔ Sie können eine **große Zahl von Oxidationszuständen** einnehmen, die leicht ineinander umgewandelt werden.

- ✔ Sie bilden mit π-Akzeptorliganden Verbindungen in **niedrigen Oxidationsstufen** (0 oder sogar negativ).

- ✔ Sie besitzen häufig **ungepaarte Elektronen**, die besondere Eigenschaften wie z. B. Magnetismus verursachen.

- ✔ Sie haben die Fähigkeit, **Koordinationsverbindungen** mit variablen Koordinationszahlen zu bilden.

Unterschiede und Gemeinsamkeiten zwischen Haupt- und Nebengruppenelementen – das Beispiel Magnesium und Zink

Die Nebengruppenelemente zeigen in ihren höchsten Oxidationsstufen ähnliche Eigenschaften wie die Elemente aus der entsprechenden Hauptgruppe. So zeigt z. B. Ti^{4+} eine ähnliche Reaktivität wie Sn^{4+} oder Si^{4+}; V^{+5} ähnelt P^{+5}; Zn^{+2} ähnelt Mg^{2+}. Schauen wir uns das letzte Beispiel etwas näher an. Es gibt Verbindungen der beiden Elemente, die ganz analog aufgebaut sind, z. B. MgO und ZnO, $MgCl_2$ und $ZnCl_2$. Allerdings unterscheiden sich beide Ionen in ihrer Reaktivität beträchtlich. Versetzt man eine wässrige Lösung von $MgCl_2$ mit Natriumhydroxidlösung, so fällt ein weißer Niederschlag von $Mg(OH)_2$ aus, der sich auch in einem Überschuss von Natronlauge nicht wieder löst. Wenn man das gleiche Experiment mit einer wässrigen Lösung von $ZnCl_2$ ausführt, so bildet sich zunächst ein Niederschlag von $Zn(OH)_2$. Dieser löst sich allerdings im Überschuss von Natronlauge unter Bildung des Ions $[Zn(OH)_4]^{2-}$ wieder auf. In ähnlicher Weise verlaufen die Reaktionen mit Ammoniak-Wasser. Ammoniak reagiert in wässriger Lösung basisch, deshalb bildet sich bei der Zugabe dieses Reagenzes zunächst in beiden Fällen ein Metallhydroxid-Niederschlag. Im Überschuss von Ammoniak löst sich jedoch das $Zn(OH)_2$ wieder auf und bildet dabei einen löslichen Amminkomplex. Dieser enthält das Kation $[Zn(NH_3)_4]^{2+}$. Beim Magnesium bleibt der Niederschlag im Ammoniaküberschuss bestehen. Diese beiden Beispiele zeigen bereits die verstärkte Fähigkeit der Nebengruppenelemente zur **Komplexbildung**. Im Kapitel 8 werden Sie mehr darüber erfahren.

Weitere sehr eindrucksvolle Fällungsreaktionen kann man mit Schwefelwasserstoff durchführen. Wenn man zwei leicht angesäuerte Lösungen von $MgCl_2$ und $ZnCl_2$ hat, so kann man die Zn- von der Mg-haltigen Lösung leicht mithilfe von Schwefelwasserstoff (H_2S) unterscheiden. Beim Einleiten von Schwefelwasserstoff bildet sich bei der zinkhaltigen Lösung sofort ein weißer Niederschlag, während bei der magnesiumhaltigen Lösung keine Reaktion zu sehen ist. Die Übergangsmetallionen bilden mit den Sulfidionen (S^{2-}) extrem schwer lösliche Niederschläge. Aus diesem Grund findet man in der Natur so häufig sulfidische Erze, die genau diese Zusammensetzung aus M^{n+} und S^{2-} aufweisen. Fällungsreaktionen mit Schwefelwasserstoff werden im klassischen **Trennungsgang** zur sicheren Identifizierung der Übergangsmetallionen in wässriger Lösung verwendet. Mehr darüber erfahren Sie im Kapitel 14.

Herstellung und Verwendung der Metalle

Die d-Elemente kommen in der Natur überwiegend in Form von oxidischen und sulfidischen Erzen vor. Ausnahme sind die Platinmetalle (Ru, Rh, Pd, Os, Ir, Pt) und Gold. Diese sind so edel, also so schwer oxidierbar, dass man sie in elementarer Form in der Natur findet. Aufgrund ähnlicher Atomradien und gleicher Ladung bilden einige d-Elemente gemeinsame Minerale, wie z. B. die Elemente Zirconium und Hafnium, Cobalt und Nickel, Niob und Tantal sowie die Platinmetalle.

Anreicherung der Erze

Die Minerallagerstätten sind häufig nicht besonders reich an metallhaltigem Erz, sondern enthalten Silikate und andere »taube« Gesteine. Deshalb sind zunächst Methoden zur Anreicherung der Erze notwendig, bevor eine Darstellung der Metalle erfolgen kann. Dies geschieht häufig durch Ausnutzen von unterschiedlichen physikalischen Eigenschaften. Wenn das Erz und das taube Gestein (»Gangart«) unterschiedliche Dichten aufweisen, kann man das Rohmaterial fein zermahlen und eine Anreicherung durch **Sedimentation** erreichen. Unterschiedliches Benetzungsverhalten zwischen Erz und Gestein wird bei der **Flotation** mit Tensiden zur Anreicherung des Erzes genutzt. Bei hydrometallurgischen Verfahren erfolgt die Abtrennung der Metalle mithilfe chemischer Prozesse. Dazu erfolgt zunächst ein chemischer Aufschluss der Erze mit alkalischen oder sauren Reagenzien, wobei die Metallionen und ein Teil der Verunreinigungen in Lösung gebracht werden. Die Verunreinigungen werden durch Ausfällen oder Komplexierung abgetrennt. Das zu gewinnende Metall wird mithilfe von Komplexbildnern oder geeigneten Lösungsmitteln aus der Lösung extrahiert. Aus dem Extrakt werden die für die Reduktion zum Metall geeigneten Metallverbindungen hergestellt. Beispiele für **hydrometallurgische Verfahren** sind:

- ✔ Beim schwefelsauren Aufschluss von sulfidischen Kupfererzen in Gegenwart von Luftsauerstoff erhält man eine Kupfersulfatlösung, die für die elektrolytische Gewinnung des Kupfers verwendet wird.

- ✔ Beim Behandeln von Silbererzen mit Natriumcyanidlösung geht das Silber als Komplexverbindung in Lösung, das taube Gestein bleibt zurück (Cyanidlaugerei).

- ✔ Beim Aufschluss von Uranerzen mit Schwefelsäure oder alkalischen Reagenzien gehen Uranverbindungen in Lösung. Diese werden mithilfe von Ionenaustauschern abgetrennt.

Darstellung der Metalle

Nach der Anreicherung der Erze benötigt man ein Verfahren zur Reduktion des Metalls. Zur Darstellung der Metalle verwendet man hauptsächlich pyrometallurgische Verfahren, d. h. man erhitzt das Erz in Gegenwart eines geeigneten Reduktionsmittels. Die Reduktion des Erzes sollte natürlich möglichst mit preiswerten Reduktionsmitteln erfolgen. Deshalb wird bei vielen Metalldarstellungen Kohlenstoff oder Koks verwendet. In manchen Fällen funktioniert die Reduktion mit Kohlenstoff nicht, weil das Metall zu unedel ist. Dann muss man auf stärkere Reduktionsmittel wie Calcium, Aluminium oder Natrium zurückgreifen. Solche Verfahren sind dann natürlich deutlich teurer! Bei ganz unedlen Metallen aus der 3. Nebengruppe und der 1. bis 3. Hauptgruppe kann man schließlich nur noch den elektrischen Strom als zwar sauberes, aber teures Reduktionsmittel verwenden. In der nachfolgenden Tabelle habe ich Ihnen eine Übersicht über die üblichen Verfahren der Metalldarstellungen für die Nebengruppenelemente, die Lanthanoide und Uran zusammengestellt.

Nebengruppe	Ausgangsstoff	Reduktionsmittel bzw. Verfahren
3.	MCl_3 (M= Sc, Y, La)	Schmelzflusselektrolyse oder Natrium
4.	MCl_4 (M= Ti, Zr, Hf)	Natrium oder Magnesium
5.	M_2O_5 (M= V, Nb, Ta)	Calcium, Aluminium oder Natrium
6.	Cr_2O_3 MO_3 und WO_3	Aluminium Wasserstoff
7.	Mn_3O_4 Mn^{2+} $KReO_4$	Aluminium Elektrolyse Wasserstoff
8.	Fe_2O_3, Co_2O_3, NiO	Koks bzw. CO (Hochofenprozess)
8.	Platinmetalle (Ru, Rh, Pd, Os, Ir, Pt)	diese kommen gediegen vor
1.	Cu_2S Ag und Au	Röstreaktionsverfahren oder Elektrolyse Cyanidlaugerei und Reduktion mit Zink
2.	ZnO, CdO $ZnSO_4$	Koks Elektrolyse
Lanthanoide	LnF_3 $LnCl_3$	Lithium Schmelzflusselektrolyse
Uran	UF_4	Calcium

Tabelle 7.2: Darstellungsverfahren für Übergangsmetalle, Lanthanoide und Uran.

Reinigung der Metalle

Als letzter Schritt schließt sich häufig eine Reinigung der Metalle an. Bekanntes Beispiel für ein solches Reinigungsverfahren ist das **Zonenschmelzen**, welches intensiv in der Halbleiterindustrie zur Reinigung von Siliciumeinkristallen angewandt wird. (Silicium ist zwar ein Halbleiter, also kein richtiges Metall. Das Beispiel passt hier aber trotzdem sehr gut.) Weiterhin kann man eine Reinigung der Metalle durch die **thermische Zersetzung** flüchtiger Metallverbindungen erreichen. Beispiel dafür ist das Verfahren nach van Arkel und de Boer, bei dem man das Metall mit Iod in einer Apparatur, die so ähnlich wie eine Glühlampe aufgebaut ist, zu leichtflüchtigen Metalliodiden umsetzt. Die Metalliodide entstehen durch leichtes Erhitzen und verdampfen im Vakuum sofort. An einem glühenden Wolframdraht in der Apparatur zersetzen sich die Metalliodide. Das Iod verdampft dabei und transportiert wiederum erneut Titan über die Gasphase an den Wolframdraht. In Reaktionsgleichungen ausgedrückt, könnte man das wie folgt schreiben:

$Ti + I_2 \quad \rightarrow TiI_4 \qquad \rightarrow Ti + I_2$

bei 500 °C   in die Gasphase,   bei 1600 °C Zersetzung

Dieses Verfahren wird bei den Metallen Titan, Zirconium, Hafnium und Vanadium angewendet. Ein ähnliches Verfahren wird beim Mond-Prozess zur Reinigung von Nickel genutzt. Dabei behandelt man Rohnickel bei 80 °C mit Kohlenmonoxid, wobei Nickeltetracarbonyl entsteht. Dieses ist leicht flüchtig und verdampft bei dieser Temperatur. Nach Abtrennung von mitgerissenem Flugstaub wird das Nickeltetracarbonyl in Zersetzungskammern auf 180 °C erhitzt, wobei es sich wieder zersetzt. Man erhält bei diesem Verfahren hochreines Nickel. Die Reaktionsgleichungen können wir ähnlich wie oben formulieren:

$Ni + 4 CO \rightarrow Ni(CO)_4 \qquad \rightarrow Ni + 4 CO$

bei 80 °C   in die Gasphase,   bei 180 °C Zersetzung

Bei der Reduktion von Metallverbindungen werden vorhandene Verunreinigungen teilweise mit reduziert. So enthält Roheisen z. B. Silicium, Mangan und Kohlenstoff. Bei der Stahlproduktion muss man diese Verunreinigungen entfernen. Dies geschieht durch **kontrollierte Oxidation** dieser Verunreinigungen mit geringen Mengen Sauerstoff. Die zu entfernenden Elemente müssen dazu eine größere Affinität zum Sauerstoff besitzen als die Hauptkomponente. Die Verunreinigungen bilden bei der Oxidation Oxide. Diese werde als Schlacke abgeschieden.

Bei der **elektrolytischen Reinigung** von Metallen aus wässrigen Lösungen werden diese im einfachsten Fall an der Anode aufgelöst und an der Kathode wieder abgeschieden. Dieses Verfahren wird bei Kupfer, Chrom, Nickel, Zink und Silber angewendet. Vorhandene Verunreinigungen bleiben entweder in Lösung (unedlere Metalle) oder fallen ungelöst auf den Boden des Elektrolysegefäßes (edlere Metalle, »Anodenschlamm«).

Verwendung der Metalle

Die Übergangsmetalle finden vielfältige Anwendung als Werkstoffe. Entsprechend der Fähigkeit Metalle herzustellen und zu nutzen, wurden ganze Phasen der Menschheitsentwicklung benannt (Bronzezeit, Eisenzeit). Die nachfolgende Tabelle fasst Anwendungsgebiete für Übergangsmetalle und einige Lanthanoiden und Actinoiden zusammen. Die Tabelle enthält nur Anwendungsgebiete der Metalle und von Legierungen, jedoch keine Verbindungen.

Nebengruppe	Element	Anwendung
3.	La	Desoxidationsmittel in der Stahlproduktion, Wasserstoffspeicher ($LaNi_5$)
4.	Ti	hochfester Werkstoff für Leichtbauweise, Schmuck, Implantate
	Zr	korrosionsbeständige Werkstoffe, Reaktorbau (neutronendurchlässiger Hüllwerkstoff für Kernreaktoren)
	Hf	korrosionsbeständige Legierungen, Regelstäbe in Kernreaktoren
5.	V	Legierungsbestandteil für Stahl (Elastizität, Hitzebeständigkeit, Härte)
	Nb, Ta	Hochtemperaturwerkstoffe, chemische Geräte, chirurgische Instrumente und Implantate

Nebengruppe	Element	Anwendung
6.	Cr	Legierungsbestandteil für Stahl (Hitzebeständigkeit, Härte, Korrosionsbeständigkeit), metallische Korrosionsschutzschicht (Verchromen)
	Mo	Legierungsbestandteil für Stahl (Zähigkeit, Härte, Korrosionsbeständigkeit)
	W	Glühlampen, Anodenmaterial für Röntgenröhren, Schweißspitzen, Spezialstähle (Schnelldrehstahl), Widia
7.	Mn	Legierungsbestandteil für Stahl (Zähigkeit, Härte)
8.	Fe	wichtigstes Metall für Massenanwendungen (Gusseisen, Stahl), viele Legierungen
	Co	Hartmetalle, Magnete, magnetische Legierungen
	Ni	Legierungsbestandteil für Stahl (Zähigkeit, Härte, Wärme- und Korrosionsbeständigkeit), Legierungen (Konstantan, Neusilber), Katalysator (Raney-Nickel)
	Ru	Katalysatoren, Erhöhung der Härte von Platin und Palladium
	Rh	Katalysatoren, korrosions- und hitzebeständige Beschichtungen, Heizwicklungen, Thermoelemente, Schmuckmetall
	Pd	elektrische Kontakte, Zahnfüllungen, Spinndüsen, Katalysatoren
	Os	Erhöhung der Härte von Platin und Palladium
	Ir	Pt/Ir-Legierungen als Bauelemente für elektronische Schaltungen, Thermoelemente, hochwertige Schreibgeräte (Kugelschreiber, Füllfederhalter)
	Pt	korrosionsbeständige chemische Geräte und chirurgische Instrumente, Thermoelemente, elektrische Kontakte, Schmuckmetall, Katalysatoren
1.	Cu	Elektrotechnik (elektrische Leitungen, Kontakte, Leiterplatten), Legierungen (Bronze, Messing, Neusilber, Konstantan)
	Ag	Elektronik, Schmuckmetall, Zahnfüllungen (Silberamalgam)
	Au	Schmuckmetall, Wertanlage, Elektrotechnik, Zahnersatz
2.	Zn	Korrosionsschutz (Verzinkung von Stahlteilen, Opferanode), Legierungsbestandteil (Messing, Neusilber)
	Cd	Korrosionsschutz, niedrig schmelzende Legierungen (Wood'sches Metall), Neutronenabsorber in der Reaktortechnik, Bestandteil von Ni/Cd-Akkumulatoren
	Hg	Füllmittel für Thermometer, Barometer, Manometer; Quecksilberdampflampen, Energiesparlampen, Leuchtstofflampen, Zahnfüllungen (Silberamalgam)

Nebengruppe	Element	Anwendung
Lanthanoide	Ce	Zündsteine für Feuerzeuge (Cereisen, 70 % Ce und 30 % Fe)
	Sm, Eu, Gd, Dy	Regelstäbe in der Reaktortechnik
	Ln	Dauermagneten (Legierungen aus Lanthanoiden und Cobalt)
Actinoide	U	Brennstoff in Kernreaktoren, Uranbombe, panzerbrechende Munition
	Pu	Brennstoff in Kernreaktoren, Plutoniumbombe

Tabelle 7.3: Anwendungen von Übergangsmetallen, Lanthanoiden und Actinoiden.

In der obigen Tabelle wurden häufig Legierungen genannt. Es gibt unzählige Stahllegierungen für die verschiedensten Anwendungen. Darauf möchte ich an dieser Stelle nicht weiter eingehen. Aber ich kann Ihnen die wichtigsten Legierungen mit Nichteisenmetallen hier noch näher erklären. Da hätten wir im Einzelnen:

- ✔ Bronze besteht aus Kupfer und Zinn; es wird für Glocken, Skulpturen, Kunst- und Gebrauchsgegenstände verwendet.

- ✔ Konstantan besteht aus Kupfer, Nickel und Mangan; besitzt einen über weite Temperaturbereiche annähernd konstanten elektrischen Widerstand; deshalb Verwendung für Heizwiderstände, Messwiderstände in der Elektrotechnik.

- ✔ Messing besteht aus Kupfer und Zink; wird für Musikinstrumente, Kunst- und Gebrauchsgegenstände verwendet.

- ✔ Neusilber besteht aus Kupfer, Nickel und Zink; wird für Essbesteck, Gebrauchsgegenstände, Münzen und Schließzylinder verwendet.

- ✔ Nickelbronze besteht aus Kupfer und Nickel; ähnliche Anwendungen wie Bronze.

- ✔ Silberamalgam besteht aus Silber und Quecksilber; Amalgame sind immer Legierungen eines Metalls mit Quecksilber.

- ✔ Widia besteht aus Wolfram, Cobalt, Kohlenstoff und Titan; dieser extrem harte Verbundwerkstoff wird für Spitzen von Bohrern und in Spezialwerkzeugen zum Bohren, Fräsen und Drehen verwendet.

- ✔ Wood'sches Metall besteht aus Wismut, Blei, Zinn und Cadmium; diese Legierung zeichnet sich durch einen niedrigen Schmelzpunkt bei ca. 75 bis 80 °C aus und wird deshalb als Schmelzsicherung für Sprinkleranlagen oder elektrische Sicherungen sowie für Heizbäder (Metallbad) im chemischen Laboratorium verwendet.

Metallcarbonyle

Eine charakteristische Fähigkeit der Übergangsmetalle ist die Bildung von Verbindungen in niedrigen Oxidationsstufen, bei denen das Zentralatom eine formale Ladung von Null oder sogar eine negative Ladung trägt. Voraussetzung für die Entstehung solcher Verbindungen sind geeignete Liganden, welche die hohe Ladungsdichte am Zentralatom durch eine Rückbindung kompensieren können. Dafür kommen Liganden in Frage, die energetisch niedrig liegende unbesetzte Orbitale besitzen. Zu diesen so genannten π-Akzeptorliganden gehören Pyridin und davon abgeleitete Liganden, Phosphane (PR_3, PF_3), Cyanid und Kohlenmonoxid. Insbesondere das Kohlenmonoxid bildet mit den Übergangsmetallen eine ganz eigene Klasse von Verbindungen, die Metallcarbonyle. Die Wechselwirkungen zwischen dem Zentralatom und dem Kohlenmonoxid beruhen einerseits auf einer koordinativen Bindung vom Liganden CO zum Zentralatom. Diese wird auch als σ-Hinbindung (σ = sigma) bezeichnet. Da die Übergangsmetalle in den meisten Fällen bereits d-Elektronen in ihrer Valenzschale besitzen, wird durch diese σ-Bindung noch mehr Elektronendichte am Zentralatom angehäuft. Damit das Molekül nicht gleich wieder auseinander fliegt oder bei der leisesten Berührung mit einem anderen Reagenz (z. B. Luftsauerstoff) oxidiert wird, muss diese hohe Elektronendichte wieder teilweise vom Zentralatom weggeschafft werden. Das geschieht über die π-Rückbindung vom Zentralatom zum Liganden. Die Bindungsverhältnisse sind in der nachfolgenden Abbildung dargestellt. Die σ-Hinbindung verläuft von einem besetzten Elektronenpaar am Carbonylkohlenstoffatom in ein unbesetztes d-Orbital am Zentralatom. Die π-Rückbindung geht von einem besetzten d-Orbital am Metallatom in ein unbesetztes π-Orbital des Carbonylliganden. Beide Wechselwirkungen laufen gleichzeitig ab, sie sind in der Abbildung 7.1 nur der besseren Übersichtlichkeit halber nebeneinander gezeichnet.

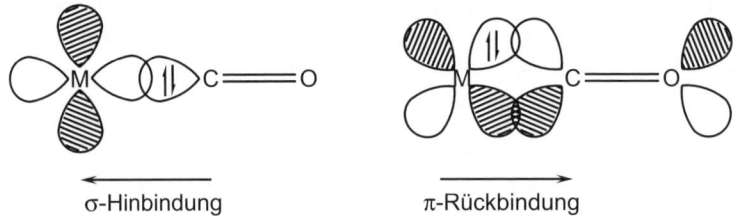

σ-Hinbindung   π-Rückbindung

Abbildung 7.1: Schematische Darstellung der Bindungsverhältnisse in Carbonylkomplexen.

Die Carbonylliganden können endständig an einem Metallatom koordinieren oder Bindungen zu zwei oder sogar drei Metallatomen ausbilden. Solche Brückenliganden werden meist noch durch eine Metall-Metall-Bindung begleitet und führen dann zu mehrkernigen Metallcarbonylen, die ich Ihnen weiter unten in diesem Abschnitt vorstellen werde.

Die **Darstellung der Metallcarbonyle** erfolgt beim Eisen und Nickel durch Umsetzung des fein verteilten Übergangsmetalls mit Kohlenmonoxid:

$$Ni + 4\,CO \rightleftharpoons Ni(CO)_4$$

$$Fe + 5\,CO \rightleftharpoons Fe(CO)_5$$

Alle anderen Metallcarbonyle stellt man aus geeigneten Metallverbindungen und Kohlenmonoxid in Gegenwart eines Reduktionsmittels her, z. B.:

$$CrCl_3 + 6\,CO + Al \rightarrow Cr(CO)_6 + AlCl_3$$

$$2\,CoCO_3 + 8\,CO + 2H_2 \rightarrow Co_2(CO)_8 + 2\,CO_2 + 2\,H_2O \text{ bei 300 °C und 150 atm}$$

$Re_2O_7 + 17\,CO \rightarrow Re_2(CO)_{10} + 7\,CO_2$

Übergangsmetallcarbonyle sind leicht flüchtige, brennbare und sehr giftige Flüssigkeiten oder Feststoffe. Es gibt einkernige und mehrkernige Metallcarbonyle, die wichtigsten habe ich für Sie in der Tabelle 7.4 zusammengestellt.

 Die Zusammensetzung der Metallcarbonyle kann man mithilfe der **18-Elektronenregel** vorhersagen. Entsprechend dieser Regel ist die Summe der Außenelektronen des Zentralatoms plus der Zahl der von den Liganden zur Verfügung gestellten Elektronen gleich 18. Diese »magische Zahl« ergibt eine voll besetzte Elektronenhülle für das Zentralatom mit der Elektronenkonfiguration des nachfolgenden Edelgases.

Dazu müssen Sie wissen, wie viel Außenelektronen das Metallatom hat. Chrom hat zum Beispiel sechs. Jeder Carbonylligand trägt zwei Elektronen zur Komplexbildung bei. Es können also sechs Carbonylliganden mit je zwei Elektronen an das Chrom gebunden sein. Nochmal in Kurzform: 6 Elektronen vom Cr + 12 Elektronen von CO = 18 Außenelektronen. Falls bei dieser Rechnung eine ungerade Zahl herauskommt, entsteht entweder ein 17-Elektronenkomplex, z. B. $V(CO)_6$, oder es findet eine Dimerisierung statt, z. B. bei den Metallcarbonylen der 7. Nebengruppe.

Nebengruppe/Elemente	Verbindungen
5.	$V(CO)_6$
6.	$Cr(CO)_6$
	$Mo(CO)_6$
	$W(CO)_6$
7.	$Mn_2(CO)_{10}$
	$Tc_2(CO)_{10}$
	$Re_2(CO)_{10}$
8. M = Fe, Ru, Os	$M(CO)_5$
	$M_2(CO)_9$
	$M_3(CO)_{12}$
8. M = Co, Rh, Ir	$M_2(CO)_8$
	$M_4(CO)_{12}$
8.	$Ni(CO)_4$

Tabelle 7.4: Wichtige Übergangsmetallcarbonyle.

Metallcarbonyle sind nicht nur Laborkuriositäten, sondern haben sinnvolle Anwendungen, zum Beispiel bei der Herstellung von hochreinem Nickel nach dem Mond-Verfahren (siehe weiter oben unter »Reinigung der Metalle«) oder als Bestandteile von Katalysatoren. Ein klassisches Beispiel dafür ist die Hydroformylierungsreaktion, bei der man Dicobaltoctacarbonyl, $Co_2(CO)_8$, einsetzt. Dieses reagiert zunächst mit Wasserstoff zu dem Präkatalysator $HCo(CO)_4$. Bei der Hydroformylierung werden endständige Alkene über einen mehrstufigen Katalysezyklus in Aldehyde umgewandelt. Diese sind wertvolle Waschmittelrohstoffe.

Cluster

Verbindungen mit mehreren Metallatomen die über Metall-Metall-Bindungen verknüpft sind, bezeichnet man als Metallatomcluster oder vereinfacht auch als Cluster oder Clusterverbindungen. Die in Tabelle 7.4 aufgelisteten Metallcarbonyle mit mehreren Metallatomen sind typische Vertreter dieser Verbindungsklasse. Die Strukturen mehrkerniger Metallcarbonyle sind vielfältig und allein mit der 18-Elektronenregel nicht vorhersagbar. Die Strukturen von Metallcarbonylen kann man mithilfe der IR-Spektroskopie gut vorhersagen. Je nach Symmetrie des gesamten Moleküls findet man eine definierte Anzahl von Valenz-CO-Schwingungen im IR-Spektrum. Auch die Einkristall-Strukturanalyse ist ein wichtiges Hilfsmittel zur Strukturaufklärung dieser Verbindungen. Mehr über diese analytischen Methoden erfahren Sie in den Kapiteln 17 und 18. Die Strukturen einiger mehrkerniger Metallcarbonyle sind in der Tabelle 7.5 dargestellt. Man kann bei diesen Verbindungen nicht vorsagen, wie viele Carbonylgruppen verbrückend gebunden sind. Hier werden sehr kleine Unterschiede in den Stabilitäten der Verbindungen wirksam. Die Beispiele aus der Tabelle sollen Ihnen einen Eindruck vermitteln, welche Vielfalt an Strukturen es gibt.

Verbindung	Struktur	Anmerkung
$M_2(CO)_{10}$ M = Mn, Tc, Re		keine verbrückenden CO-Gruppen
$Fe_2(CO)_9$		drei verbrückende CO-Gruppen
$Co_2(CO)_8$		mehrere Strukturen in Lösung, eine davon ist hier abgebildet
		Struktur im Festkörper

Verbindung	Struktur	Anmerkung
$M_3(CO)_{12}$ M = Fe	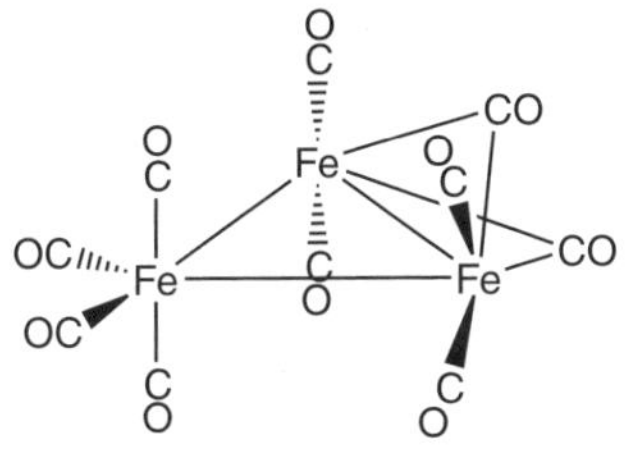	$Fe_3(CO)_{12}$ hat zwei verbrückende CO-Gruppen.
M = Ru, Os	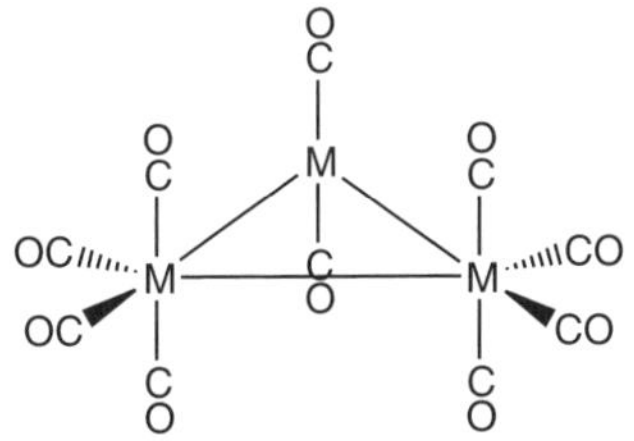	Bei diesen beiden Verbindungen gibt es keine CO-Brücken!

Tabelle 7.5: Strukturen einiger Metallcarbonyle.

Neben den hier dargestellten mehrkernigen Metallcarbonylen gibt es noch andere Typen von Metallatomclustern. Dazu gehören Verbindungen mit Nitrosylliganden (NO+), Metallcarbonyle, die teilweise mit Phosphanliganden substituiert sind (PR_3), sowie niedere Halogenide und Oxide der 6. und 7. Nebengruppe.

Metallorganische Verbindungen der Übergangsmetalle

Es existiert eine große Vielfalt an metallorganischen Verbindungen der Übergangsmetalle. Diese Vielfalt wird vor allem durch teilweise besetzte d-Orbitale ermöglicht, die an der Bindungsbildung mit den organischen Resten beteiligt sind. Zum einen gibt es σ-gebundene Alkyl- und Arylreste (**a**), zum anderen π-gebundene organische Reste (**b** und **c** in Abbildung 7.2).

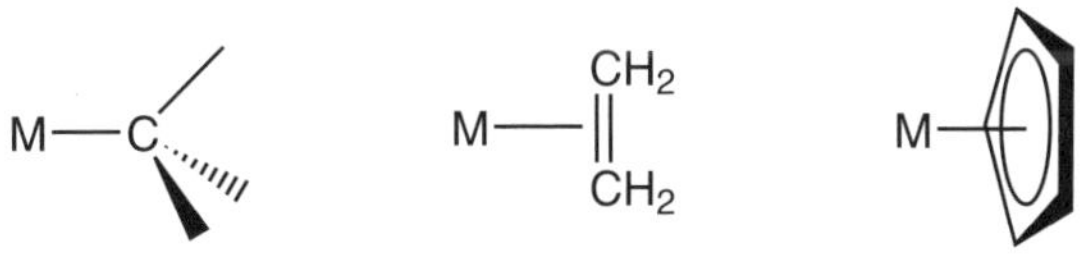

Abbildung 7.2: Bindungstypen bei metallorganischen Verbindungen der Übergangsmetalle.

Alkyl- und Arylverbindungen

Diese Verbindungen enthalten eine σ-Bindung zwischen dem Metall- und dem Kohlenstoffatom. Die Bindung wird sehr leicht gespalten, da keine zusätzliche Stabilisierung über π-Bindungen erfolgt. Es gibt relativ wenige binäre Übergangsmetallalkyle und -aryle (binäre = nur aus zwei Komponenten bestehend, hier Metall und Rest R). Beispiele für solche Verbindungen sind Tetramethyltitan, Ti(CH$_3$)$_4$, Hexamethylwolfram, W(CH$_3$)$_6$ oder Triphenylchrom, Cr(C$_6$H$_5$)$_3$. Diese Verbindungen sind äußerst reaktionsfähig und zersetzen sich sofort in Gegenwart von Wasser, Sauerstoff oder beim Erwärmen. Eine Stabilisierung der σ-Bindung zum Kohlenstoff ist über die Koordination zusätzlicher Liganden möglich. Sie können einerseits als π-Akzeptorliganden Elektronendichte vom Zentralatom abziehen, andererseits blockieren sie Koordinationsstellen, die für mögliche Zersetzungsreaktionen der Alkylverbindungen notwendig sind. Für eine solche Stabilisierung gibt es zahlreiche Beispiele:

- ✔ Diethylnickel, Ni(C$_2$H$_5$)$_2$, zersetzt sich bereits bei tiefen Temperaturen. In Gegenwart von 2,2'-Dipyridyl (= dipy) bildet sich eine stabile kristalline Verbindung der Zusammensetzung (dipy)Ni(C$_2$H$_5$)$_2$.

- ✔ Tetramethyltitan, Ti(CH$_3$)$_4$, zersetzt sich bereits bei –40 °C. Mithilfe von Cyclopentadienylliganden (Cp−, siehe weiter unten bei Aromatenkomplexen) erhält man eine bei Raumtemperatur unter Inertgas stabile Verbindung Cp$_2$Ti(CH$_3$)$_2$, die zwei Methylgruppen enthält.

- ✔ Dialkyleisenverbindungen, FeR$_2$, sind instabil und zersetzen sich sofort bei der Synthese. Mithilfe von Cyclopentadienyl- (Cp−) und Carbonylliganden (CO) kann man stabile kristalline Verbindungen der Zusammensetzung CpFe(CO)$_2$R herstellen.

Alkylverbindungen der Übergangsmetalle spielen gerade aufgrund ihrer hohen Reaktivität eine wichtige Rolle bei vielen homogen katalysierten Reaktionen. Für die Darstellung dieser Verbindungen gibt es folgende Methoden:

- ✔ Synthese mithilfe von metallorganischen Verbindungen der Hauptgruppenelemente, z. B.

    TiCl$_4$ + 4 Ph–CH$_2$MgCl → Ti(CH$_2$–Ph)$_4$ + 4 MgCl$_2$

- ✔ Umsetzung anionischer Komplexe der Übergangsmetalle mit Alkylhalogeniden, z. B.

    Na[Mn(CO)$_5$] + CH$_3$I → (CO)$_5$Mn–CH$_3$ + NaI

- ✔ Insertionsreaktionen (= Einschubreaktion) von Alkenen in Metall-Wasserstoffbindungen, z. B.

- ✔ Oxidative Addition von Alkylhalogeniden an Metallkomplexe in niedrigen Oxidationsstufen. Die Oxidationsstufe des Metallatoms erhöht sich dabei um +2. Beispiel:

Neben den Alkylkomplexen gibt es noch Verbindungen mit Metall-Kohlenstoff-Doppelbindungen (Carbenkomplexe) und mit Metall-Kohlenstoff-Dreifachbindungen (Carbinkomplexe).

π-Komplexe

Alle metallorganischen Verbindungen der Übergangsmetalle, bei denen der Organylrest über eine partielle Mehrfachbindung an das Übergangsmetall gebunden ist, bezeichnet man als π-Komplexe. Erste Beispiele dafür haben Sie bereits weiter oben bei den Carbonylkomplexen kennen gelernt, bei denen eine σ-Hinbindung und eine π-Rückbindung zwischen Metall und Carbonylligand besteht (siehe Abbildung 7.1). Ähnliche Bindungsverhältnisse liegen auch bei den Alken- und Aromatenkomplexen vor.

Alkenkomplexe

Hierbei existiert einerseits eine σ-Hinbindung vom besetzten π-Orbital des Alkens in ein unbesetztes d-Orbital am Übergangsmetall. Andererseits wird eine Rückbindung von einem besetzten d-Orbital des Übergangsmetalls in das unbesetzte π*-Orbital des Alkens aufgebaut. Der Sachverhalt ist in der folgenden Abbildung dargestellt.

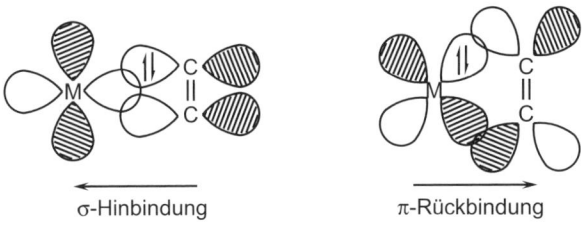

σ-Hinbindung   π-Rückbindung

Abbildung 7.3: Bindungsverhältnisse in Alkenkomplexen.

Der erste Alkenkomplex wurde bereits 1827 durch Einleiten von Ethen in eine Lösung von Kaliumtetrachloroplatinat(II) in wässriger Salzsäure erhalten. Bei dem entstehenden Ethenkomplex des Platins handelt es sich um eine gelbe kristalline Verbindung, die nach seinem Entdecker als »Zeises Salz« bezeichnet wird:

$K_2[PtCl_4]$ + $CH_2=CH_2$ → $K[PtCl_3(CH_2=CH_2)]$ + KCl

Die Alkene werden durch die Koordination am Übergangsmetall aktiviert und können verschiedene Folgereaktionen eingehen. Deshalb sind Alkenkomplexe bei homogen katalysierten Reaktionen, bei denen Alkene verarbeitet werden, häufig auftretende Zwischenstufen (Intermediate). Alkenkomplexe treten z.B. bei der Polymerisation, Hydrierung, Oxidation und Hydroformylierung von Alkenen auf. Näheres dazu erfahren Sie im Abschnitt Katalyse mit Übergangsmetallen.

Aromatenkomplexe

Organische Moleküle mit zyklischen delokalisierten Doppelbindungen (»π-Elektronensystem«) bilden durch Wechselwirkung besetzter π-Molekülorbitale mit leeren d-Orbitalen des Zentralatoms Bindungen aus. Diese werden wiederum durch Rückbindungen von besetzten d-Orbitalen in unbesetzte π*-Orbitale des organischen Moleküls ergänzt. Solche Verbindungen gibt es mit zahlreichen zyklischen Kohlenwasserstoffen. Beispiele finden Sie in der nachfolgenden Tabelle.

Verbindungstyp	Ligand	Komplex	Beispiel
Cyclobutadienylkomplex	Cyclobutadienyl-Dianion, $C_4H_4^{2-}$	π-Cyclobutadienyleisentricarbonyl	
Cyclopentadienylkomplex	Cyclopentadienyl-Anion, $C_5H_5^-$	Bis(π-cyclopentadienyl)eisen	
π-Benzolkomplex	Benzol, C_6H_6	π-Benzolchromtricarbonyl	

Tabelle 7.6: Beispiele für Aromatenkomplexe.

Der abgebildete Cyclobutadienylkomplex ist ein klassisches Beispiel für die Stabilisierung hoch reaktiver Moleküle durch Koordination an ein Übergangsmetall. Freies Cyclobutadien ist sonst nur bei extrem tiefen Temperaturen bis 20 K stabil und kann daher nur in aufwändigen Versuchsapparaturen beobachtet werden. Die Verbindungen in Tabelle 7.6 werden auf folgende Weise hergestellt:

$$\text{Cyclobutadien-Cl}_2 + Fe_2(CO)_9 \longrightarrow [\text{C}_4\text{H}_4\text{Fe(CO)}_3] + FeCl_2 + 6\,CO$$

$$2\,C_5H_6 + 2\,KOH + 2\,FeCl_2\cdot 4H_2O \longrightarrow Fe(C_5H_5)_2 + 2\,KCl + 6\,H_2O$$

$$3\,(CH_3CN)_3Cr(CO)_3 + C_6H_6 \longrightarrow [\text{C}_6\text{H}_6\text{Cr(CO)}_3] + 3\,CH_3CN$$

Verbindungen mit zwei Cyclopentadienyl-Ringen an einem Metallatom bezeichnet man aufgrund ihrer besonderen Struktur als »**Sandwich-Komplexe**«. Sie können sich das so vorstellen, dass die beiden Hälften eines Sandwichbrötchens von den Cyclopentadienyl-Ringen ($C_5H_5^-$ = Cp-) gebildet werden, zwischen denen sich der leckere Belag, in diesem Fall das Eisenatom, befindet. Es gibt noch Sandwich-Komplexe mit zahlreichen anderen elektronenreichen Übergangsmetallen, aber der Sandwich-Komplex mit Eisen ist der stabilste, da hierbei die 18-Elektronenregel erfüllt ist. Der systematische Name der Verbindung lautet Bis(π-cyclopentadienyl)eisen oder auch Bis(η^5-cyclopentadienyl)eisen. η^5 wird als »eta-fünf« gesprochen und soll anzeigen, dass alle 5 Kohlenstoffatome des Cyclopentadienylliganden gleichberechtigt an das Eisenatom gebunden sind. Es gibt noch einen anderen, deutlich häufiger gebrauchten Namen für diesen Eisenkomplex und zwar bezeichnet man diesen auch als »**Ferrocen**«. Man kann nämlich zahlreiche Substitutionsreaktionen an dieser Verbindung ausführen, ganz ähnlich wie beim Benzen (Benzol, C_6H_6). Deshalb betrachtete man die Verbindung nach ihrer Entdeckung als eine Art »eisenhaltiges Benzen«, also »Ferrocen«. Es ist durchaus etwas Besonderes, wenn das Ferrocen dermaßen stabil ist, das man es mit den verschiedensten Reagenzien traktieren kann, ohne dass es zerfällt. Damit Sie einen Eindruck von den vielfältigen Möglichkeiten der Substitution am Ferrocen bekommen, habe ich Ihnen in der folgenden Abbildung ein paar Beispiele für Substitutionsreaktionen zusammengestellt.

Zur Erläuterung der Abbildung 7.4 möchte ich Ihnen einige Hinweise geben. Fangen wir links oben an und gehen im Uhrzeigesinn durch das Schema:

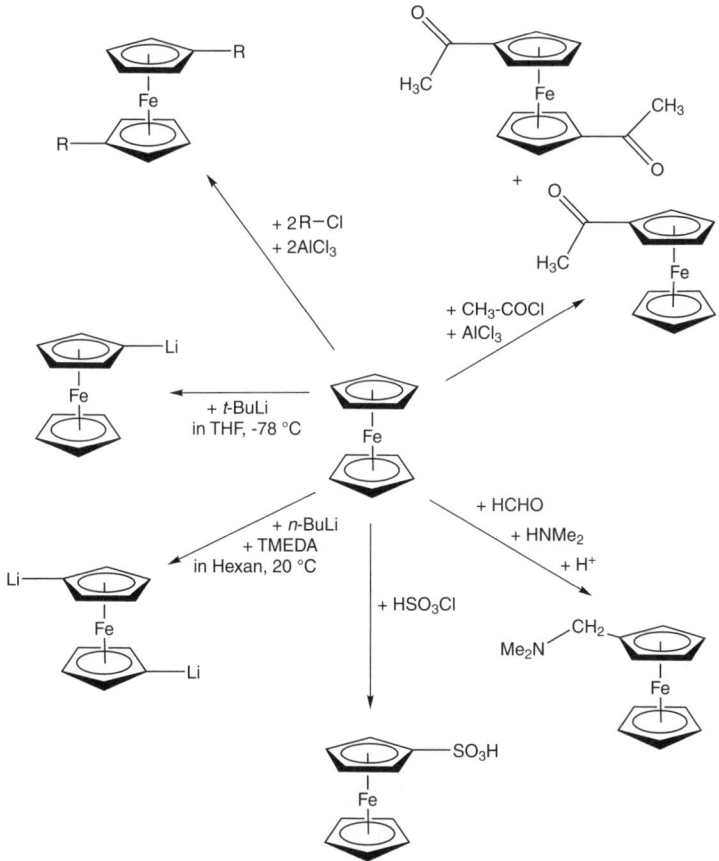

Abbildung 7.4: Substitutionsreaktionen am Ferrocen.

- Die Alkylierung nach Friedel-Crafts (so heißt die Reaktion) verläuft mit Alkylhalogeniden R–Cl in Gegenwart von $AlCl_3$ als Katalysatoren und führt zu zweifach substituierten Alkylferrocenen.

- Die Friedel-Crafts-Acylierung (der Acylrest ist R–C=O) benötigt ebenfalls $AlCl_3$ als Katalysator und führt je nach Wahl der Reaktionsbedingungen zu einfach oder doppelt substituierten Verbindungen.

- Die Aminomethylierung nach Mannich wird mit Formaldehyd (HCHO) und Dimethylamin ($HNMe_2$) in saurer Lösung durchgeführt. Die beiden Reagenzien binden sich als Aminomethylgruppe ($-CH_2-NMe_2$) an das Ferrocen. Es entsteht ausschließlich das einfach substituierte Produkt.

- Die Sulfonierung funktioniert prinzipiell mit Chlorsulfonsäure (HSO_3Cl). Diese ist aber ein recht aggressives Reagenz und führt daher, wenn man die Reaktionsbedingungen nicht genau einhält, zu einer Zerstörung des Ferrocens.

- Schließlich gibt es noch verschiedene Varianten zur Lithiierung des Ferrocens. Zwei Möglichkeiten habe ich Ihnen aufgezeigt. Einmal die Lithiierung mit *n*-Butyllithium in Hexan bei Raumtemperatur. Hierbei wird Tetramethylethylendiamin als Aktivator für das Butyllithium hinzugegeben, damit dieses noch reaktiver wird und eine vollständige zweifache Lithiierung erfolgt.

- Zum anderen die Lithiierung mit *tert.*-Butyllithium bei tiefen Temperaturen und einer sehr kurzen Reaktionszeit von ca. 30 min. Bei sorgfältiger Einhaltung der Reaktionsbedingungen gelingt es, die einfach lithiierte Verbindung zu erhalten. Die lithiierten Ferrocenderivate sind dann wieder Ausgangsmaterial für eine Reihe weiterer Substitutionsreaktionen. Deshalb ist es wichtig, dass man die beiden lithiierten Ferrocene einzeln sauber herstellen kann.

Entsprechend der vielfältigen Möglichkeiten zur Synthese von Ferrocenderivaten gibt es eine umfangreiche Chemie mit diesen Verbindungen.

Katalyse mit Übergangsmetallen

Aufgrund der besonderen Eigenschaften der Übergangsmetalle, die ich Ihnen am Anfang dieses Kapitels erklärt habe, eignen sich diese Elemente in besonderer Weise als Katalysatoren.

Ein Katalysator setzt die Aktivierungsenergie einer chemischen Reaktion herab. Dadurch wird die Reaktionsgeschwindigkeit der Reaktion erhöht. Bei chemischen Gleichgewichten werden Hin- und Rückreaktion in gleichem Maße beschleunigt, die Lage des chemischen Gleichgewichtes wird nicht verändert. Der Katalysator bildet während der Reaktion einen Katalysator-Substrat-Komplex, liegt aber nach der Reaktion wieder unverändert vor.

Man unterscheidet zwischen homogener und heterogener Katalyse. Bei der **heterogenen Katalyse** verwendet man häufig gasförmige Edukte und feste Katalysatoren. Diese werden bei technischen Verfahren auch als »Kontakte« bezeichnet. Die Reaktionen laufen an der Oberfläche der Katalysatoren ab. Es gibt auch katalytische Reaktionen, die als Grenzfälle zwischen homogener und heterogener Katalyse betrachtet werden können. Dazu gehört das klassische Ziegler-Natta-Verfahren, welches ich Ihnen weiter unten erklären werde.

Bei der **homogenen Katalyse** liegt der Katalysator in der gleichen Phase wie die Reaktanten vor. Bei der Katalyse mit metallorganischen Komplexkatalysatoren sind diese größtenteils sehr empfindlich gegenüber Sauerstoff und manchmal auch gegenüber Wasser. Deshalb müssen homogen katalysierte Reaktionen häufig unter Luftausschluss (»anaerobe Bedingungen«) durchgeführt werden. Reaktionen in homogener Phase kann man sehr gut mit spektroskopischen Methoden verfolgen. Wenn es dann noch gelingt, das eine oder andere Zwischenprodukt (»Intermediat«) abzufangen und mittels Einkristall-Strukturanaylse zu analysieren, gelangt man häufig zu einem sehr guten Verständnis der Elementarschritte von homogen katalysierten Reaktionen. Typische homogene Katalysatoren bestehen aus einem Metallatom (M) als Reaktionszentrum, welches von verschiedenen Liganden (L^1, L^2...) umgeben ist. Die **Liganden** sind meist nicht direkt an der Reaktion beteiligt, haben aber wichtige Funktionen indem sie

- ✔ den Katalysatorkomplex stabilisieren und in Lösung halten,
- ✔ die elektronischen Eigenschaften und damit die Reaktivität des Metallatoms beeinflussen
- ✔ und über räumliche Wechselwirkungen (»sterische Effekte«) die Selektivität des Katalysators bestimmen.

Eine gezielte Variation der Liganden in Katalysatorkomplexen eröffnet zahlreiche Möglichkeiten, die elektronischen und sterischen Eigenschaften am Reaktionszentrum zu beeinflussen und somit eine Katalysatoroptimierung in Bezug auf Aktivität, Selektivität und Stabilität zu erreichen. Man spricht in diesem Zusammenhang auch von *ligand tuning*.

Wenn man den Reaktionsverlauf einer katalytischen Reaktion in Form einer Reaktionsgleichung aufschreibt, so erfährt man nichts über den Mechanismus dieser Reaktion:

$$S^1 + S^2 \xrightarrow{[L_nM]} P$$

Die beiden Substrate S^1 und S^2 reagieren unter der katalytischen Wirkung von $[L_nM]$ zum Produkt P. Zum besseren Verständnis wird der Reaktionsverlauf häufig, ähnlich wie in der Biochemie, mit einem Katalysezyklus beschrieben. Einen solchen habe ich Ihnen in allgemeiner Form in der nachfolgenden Abbildung aufgezeichnet. Zunächst entsteht aus dem Präkatalysator $[L_nM]$ durch Abspaltung eines Liganden L der katalytisch aktive Komplex $[L_{n-1}M]$. Dieser verfügt jetzt über eine freie Koordinationsstelle und kann ein Substratmolekül S^1 in seine Koordinationssphäre aufnehmen. Der gebildete Katalysator-Substrat-Komplex $[L_nM]$-S^1 reagiert mit dem zweiten Substratmolekül zum Komplex $[L_nM]S^1S^2$. Die fixierten Substratmoleküle reagieren in der Koordinationssphäre des Metallatoms miteinander (in der Abbildung unten) und bilden das Produkt P. Dieses wird abgespalten und der Katalysatorkomplex $[L_nM]$ liegt wieder unverändert vor.

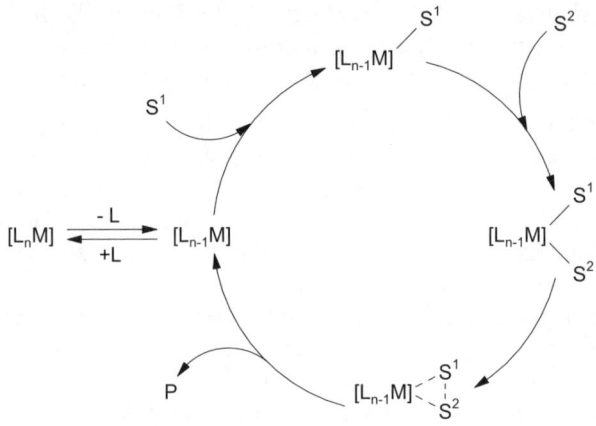

Abbildung 7.5: Schematische Darstellung eines allgemeinen Katalysezyklus.

Elementarreaktionen

Bei katalytischen Prozessen und auch bei sonstigen Reaktionen unter Beteiligung von Übergangsmetallverbindungen laufen häufig bestimmte Elementarreaktionen ab. Diese möchte ich Ihnen hier kurz vorstellen.

1. **Ligandenabspaltung und -koordination**

    Bei der Ligandenabspaltung wird ein Ligand von der Komplexverbindung abgespalten. Die Reaktion läuft reversibel, also umkehrbar, ab. Dabei findet in der Rückreaktion die Ligandenkoordination statt. In der Hinreaktion werden durch die Ligandenabspaltung freie Koordinationsstellen am Zentralatom erzeugt. Dies ist eine wichtige Voraussetzung für den Ablauf weiterer Reaktionen.

    $$\text{Ligandenabspaltung} \rightarrow$$
    $$L_nM \rightleftharpoons L_{n-1}M + L$$
    $$\leftarrow \text{Ligandenkoordination}$$

2. **Oxidative Addition und reduktive Eliminierung**

    Bei der oxidativen Addition lagert sich ein Molekül A–B unter Spaltung der Bindung zwischen A und B an einen Metallkomplex an. Die Reste A und B verbleiben danach als neue Liganden am Zentralatom. Das Zentralatom muss bei dieser Reaktion zunächst in einer niedrigen Oxidationsstufe vorliegen, da es bei der oxidativen Addition zwei Elektronen zur Bindungsbildung zur Verfügung stellt. Die Oxidationsstufe des Zentralatoms erhöht sich also um 2.

    $$\text{oxidative Addition} \rightarrow$$
    $$L_n\bar{M} + \overset{A}{\underset{B}{|}} \rightleftharpoons L_nM\overset{A}{\underset{B}{{}}}$$
    $$\leftarrow \text{reduktive Eliminierung}$$

3. Insertion von Olefinen und β-Hydrideliminierung

Die Insertion von Olefinen verläuft über die Koordination der Doppelbindung an das Zentralatom des Komplexes unter Bildung eines intermediären (= als Zwischenstufe auftretend) Alkenhydridokomplexes. Bei der eigentlichen Insertionsreaktion schiebt sich die C–C-Doppelbindung in die Metall-Wasserstoff-Bindung ein.

Die Rückreaktion wird als β-Hydrideliminierung bezeichnet, da hierbei formal ein Hydrid (H–) vom zweiten Kohlenstoffatom des Alkylrestes (= β-Stellung) abgespalten wird. Hin- und Rückreaktion funktionieren auch mit substituierten Alkenen.

$$\text{Insertion} \rightarrow$$

$$L_nM{-}H + CH_2{=}CH_2 \rightleftharpoons L_nM(H)(\eta^2{-}CH_2{=}CH_2) \rightleftharpoons L_nM{-}CH_2{-}CH_3$$

$$\leftarrow \text{β-Hydrideliminierung}$$

4. α-Wasserstoffelimierung und Carbeninsertion

Bei der α-Wasserstoffelimierung wird ein Wasserstoffatom von einem direkt an das Zentralatom gebundenen Kohlenstoffatom auf das Zentralatom übertragen. (= α-Stellung). Dabei entsteht ein Hydridocarbenkomplex.

$$\text{α-Wasserstoffelimierung} \rightarrow$$

$$L_nM{-}CHR_2 \rightleftharpoons L_nM(H){=}CR_2$$

$$\leftarrow \text{Carbeninsertion}$$

Bei der Rückreaktion handelt es sich um die Insertion eines Carbens (= CR_2) in die Metall-Wasserstoff-Bindung.

Beispiele für Komplexkatalysen

In diesem Abschnitt möchte ich Ihnen einige Reaktionen vorstellen, die mit Metallkomplexen katalysiert werden. Mithilfe dieser Verfahren ist es möglich, in effektiver Weise aus petrolchemischen Grundstoffen organische Zwischenprodukte und hochpolymere Werkstoffe zu erzeugen. Dabei werden durch die Katalysatoren vor allem C-C- und C–H-Verknüpfungen realisiert.

Aldehyde aus Alkenen

Die Verknüpfung endständiger Alkene mit Kohlenmonoxid und Wasserstoff zu Aldehyden wurde bereits 1938 von Roelen entdeckt. Diese Reaktion wird auch als **Hydroformylierung** oder **Oxosynthese** bezeichnet. Mithilfe dieser Reaktion werden entsprechend der nachfolgenden Reaktionsgleichung Aldehyde mit 3 bis 15 Kohlenstoffatomen hergestellt.

R–CH=CH$_2$ + CO + H$_2$ → R–CH$_2$–CH$_2$–CHO   Katalysator: Co$_2$(CO)$_8$

Die Aldehyde sind wichtige Zwischenprodukte und werden zu Aminen, Carbonsäuren und vor allem langkettigen Alkoholen weiterverarbeitet. Letztere sind wichtige Rohstoffe zur Herstellung von Waschmitteln. Der Mechanismus der Hydroformylierung ist in Abbildung 7.6 dargestellt. Das eingesetzte Dicobaltoctacarbonyl, Co$_2$(CO)$_8$, reagiert zunächst mit dem anwesenden Wasserstoff zu HCo(CO)$_4$. Die Abspaltung von einem Kohlenmonoxid-Liganden ergibt den eigentlichen Katalysatorkomplex [CoH(CO)$_3$] (**a**). Anschließend bildet sich mit dem Olefin ein Komplex, bei dem dieses koordinativ an den Katalysator gebunden wird (**b**). Das koordinierte Olefin insertiert in die Cobalt-Wasserstoff-Bindung unter Bildung eines Alkylcobalt-Komplexes (**c**). Nunmehr ist wieder eine freie Koordinationsstelle am Cobalt vorhanden. Diese wird durch ein weiteres CO-Molekül besetzt (**d**). Das CO-Molekül insertiert in die Cobalt-Kohlenstoff-Bindung unter Bildung einer Acyl-Cobalt-Verbindung (**e**). Anschließend erfolgt eine oxidative Addition von Wasserstoff (**f**). Im letzten Schritt des Katalysezyklus findet eine reduktive Eliminierung statt, bei der das Produkt freigesetzt und der Katalysatorkomplex regeneriert wird (**g**).

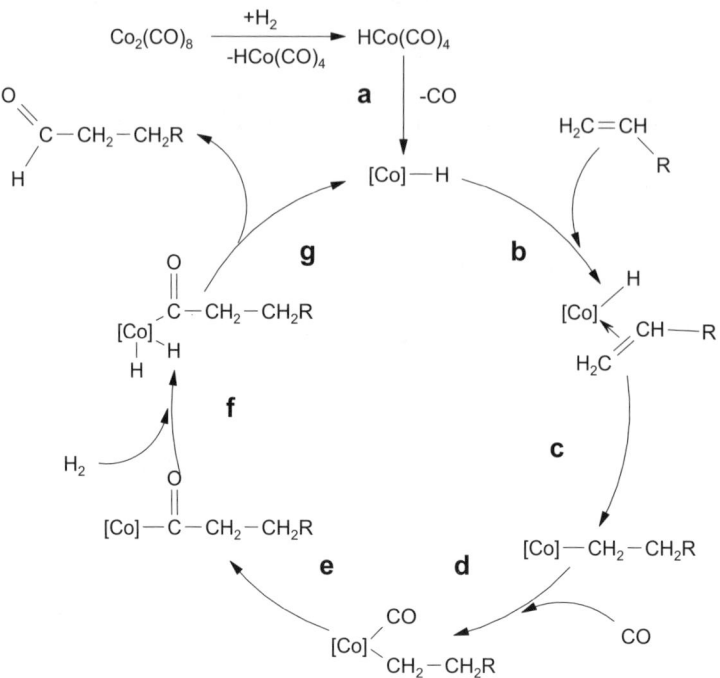

Abbildung 7.6: Mechanismus der Hydroformylierung, [Co] = Co(CO)$_3$.

Essigsäure aus Methanol

Essigsäure wird für die Herstellung vieler chemischer Produkte benötigt, z. B. von Polyvinylacetat für Klebstoffe, Anstriche und Lacke oder von Celluloseacetat für Textilfasern, Zigarettenfiltern und fotografische Filme. Das wichtigste Verfahren zur Herstellung von Essigsäure ist die Reaktion von Methanol mit Kohlenmonoxid:

$CH_3OH + CO \rightarrow CH_3COOH$ (mit Katalysatoren)

Die Reaktion wird auch als **Carbonylierung** von Methanol bezeichnet, da hierbei die Carbonylgruppe (C=O) auf das Methanolmolekül übertragen wird. Es gibt verschiedene Katalysatoren, um diese Reaktion voranzutreiben. Beim **Monsanto-Verfahren** verwendet man Rhodium(III)-iodid und einen iodhaltigen Cokatalysator. Die Funktion des Iods besteht vor allem darin, das Methanol in Methyliodid zu überführen (**a**). Dieses wird für die oxidative Addition an den Rhodium(I)-komplex benötigt (**b**). Somit kann man zwei Katalysezyklen für dieses Verfahren formulieren (Abbildung 7.7).

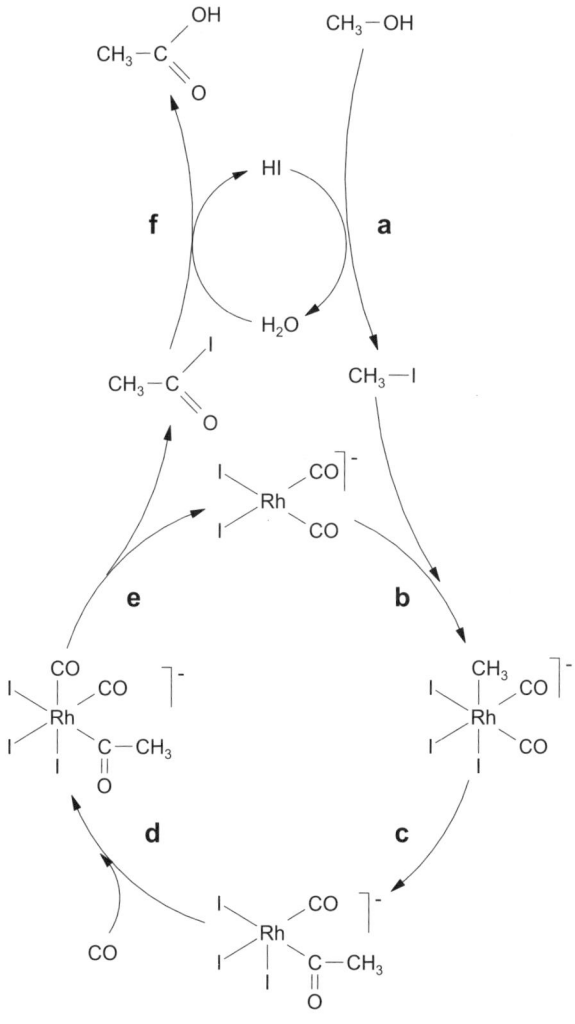

Abbildung 7.7: Mechanismus der Carbonylierung von Methanol.

Im oberen Zyklus wird Methanol in Methyliodid umgewandelt (**a**) und aus dem Zwischenprodukt Acetyliodid das Endprodukt Essigsäure erzeugt (**f**). Der eigentliche rhodiumkatalysierte Zyklus ist darunter dargestellt (**b** bis **e**). Hierbei erfolgt zunächst eine oxidative Addition des Methyliodids an den Rhodiumkatalysator (**b**). Im nächsten Schritt insertiert einer der beiden CO-Liganden in die Rhodium-Kohlenstoff-Bindung (**c**). Dabei erfolgt die C–C-Bindungsknüpfung unter Ausbildung des Acetylrestes (CH_3-CO). Der entstehende Komplex ist koordinativ ungesättigt und addiert ein CO-Molekül (**d**). Der letzte Schritt dieses Zyklus (**e**) besteht darin, dass das Zwischenprodukt Acetyliodid unter reduktiver Eliminierung abgespalten und der koordinativ ungesättigte Rhodium(I)-Komplex wieder regeneriert wird.

Acetaldehyd aus Ethen

Ein weiteres wichtiges Zwischenprodukt der chemischen Industrie ist Acetaldehyd. Dieses wird im **Wacker-Verfahren** durch Oxidation von Ethen hergestellt. Bereits 1894 entdeckte F. C. Phillips, dass die Reaktion von Ethen mit Palladium(II)-chlorid in wässriger Lösung Acetaldehyd liefert. Das Palladiumchlorid wird dabei zum metallischen Palladium reduziert:

$H_2C=CH_2$ + $PdCl_2$ + H_2O → CH_3CHO + Pd + 2 HCl

Hierbei handelt es sich um eine stöchiometrische Reaktion und keine Katalyse. Erst ca. 60 Jahre später wurde aus dieser einfachen Reaktion ein katalytisches Verfahren entwickelt. Dabei wird das gebildete Palladium sofort wieder mit Kupfer(II)-chlorid oxidiert. Das entstehende Kupfer(I)-chlorid wird mit Sauerstoff wieder oxidiert:

Pd + 2 $CuCl_2$ → $PdCl_2$ + 2 CuCl

2 CuCl + 2 HCl + 0,5 O_2 → 2 $CuCl_2$ + H_2O

Als Gesamtgleichung dieser drei Reaktionen ergibt sich formal die Oxidation des Ethens durch Sauerstoff:

$H_2C=CH_2$ + 0,5 O_2 → CH_3CHO

Ganz so simpel ist diese Reaktion allerdings nicht, sondern beruht auch hier wieder auf einem komplizierten Mechanismus der über die Koordination des Ethens am Palladium, Insertion in eine Pd-OH-Bindung, Isomerisierung und reduktive Eliminierung verläuft.

Katalytische Hydrierung

Die Hydrierung von Alkenen ist eine häufig genutzte Methode in der Synthesechemie, bei der Wasserstoff unter Einwirkung eines Katalysators an eine Doppelbindung addiert wird:

R–CH=CH_2 + H_2 → R–CH_2–CH_3 mit Katalysator

Man kann diese Reaktion mit verschiedenen heterogenen Katalysatoren (z. B. fein verteiltes Nickel) unter hohem Druck ausführen.

Mithilfe des **Wilkinson-Katalysators** gelingt die Hydrierung in homogener Phase bereits bei Normaldruck und Raumtemperatur. Beim Katalysator handelt es sich um Tris(triphenylphosphan)rhodium(I)-chlorid, $(Ph_3P)_3RhCl$. Zunächst wird in Lösung ein Triphenylphosphan-Ligand durch Dissoziation abgespalten (**a**). Der verbleibende Komplex ist koordinativ ungesättigt und lagert unter oxidativer Addition zum Dihydridorhodium(III)-Komplex ein Molekül Wasserstoff an (**b**). Im nächsten Schritt wird das Alken an der sechsten Koordinationsstelle als π-Ligand koordiniert (**c**). Die Insertion des Alkens in die benachbarte Rhodium-Wasserstoff-Bindung ergibt einen Rhodium-Alkylkomplex (**d**). Der letzte Schritt dieses Katalysezyklus ist die reduktive Eliminierung des Alkans unter Rückbildung des katalytisch aktiven Komplexes (**e**).

Es wurden noch verschiedene andere Katalysatortypen entwickelt. An dieser Stelle möchte ich noch auf die Möglichkeit der **asymmetrischen Hydrierung** hinweisen. Es ist möglich, bei der Hydrierung chirale Produkte zu erzeugen, wenn man den Katalysator in geeigneter Weise mit chiralen Gruppen versieht. Auf diese Weise wird z. B. die Aminosäure L-DOPA hergestellt. Diese dient als Medikament zur Behandlung der Parkinson'schen Krankheit. Die Synthese ist in Abbildung 7.10 dargestellt.

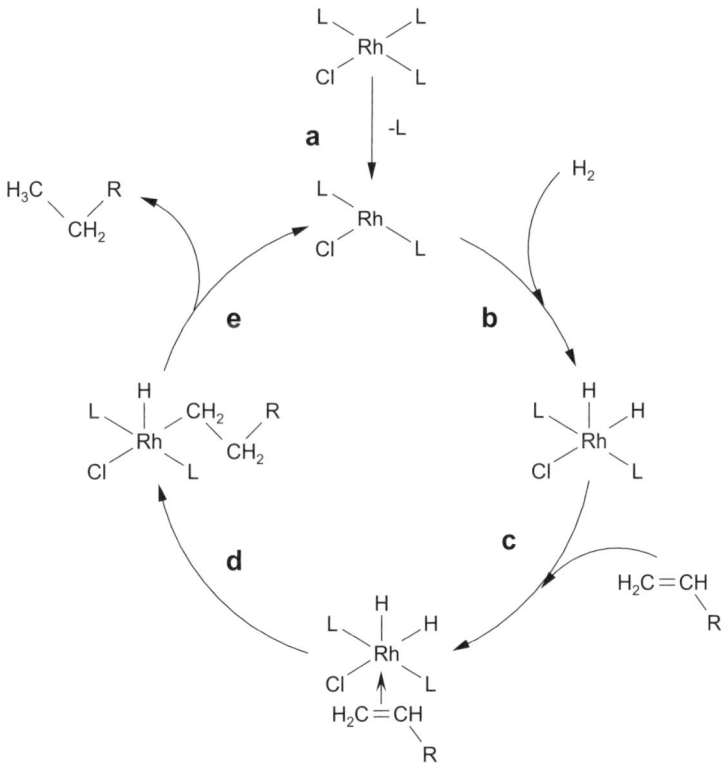

Abbildung 7.8: Mechanismus der Hydrierung mit dem Wilkinson-Katalysator, L = PPh$_3$.

Chiralität

Ein Molekül ist chiral, wenn man es nicht durch Rotation oder Translation mit seinem Spiegelbild zur Deckung bringen kann. Oder einfach ausgedrückt, von diesem Molekül existieren Bild und Spiegelbild:

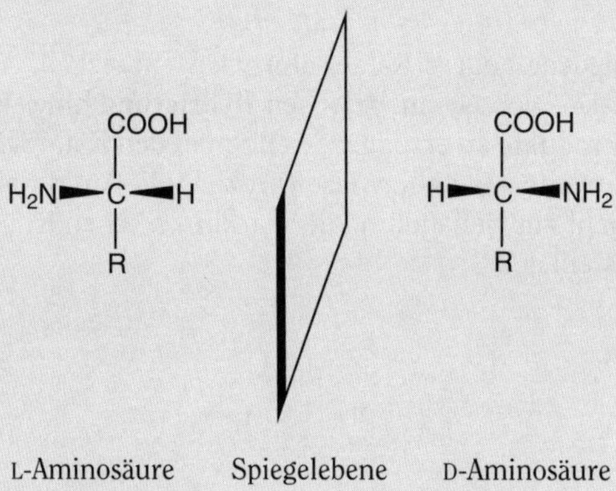

Abbildung 7.9: Chiralität bei Aminosäuren.

Viele Naturstoffe sind chiral. So besitzen z. B. alle Aminosäuren in Ihrem Körper L-Konfiguration. Die beiden Formen einer chiralen Verbindung (also Bild und Spiegelbild) werden **Enantiomere** genannt. Eine Synthese, bei der man ausschließlich eines der beiden Enantiomeren erhält, nennt man enantiomerenreine Synthese.

Die gezielte Herstellung enantiomerenreiner Verbindungen kann extrem wichtig sein. Bestimmte Medikamente dürfen nur in enantiomerenreiner Form eingesetzt werden. Falls das »falsche« Enantiomer enthalten ist, ist dieses im einfachsten Fall unwirksam, kann jedoch auch toxische Wirkung haben!

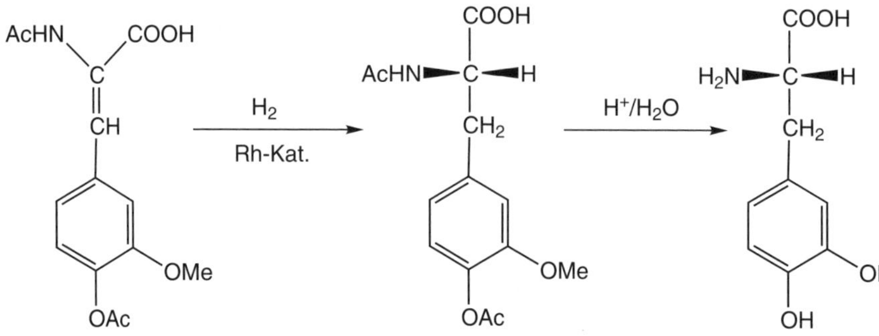

Abbildung 7.10: Synthese von L-DOPA.

Das Zimtsäureamid (**1**) enthält Acetylreste (Ac = CH$_3$–CO) und eine Methoxygruppe (MeO) als Schutzgruppen. Die Hydrierung zum chiralen Aminosäurederivat (**2**) funktioniert nur mit geeigneten chiralen Katalysatoren. Ein nicht chiraler Katalysator würde ein Gemisch der beiden Enantiomere liefern. Im letzten Schritt erfolgt eine saure Hydrolyse (= Abspaltung) der Schutzgruppen. Dabei erhält man die Aminosäure L-DOPA (**3**). Um die Rhodiumkatalysatoren chiral zu machen, haben sich verschiedene chirale Phosphanliganden bewährt. Diese sorgen dafür, dass das Substrat (**1**) nur in einer bestimmten Weise am Rhodium koordinieren kann. Dadurch erfolgt die Hydrierung nur von einer Seite und man erhält das chirale Zielprodukt. Ein Beispiel für einen solchen chiralen Rhodiumkatalysator ist in der nachfolgenden Abbildung dargestellt.

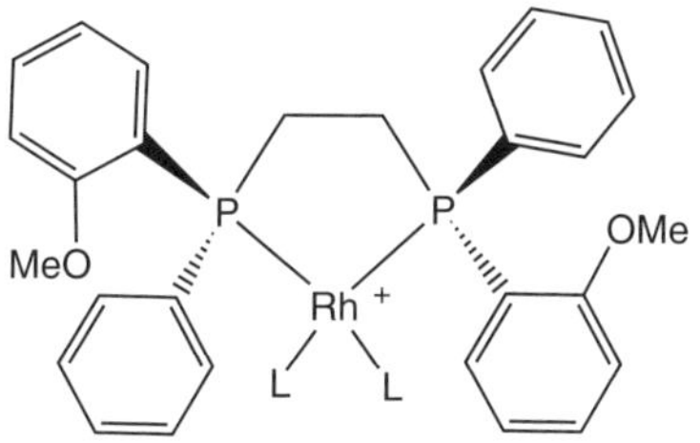

Abbildung 7.11: Chiraler Rhodiumkatalysator für die Synthese von L-DOPA (L = Lösungsmittelmolekül).

Olefinpolymerisation

Polypropylen und Polyethylen gehören zu den am meisten hergestellten polymeren Werkstoffen. Beide Polymere können energiesparend hergestellt und verarbeitet werden, sie sind halogenfrei, recyclingfreundlich und somit ökologisch und ökonomisch attraktive Werkstoffe. Das klassische Verfahren zur Herstellung von Polyethylen kommt ohne Katalysator aus. Dabei handelt es sich um eine radikalische Polymerisation bei 1500 bar und 200 °C mit Sauerstoff oder Peroxiden als Initiatoren. Bei diesem Verfahren entsteht **Hochdruckpolyethylen**. Dieses hat eine stark verzweigte Struktur, eine geringe Kristallinität und Dichte (ρ = 0,91–0,93 g/cm^3). Deshalb nennt man es *Low Density Polyethylene* (**LDPE**, siehe Abbildung 7.12 oben).

Im Jahre 1953 entwickelte Karl Ziegler in Mülheim ein alternatives Verfahren zur Polymerisation von Ethylen. Bei diesem Verfahren verwendet man einen Mischkatalysator bestehend aus Titantetrachlorid und Aluminiumtriethyl. Die Reaktionsbedingungen sind wesentlich milder, weil man die Reaktion bei Normaldruck und Raumtemperatur ausführt. Das nach diesem **Niederdruckverfahren** hergestellte Polyethylen hat eine lineare Struktur und höhere Dichte (ρ= 0,94–0,97 g/cm^3). Deshalb wird es auch als *High Density Polyethylene* (**HDPE**, Abbildung 7.12 Mitte) bezeichnet.

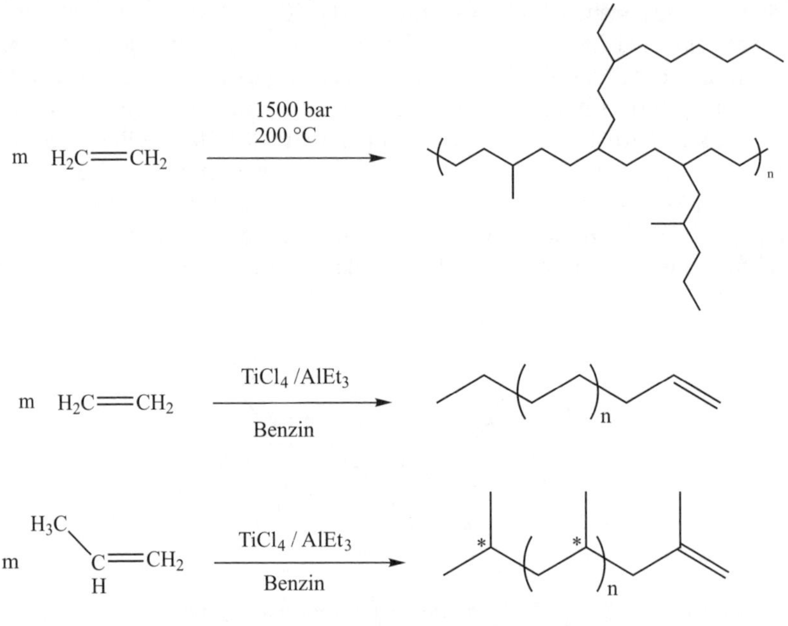

Abbildung 7.12: Herstellung von Polyolefinen (oben: LDPE, Mitte: HDPE, unten: PP). Der Stern (*) bezeichnet chirale Kohlenstoffatome.

Wenige Monate nach der Entdeckung der Ethenpolymerisation fand Natta in Mailand, dass sich Propen in ähnlicher Weise polymerisieren lässt. Das entstehende Polypropylen (**PP**) kann aufgrund des chiralen Kohlenstoffatoms in der Hauptkette des Polymers unterschiedliche Taktizitäten aufweisen:

✔ alle Methylgruppen am Polymer haben dieselbe Konfiguration – isotaktisches PP

✔ jeweils alternierende Konfiguration der Methylgruppen – syndiotaktisches PP

✔ willkürliche Konfiguration der Methylgruppen – ataktisches PP

Beim Niederdruckverfahren handelt es sich um eine metallkatalysierte Reaktion. Die Ziegler-Katalysatoren bestehen aus einem Präkatalysator und einem Cokatalysator (siehe Tabelle 7.7). Die beiden Komponenten werden in einem inerten Lösungsmittel wie Benzin oder Toluol gemischt. Dabei kommt es zur Reduktion der Metallverbindung, z. B. zu Titan(III)-chlorid, zur Bildung einer festen Phase und zur Gasentwicklung. Danach liegen als katalytisch aktive Zentren Alkyltitanverbindungen vor. An diese koordiniert das Alken. Durch Insertion des Alkens in die Titan-Kohlenstoff-Bindung findet der Kettenaufbau statt. Elementarschritte der Polymerisation sind also Koordination und Insertion (siehe Abbildung 7.13).

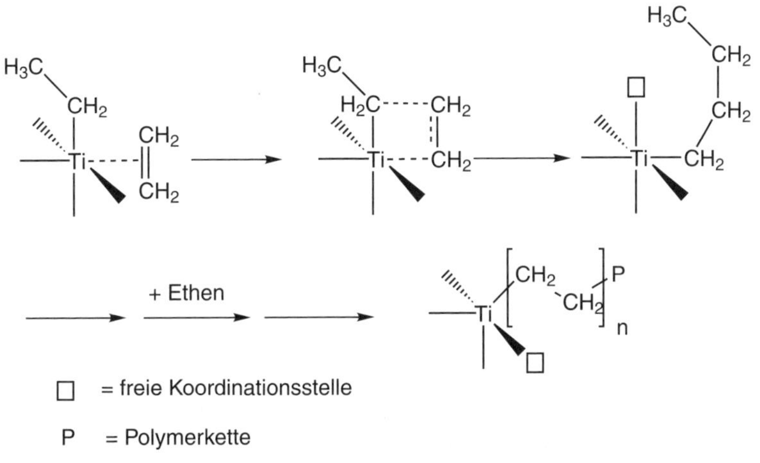

7 ▶ Die Nebengruppenelemente im Überblick

Abbildung 7.13: Mechanismus der Polymerisation mit Ziegler-Katalysatoren.

Präkatalysator	Cokatalysator
reduzierbare Verbindung eines Übergangselementes der 4. bis 7. Nebengruppe	Metallalkyl der 1. bis 3. Hauptgruppe
$TiCl_4$ oder VCl_4	$AlEt_3$ oder Et_2AlCl
$TiCl_4$ auf kristallinem $MgCl_2$	$AlEt_3$
Cp_2TiCl_2	Et_2AlCl

Tabelle 7.7: Zusammensetzung von Ziegler-Katalysatoren.

Die soeben beschriebenen Katalysatoren besitzen jedoch einen wesentlichen Nachteil. Sie werden entweder auf Trägermaterialien aufgebracht oder sie bilden eine feste Phase. Es handelt sich also um heterogene Katalysatoren. Die Festkörpereigenschaften des Katalysators bestimmen im Wesentlichen die katalytischen Eigenschaften. Dadurch ist die Katalysatorherstellung häufig recht aufwändig und man hat verschiedene katalytisch aktive Zentren vorliegen.

Ein großer Schritt in Richtung Katalysatordesign war die Entdeckung der Metallocenkatalysatoren. Hierbei verwendet man lösliche Metallocenkomplexe mit definierter Struktur. In den letzten fünfzig Jahren wurde eine systematische Suche nach neuen Polymerisationskatalysatoren betrieben. Dabei gelang es, die Katalysatoren zu optimieren und Polymere mit definiert einstellbaren Eigenschaften als auch völlig neuartige Polymere zu entwickeln. Einige wenige Beispiele für solche Katalysatoren finden Sie in der nachfolgenden Abbildung.

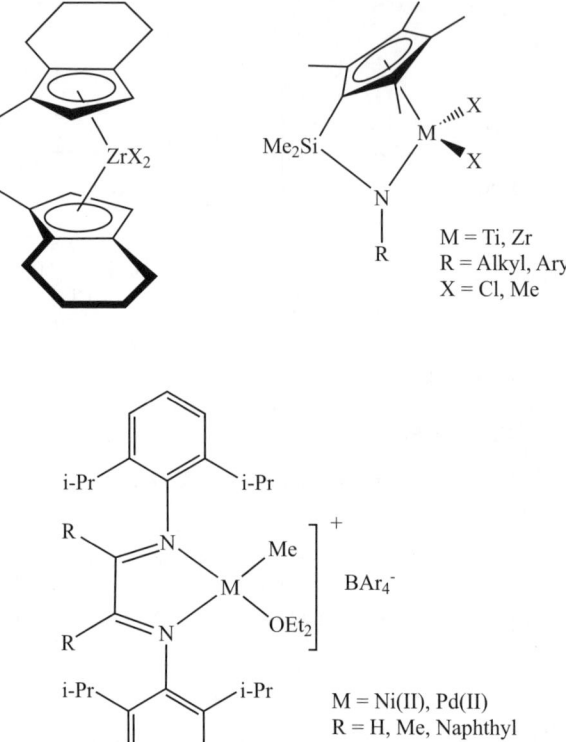

Abbildung 7.14: Neuartige Katalysatoren für die Polymerisation von Ethen und Propen.

Komplexverbindungen

In diesem Kapitel

▶ Zusammensetzung von Komplexverbindungen und Spinellen

▶ Nomenklatur leicht gemacht

▶ Stereochemie bei Komplexverbindungen

▶ cis-Platin in der Krebstherapie

▶ Bindungsverhältnisse in Komplexverbindungen

Besitzt ein Atom mehr Bindungspartner, als man entsprechend der Zahl der Außenelektronen und der Ladung erwarten würde, so liegt eine Komplexverbindung vor. So sind z. B. $TiCl_4$, $FeCl_3$ und $NiCl_2$ einfache Ionenverbindungen, während $K_2[TiCl_6]$, $[Fe(H_2O)_6]Cl_3$ und $[Ni(PPh_3)_2Cl_2]$ Komplexverbindungen darstellen. Aufgrund der Komplexbildung verlieren die Bausteine des Komplexes ihre charakteristischen Eigenschaften. Bei der Komplexverbindung $K_3[Fe(CN)_6]$ ist es z. B. nicht möglich, die Eisen(III)-Ionen oder die Cyanidionen qualitativ nachzuweisen. Dazu muss man die Komplexverbindung erst zerstören. In diesem Fall gelingt das durch Kochen der Verbindung mit Schwefelsäure. Durch die Komplexbildung erhalten die Verbindungen gänzlich neue Eigenschaften, wie z. B. charakteristische Farben, Magnetismus oder verändertes Reaktionsverhalten.

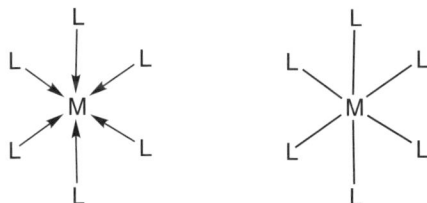

Abbildung 8.1: Allgemeine Formel einer Komplexverbindung (Erklärung im Text).

Formel	Name	Formel	Name
CO	carbonyl	OH−	hydroxo
CN−	cyano	H$_2$O	aqua
NO$_2^-$	nitro	F−	fluoro
NO	nitrosyl	Cl−	chloro
NH$_3$	ammin	Br−	bromo
NR$_3$	trialkylamin	I−	iodo
PPh$_3$	triphenylphosphin	H−	hydrido

Tabelle 8.1: Beispiele für einzähnige Liganden.

Formel	Name	Formel	Name
(Struktur)	ethylendiamin	(Struktur)	acetylacetonato
(Struktur)	diacetyldioxim	(Struktur)	2,2'-dipyridyl

Tabelle 8.2: Beispiele für mehrzähnige Liganden.

Komplexverbindungen bestehen aus einem **Zentralatom (M)**. Das kann ein Atom oder Ion sein. Das Zentralatom ist von den **Liganden (L)** umgeben. Die Anzahl der Liganden an einem Zentralatom wird **Koordinationszahl** genannt. Die räumliche Anordnung der Liganden folgt bestimmten Gesetzmäßigkeiten und ergibt dadurch eine bestimmte **Koordinationsgeometrie**. Es gibt **einzähnige** und **mehrzähnige Liganden** (siehe Tabelle 8.1 und Tabelle 8.2). Letztere werden auch **Chelatliganden** genannt. Der Begriff stammt aus dem Griechischen und bezeichnet eine Krebsschere. Der Chelatligand greift sozusagen mit mehreren Scheren gleichzeitig nach seinem »Opfer«, dem Zentralatom. Die Bindung oder auch Koordination der Liganden am Zentralatom erfolgt über freie Elektronenpaare am **Haftatom**. Das habe ich für Sie in Abbildung 8.1 links und in Tabelle 8.2 durch kleine Pfeile markiert. Mit den Pfeilen trifft man schon eine Aussage über die Bindungsverhältnisse. Diese sagen aus, dass hier eine

8 ➤ Komplexverbindungen

koordinative oder **dative Bindung** vom freien Elektronenpaar des Liganden in unbesetzte Orbitale am Zentralatom vorliegt. Häufig zeichnet man auch nur Bindungsstriche und zeigt somit nur die Verknüpfung der Komplexbausteine miteinander an (Abbildung 8.1 rechts).

Der Chelateffekt

In Tabelle 8.2 habe ich Ihnen einige mehrzähnige Liganden vorgestellt. Chelatliganden bilden häufig deutlich stabilere Komplexverbindungen als vergleichbare Verbindungen mit einzähnigen Liganden. Diese Erscheinung nennt man **Chelateffekt**. So gelingt es z. B. den Ammoniakliganden aus dem Komplex-Ion $[Ni(NH_3)_6]^{2+}$ mithilfe des Chelatliganden Ethylendiamin zu verdrängen (Abbildung 8.2). Das Gleichgewicht dieser Reaktion liegt überwiegend auf der rechten Seite.

Abbildung 8.2: Bildung eines Chelatkomplexes.

Zum Verständnis dieser Erscheinung sollten Sie wissen, dass die Triebkraft jeder chemischen Reaktion in einer Abnahme der Gibbs-Energie, **G**, liegt (auch »freie Enthalpie« genannt). Diese ist definiert als **G = H −TS**. Wenn eine Reaktion freiwillig ablaufen soll, muss **G** kleiner als Null sein. In der Gleichung ist **H** die Reaktionsenthalpie, die ausdrückt, ob bei einer Reaktion Wärme frei wird (**H** ist negativ) oder Wärme benötigt wird (**H** ist positiv). **T** ist die Temperatur in Kelvin und **S** ist die Entropie des Systems. Dabei ist Entropie ein Maß für die Unordnung des Systems. Für hochgeordnete Systeme ist die Entropie sehr klein, für »unordentliche« Systeme, die aus vielen Komponenten bestehen, ist die Entropie groß.

Wenn wir uns die obige Reaktionsgleichung anschauen, so stellen wir fest, dass die Bindungen von Ammoniak oder Ethylendiamin zum Zentral-Ion sehr ähnlich sind. Die Reaktionsenthalpie, **H**, dürfte also nahezu Null sein. Ganz anders sieht es bei der Entropie aus. Auf der linken Seite der Reaktionsgleichung finden wir vier Moleküle vor. Auf der rechten Seite hingegen sieben Moleküle. Beim Ablauf der Reaktion wächst also die Unordnung des Systems, die Entropie ist größer als Null. Wenn wir diese beiden Parameter in die Gleichung für die Gibbs-Energie einsetzen, so stellen wir fest, dass diese auf jeden Fall deutlich kleiner als Null sein sollte. Die Reaktion läuft also freiwillig ab!

G = H −TS

mit H ≈ 0

T = 298 K (Raumtemperatur)

und S > 0

ergibt: G < 0

 Die besondere Stabilität von Chelatkomplexen beruht hauptsächlich auf einer Zunahme der Entropie des Systems. Oder kurz ausgedrückt: Der Chelateffekt ist ein Entropieeffekt.

Namen von Komplexverbindungen

Wenn man einem Kind einen Namen gibt, hat man eine große Auswahl an Möglichkeiten. Wer die Wahl hat, hat die Qual! Bei Verbindungen in der Chemie ist das deutlich einfacher, da es hier genau festgelegte Regeln für die Namensbildung gibt. Allerdings sind diese Regeln teilweise recht kompliziert und man muss diese kennen. Deshalb hier die wichtigsten Regeln zur Namensbildung:

1. Bei einer Komplexverbindung werden zuerst der Name der Liganden und danach der Name des Zentralatoms genannt. Anionische Liganden (negative Ladung) erhalten ein »o« am Ende des Ligandnamens (siehe Tabelle 8.1 und Tabelle 8.2).
2. Die Zahl der Liganden von der gleichen Sorte wird mit griechischen Zahlworten vor dem Ligandnamen bezeichnet. Griechische Zahlworte sind: mono = 1, di = 2, tri = 3, tetra = 4, penta = 5, hexa = 6, usw.
3. Die Oxidationsstufe des Zentralatoms wird am Ende des Namens mit römischen Ziffern in Klammern angegeben.
4. Bei kationischen Komplexionen folgt danach noch der Name des Anions. Das Ganze ist in der nachfolgenden Tabelle an Beispielen verdeutlicht.

Kationischer Komplex					Formel
Anzahl der Liganden	Ligand	Zentralatom	Oxidationsstufe	-Anion	
Hexa	ammin	nickel	(II)	-chlorid	$[Ni(NH_3)_6]Cl_2$
Tetra	ammin	kupfer	(II)	-sulfat	$[Cu(NH_3)_4]SO_4$
Hexa	aquo	cobalt	(III)	-nitrat	$[Co(H_2O)_6](NO_3)_3$

Tabelle 8.3: Namensbildung bei kationischen Komplexionen.

5. Bei anionischen Komplexionen wird dem Namen des Zentralatoms noch die Silbe »at« angehängt. Bei einigen Elementen verwendet man die lateinischen Bezeichnungen; diese sind: Fe = ferrat, Ni = niccolat, Cu = cuprat, Ag = argentat, Au = aurat, Hg = mercurat.

Anionischer Komplex					Formel
Kation-	Anzahl der Liganden	Ligand	Zentralatom mit Endung -at	Oxidationsstufe	
Kalium	tetra	chloro	cuprat	(II)	$K_2[CuCl_4]$
Natrium	tetra	hydroxo	aluminat	(III)	$Na[Al(OH)_4]$
Kalium	hexa	cyano	ferrat	(III)	$K_3[Fe(CN)_6]$

Tabelle 8.4: Namensbildung bei anionischen Komplexionen.

6. Falls verschiedene Liganden im Komplex vorhanden sind, werden diese alphabetisch sortiert. In der Formel schreibt man zuerst die anionischen Liganden und danach die Neutralliganden. Dazu einige Beispiele:

[PtCl$_2$(NH$_3$)$_2$]   –   Diammindichloroplatin(II)

[CoCl(NH$_3$)$_5$]$^{2+}$ –   Pentaamminchlorocobalt(III)

[CoCl(NO$_2$)(NH$_3$)$_4$]$^+$ –   Tetraamminchloronitrocobalt(III)

Geometrie von Komplexverbindungen

Häufig auftretende Koordinationszahlen bei Komplexverbindungen sind 2, 4, und 6. Als Faustregel können Sie sich merken, dass die Liganden versuchen, möglichst großen Abstand voneinander zu gewinnen. Nicht weil Sie sich nicht leiden können, sondern weil Sie die gleiche Ladung tragen und gleiche Ladungen stoßen sich nun mal ab!

Komplexverbindungen mit der **Koordinationszahl 2** sind daher linear gebaut.

L——M——L   [Ag(NH$_3$)$_2$]$^+$
             [Au(CN)$_2$]$^-$

Abbildung 8.3: Lineare Komplexverbindungen mit der Koordinationszahl 2.

Komplexverbindungen mit der **Koordinationszahl 4** sollten entsprechend der gerade formulierten Faustregel tetraedrisch gebaut sein. Dafür gibt es auch zahlreiche Beispiele. Allerdings gibt es bei der Koordinationszahl 4 auch quadratisch planare Komplexe. Das verstößt gegen unsere Faustregel! Die Erklärung für diese Ausnahme finden Sie weiter unten bei der Ligandenfeldtheorie.

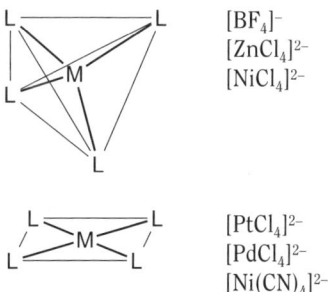

[BF$_4$]$^-$
[ZnCl$_4$]$^{2-}$
[NiCl$_4$]$^{2-}$

[PtCl$_4$]$^{2-}$
[PdCl$_4$]$^{2-}$
[Ni(CN)$_4$]$^{2-}$

Abbildung 8.4: Komplexverbindungen mit der Koordinationszahl 4 (oben tetraedrische, unten quadratisch planare Koordinationsgeometrie).

Komplexverbindungen mit der **Koordinationszahl 6** sind oktaedrisch gebaut.

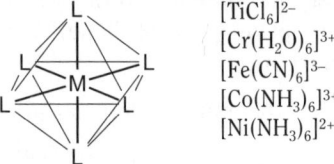

Abbildung 8.5: Oktaedrische Komplexverbindungen mit der Koordinationszahl 6.

Isomerie von Komplexverbindungen

Isomerie liegt dann vor, wenn zwei Stoffe zwar die gleiche Summenformel haben, sich aber in ihren physikalischen und chemischen Eigenschaften unterscheiden. Bei Komplexverbindungen gibt es verschiedene Arten der Isomerie.

Strukturisomerie

Strukturisomerie äußert sich in der Koordinationschemie meist dadurch, dass einzelne Liganden ihre Plätze tauschen oder unterschiedlich an das Zentralatom gebunden sind. Es gibt verschiedene Arten der Strukturisomerie, die Ich Ihnen hier mit wenigen Beispielen vorstellen möchte.

Bindungsisomerie oder **Salzisomerie** entsteht, wenn Liganden wie CN^- oder NO_2^- über verschiedene Haftatome an das Zentralatom gebunden sind. Bei der Bindung des Cyanidliganden über das Kohlenstoffatom erhält man Cyanokomplexe (M–CN), bei der Bindung über das Stickstoffatom Isocyanokomplexe (M–NC). Beim NO_2^--Liganden entstehen bei der Bindung über das Stickstoffatom (M–NO_2) Nitrokomplexe oder bei Bindung über eines der beiden Sauerstoffatome (M–O–N=O) Nitritokomplexe.

Koordinationsisomerie tritt bei Verbindungen auf, bei denen Kationen und Anionen aus Komplexen bestehen. Es können sowohl die Zentralatome, als auch einzelne Liganden gegeneinander vertauscht sein. Beispiele sind:

[Cu(NH$_3$)$_4$][PtCl$_4$]   und   [Pt(NH$_3$)$_4$][CuCl$_4$]

[Pt(NH$_3$)$_4$][PtCl$_4$]   und   [PtCl(NH$_3$)$_3$][PtCl$_3$(NH$_3$)]

Von **Ionenisomerie** spricht man, wenn ein Ion entweder als Ligand im Komplex gebunden ist oder außerhalb des Komplexes als Gegen-Ion auftritt. Beispiele:

[PtCl$_2$(NH$_3$)$_2$]Br$_2$ und   [PtBr$_2$(NH$_3$)$_2$]Cl$_2$

[CoCl$_2$(NH$_3$)$_4$]NO$_2$ und   [CoCl(NO$_2$)(NH$_3$)$_4$]Cl

Die **Hydratisomerie** ist ein Sonderfall der Ionenisomerie. Hierbei ist ein Wassermolekül entweder im Komplex gebunden oder tritt als Kristallwasser auf:

[Cr(H$_2$O)$_6$]Cl$_3$ und   [CrCl(H$_2$O)$_5$]Cl$_2 \cdot$ H$_2$O   und   [CrCl$_2$(H$_2$O)$_4$]Cl $\cdot 2$H$_2$O

Stereoisomerie

Stereoisomerie tritt auf, wenn zwei Komplexverbindungen die gleiche chemische Zusammensetzung haben, sich aber in ihrem räumlichen Aufbau unterscheiden. Bei Komplexverbindungen gibt es drei typische Arten der Stereoisomerie.

Bei quadratisch-planaren Komplexverbindungen gibt es die **cis-trans-Isomerie**. Mit *cis-* wird die Form bezeichnet, bei der sich zwei gleiche Liganden auf einer Seite befinden. Beim *trans-*Isomer befinden sich die gleichen Liganden auf gegenüberliegenden Seiten des Komplexes:

Abbildung 8.6: Dichlorodiamminplatin(II,) cis-Form (links) trans-Form (rechts).

cis-Platin in der Krebstherapie

Eine wichtige Anwendung der in Abbildung 8.6 links dargestellten Verbindung *cis*-Diammindichloroplatin(II) liegt in der Krebstherapie. Die Verbindung wird als Cancerostatikum unter dem Namen »Cisplatin« verwendet, als Einzelmedikament oder in Kombination mit anderen Cytostatika (= Mittel zur Hemmung des Zellwachstums) eingesetzt und ist wirksam gegen verschiedene Formen von Hoden-, Eierstock-, Blasen-, Lungenkrebs und Tumore im Hals- und Kopfbereich. Das Medikament hat beträchtliche Nebenwirkungen wie Übelkeit und Beeinträchtigung der Nierenfunktion. Das enthaltene Platin ist ein Schwermetall und als solches hauptsächlich für die Nebenwirkungen verantwortlich. Die Wirkungsweise dieses Präparates ist recht gut untersucht. Man weiß z. B., dass die quadratisch planar konfigurierte Platin(II)- Verbindung und die *cis*-Konfiguration der Liganden wichtige Voraussetzungen für die Wirksamkeit des Medikamentes sind. Die Chloridliganden können vom Komplex abdissoziieren, während die Amminliganden als nicht hydrolysierbare Gruppen dienen. Die NH_3-Gruppen sind wichtig zur Ausbildung von Wasserstoffbrücken. Die Komplexverbindung ist nach außen neutral, dies ermöglicht eine bessere Durchdringung der Zellmembranen. Die Wirkung von *cis*-Platin beruht auf einer Koordination an die Basenpaare der DNA-Stränge. Dadurch wird eine weitere Replikation von DNA (Verdopplung des DNA-Strangs vor der Zellteilung) verhindert und das ungehemmte Wachstum der Tumorzellen aufgehalten.

Aufgrund dieser detaillierten Kenntnisse der **Struktur-Wirkungs-Beziehungen** ist es möglich, nach weiteren und möglicherweise effektiveren Cancerostatika zu suchen. Inzwischen gibt es weiter entwickelte Cancerostatika auf der Basis von Platinkomplexen (Abbildung 8.7), bei denen mit niedrigeren therapeutischen Dosen die gleiche Wirkung erreicht wird. Die unerwünschten Nebenwirkungen sind dadurch geringer.

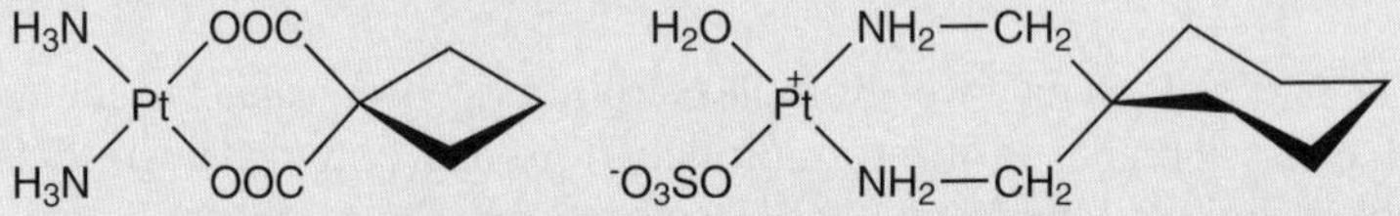

Abbildung 8.7: Neue Cancerostatika auf Basis von cis-Platinkomplexen; links Carboplatin, rechts Spiroplatin.

Eine *cis-trans*-Isomerie gibt es ebenfalls bei oktaedrischen Komplexverbindungen, beispielsweise beim Cobalt-Komplex [Co(NH$_3$)$_4$Cl$_2$]$^+$:

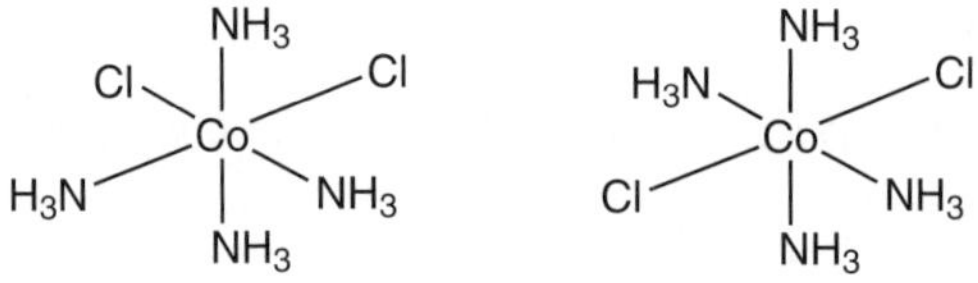

Abbildung 8.8: cis-trans-Isomerie bei einer oktaedrischen Komplexverbindung.

Eine weitere Isomerieform bei oktaedrischen Komplexverbindungen ist die **fac-mer-Isomerie**. Die Begriffe *fac* (facial) und *mer* (meridional) stammen aus dem Lateinischen. *Facial* bezeichnet das »Gesicht«, wenn drei gleiche Liganden nebeneinander stehen und eine Fläche des Oktaeders bilden. *Meridional* bezeichnet einen »Meridian«, wenn drei gleiche Liganden auf einer Linie stehen, sich auf einem »Längengrad« befinden (siehe Abbildung 8.9).

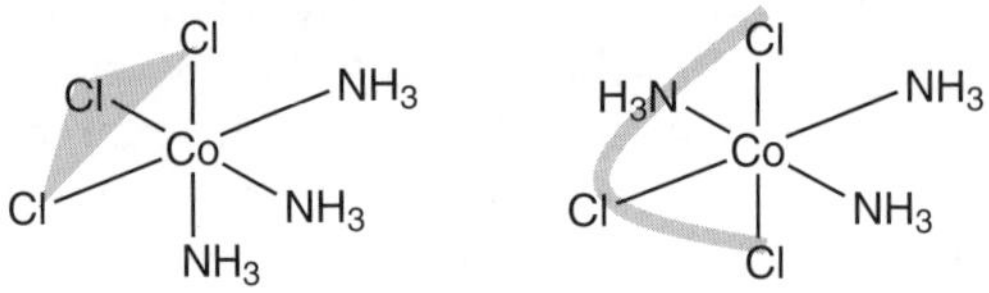

Abbildung 8.9: fac- und mer-Isomerie.

Schließlich gibt es bei oktaedrischen Komplexen noch **optische Isomerie**. Diese Form der Isomerie tritt häufig bei Chelatkomplexen auf. Optische Isomere verhalten sich zueinander wie Bild und Spiegelbild (Abbildung 8.10). Die physikalischen Eigenschaften sind identisch. Nur linear polarisiertes Licht drehen sie in entgegengesetzte Richtung, genauso wie l- und d-Aminosäuren.

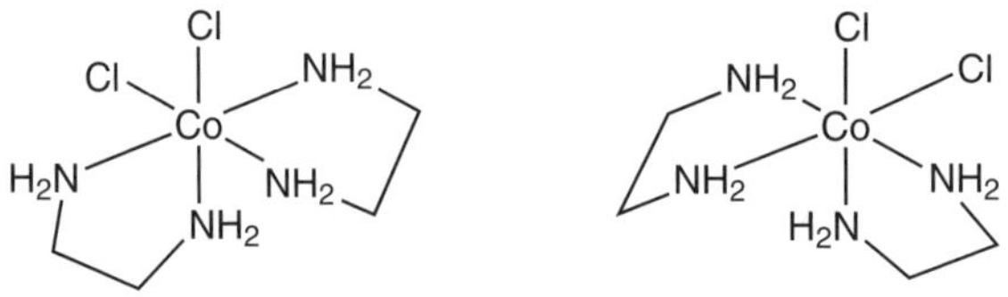

Abbildung 8.10: Beispiel für optische Isomere bei oktaedrischen Komplexverbindungen.

8 ➤ Komplexverbindungen

Bindungsverhältnisse in Komplexverbindungen

Es gibt zahlreiche Theorien zu den Bindungsverhältnissen in Komplexverbindungen, von denen ich Ihnen hier die wichtigsten Konzepte vorstellen möchte.

Die 18-Valenzelektronenregel

Die 18-Valenzelektronenregel, auch Edelgasregel genannt, ist ein wichtiges Hilfsmittel zum Ermitteln der Zusammensetzung von Komplexverbindungen. Hierbei nimmt man an, dass die Triebkraft der Komplexbildung darin besteht, dass das Zentral-Ion die Elektronenanzahl des nachfolgenden Edelgases erreicht. Die Liganden stellen dem Zentral-Ion dafür ihre freien Elektronenpaare zur Verfügung. Dadurch sollte das Zentral-Ion eine voll gefüllte Valenzschale mit 10 d-, 2 s- und 6 p-Elektronen erreichen (= 18 Elektronen). Schauen wir uns dazu einige Beispiele an:

Komplexverbindung	Elektronen des Zentralions	Elektronen von den Liganden	Summe
$[FeF_6]^{3-}$	5	12	17
$[Fe(CN)_6]^{3-}$	5	12	17
$[Fe(CN)_6]^{4-}$	6	12	18
$[Co(NH_3)_6]^{3+}$	6	12	18
$[Ni(CN)_4]^{2-}$	8	8	16
$[NiCl_4]^{2-}$	8	8	16
$Ni(CO)_4$	10	8	18
$[Ni(NH_3)_6]^{2+}$	8	12	20
$[Cu(NH_3)_4]^{2+}$	9	8	17

Tabelle 8.5: Anwendung der 18-Valenzelektronenregel.

Wie Sie der Tabelle entnehmen können, wird die 18-Valenzelektronenregel nicht immer streng eingehalten. Teilweise treten Komplexverbindungen mit 16 oder 17 Valenzelektronen auf, und es ist sogar möglich, dass mehr als 18 Valenzelektronen vorhanden sind. Bevorzugt sind offensichtlich Komplexverbindungen mit den Koordinationszahlen 4 und 6. Mithilfe der 18-Valenzelektronenregel kann man die Zusammensetzung von Komplexverbindungen grob abschätzen, genauere Aussagen sind jedoch nicht möglich.

Valenzbindungstheorie

Nach der Valenzbindungstheorie (*valence bond theory* = VB-Theorie) erfolgt die koordinative Bindung durch Überlappung besetzter Orbitale der Liganden (einsame Elektronenpaare) mit geeigneten leeren Orbitalen des Zentralatoms. Bei den Übergangsmetallen stehen dafür s-, p- und d-Orbitale zur Verfügung, die zunächst unterschiedliche Energien aufweisen. In Komplexverbindungen mit gleichartigen Liganden liegen hochsymmetrische Anordnungen vor und demzufolge sind diese mit gleicher Stärke gebunden. Man nimmt deshalb an, dass die

Bindung der Liganden nicht über die ursprünglichen Atomorbitale des Zentralatoms erfolgt, sondern durch Überlappung mit **Hybridorbitalen** (siehe Kapitel 13) zustande kommt, die aus der Linearkombination von s-, p- und d-Orbitalen resultieren. Solche Hybridorbitale besitzen eine genau definierte Ausrichtung im Koordinatensystem. Dadurch ist eine maximale Überlappung mit den Orbitalen der Liganden möglich, und es sollten besonders stabile kovalente Bindungen vorliegen. Die Bindungen besitzen den Charakter polarer σ-Bindungen. Bei den Komplexverbindungen der Nebengruppenelemente treten vor allem Oktaeder mit d^2sp^3-Hybridorbitalen, Tetraeder mit sp^3-Hybridorbitalen und quadratisch planare Geometrien mit dsp^2-Hybridorbitalen auf.

Die Elektronenverteilung kann man mithilfe des magnetischen Verhaltens der Komplexverbindungen beurteilen. Dazu bestimmt man experimentell die magnetische Suszeptibilität der Komplexverbindungen (siehe Kasten) und kann daraus die Anzahl der ungepaarten Elektronen ableiten. Die VB-Theorie liefert eine Erklärung für das Auftreten von »magnetisch anomalen« Komplexen, deren magnetische Suszeptibilität deutlich geringer ist, als bei den einfachen Salzen des untersuchten Metallions. In bestimmten Fällen kann man aus den magnetischen Messungen die Geometrie der Komplexverbindungen voraussagen (siehe Beispiel Nickelverbindungen in Abbildung 8.14).

Molekularer Magnetismus

Elektronen besitzen einen »Spin«. Vereinfacht ausgedrückt, drehen sie sich um ihre eigene Achse. Das führt zu einem magnetischen Moment für jedes Elektron. Dieses magnetische Moment beeinflusst das Verhalten von Stoffen im Magnetfeld.

Wenn man einen Stoff, der ausschließlich gepaarte Elektronen besitzt, in ein äußeres Magnetfeld bringt, so wird in dieser Substanz durch die Bewegung der Elektronen ein schwaches magnetisches Moment erzeugt, welches dem äußeren Feld entgegengerichtet ist. Der Stoff wird vom äußeren Magnetfeld schwach abgestoßen. Diesen Effekt bezeichnet man als **Diamagnetismus**.

Wenn man einen Stoff, der ungepaarte Elektronen besitzt, in ein äußeres Magnetfeld bringt, so richten sich die magnetischen Momente der ungepaarten Elektronen in Richtung des äußeren Magnetfeldes aus. Es entsteht ein Magnetfeld, das dem äußeren Magnetfeld gleichgerichtet ist und dieses verstärkt. Der Stoff wird vom äußeren Magnetfeld angezogen. Diesen Effekt bezeichnet man als **Paramagnetismus**.

Der paramagnetische Effekt ist viel stärker als der diamagnetische Effekt. Daher werden selbst Verbindungen, die nur ein einziges ungepaartes Elektron und sonst nur gepaarte Elektronen besitzen, vom Magnetfeld angezogen.

Paramagnetismus kann man mit einer Magnetwaage oder einem ESR-Spektrometer bestimmen. Die dabei bestimmte Größe heißt **magnetische Suszeptibilität** und wird häufig in »Bohrschen Magneton« (B.M.) angegeben. Der Paramagnetismus ist temperaturabhängig, da höhere Temperaturen die Ausrichtung der magnetischen Momente im äußeren Feld erschweren.

8 ▶ Komplexverbindungen

Im Folgenden wollen wir uns die Prinzipien der Valenzbindungstheorie an einigen Beispielen anschauen. In Abbildung 8.11 und Abbildung 8.12 sind die Valenzelektronenkonfigurationen für einige Eisen(III)-Komplexe dargestellt. Im Eisen(III)-Ion liegen entsprechend dem gemessenen magnetischen Moment fünf ungepaarte Elektronen in d-Orbitalen vor. Bei der Komplexbildung findet eine Hybridisierung leerer Orbitale am Eisenatom statt. Diese Hybridorbitale werden mit Elektronenpaaren der Liganden aufgefüllt (grau unterlegte Kästchen in den Abbildungen). Im Hexacyanoferrat(III), $[Fe(CN)_6]^{3-}$, ist nur noch ein ungepaartes Elektron vorhanden. Durch Paarung der Elektronen (»Spinpaarung«) sind zwei 3d-Orbitale für die Komplexbildung frei geworden. Sie werden mit dem s- und den p-Orbitalen zu sechs äquivalenten Hybridorbitalen (d^2sp^3) kombiniert. Diese stehen dann zur Aufnahme der Ligandenelektronen zur Verfügung. Der resultierende Komplex ist oktaedrisch gebaut.

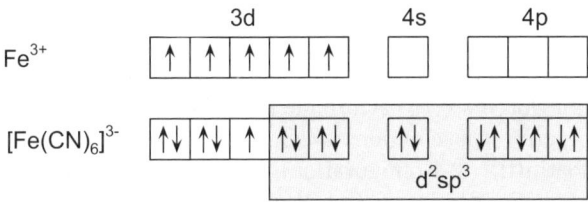

Abbildung 8.11: Valenzelektronen im freien Eisen(III)- und im Hexacyanoferrat(III)-Ion.

Deutlich andere Verhältnisse findet man im Hexafluoroferrat(III) $[FeF_6]^{3-}$ und im Tris(acetylacetonato)eisen(III) $[Fe(acac)]_3$. Diese Komplexionen zeigen das gleiche magnetische Moment wie das Eisen(III)-Ion und müssen demnach auch die gleiche Elektronenverteilung besitzen. In diesen Fällen nimmt man an, dass Hybridorbitale unter Verwendung äußerer d-Orbitale aufgebaut werden können. Damit ergeben sich für die beiden Komplexe die folgenden Bindungsverhältnisse:

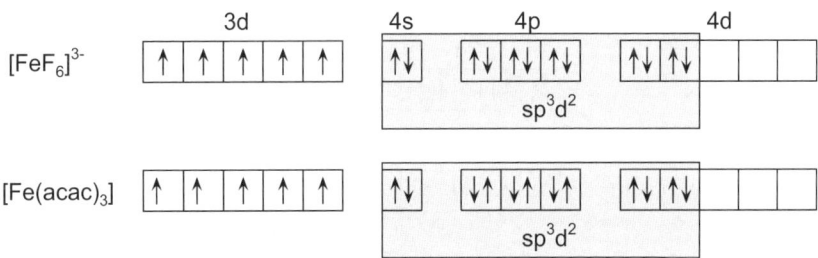

Abbildung 8.12: Valenzelektronen im Hexafluoroferrat(III)- und Tris(acetylacetonato)eisen(III)-Ion

Dadurch wird das unterschiedliche magnetische Verhalten dieser Verbindungen verständlich. Komplexverbindungen mit gepaartem Spin (***low-spin*-Komplexe**) besitzen immer ein niedrigeres magnetisches Moment als das freie Ion und werden deshalb als **magnetisch anomal** bezeichnet. Komplexverbindungen mit ungepaartem Spin (***high-spin*-Komplexe, magnetisch normale Komplexe**) besitzen das gleiche hohe magnetische Moment wie einfache Salze des Metalls.

Beim zweiwertigen Kobalt (d^7-Konfiguration) ist die Bildung eines oktaedrischen Komplexes mit d^2sp^3-Hybridorbitalen nur möglich, wenn ein d-Elektron abgegeben wird. Dies erklärt die leichte Oxidation von Kobalt(II)-Ionen bei Anwesenheit von Komplexbildnern. Man kann auch sagen, dass oktaedrische Kobalt(II)-Komplexe eine geringere Stabilität als die entsprechenden Kobalt(III)-Verbindungen besitzen.

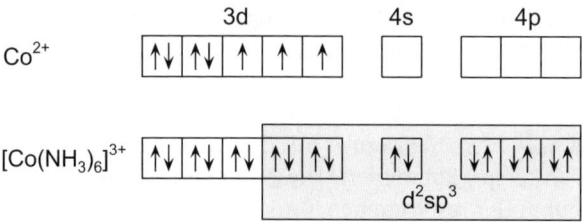

Abbildung 8.13: Bildung oktaedrischer Cobalt(III)-komplexe.

Die Anzahl der vorhandenen d-Elektronen bestimmt die Art der Hybridisierung. Wenn keine d-Orbitale zur Bildung von d^2sp^3-Hybridorbitalen zur Verfügung stehen, so bilden die Ionen Komplexe mit niedrigeren Koordinationszahlen. Beispielsweise bilden die Ionen Nickel(II), Palladium(II) und Platin(II) (d^8-Konfiguration) quadratisch planare Komplexverbindungen mit dsp^2-Hybridisierung. Bei den Ionen Zink(II) und Cadmium(II) (d^{10}-Konfiguration) entstehen tetraedrische Komplexverbindungen mit einer sp^3-Hybridisierung.

Bei vierfach koordinierten Nickelkomplexen sieht man sehr schön den Zusammenhang zwischen Magnetismus und Struktur. Diamagnetische Nickel(II)-Komplexe der Koordinationszahl 4 besitzen dsp^2-Hybridisierung mit quadratisch planarer Struktur. Paramagnetische Nickel(II)-Komplexe haben hingegen eine tetraedrische Struktur. Verbindungen des Nickels in der Oxidationsstufe 0 wie z. B. Nickeltetracarbonyl, $Ni(CO)_4$, sind sp^3-hybridisiert, da im Fall des Ni^0 alle d-Orbitale bereits besetzt sind. Die Verbindung ist demnach diamagnetisch und besitzt eine tetraedrische Struktur.

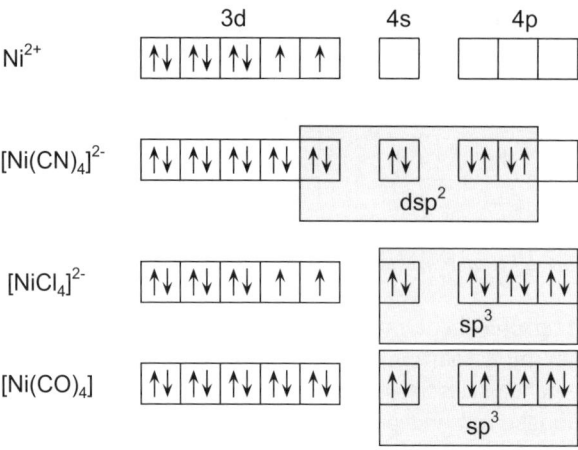

Abbildung 8.14: Hybridisierung bei vierfach koordinierten Nickel(II)-Komplexverbindungen.

Die Grenzen der Valenzbindungstheorie werden bei planar-quadratischen Kupfer(II)-Komplexen deutlich. Hier sollte eine leichte Oxidation zum Cu^{3+} erfolgen, um die Bildung von dsp^2-Hybridorbitalen zu ermöglichen. Die Bildung von Kupfer(III)-Komplexen wird jedoch nicht beobachtet!

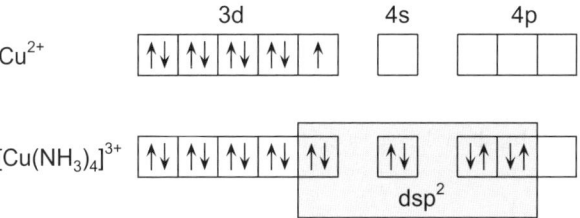

*Abbildung 8.15: Angenommene Bildung von Cu(III)-Komplexen, die jedoch **nicht** eintritt.*

Mithilfe der Valenzbindungstheorie kann man die Strukturen und den Magnetismus von Komplexverbindungen anschaulich und einfach erklären. Die VB-Theorie betrachtet allerdings nur den Grundzustand der Komplexverbindungen. Man kann daher keine Aussagen über Erscheinungen machen, die auf Elektronenübergängen beruhen. Damit liefert die VB-Theorie keine Erklärung für die Absorptionsspektren und das Redoxverhalten von Komplexverbindungen. Diese Mängel werden mit der Ligandenfeldtheorie überwunden.

Ligandenfeldtheorie

Die Ligandenfeldtheorie (auch als Kristallfeldtheorie bezeichnet) ermöglicht eine Erklärung der Geometrien, des Magnetismus und der charakteristischen Farben von Übergangsmetallkomplexverbindungen. Die d-Orbitale der Übergangsmetallionen müssen für diese Farben verantwortlich sein, da vergleichbare Verbindungen mit Hauptgruppenelementen fast immer farblos sind. Genaue Information über das Absorptionsvermögen von Komplexverbindungen erhält man aus den UV-Vis-Spektren (siehe auch Kapitel 18).

Die Bildung der Komplexverbindung erfolgt aufgrund von elektrostatischen Wechselwirkungen zwischen dem positiv geladenen Zentralatom und den negativ geladenen Liganden, bzw. Liganden mit freien Elektronenpaaren. Betrachten wir die Wechselwirkung der negativen Punktladung der Liganden mit den d-Orbitalen des Zentralatoms bei der Komplexbildung (Abbildung 8.16). Wenn wir zunächst sechs Liganden in einem kugelförmigen Feld um das Zentral-Ion anordnen, so findet eine elektrostatische Abstoßung statt, die zu einer großen Anhebung der Energie der d-Orbitale führt. Alle fünf d-Orbitale haben die gleiche Energie, man sagt auch sie sind »entartet«.

Oktaedrische Komplexverbindungen

Nun werden die Liganden in einer oktaedrischen Symmetrie um das Zentralatom angeordnet, sodass die Liganden auf den Achsen des kartesischen Koordinatensystems liegen. Dabei findet eine Aufspaltung der Energie der d-Orbitale in Abhängigkeit von ihrer Symmetrie statt. Die »Entartung« wird aufgehoben. Die d-Orbitale haben unterschiedliche Symmetrieeigenschaften im oktaedrischen Ligandenfeld:

✔ Die Orbitale $d_{x^2-y^2}$ und d_{z^2} sind rotationssymmetrisch auf den Achsen des kartesischen Koordinationssystems konzentriert (e_g-Orbitale).

✔ Die Orbitale d_{xy}, d_{xz} und d_{yz} befinden sich genau zwischen den Achsen des kartesischen Koordinationssystems (t_{2g}-Orbitale).

Die Bezeichnungen »e_g« und »t_{2g}« stammen aus der Gruppentheorie und bezeichnen die Symmetrieeigenschaften der Orbitale. Es handelt sich hierbei um Mulliken-Symbole, die das Symmetrieverhalten der Orbitale in der Oktaedersymmetrie beschreiben. Diese Bezeichnungen gelten nur für Oktaeder!

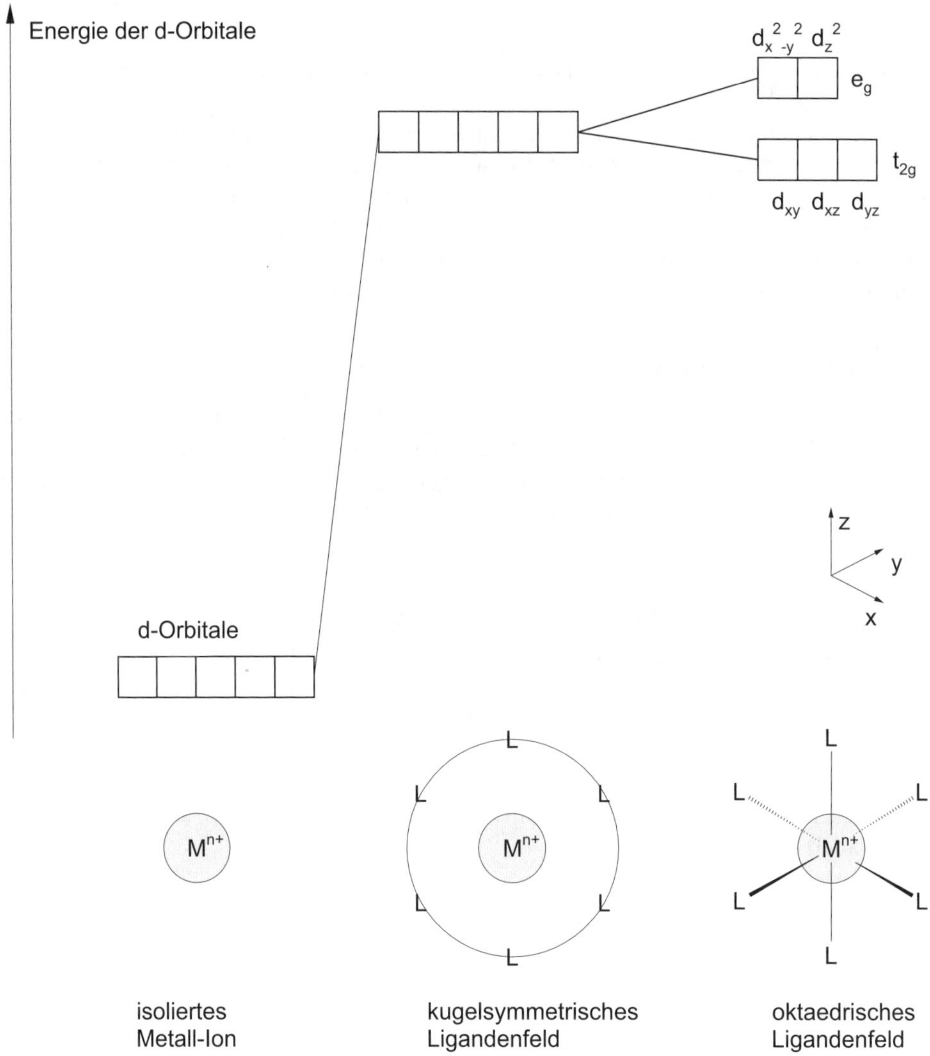

Abbildung 8.16: Aufspaltung der d-Orbitale im oktaedrischen Ligandenfeld.

Die e_g-Orbitale weisen genau in Richtung der Liganden. Damit stehen sich negative Ladungen direkt gegenüber und stoßen sich ab. Dieser Sachverhalt ist am Beispiel des Orbitals $d_{x^2-y^2}$ auf der linken Seite von Abbildung 8.17 verdeutlicht. Das ist energetisch ungünstig und führt zu einer Anhebung der Energie dieser beiden Orbitale. Dadurch ist die Aufenthaltswahrscheinlichkeit der Elektronen in diesen Orbitalen gering und eine Besetzung mit Elektronen nur unter Energieaufwand möglich.

Die abstoßende Wechselwirkung der Ligandenelektronen mit Elektronen in den t_{2g}-Orbitalen ist dagegen deutlich weniger intensiv, da sich diese d-Orbitale genau zwischen den Achsen des Koordinatensystems befinden (siehe Abbildung 8.17 rechts). Diese Orbitale werden energetisch abgesenkt.

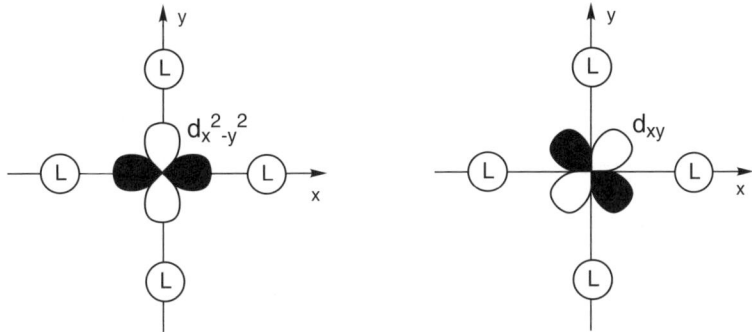

Abbildung 8.17: Wechselwirkung der d-Orbitale des Zentralatoms mit den Liganden.

Beim Aufspalten der Orbitale im oktaedrischen Ligandenfeld muss der Schwerpunkt der Energieniveaus erhalten bleiben. Daher führt die Destabilisierung der e_g-Orbitale gleichzeitig zu einer relativen Stabilisierung der t_{2g}-Orbitale. Damit ergibt sich das in Abbildung 8.16 gezeigte Aufspaltungsdiagramm der d-Orbitale. Die Energiedifferenz zwischen dem e_g- und den t_{2g}-Orbitalen bezeichnet man als Termaufspaltungsenergie. Für die Größe der Termaufspaltungsenergie im oktaedrischen Ligandenfeld wurde die Einheit 10 Dq festgelegt. Dies ist keine messbare Größe, sondern dient nur zum Vergleich verschiedener Komplexverbindungen und deren Elektronenkonfiguration. Die Lage der e_g- und t_{2g}-Orbitale im Energiediagramm (Abbildung 8.18) ergibt sich, wenn man berücksichtigt, dass der Schwerpunkt der Orbitalenergien erhalten bleiben muss. Die freiwerdende Energie durch Absenken von drei Orbitalen muss gleich dem Energieaufwand durch Anheben von zwei Orbitalen sein. Damit ergeben sich für die Absenkung der t_{2g}-Orbitale 4 Dq und für das Anheben der e_g-Orbitale 6 Dq.

Die tatsächliche Termaufspaltungsenergie kann man aus den Absorptionsspektren ermitteln. Die Größe der Termaufspaltung ist nicht für alle Komplexverbindungen gleich, sondern sie nimmt mit der Ladung des Zentralions und der Hauptquantenzahl der beteiligten d-Orbitale zu. Außerdem hängt sie von der Art der Liganden ab. Bei gleichem Zentral-Ion hängt die Größe der Termaufspaltungsenergie Δ nur von der Art der Liganden ab. Durch Vergleich der Absorptionsspektren von Komplexverbindungen mit gleichem Zentralatom und verschiedenen Liganden kann man die Änderung der Absorptionswellenlängen verfolgen und damit eine

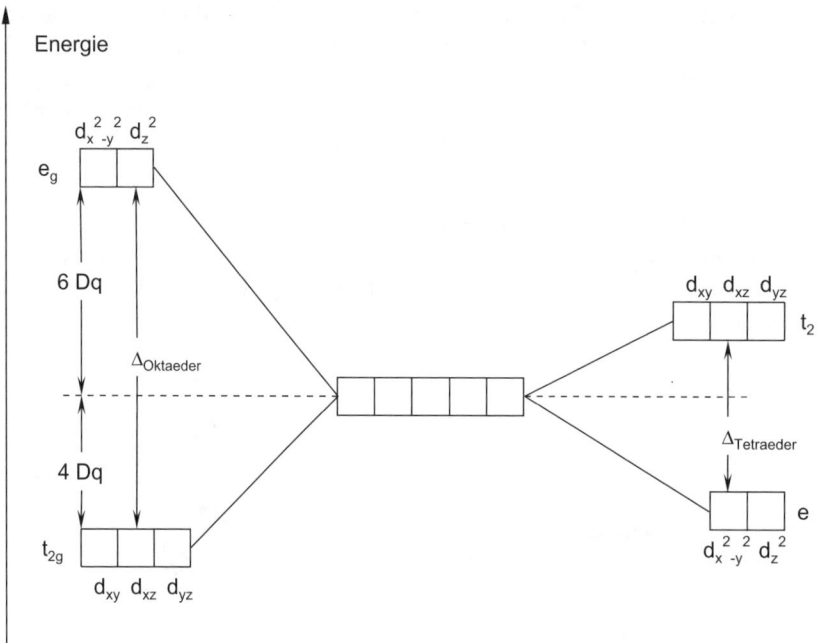

Abbildung 8.18: Aufspaltung der d-Orbitale im oktaedrischen (links) und tetraedrischen Ligandenfeld (rechts).

Reihenfolge der Liganden nach zunehmender Ligandenfeldstärke aufstellen. Diese Reihe wird auch **spektrochemische Reihe** genannt. Die links stehenden Liganden erzeugen ein schwaches Ligandenfeld mit geringer Aufspaltung, die rechts stehenden Liganden erzeugen ein starkes Ligandenfeld mit starker Aufspaltung:

$I^- < Br^- < S^{2-} < SCN^- < Cl^- < N_3^- < F^- < NCO^- < OH^- < H_2O <$ Pyridin $< NH_3 <$ Ethylendiamin $< CN^- < CO$

Tetraedrische Komplexverbindungen

Zum besseren Verständnis der Aufspaltung der d-Orbitale im tetraedrischen Ligandenfeld platzieren wir das Metall-Ion in die Mitte eines gedachten Würfels (Abbildung 8.19). Die vier Liganden befinden sich an jeder zweiten Ecke des Würfels, sodass die tetraedrische Koordinationsgeometrie entsteht. Die Achsen des Koordinatensystems gehen durch die Flächenmitten unseres gedachten Würfels. Nunmehr wird wieder die Wechselwirkung der d-Orbitale mit den Liganden betrachtet. Dabei stellt man fest, dass die Orbitale, die sich zwischen den Achsen des Koordinatensystems befinden, die stärkste abstoßende Wechselwirkung mit den Ligandorbitalen erleiden. Die Orbitale d_{xy}, d_{xz} und d_{yz} werden also energetisch angehoben. Andererseits ist bei dieser Koordinationsgeometrie die Wechselwirkung der Orbitale $d_{x^2-y^2}$ und d_{z^2} mit den Liganden deutlich geringer, sodass diese energetisch abgesenkt werden. Das resultierende Energiediagramm finden Sie in Abbildung 8.18 (rechts). Das Aufspaltungsmuster ist gerade umgekehrt zu demjenigen des Oktaeders. Die Symmetriebezeichnungen der Orbitale lauten hier e (für $d_{x^2-y^2}$ und d_{z^2}) und t_2 (für d_{xy}, d_{xz} und d_{yz}).

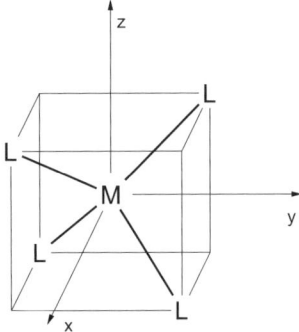

Abbildung 8.19: Anordnung tetraedrischer Komplexverbindungen im Koordinatensystem.

Bei der tetraedrischen Koordinationsgeometrie sind allerdings nur vier Liganden um das Zentral-Ion herum versammelt und außerdem erfolgt die Wechselwirkung nicht genau in Bindungsrichtung. Daher ist die Aufspaltung im Vergleich zu oktaedrischen Komplexverbindungen deutlich kleiner. Die Termaufspaltungsenergie des Tetraeders kann zu derjenigen des Oktaeders ins Verhältnis gesetzt werden. Dabei ergibt sich folgende Beziehung: $\Delta_{\text{Tetraeder}} = 4/9\ \Delta_{\text{Oktaeder}} = 40/9$ Dq.

Quadratisch-planare Komplexverbindungen

Das quadratische Ligandenfeld kann man sich am besten von der oktaedrischen Geometrie ableiten, indem man zwei Liganden in z-Richtung immer weiter vom Zentral-Ion entfernt. Dadurch wird das d_{z^2}-Orbital energetisch abgesenkt und man erhält zunächst einen verzerrt oktaedrischen Komplex (**b** in Abbildung 8.20). Die genaue Lage dieses Orbitals hängt von den Eigenschaften des Zentral-Ions und der Art der Liganden ab. Für quadratische Komplexverbindungen von Kobalt(II), Nickel(II) und Kupfer(II) liegt d_{z^2} über den Orbitalen d_{xz} und d_{yz} (**c** in Abbildung 8.20). Bei Platin(II)-Komplexen hat das d_{z^2}-Orbital die niedrigste Energie (**d** in Abbildung 8.20).

Die verbleibenden vier Liganden liegen in der xy-Ebene des Koordinatensystems. Dadurch werden die Elektronen im $d_{x^2-y^2}$-Orbital von den Liganden am stärksten abgestoßen und dieses Orbital hat die höchste Energie. Das d_{xy}-Orbital liegt ebenfalls in der xy-Ebene, zeigt aber nicht direkt in Richtung der Liganden und hat deshalb eine etwas niedrigere Energie. Die beiden Orbitale d_{xy} und d_{yz} besitzen weiterhin die gleiche Energie, sind also entartet.

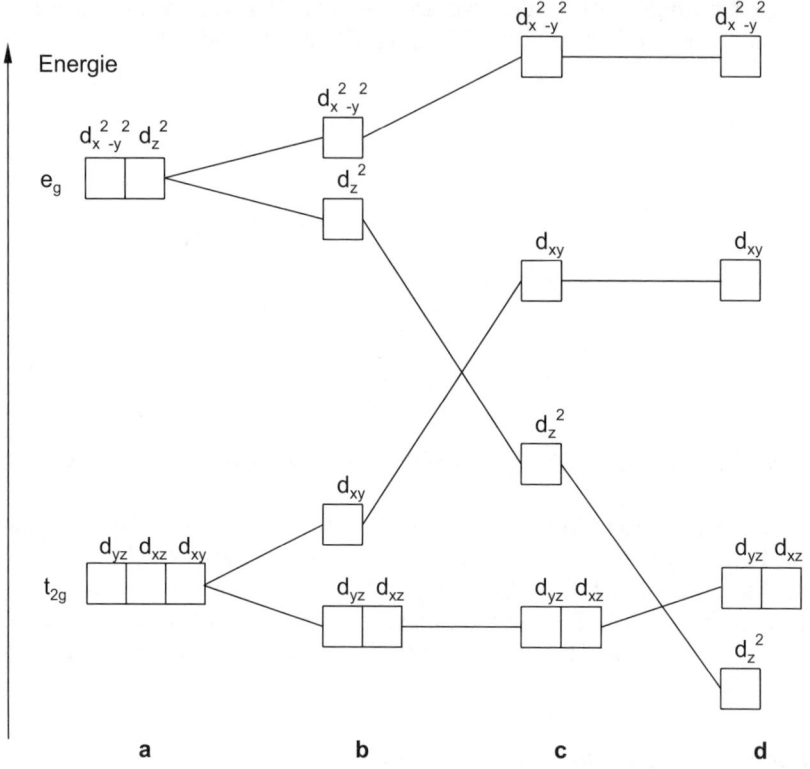

Abbildung 8.20: Aufspaltung der d-Orbitale im (a) oktaedrischen, (b) verzerrt oktaedrischen, (c und d) quadratischen Ligandenfeld.

Jetzt wird's spannend: Besetzung der Orbitale mit Elektronen

In den vorhergehenden Abschnitten haben wir die Aufspaltung der d-Orbitale in den verschiedenen Komplexgeometrien betrachtet. Jetzt können wir daran gehen, die d-Orbitale entsprechend der Elektronenkonfiguration des betreffenden Zentral-Ions mit Elektronen zu besetzen. Im Falle des Hexaaquatitan(III)-Ions, [Ti(H$_2$O)$_6$]$^{3+}$, liegt eine d^1-Konfiguration am Titan vor. Das Elektron besetzt eines der energetisch tief liegenden t$_{2g}$-Orbitale. Welches dieser Orbitale besetzt wird, ist egal, weil diese die gleiche Energie besitzen. Der Grundzustand des oktaedrischen Hexaaquatitan(III)-Ions ist um −4 Dq stabiler als im Fall des (hypothetisch) kugelsymmetrischen Ligandenfeldes. Diese Größe nennt man **Ligandenfeldstabilisierungsenergie (LFSE)**.

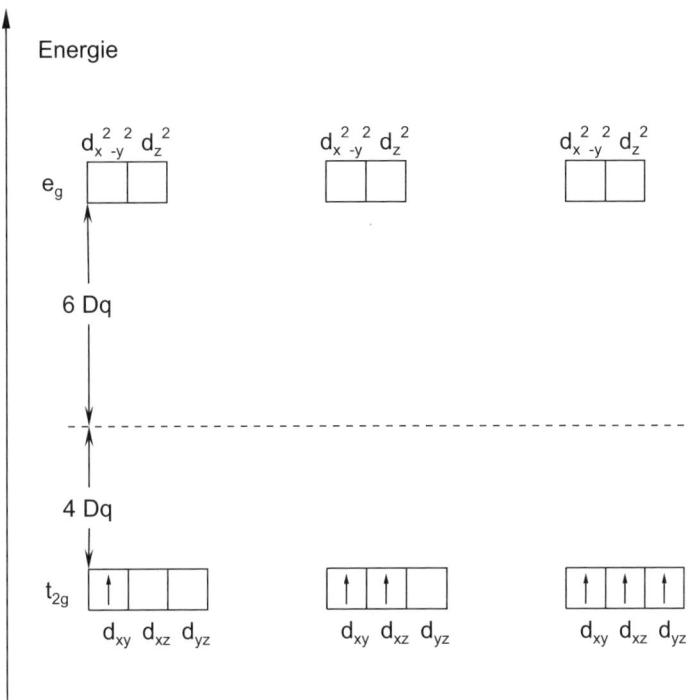

Abbildung 8.21: Besetzung der d-Orbitale bei d^1- (links), d^2- (Mitte) und d^3-Konfiguration (rechts).

Bei Metallionen mit d^2- und d^3-Konfiguration werden ebenfalls zunächst die t_{2g}-Orbitale besetzt. Dabei wird die Hund'sche Regel befolgt. Diese besagt, dass Orbitale mit gleicher Energie (= entartete Orbitale) zunächst jeweils mit einem Elektron besetzt werden. Eine Besetzung mit zwei Elektronen erfordert zusätzliche Energie, die **Spinpaarungsenergie**.

Bei Metallionen mit d^4- und d^5-Konfiguration gibt es jeweils zwei Möglichkeiten, wie eine Besetzung erfolgen kann. Entweder werden alle fünf d-Orbitale mit einem Elektron besetzt, dann liegen magnetisch normale ***high-spin***-Komplexe vor. Oder es erfolgt eine Spinpaarung, dann werden nur die t_{2g}-Orbitale besetzt und es liegen magnetisch anomale ***low-spin***-Komplexe vor. Welcher der beiden Fälle eintritt, hängt von der Art der Liganden am Zentralatom ab. Bei Liganden mit schwacher Ligandenfeldaufspaltung (z. B. NH_3 oder H_2O) erhält man *high-spin*-Komplexe, bei Liganden die eine starke Ligandenfeldaufspaltung bewirken (z. B. CN oder CO), erhält man *low-spin*-Komplexe. Die beiden Möglichkeiten sind in Tabelle 8.6 gegenübergestellt. Bei Komplexverbindungen mit d^5-Konfiguration sind *high-spin*-Komplexe besonders stabil. Die Besetzung der fünf d-Orbitale mit jeweils einem Elektron leistet einen zusätzlichen Beitrag zur Stabilisierung dieses Zustandes.

	high-spin-Komplexe	low-spin-Komplexe
Ligandenfeldaufspaltung	klein	groß
Magnetismus	magnetisch normal	magnetisch anomal
Energieschema	e_g [↑][↑] $d_{x^2-y^2}\ d_{z^2}$ t_{2g} [↑][↑][↑] $d_{xy}\ d_{xz}\ d_{yz}$	e_g [ ][ ] $d_{x^2-y^2}\ d_{z^2}$ t_{2g} [↑↓][↑↓][↑] $d_{xy}\ d_{xz}\ d_{yz}$
Beispiele	$[Mn(H_2O)_6]^{2+}$ $[Mn(NH_3)_6]^{2+}$	$[Mn(CN)_6]^{4-}$

Tabelle 8.6: *Bildung von high-spin- und low-spin-Komplexen am Beispiel des Mangan(II)-Ions.*

Bei Komplexverbindungen mit d^6- und d^7-Konfiguration ist es ebenfalls grundsätzlich möglich, dass *high-spin-* und *low-spin*-Komplexe auftreten. In Tabelle 8.7 sind die Möglichkeiten zur Bildung von *high-spin-* und *low-spin*-Komplexen bei oktaedrischen Komplexverbindungen der Nebengruppenelemente noch einmal zusammengefasst. Magnetisch verschiedene Formen von Komplexverbindungen eines Elementes können also nur bei Elementen mit d^4- bis d^7-Konfiguration auftreten.

d^n	magnetisch normale Komplexe (*high-spin*-Komplexe)			magnetisch anomale Komplexe (*low-spin*-Komplexe)		
	Konfiguration	ungepaarte Elektronen	LFSE in Dq	Konfiguration	ungepaarte Elektronen	LFSE in Dq
d^1	$t_{2g}^1 e_g^0$	1	−4			
d^2	$t_{2g}^2 e_g^0$	2	−8			
d^3	$t_{2g}^3 e_g^0$	3	−12			
d^4	$t_{2g}^3 e_g^1$	4	−6	$t_{2g}^4 e_g^0$	2	−16
d^5	$t_{2g}^3 e_g^2$	5	0	$t_{2g}^5 e_g^0$	1	−20
d^6	$t_{2g}^4 e_g^2$	4	−4	$t_{2g}^6 e_g^0$	0	−24
d^7	$t_{2g}^5 e_g^2$	3	−8	$t_{2g}^6 e_g^1$	1	−18
d^8	$t_{2g}^6 e_g^2$	2	−12			
d^9	$t_{2g}^6 e_g^3$	1	−6			
d^{10}	$t_{2g}^6 e_g^4$	0	0			

Tabelle 8.7: *Bildung von oktaedrischen high-spin- und low-spin-Komplexen in Abhängigkeit von der Elektronenkonfiguration.*

8 ▶ Komplexverbindungen

Bei Komplexverbindungen mit d^6-Konfiguration ist die Ligandenfeldstabilisierungsenergie (LFSE) so groß, dass überwiegend *low-spin*-Komplexe auftreten. So liegen Komplexverbindungen des Kobalt(III)-Ions fast ausschließlich in der diamagnetischen Niederspinform vor. Die einzige Ausnahme ist das paramagnetische $[CoF_6]^{3-}$.

Magnetismus von Komplexverbindungen

Zur Vorhersage des magnetischen Moments einer Komplexverbindung muss man zunächst deren Geometrie ermitteln (Oktaeder, Tetraeder, Quadrat). Daraus ergibt sich die Aufspaltung der d-Orbitale im Ligandenfeld. Anschließend werden die d-Orbitale entsprechend der Elektronenkonfiguration des Zentral-Ions mit Elektronen besetzt. Je nach Art der Besetzung existieren verschiedene Möglichkeiten für *high-spin*- oder *low-spin*-Konfigurationen. Für oktaedrische Komplexverbindungen sind diese Möglichkeiten in Tabelle 8.7 zusammen gefasst. Für tetraedrische und quadratisch planare Komplexverbindungen finden Sie im folgenden Abschnitt ein hilfreiches Beispiel.

 Mit der Ligandenfeldtheorie kann man die Anzahl der ungepaarten Elektronen in einer Komplexverbindung voraussagen. Daraus ergibt sich in einfacher Weise eine Erklärung für das Auftreten von magnetisch normalen und anomalen Komplexverbindungen.

Quadratisch-planare Komplexverbindungen

Quadratisch-planare Komplexverbindungen mit d^8-Konfiguration liegen immer als *low-spin*-Komplexe vor. Diese betrifft vor allem Verbindungen von Nickel(II), Palladium(II), Platin(II), Rhodium(I), Iridium(I) und Gold(III). Verantwortlich dafür ist die Energiedifferenz zwischen dem $d_{x^2-y^2}$- und dem d_{xy}-Orbital (siehe Abbildung 8.22).

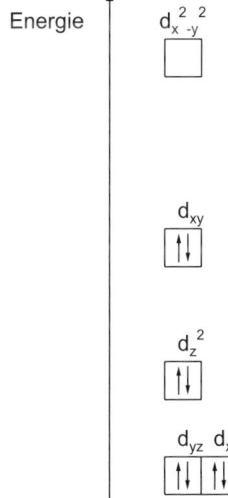

Abbildung 8.22: Orbitalbesetzung bei quadratisch-planaren Komplexverbindungen mit d^8-Konfiguration.

Verschiedene Komplexgeometrien – das Beispiel Nickel

Nickel(II)-komplexe mit vier Liganden können grundsätzlich quadratisch planar oder tetraedrisch koordiniert sein. Mithilfe der Ligandenfeldtheorie und des experimentell bestimmten Magnetismus der Verbindungen kann man entscheiden, welche der beiden Komplexgeometrien vorliegt. In Tabelle 8.8 sind alle wichtigen Fakten für den Vergleich der beiden Komplexgeometrien gegenübergestellt.

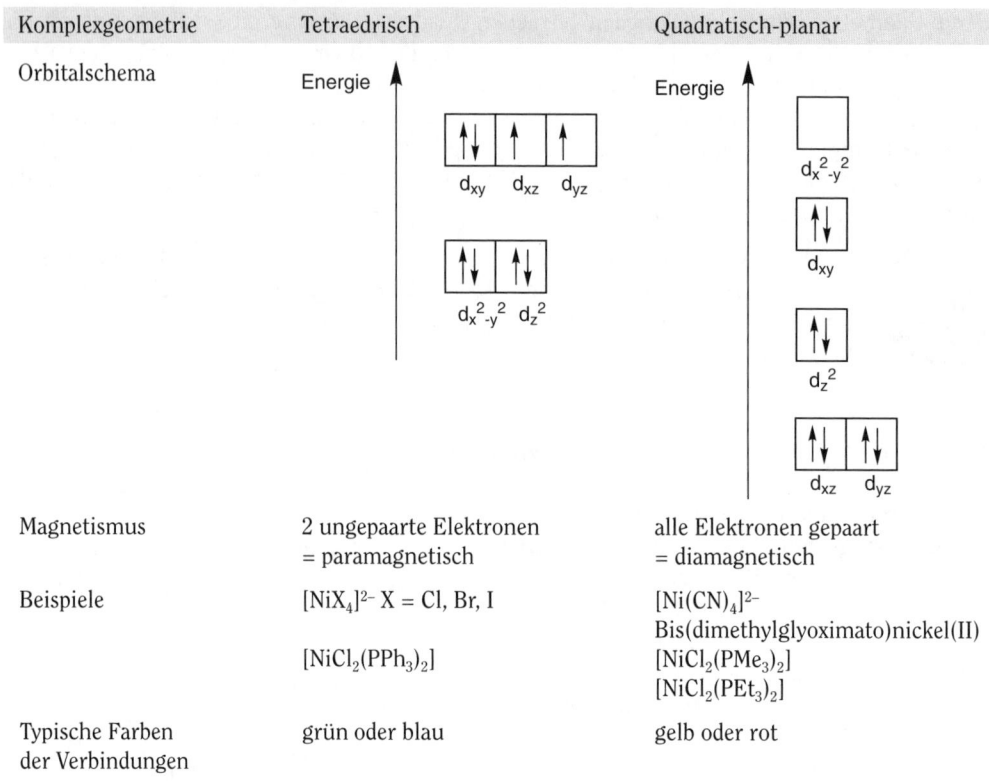

Komplexgeometrie	Tetraedrisch	Quadratisch-planar
Orbitalschema		
Magnetismus	2 ungepaarte Elektronen = paramagnetisch	alle Elektronen gepaart = diamagnetisch
Beispiele	$[NiX_4]^{2-}$ X = Cl, Br, I $[NiCl_2(PPh_3)_2]$	$[Ni(CN)_4]^{2-}$ Bis(dimethylglyoximato)nickel(II) $[NiCl_2(PMe_3)_2]$ $[NiCl_2(PEt_3)_2]$
Typische Farben der Verbindungen	grün oder blau	gelb oder rot

Tabelle 8.8: Vergleich von tetraedrischen und quadratisch planaren Nickel(II)-komplexen.

Besonders spannend sind aus meiner Sicht die Beispiele vom Typ $[NiCl_2(PR_3)_2]$. Je nachdem, welcher Rest R sich am Phosphoratom befindet, erhält man rote quadratisch-planare Verbindungen mit R = Methyl, Ethyl oder eine grün-blaue tetraedrische Verbindung mit R = Ph.

Bevorzugte Plätze in Festkörperstrukturen – Spinelle

Spinelle sind chemische Festkörperstrukturen der Zusammensetzung AB_2X_4. Der Name der Verbindungsklasse ist vom Magnesiumspinell, $MgAl_2O_4$, abgeleitet. Dabei sind A und B Metallkationen und X vorwiegend Oxid- (O^{2-}) und manchmal auch Sulfidionen (S^{2-}). Die Oxid- bzw. Sulfidionen bilden die kubisch dichteste Kugelpackung. Diese enthält je Formeleinheit AB_2X_4

8 ► Komplexverbindungen

vier Oktaeder- und acht Tetraederlücken, worin die Kationen hineinpassen. Durch die Kationen A und B müssen acht negative Ladungen neutralisiert werden. Dies kann durch folgende Kombinationen von Kationenladungen geschehen:

- ✔ A^{2+} und 2 B^{3+} — (2,3)-Spinell
- ✔ A^{4+} und 2 B^{2+} — (4,2)-Spinell
- ✔ A^{6+} und 2 B^{+} — (6,1)-Spinell

Am häufigsten treten (2,3)-Spinelle auf. Bei **normalen Spinellen** dieses Typs sind 1/8 der Tetraederlücken mit den Kationen A^{2+} und die Hälfte der Oktaederlücken mit den Kationen B^{3+} besetzt. Die vereinbarte Schreibweise für diese Spinelle ist $A(B_2)O_4$. Die Kationen, welche Oktaederlücken besetzen, werden in Klammern geschrieben.

Daneben gibt es noch **inverse Spinelle**, bei denen die Tetraederlücken mit den Kationen B und die Oktaederlücken mit den Kationen A und B besetzt sind. Die vereinbarte Schreibweise für diese Verbindungen lautet dann $B(AB)O_4$.

Beispiel	d^n	Oktaederplatz Konfiguration	LFSE in Dq	Tetraederplatz Konfiguration	LFSE in Dq	$LFSE_{Oktaeder} - LFSE_{Tetraeder}$
Mg^{2+}	d^0	t_{2g}^0	0	e_g^0	0	0
	d^1	t_{2g}^1	−4	e_g^1	−2,7	−1,3
	d^2	t_{2g}^2	−8	e_g^2	−5,3	−2,7
V^{3+}, Cr^{3+}	d^3	t_{2g}^3	−12	$e_g^2 t_2^1$	−3,6	**−8,4**
	d^4	$t_{2g}^3 e_g^1$	−6	$e_g^2 t_2^2$	−1,8	−4,2
Fe^{3+}	d^5	$t_{2g}^3 e_g^2$	0	$e_g^2 t_2^3$	0	0
Fe^{2+}	d^6	$t_{2g}^4 e_g^2$	−4	$e_g^3 t_2^3$	−2,7	−1,3
	d^7	$t_{2g}^5 e_g^2$	−8	$e_g^4 t_2^3$	−5,3	−2,7
Ni^{2+}	d^8	$t_{2g}^6 e_g^2$	−12	$e_g^4 t_2^4$	−3,6	**−8,4**
	d^9	$t_{2g}^6 e_g^3$	−6	$e_g^4 t_2^5$	−1,8	−4,2

Tabelle 8.9: Ligandenfeldstabilisierungsenergien für oktaedrische und tetraedrische Koordination.

Das Auftreten von normalen oder inversen Spinellen hängt hauptsächlich von der Größe der Kationen A und B und von den Ligandenfeldstabilisierungsenergien der Kationen ab. Wenn man annimmt, dass die Aufspaltung der d-Orbitale im tetraedrischen Ligandenfeld 4/9 der Aufspaltung im oktaedrischen Ligandenfeld beträgt, so kann man vorhersagen, ob ein Metall-Ion einen Oktaeder- oder einen Tetraederplatz im Spinell bevorzugen wird. Die entsprechenden Berechnungen finden Sie in Tabelle 8.9. Negative Energiewerte in der Tabelle bedeuten einen stabilisierenden Effekt. Die Differenz $LFSE_{Oktaeder}$ minus $LFSE_{Tetraeder}$ zeigt an, ob eine oktaedrische gegenüber einer tetraedrischen Koordination günstiger ist. Diese Differenzen sind für Vanadium(III)-, Chrom(III)- und Nickel(II)-Ionen mit −8,4 Dq besonders groß. Daraus folgt, dass diese Ionen bevorzugt Oktaederlücken besetzen werden. Tatsächlich besetzen Chrom(III)-Ionen immer die Oktaederplätze und bilden normale Spinelle des Typs $M^{2+}(Cr^{3+}_2)O_4$. Auch Nickel(II)-Ionen drängen sich auf die Oktaederplätze, bilden dann allerdings inverse Spinelle. Beispiele dafür sind $Fe^{3+}(Ni^{2+}Fe^{3+})O_4$ und $Ga^{3+}(Ni^{2+}Ga^{3+})O_4$. Den Eisen(III)- und Gallium(III)-Ionen ist es egal, ob sie sich auf Oktaeder- oder Tetraederplätzen befinden.

Absorptionsspektren

Wässrige Lösungen von Metallionen der Hauptgruppenelemente wie z. B. Li^+, Na^+, K^+, Mg^{2+} oder Al^{3+} sind farblos. Die Ionen besitzen keine d-Elektronen, sondern haben abgeschlossene Elektronenschalen mit Edelgaskonfiguration. Auch wässrige Lösungen von Ionen mit d^{10}-Konfiguration, wie z. B. Zn^{2+} oder Ag^+, sind farblos. Im Unterschied dazu sind wässrige Lösungen von Übergangsmetallionen mit teilweise besetzten d-Orbitalen farbig. Die Farben der Lösungen werden durch die d-Elektronen verursacht. Mithilfe der Ligandenfeldtheorie kann man dies leicht verstehen. Schauen wir uns das Beispiel des Hexaaquatitan(III)-Ions, $[Ti(H_2O)_6]^{3+}$, an. Dieses besitzt eine d^1-Konfiguration. Das Elektron befindet sich im Grundzustand in einem der energetisch tief liegenden t_{2g}-Orbitale. Strahlt man Licht auf die Lösung, wird ein Teil des Lichtes absorbiert. In diesem Fall tritt eine breite Absorptionsbande mit einem Maximum bei 493 nm auf (blaugrün). Dadurch fehlt ein Teil des Lichtes aus dem sichtbaren Spektrums, und wir sehen mit unserem Auge die Komplementärfarbe des absorbierten Lichtes. Deshalb sieht die Lösung rotviolett aus. Die Lichtabsorption führt dazu, dass das Elektron vom Grundzustand ($t_{2g}^1 e_g^0$) in eines der e_g-Orbitale angehoben wird ($t_{2g}^0 e_g^1$). Dieser Sachverhalt wird in Abbildung 8.23 verdeutlicht.

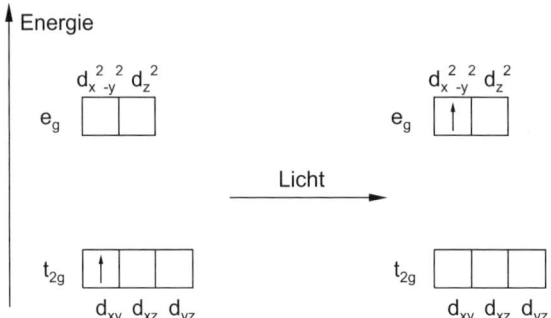

Abbildung 8.23: Orbitalbesetzung und Lichtabsorption bei $[Ti(H_2O)_6]^{3+}$ (d^1-System).

Die Farben der anderen Übergangsmetallkomplexe entstehen ebenfalls hauptsächlich durch Anregung von d-Elektronen. Sind allerdings mehrere d-Elektronen vorhanden, müssen die Wechselwirkungen zwischen den Elektronen berücksichtigt werden und die Interpretation der Absorptionsspektren wird komplizierter. Wenn Sie mehr über UV-Vis-Spektren der Übergangsmetallkomplexe erfahren wollen, schauen Sie bitte in Kapitel 18 nach.

Die Farbe der Komplexverbindungen hängt auch von den Liganden ab. Diese bestimmen entsprechend ihrer Stellung in der **spektrochemischen Reihe** die Größe der Ligandenfeldaufspaltung und damit die Größe der Energiedifferenz zwischen Grundzustand und angeregtem

8 ➤ Komplexverbindungen

Zustand. Als Beispiel seien hier die Nickelkomplexionen Hexaaquanickel(II), $[Ni(H_2O)_6]^{2+}$, und Hexamminnickel(II), $[Ni(NH_3)_6]^{2+}$, angeführt. Während der Erste grün ist, ist der Zweite hellblau. Ammoniak bewirkt eine stärkere Aufspaltung des Ligandenfeldes. Das führt zu einer Verschiebung der Absorptionsbande zu kürzeren Wellenlängen.

Jahn-Teller-Effekt – das Beispiel Kupfer

Bei bestimmten Übergangsmetallkomplexen treten verzerrte Koordinationspolyeder auf. Dies ist immer dann der Fall, wenn entartete Orbitale (= Orbitale mit gleicher Energie) nicht vollständig besetzt sind. Durch die Verzerrung des Oktaeders findet eine Energieerniedrigung statt. Diese Erscheinung nennt man nach den Entdeckern Jahn-Teller-Effekt. Tetragonal verzerrte Oktaeder findet man z. B. bei Komplexverbindungen mit d^4-*high-spin*- (Cr^{2+}, Mn^{3+}), d^7-*low-spin*- (Co^{2+}, Ni^{3+}) oder d^9-Konfiguration (Cu^{2+}, Ag^{2+}). In Abbildung 8.24 ist eine solche Verzerrung für einen sechsfach koordinierten Kupfer(II)-Komplex mit d^9-Konfiguration dargestellt.

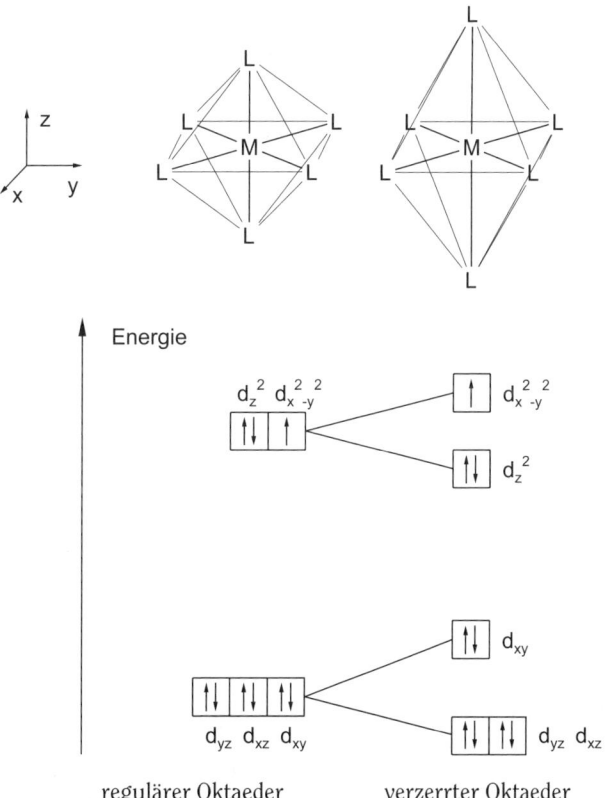

Abbildung 8.24: Tetragonale Verzerrung eines Oktaeders durch den Jahn-Teller-Effekt bei d^9-Konfiguration.

Ausgehend vom regulären Oktaeder werden die beiden Liganden in z-Richtung vom Zentral-Ion weiter entfernt. Das führt zu einer Aufspaltung der entarteten Orbitale. Das einfach besetzte $d_{x^2-y^2}$-Orbital wird energetisch angehoben, das doppelt besetzte d_{z^2}-Orbitale in gleichem Maß abgesenkt. Das bringt eine Stabilisierung des Gesamtsystems mit sich. In gleicher Weise werden die t_{2g}-Orbitale verändert. Die beiden Orbitale mit z-Komponente (d_{xz} und d_{yz}) erfahren eine energetische Absenkung, und das d_{xy}-Orbital wird energetisch angehoben.

Das Jahn-Teller-Theorem lautet: »Bei nichtlinearen Molekülen, die sich in einem elektronisch entarteten Zustand befinden, muss eine Verzerrung auftreten, die die Symmetrie erniedrigt. Dadurch wird die Entartung aufgehoben und die Gesamtenergie erniedrigt.«

Redoxreaktionen – das Beispiel Cobalt

Oktaedrische Komplexverbindungen des Cobalt(II)-Ions besitzen d^7-Konfiguration. Dadurch sind die t_{2g}-Orbitale vollständig mit sechs Elektronen besetzt, während sich das siebente Elektron in den energetisch ungünstigen e_g-Orbitalen befindet (siehe Abbildung 8.25). Wenn dieser Cobalt(II)- zum Cobalt(III)-Komplex oxidiert wird, wird das Elektron aus dem e_g-Orbital abgegeben und es sind nur noch die t_{2g}-Orbitale besetzt. Das ist die Ursache für die leichte Oxidierbarkeit von Cobalt(II)-Komplexen. Häufig reicht es schon, durch die Lösung eines frisch hergestellten Cobalt(II)-Komplexes einen leichten Luftstrom zu leiten, damit die Oxidation abläuft.

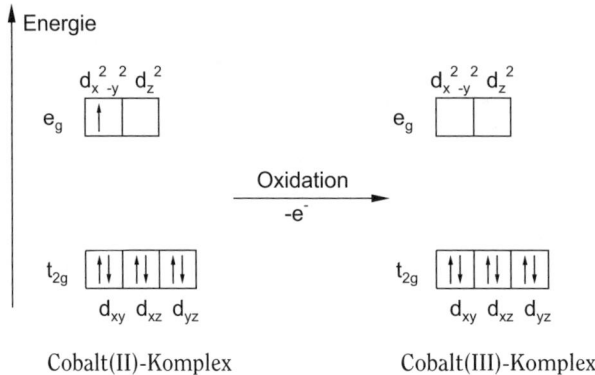

Abbildung 8.25: Oxidation von oktaedrischen Co(II)-Komplexen.

Kinetisch inerte und labile Komplexverbindungen

Die Geschwindigkeit von Ligandenaustauschreaktionen bei Übergangsmetallkomplexen hängt von der Elektronenkonfiguration der Übergangsmetallionen ab. Die Reaktionsgeschwindigkeit steigt in der folgenden Reihenfolge:

$d^3 < d^6 < d^5 < d^{10} < d^4 < d^9$.

8 ▸ Komplexverbindungen

Die Reaktionsgeschwindigkeit jeder chemischen Reaktion hängt von der Größe der Aktivierungsenergie ab. Bei Substitutionsreaktionen an Übergangsmetallkomplexen ergibt sich die Aktivierungsenergie als Differenz der Energien von Ausgangszustand und Übergangszustand der Reaktion (siehe Abbildung 8.27). Die Größe der Aktivierungsenergie kann man mithilfe der Ligandenfeldtheorie abschätzen. Beim Durchlaufen der beiden in Abbildung 8.27 skizzierten Übergangszustände wird auf jeden Fall die Oktaedersymmetrie aufgehoben. Je nachdem, wie die Substitutionsreaktion abläuft, liegt im Übergangszustand eine tetragonale Pyramide oder eine pentagonale Bipyramide vor.

Schauen wir uns an, was das für Komplexverbindungen mit d^6-Konfiguration bedeutet. Wie Sie der Abbildung 8.26 entnehmen können, führt die Änderung der Koordinationsgeometrie im Übergangszustand zu einer Absenkung und Anhebung von Orbitalenergien. Besonders interessant für den Ablauf der Substitutionsreaktion in unserem Beispiel sind die grau unterlegten Orbitale. Diese Orbitale sind mit Elektronen besetzt. Eine energetische Anhebung dieser Orbitale im Übergangszustand ist mit einem beträchtlichen Energieaufwand verbunden. Daher laufen Substitutionsreaktionen an oktaedrischen Komplexverbindungen, bei denen das Zentral-Ion d^6-Konfiguration hat, sehr langsam ab. Solche Komplexverbindungen nennt man **kinetisch inert**.

Wenn das Zentral-Ion d^1-Konfiguration besitzt, dann befindet sich nur ein Elektron in den t_{2g}-Orbitalen. Für die Übergangszustände einer Ligandenaustauschreaktion wäre dann nur jeweils das energetisch am tiefsten liegende Orbital besetzt. Ligandenaustauschreaktionen an solchen Komplexverbindungen sollten also sehr schnell ablaufen, da nur eine geringe Aktivierungsenergie zu überwinden ist. Diese Komplexverbindungen nennt man **kinetisch labil**.

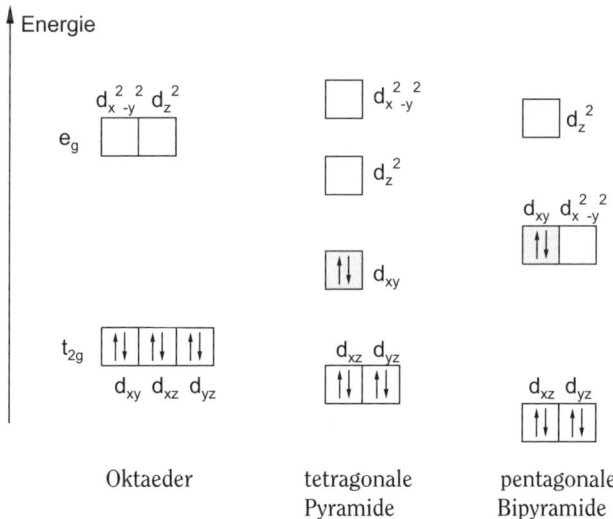

Abbildung 8.26: Aufspaltung der d-Orbitale bei Substitutionsreaktionen an oktaedrischen Komplexverbindungen mit d^6-Konfiguration.

Mithilfe solcher einfachen Überlegungen kann man qualitative Aussagen über die Geschwindigkeit von Ligandenaustauschreaktionen an Komplexverbindungen der Übergangsmetalle treffen. In Tabelle 8.10 habe ich Ihnen einige Beispiele für kinetisch labile und inerte Komplexverbindungen zusammengestellt.

kinetisch inerte Komplexverbindungen			kinetisch labile Komplexverbindungen		
d^3	Cr(III)	$[Cr(SCN)_6]^{3-}$	d^0	Mg(II)	$[Mg(H_2O)_6]^{2+}$
d^6 – *low spin*	Co(III)	$[Co(NH_3)_6]^{3+}$	d^1	Ti(III)	$[Ti(H_2O)_6]^{3+}$
	Fe(II)	$[Fe(CN)_6]^{4-}$	d^2	V(III)	$[V(H_2O)_6]^{3+}$
d^5 – *low spin*	Fe(III)	$[Fe(CN)_6]^{3-}$	d^5 – *high spin*	Fe(III)	$[Fe(H_2O)_6]^{2+}$
			d^8	Ni(II)	$[Ni(H_2O)_6]^{2+}$
			d^9	Cu(II)	$[Cu(H_2O)_6]^{2+}$
			d^{10}	Zn(II)	$[Zn(H_2O)_6]^{2+}$

Tabelle 8.10: Beispiele für kinetisch labile und inerte Komplexverbindungen.

8 ➤ Komplexverbindungen

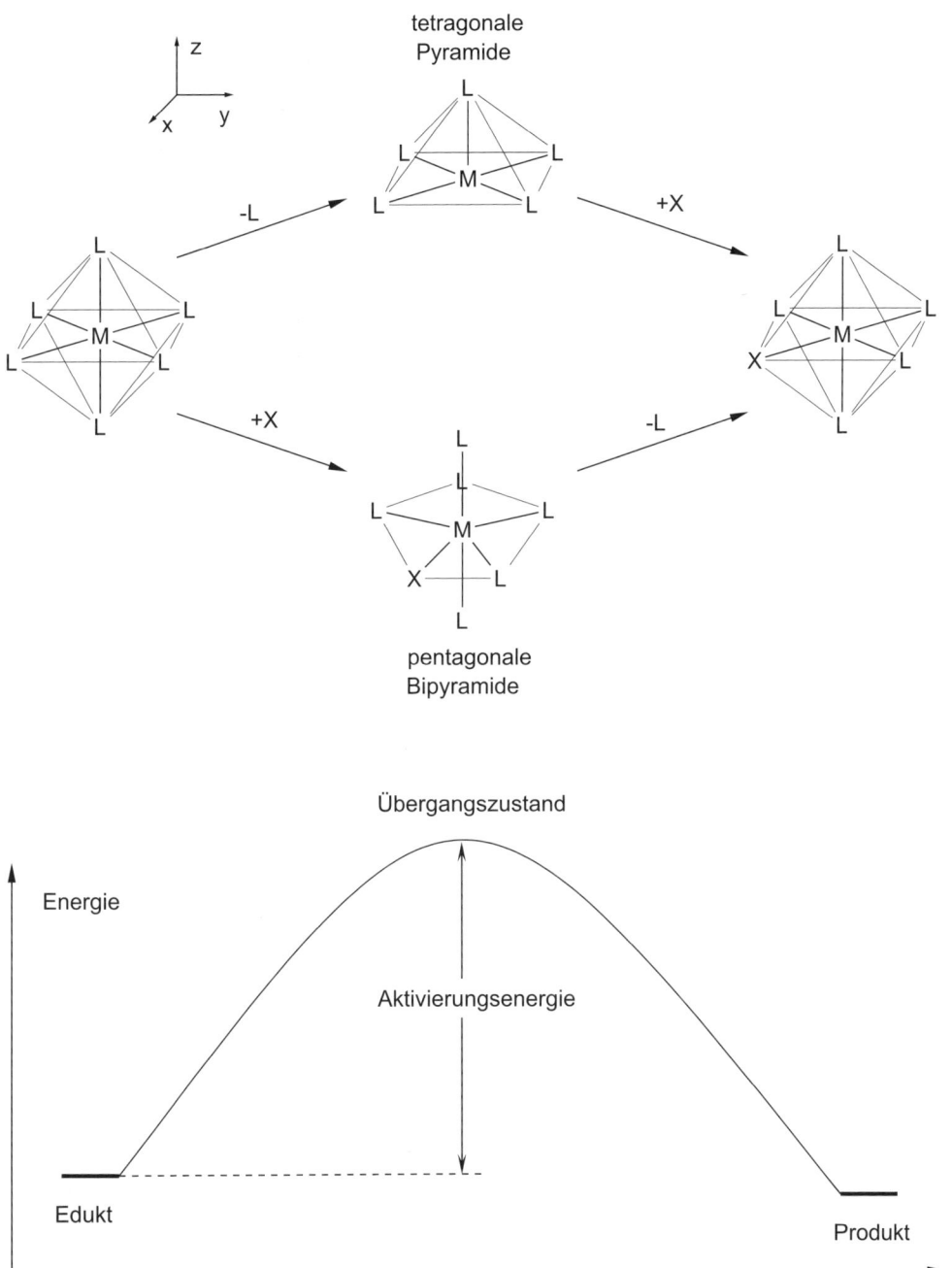

Abbildung 8.27: Schematische Darstellung der Substitutionsreaktionen an oktaedrischen Komplexverbindungen (oben – mögliche Übergangszustände, unten –Energieprofildiagramm).

Die Eigenschaften der Nebengruppenelemente

In diesem Kapitel

▶ das Vorkommen der Elemente

▶ häufige Oxidationsstufen und wichtige Verbindungen

▶ Reaktionen und Verwendung der Verbindungen

*J*etzt erhalten Sie eine Übersicht über die Eigenschaften der Nebengruppenelemente. Außerdem werden wir im Abschnitt über Uran gleich noch die chemischen Aspekte der Kernspaltung und deren Anwendungen, z. B. in Kernreaktoren, kennen lernen.

Die 3. Nebengruppe

Die Elemente Scandium, Yttrium, Lanthan, Actinium besitzen die drei Valenzelektronen in der Konfiguration d^1s^2. Scandium, Yttrium und Lanthan sind unedle, elektropositive Metalle, die in Verbindungen am liebsten ihre drei Außenelektronen abgeben und dann als Kationen M^{3+} auftreten. Diese Kationen reagieren dann ganz ähnlich wie die Elemente der 3. Hauptgruppe. So bilden sich z. B. sowohl beim Scandium als auch beim Aluminium im Überschuss von Basen Hexahydroxometallationen oder mit Fluoridionen Hexafluorokomplexe.

	Aluminiumverbindung	Scandiumverbindung
Metallchloride	$AlCl_3$	$ScCl_3$
Hexahydroxometallationen	$Na_3[Al(OH)_6]$	$Na_3[Sc(OH)_6] \cdot 2H_2O$
Hexafluorokomplexe	Na_3AlF_6	K_3ScF_6

Tabelle 9.1: Vergleich von Aluminium- und Scandiumverbindungen.

Actinium tritt nur als Zerfallsprodukt von ^{235}U auf. Das längstlebige Isotop dieses Elements hat eine Halbwertszeit von 22 Jahren, sodass man niemals größere Mengen in der Natur findet.

Yttriumverbindungen werden als temperaturbeständige Lichtfilter und phosphoreszierende Beschichtungen (Farbfernseher) verwendet. Potenzielle Anwendungen für Yttrium sind Hochtemperatur-Supraleiter. Lanthanverbindungen werden in speziellen optischen Gläsern verarbeitet.

Lanthanoide und Actinoide

Hinter den Elementen Lanthan und Actinium ordnen sich zwei Reihen von Elementen in das periodische System ein, die dementsprechend als Lanthanoide und Actinoide bezeichnet werden. Bei den Lanthanoiden (oder »Seltenerdmetallen«) werden die 4f-Orbitale und bei den Actinoiden die 5f-Orbitale besetzt. In der 4- und 5f-Schale sind sieben Orbitale vorhanden, es können also maximal 14 Elektronen aufgenommen werden. Die Valenzelektronenkonfiguration der Actinoide reicht z. B. von Thorium mit **5f^0** 6d^2 7s^2 bis zum Lawrencium mit **5f^{14}** 6d^1 7s^2. Bei diesen beiden Reihen von Verbindungen werden also *innere Elektronenschalen* (die f-Orbitale) besetzt. Häufigste Oxidationszahl bei den Lanthanoiden ist +3, die durch die Abgabe von Elektronen aus den *äußeren Elektronenschalen* (d- und s-Orbitale) realisiert wird. Die f-Elektronen sind bei den Lanthanoiden gleichsam im Atomrumpf begraben und können nicht an der Bindungsbildung teilnehmen. Anders sieht es bei den Actinoiden aus. Hier können die 5f-Elektronen mit den 6d-Orbitalen gemeinsam Hybridorbitale bilden und somit an der Bindungsbildung teilnehmen. Dies äußert sich z. B. in einer deutlich größeren Variabilität der Oxidationsstufen. Diese reichen von +3 als häufigster Oxidationsstufe bis zu +6 beim Uran und +7 bei Neptunium und Plutonium.

Insgesamt sind die chemischen Eigenschaften der Lanthanoide sehr ähnlich, da diese fast immer als dreiwertige Kationen auftreten und ähnliche Ionenradien besitzen. In natürlichen Lagerstätten treten die Lanthanoide deshalb immer gemeinsam (»vergesellschaftet«) auf. Eine ältere Bezeichnung für die Lanthanoide ist »Seltenerdmetalle«, da diese zuerst in sehr seltenen Mineralien nachgewiesen wurden. Wie man heute weiß, sind die Lanthanoide gar nicht so selten in der Erdkruste, es gibt nur keine größeren Lagerstätten mit reinen Lanthanoiderzen. Das Actinoid Thorium tritt ebenfalls immer in lanthanoidhaltigen Mineralien auf. Folgende Mineralien der Lanthanoide und Actinoide gibt es:

- ✔ leichte Lanthanoide (Ln = La bis Gd) mit Cer als Hauptbestandteil in Bastnäsit, Ln[CO$_3$F] oder Monazit LnPO$_4$,
- ✔ schwere Lanthanoide (Ln = Tb bis Lu) zusammen mit Yttrium in Thortveitit, Ln[Si$_2$O$_7$], Xenotim, LnPO$_4$,
- ✔ Thorium findet man vergesellschaftet mit Lanthanoiden, z. B. im Monazit,
- ✔ Uran als Uranpecherz (»Pechblende«) UO$_2$, Carnotit, K(UO$_2$)(VO$_4$) · 1,5H$_2$O,
- ✔ Protactinium findet man als radioaktives Zerfallsprodukt in Uranerzen.

Die auf das Uran folgenden Elemente (»Transurane«) kommen in der Natur nicht oder nur in winzigen Mengen vor. Diese Elemente wurden seit 1940 allesamt künstlich erzeugt und nachgewiesen.

Lanthanoide und Actinoide gelten häufig als Exoten unter den Elementen. Das ist aber eigentlich ungerecht, da gerade die Lanthanoide aufgrund ihrer besonderen Eigenschaften (Elektronenspin, Kernspin, Magnetismus u.v.a.) in vielerlei High-Tech-Materialien und modernen Geräten Anwendung finden. Damit Sie etwas mehr Vertrauen zu diesen Elementen gewinnen, habe ich Ihnen in den nachfolgenden Tabellen die Elementsymbole, die Namen und einige Anwendungen zusammengestellt.

9 ➤ Die Eigenschaften der Nebengruppenelemente

Elementsymbol	Name	Anwendung
Ce	Cer	in »Feuersteinen« von Feuerzeugen, als Oxid in selbstreinigenden Öfen, Katalysator zum Cracken von Erdölfraktionen
Pr	Praseodym	in gelb gefärbten Gläsern, z. B. in Schweißerschutzbrillen
Nd	Neodym	ebenfalls Bestandteil von Schweißerschutzbrillengläsern, in Feststofflasern an Stelle von Rubinen
Pm	Promethium	Wärmequelle in unbemannten Satelliten und Weltraumsonden.
Sm	Samarium	Anwendung als Permanentmagnet, z. B. in Kopfhörern.
Eu	Europium	als Neutronenabsorber in Kernreaktoren, als Aktivator der roten Leuchtstoffe in Fernsehröhren
Gd	Gadolinium	in Fernsehröhren als Aktivator der grünen Leuchtstoffe
Tb	Terbium	Lasermaterial
Dy	Dysprosium	Neutronenabsorber in Kernreaktoren
Ho	Holmium	in Legierungen, macht Stahl leichter verarbeitbar
Er	Erbium	in fotografischen Filtern
Tm	Thulium	Neutronenabsorber in Kernreaktoren
Yb	Ytterbium	erzeugt Röntgenstrahlen ohne Elektrizität, z. B. in tragbaren Röntgenapparaten.
Lu	Lutetium	Katalysator beim Cracken von Erdölfraktionen und Polymerisationen

Tabelle 9.2: Elementsymbole, Namen und Anwendungen der Lanthanoide.

Elementsymbol	Name	Anwendung
Th	Thorium	
Pa	Protactinium	
U	Uran	Kernbrennstoff zur Energieerzeugung, Uranbombe
Np	Neptunium	
Pu	Plutonium	Kernbrennstoff zur Energieerzeugung, kompakte Stromquellen für Spezialanwendungen (Herzschrittmacher, Taucheranzüge, Weltraumsatelliten), Plutoniumbombe
Am	Americium	Erzeugung von Neutronen oder γ-Strahlen zur Werkstoffanalyse, in Rauchdetektoren
Cm	Curium	
Bk	Berkelium	

Elementsymbol	Name	Anwendung
Cf	Californium	Erzeugung von Neutronen zum Zünden von Reaktorbrennelementen, in der Aktivierungsanalyse und für Strahlentherapie
Es	Einsteinium	
Fm	Fermium	
Md	Mendelevium	
No	Nobelium	
Lw	Lawrencium	

Tabelle 9.3: Elementsymbole, Namen und Anwendungen der Actinoide.

Kernspaltung und Kernreaktoren

Bei der Kernspaltung zerfallen bestimmte Atomkerne wie Uran oder Plutonium unter Freisetzung von Energie in zwei oder mehrere neue Atomkerne. Diese Reaktion kann man gezielt zur Energiegewinnung ausnutzen, entweder in einer gesteuerten Kettenreaktion im Atomreaktor oder in einer ungesteuerten Kettenreaktion bei der Atombombe.

Schnellkurs Atombau

Atome bestehen aus Elektronen (e), Protonen (p) und Neutronen (n). Die Elektronen besitzen eine negative Elementarladung, befinden sich in der **Elektronenhülle** und bestimmen weitgehend die chemische Reaktivität jedes Atoms.

Die Protonen und Neutronen bilden den **Atomkern**. Protonen besitzen eine positive Elementarladung und Neutronen sind ungeladen. Die Anzahl der Protonen bestimmt die Größe der positiven Ladung des Atomkerns und wird daher auch **Kernladungszahl** genannt. Die Anzahl von Protonen und Neutronen bestimmt die Masse des Atoms und wird daher als **Massenzahl** oder **Nukleonenzahl** bezeichnet. Zur vollständigen Charakterisierung eines Elementes schreibt man die Massenzahl oben vor das Element und die Protonenzahl unten vor das Element. Das sieht dann so aus:

Alle Atome eines chemischen Elementes besitzen die gleiche Anzahl an Protonen. Die Anzahl der Neutronen kann unterschiedlich sein. Wenn Atome des gleichen Elementes unterschiedliche Neutronenzahlen aufweisen, so spricht man von **Isotopen**. Fast alle Elemente treten in mehreren Isotopen auf, unterscheiden sich also in der Anzahl der Neutronen im Atomkern. Beispiele für Isotope:

Wasserstoff	Deuterium	Tritium
$^{1}_{1}H$	$^{2}_{1}H$	$^{3}_{1}H$
Uran-238	Uran-235	Uran-236
$^{238}_{92}U$	$^{235}_{92}U$	$^{236}_{92}U$

9 ▶ Die Eigenschaften der Nebengruppenelemente

Natürliches Uran besteht zu 99,3 % aus Uran-238, zu 0,7 % aus Uran-235 und zu 0,006 % aus Uran 234. Wenn man auf natürlich vorkommendes Uran langsame Neutronen einwirken lässt, so findet keine Kettenreaktion statt. Durch die Neutronen wird nur das Uran-235-Isotop gespalten. Die dabei frei werdenden Neutronen werden durch das hauptsächlich vorhandene Uran-238 abgefangen, dabei entsteht Uran-239:

$$^{235}_{92}U + n \rightarrow {}^{239}_{92}U$$

Es findet keine Kettenreaktion statt, die Kernspaltung erlischt, und es passiert gar nichts mehr. Dieser absorbierenden Eigenschaft des Uran-238 haben wir es zu verdanken, dass sich das natürlich vorkommende Uran nicht schon längst in Atomexplosionen selbst zerstört hat! Wenn man also Kernspaltungen erfolgreich durchführen will, muss man im natürlich vorkommenden Uran erst das Isotop mit der Massenzahl 235 anreichern. Zur **Anreicherung von Uran-235** stellt man aus dem Rohmaterial zunächst Uranhexafluorid (UF$_6$) her. Vom Fluor gibt es nur ein einziges Isotop. Deshalb sind die winzigen Massenunterschiede in dieser Verbindung allein auf die verschiedenen Uranisotope zurückzuführen. Uranhexafluorid ist sublimierbar, geht also direkt vom festen in den gasförmigen Zustand über. Deshalb kann man das Uran-235 in dieser Verbindung über Gasdiffusion oder mithilfe von Ultrazentrifugen anreichern. Für den Betrieb von Atomreaktoren wird das Uran typischerweise auf 3–5 % Uran-235 angereichert. Für Atomwaffen benötigt man eine Anreicherung auf mindestens 85 %.

Beim Beschuss von Uran-235 mit langsamen Neutronen entsteht durch Einfangen des Neutrons das Uranisotop mit der Massenzahl 236. Dieses instabile Uranisotop zerfällt unter Abgabe von einem bis drei Neutronen und einer großen Menge an Wärmeenergie sofort in zwei kleinere Atomkerne:

$$^{235}_{92}U + n \rightarrow {}^{236}_{92}U \rightarrow \text{Atom A} + \text{Atom B} + 1\text{–}3\,n + \text{Energie}$$

Die kleineren Atomkerne können Massenzahlen von ca. 90 bis 140 haben. Als Beispiel sei hier der Zerfall von Uran-235 in Barium und Krypton formuliert:

$$^{235}_{92}U + n \rightarrow {}^{236}_{92}U \rightarrow + {}^{92}_{36}Kr + {}^{142}_{56}Ba + 2\,n + \text{Energie}$$

Solche Reaktionen bezeichnet man als **Kernspaltung**. Bei der Kernspaltung werden riesige Energiemengen frei. Die Ursache dafür ist, dass die schweren spaltbaren Kerne wie Uran-235 oder Plutonium-239 sehr energiereich sind. Im Unterschied dazu sind die entstehenden kleineren Atome deutlich stabiler und damit energieärmer. Bei der Kernspaltung wird die in den Atomkernen des Urans oder Plutoniums gespeicherte Energie frei.

Beim Zerfall eines schweren Atomkerns entstehen Neutronen. Diese können sofort neue Kernspaltungen auslösen, sofern ausreichend spaltbares Material in der Nähe ist. Nehmen wir einmal an, bei jeder Spaltung eines Urankerns entstehen zwei Neutronen. Diese spalten zwei weitere Urankerne, dadurch entstehen vier Neutronen. Diese spalten vier weitere Urankerne usw. Die Zahl der gespaltenen Atomkerne wächst dadurch lawinenartig an. Wenn dies der Fall ist, so kommt es zur **Kettenreaktion**. Bei der ungesteuerten Kettenreaktion werden riesige Energiemengen explosionsartig freigesetzt.

Eine **Atombombe**, wie sie z. B. 1945 in Hiroshima eingesetzt wurde, enthält ca. 50 kg Uran-235, verteilt auf zwei Halbkugeln. Diese Halbkugeln werden durch eine konventionelle Sprengvorrichtung aufeinander geschossen. Dadurch entsteht eine **kritische Masse** an spaltbarem Material. Der Zerfall der Urankerne führt zu einer Kettenreaktion. Es kommt zur Explosion der Atombombe. Die in Nagasaki abgeworfene Atombombe bestand aus Plutonium-239. Die Atomexplosion ist nicht nur wegen ihrer verheerenden Explosionswirkung gefürchtet, sondern es kommt in weiter Umgebung zu radioaktiver Verstrahlung, Ausfall von radioaktiv verseuchten Niederschlägen und damit zu langfristigen Schäden durch Mutationen, Strahlenkrankheit und Verseuchung mit radioaktiven Isotopen.

Die eigentliche Kunst sollte nun darin bestehen, Kernspaltungen kontrolliert ablaufen zu lassen, sodass man die dabei frei werdende Energie gezielt nutzen kann. Dies wird im **Atomreaktor** getan. Hierbei muss man die Kettenreaktion soweit kontrollieren, dass jeder zerfallende Urankern ein Neutron erzeugt, welches wieder eine neue Kernspaltung auslöst. Die Anzahl an gespaltenen Kernen darf sich nicht erhöhen, sonst explodiert der Reaktor. Falls zu wenige Neutronen entstehen, erlischt die Kettenreaktion. Als Brennstoff wird in Kernreaktoren natürliches Uran oder angereichertes Uran mit einem höheren Gehalt an ^{235}U verwendet. Beim Verbrennen von Uran entstehen außerdem als Nebenprodukte Plutonium-239 und Uran-233. Diese Elemente kann man auch wieder als Kernbrennstoffe einsetzen. Einen Reaktor, der Plutonium erzeugt, nennt man **Brutreaktor**. Die Steuerung der Kettenreaktion im Atomreaktor erfolgt im Wesentlichen nach folgenden Prinzipien:

1. **Kritische Masse**

   Ein Teil der entstehenden Neutronen tritt aus dem Reaktorkern aus und steht für die Fortführung der Kettenreaktion nicht mehr zur Verfügung. Man benötigt deshalb eine Mindestmenge an spaltbarem Material (»kritische Masse«), um diese Verluste auszugleichen. Außerdem hängt die Anzahl der aus dem Reaktorkern entweichenden Neutronen von der Geometrie des Reaktorkerns ab. Das Verhältnis von Oberfläche zu Volumen muss möglichst klein sein.

2. **Moderatoren**

   Wenn man natürliches Uran als Kernbrennstoff verwendet, so werden die bei der Atomspaltung entstehenden schnellen Neutronen vorzugsweise durch das häufiger enthaltene Uran-238 abgefangen und damit unwirksam gemacht. Damit die Neutronen bevorzugt mit Uran-235 reagieren, müssen sie durch elastische Stöße verlangsamt werden. Das geschieht durch Moderatoren, z. B. Graphit oder Wasser.

3. **Neutronenabsorber**

   Zum Abschalten des Reaktors oder um die Kettenreaktion zu verlangsamen, braucht man geeignete Neutronenabsorber. Dazu verwendet man Stäbe aus Borcarbid, borhaltigem Stahl oder Cadmium, die bei Bedarf in den Reaktorkern eingeschoben werden (Kontroll- oder Regelstäbe).

Weiterhin sind folgende Sicherheitsaspekte beim Betrieb eines Atomreaktors unabdingbar:

4. **Abschirmung**

   Die gesamte frei werdende Strahlung muss nach außen hin abgeschirmt werden. Das geschieht durch geeignete Neutronen absorbierende Substanzen wie Bleiwände und Spezialbeton.

9 ➤ Die Eigenschaften der Nebengruppenelemente

5. Sicherheit

Es existieren mehrere unabhängig voneinander funktionierende Sicherheitssysteme, die im Falle einer Havarie eine sofortige Abschaltung des Reaktors gewährleisten. Weiterhin ist der Reaktor gegen Unfälle oder Angriffe von außen geschützt. So wird das Reaktorhaus z. B. so gebaut, dass ein eventuell. abstürzendes Flugzeug die Hülle des Reaktors nicht beschädigen kann.

Die bei der Kernspaltung frei werdende Wärmeenergie wird auf eine Flüssigkeit übertragen, die im Reaktorkern zirkuliert (Primärkreislauf). Dabei handelt es sich meist um Wasser. Die Wärmeenergie wird in einem Wärmetauscher auf einen sekundären Kreislauf übertragen (siehe Abbildung 9.1). Dabei wird Dampf erzeugt. Dieser Dampf treibt dann, wie in einem Kraftwerk, das mit Kohle betrieben wird, eine Dampfturbine zur Stromerzeugung an.

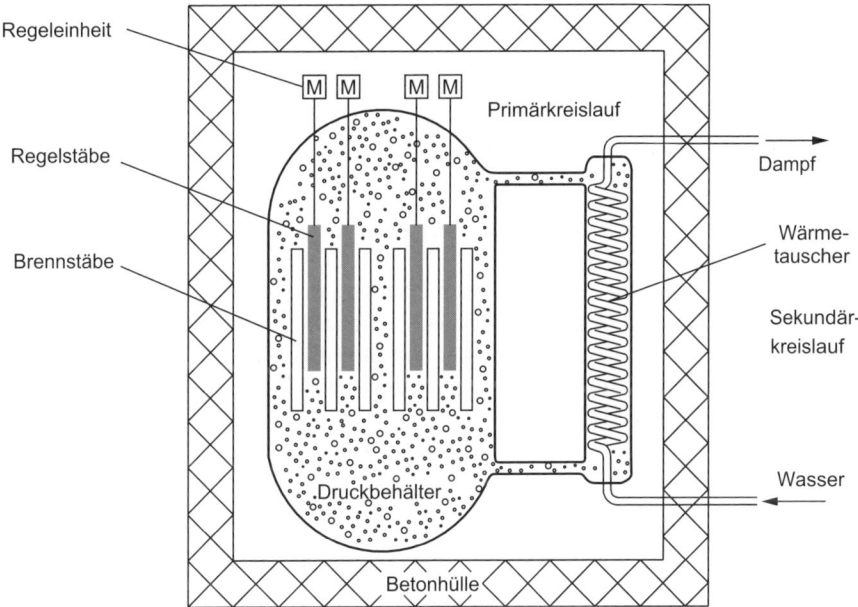

Abbildung 9.1: Vereinfachtes Schema eines Atomreaktors.

Ein Kilogramm Uran-235 liefert die gleiche Energie wie 2 500 Tonnen Steinkohle. Außerdem können die bei der Spaltung frei werdenden Neutronen zur Erzeugung radioaktiver Isotope, für spektroskopische Untersuchungen und für medizinische Applikationen verwendet werden. Weiterhin ist die Atomenergie eine Energiequelle, die ohne Kohlendioxidausstoß und ohne Verbrauch fossiler Brennstoffe funktioniert.

Allerdings sind mit der Nutzung der Kernenergie schwerwiegende Probleme verbunden: Die Sicherheit der Atomreaktoren ist immer wieder Gegenstand intensiver Diskussionen. Die Katastrophe von Tschernobyl ist ein warnendes Beispiel. Die Entsorgung des »Atommülls«, also der radioaktiven Rückstände, ist problematisch und in der Bundesrepublik Deutschland wohl immer noch nicht abschließend geklärt.

Die 4. Nebengruppe

Die Elemente der 4. Nebengruppe haben die Elektronenkonfiguration d^2s^2 mit vier Außenelektronen. Alle drei Elemente treten in der Oxidationsstufe +4 auf. Beim Titan existieren auch luftempfindliche Ti(III)-Verbindungen. In folgenden Mineralien sind die Elemente enthalten:

- Ilmenit, $FeTiO_3$
- Perowskit, $CaTiO_3$
- Rutil, Anatas, Brookit, TiO_2 in drei Modifikationen
- Zirkonit, $ZrSiO_4$
- Baddeleyit, ZrO_2

Zirkonium und Hafnium kommen immer gemeinsam in Mineralen vor. Dabei hat Hafnium einen sehr geringen Anteil von weniger als 1 %. Beide Elemente ähneln sich aufgrund der Lanthanoidenkontraktion (Erklärung siehe Kapitel 7) sehr stark in ihren Eigenschaften. Die Herstellung von Titan verläuft über das Metalltetrachlorid als Zwischenstufe:

$$2\,TiO_2 + 3\,C + 4\,Cl_2 \rightarrow 2\,TiCl_4 + 2\,CO + CO_2$$

$$TiCl_4 + 2\,Mg \rightarrow Ti + 2\,MgCl_2$$

Das Titan(IV)-chlorid wird durch Reduktion mit Magnesium oder Natrium reduziert. Die Darstellung von Zirconium und Hafnium geschieht auf ähnliche Weise. Alle drei Metalle haben einen hohen Schmelzpunkt, sind unedel, aber korrosionsbeständig. Die Beständigkeit gegenüber Säuren und Laugen beruht auf der Ausbildung einer dichten Oxidschicht auf der Oberfläche der Metalle (»Passivierung«).

Titan(IV)-Verbindungen sind weitgehend kovalent. Deshalb ist $TiCl_4$ z. B. eine destillierbare Flüssigkeit, während $ZrCl_4$ ein weißer salzartiger Feststoff ist. Titan(IV)-Verbindungen ähneln in ihren Eigenschaften sehr stark den Verbindungen der schweren Elemente der 4. Hauptgruppe. So gibt es ähnliche Hexahalogenat-Ionen, wie TiF_6^{2-}, GeF_6^{2-}, $TiCl_6^{2-}$ und $SnCl_6^{2-}$.

Von den drei Modifikationen des **Titandioxids** ist Rutil die stabilste. Beim Erhitzen wandeln sich die anderen beiden Modifikationen in Rutil um. TiO_2 ist aufgrund seiner hohen Färbe- und Deckkraft und seiner chemischen Beständigkeit ein wertvolles Weißpigment. Es wird großtechnisch hergestellt, z. B. durch Verbrennen von $TiCl_4$:

$$TiCl_4 + O_2 \rightarrow TiO_2 + 2\,Cl_2$$

Titandioxid ist amphoter, d. h. es löst sich sowohl in Laugen als auch in Säuren. Beim Auflösen in Säuren erhält man keine Ti^{4+}-Ionen, sondern bestenfalls das Titanyl-Ion, TiO^{2+}. Das kann man mit der hohen Ladung und dem kleinen Ionenradius der Ti^{4+}-Ions erklären. Daher kann man aus wässrigen Lösungen keine Titan(IV)-Salze herstellen, sondern man erhält immer sauerstoffhaltige Verbindungen. So entsteht z. B. mit Schwefelsäure das **Titanoxidsulfat**, $TiOSO_4 \cdot H_2O$. Lösungen von Titanoxidsulfat kann man als Reagenz zum Nachweis von

Wasserstoffperoxid verwenden. Bei Anwesenheit von Wasserstoffperoxid entsteht das orangegelb gefärbte Peroxytitanylsulfat:

$TiO(SO_4) \cdot H_2O + H_2O_2 \rightarrow Ti(O_2)SO_4 + 2\,H_2O$

Titan(III)-Verbindungen erhält man aus $TiCl_4$ durch Reduktion mit Wasserstoff oder Aluminium. Wässrige Lösungen von **Titan(III)-chlorid** werden in der Maßanalyse als Reduktionsmittel für Redoxtitrationen verwendet (siehe Kapitel 15). Diese Lösungen enthalten das $[Ti(H_2O)_6]^{3+}$-Ion und sind aufgrund des ungepaarten Elektrons am Titan rotviolett gefärbt. Zr(III)- und Hf(III)-Verbindungen sind dagegen in wässriger Lösung nicht beständig.

Titancarbid, TiC, ist ein Einlagerungscarbid, bei dem der Kohlenstoff Zwischengitterplätze im Metallgitter des Titans belegt. Die Darstellung von Titancarbid erfolgt durch Reaktion von TiO_2 mit Kohlenstoff bei 1800 °C:

$TiO_2 + 3\,C \rightarrow TiC + 2\,CO$,

oder aus Titan und Kohlenstoff bei 2400 °C: $Ti + C \rightarrow TiC$

TiC ist sehr hart und dient daher zur Herstellung von Hartmetallbeschichtungen für Werkzeuge.

Die wichtigsten Aspekte der Chemie des Titans sind noch einmal in der nachfolgenden Abbildung zusammengestellt. Eventuell können Sie sich die Zusammenhänge mit diesem Schema besser einprägen.

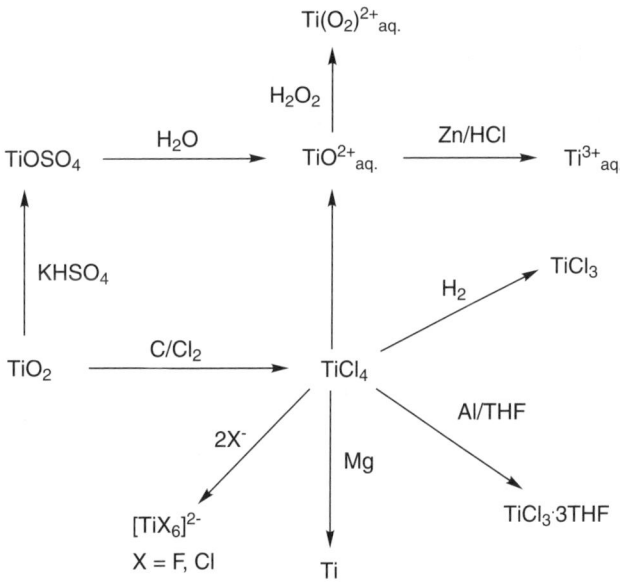

Abbildung 9.2: Chemie des Titans.

Die 5. Nebengruppe

Die Elemente der 5. Nebengruppe haben die Elektronenkonfiguration d³s² mit fünf Außenelektronen. Die Beständigkeit der höchsten Oxidationsstufe nimmt innerhalb der Gruppe nach unten hin zu. So lässt sich Tantal(V) in wässriger Lösung nicht reduzieren, während Vanadium(V) leicht bis zur Oxidationsstufe +2 reduzierbar ist. Vanadium ist in geringen Mengen in Eisenerzen, Tonmineralen und Basalten enthalten. Reine Vanadiumminerale sind selten. Niob und Tantal haben nahezu gleiche Atom- und Ionenradien und kommen deshalb immer gemeinsam in der Natur vor. Von den Elementen existieren folgende Minerale:

- Patronit, VS_4
- Vanadinit, $Pb_5(VO_4)_3Cl$
- Niobit (auch als Columbit oder Tantalit bezeichnet), $(Fe, Mn)(Nb,TaO_3)_2$

Das in den Eisenerzen enthaltene Vanadium sammelt sich bei der Stahlherstellung in der Schlacke des Konverters als Vanadium(V)-oxid, V_2O_5. Die Herstellung des Metalls kann aus diesen Schlacken durch Reduktion mit Aluminium oder Calcium erfolgen. Zur Herstellung von Niob und Tantal kann man das Mineral Niobit mit einem Gemisch aus Flusssäure und Schwefelsäure behandeln. Dabei entstehen die Heptafluorokomplexe, $H_2(Nb, Ta)F_7$. Die Trennung der Niob- und Tantalverbindungen erfolgt durch Flüssig-Flüssig-Extraktion aus der wässrigen Lösung mit Methylisobutylketon. Niob wird durch Reduktion mit Aluminium aus Niob(V)-oxid hergestellt. Durch Reduktion von K_2TaF_7 mit Natrium bei ca. 900 °C erhält man Tantal.

Die drei Elemente sind stahlgrau bis silberweiß und lassen sich in reinem Zustand gut schmieden. Die Metalle sind unedel, werden jedoch durch eine dünne Oxidschicht passiviert. Dadurch sind diese Elemente vor Oxidation mit Säuren und Basen geschützt.

Vanadium(V)-oxid, V_2O_5, ist ein orangeroter Feststoff. Man erhält die Verbindung in reiner Form durch thermische Zersetzung von Ammoniumvanadat bei 550 °C:

$$2\,NH_4VO_3 \rightarrow V_2O_5 + 2\,NH_3 + H_2O$$

V_2O_5 ist zwar in Wasser schwer löslich, löst sich aber sowohl in Säuren als auch in Laugen, es ist also ein amphoteres Oxid. Beim Auflösen in Säuren entsteht das gelbe Dioxovanadium(V)-Ion, VO_2^+. Beim Auflösen in Laugen bildet sich bei stark basischem pH-Wert das Orthovanadat-Ion, VO_4^{3-}. Wenn man eine solche Lösung langsam mit Säure versetzt, bilden sich in Abhängigkeit vom pH-Wert und den Konzentrationsverhältnissen verschiedene **Isopolyanionen**, die aus Vanadium und Sauerstoff bestehen. Bei einem pH-Wert von 2 bis 6 liegt hauptsächlich das orangefarbene Decavanadat-Ion, $V_{10}O_{28}^{6-}$ vor.

Vanadin(V)-oxid ist ein Oxidationsmittel, z. B. reagiert es mit Salzsäure unter Bildung von Chlor zum $VOCl_2$:

$$V_2O_5 + 6\,HCl \rightarrow 2\,VOCl_2 + Cl_2 + 3\,H_2O$$

Wenn man eine wässrige Lösung von Vanadium(V)-oxid mit Zink und Salzsäure versetzt, so findet eine Reduktion des Vanadiums über mehrere Stufen bis zum Vanadium(II)-Ion statt:

9 ➤ Die Eigenschaften der Nebengruppenelemente

Reduktion mit Zn/HCl: $VO_2^+ \cdot aq$ → $VO^{2+} \cdot aq$ → $V^{3+} \cdot aq$ → $V^{2+} \cdot aq$

Oxidationsstufen des V: +5 +4 +3 +2

Farben der Lösung: gelb blau grün violett

Aufgrund der schönen Farbwechsel, die man hierbei beobachten kann, bezeichnet man diese Reaktion in der Umgangssprache auch als »chemisches Chamäleon« oder »Regenbogenreaktion«. Die Reduktion der Vanadylionen ist auch schrittweise möglich. Die entsprechenden Reduktionsmittel finden Sie in Abbildung 9.3. Die Oxide des Vanadiums in den Oxidationsstufen +4, +3 und +2 kann man ebenfalls herstellen. Dabei handelt es sich um schwarze Feststoffe, die mit abnehmender Oxidationsstufe zunehmend stärkere Reduktionsmittel sind. Die Reaktionen der Chemie des Vanadiums sind noch einmal in Abbildung 9.3 zusammengefasst.

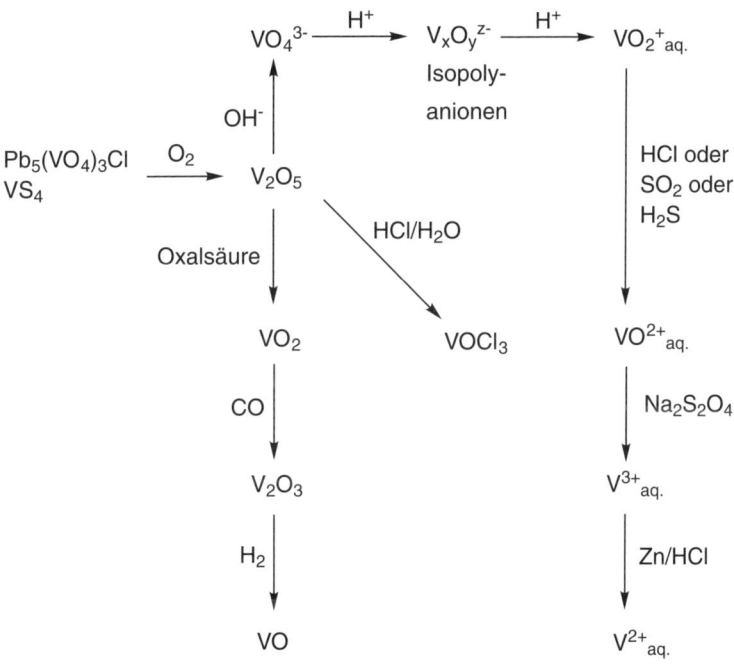

Abbildung 9.3: Chemie des Vanadiums.

Niob(V)-oxid und **Tantal(V)-oxid** sind weiße chemisch inerte Feststoffe, die sich im Unterschied zur Vanadiumverbindung nur schwer reduzieren lassen.

Die 6. Nebengruppe

Die Elemente der 6. Nebengruppe haben die Elektronenkonfiguration d^4s^2 mit sechs Außenelektronen. In dieser Gruppe wirkt sich die Lanthanoidenkontraktion immer noch aus, d. h. die Eigenschaften der Elemente Molybdän und Wolfram ähneln sich stark. Die Beständigkeit der höchsten Oxidationsstufe nimmt innerhalb der Gruppe nach unten hin zu. Somit ist die Oxidationsstufe +6 beim Molybdän und Wolfram am stabilsten. Es gibt auch Chrom(VI)-Verbindungen, allerdings sind diese starke Oxidationsmittel. Die stabilste Oxidationsstufe beim Chrom ist +3. Daneben gibt es noch weniger stabile Chrom(II)- und Chrom(IV)-Verbindungen. Es gibt einige Minerale von Elementen der 6. Nebengruppe:

- Chromeisenstein (auch Chromit), $FeCr_2O_4$
- Rotbleierz (auch Krokoit), $PbCrO_4$
- Molybdänglanz, MoS_2
- Gelbbleierz, $PbMoO_4$
- Wolframit, $(Mn, Fe)WO_4$
- Scheelit, $CaWO_4$

Chrom ist das wichtigste Legierungselement für Stahl. Deshalb verzichtet man häufig auf die Reindarstellung des Elementes und begnügt sich mit Eisen-Chrom-Legierungen, die unter dem Namen »Ferrochrom« in den Handel kommen. Die Herstellung von Ferrochrom erfolgt durch Reduktion von Chromeisenstein mit Koks im elektrisch beheizten Ofen bei 1600 bis 1700 °C:

$$FeCr_2O_4 + 4\,C \rightarrow 2\,Cr + Fe + 4\,CO$$

Zur Darstellung von reinem Chrom aus Chromeisenstein oxidiert man das Mineral bei ca. 1000 °C in Gegenwart von Soda (Na_2CO_3) mit Luftsauerstoff zu Natriumchromat:

$$2\,FeCr_2O_4 + 4\,Na_2CO_3 + 3{,}5\,O_2 \rightarrow 4\,Na_2CrO_4 + Fe_2O_3 + 4\,CO_2$$

Das entstandene Natriumchromat wird in Wasser gelöst. Aus der Lösung wird durch Zugabe von Schwefelsäure und anschließendes Eindampfen Natriumdichromat-Dihydrat, $Na_2Cr_2O_7 \cdot 2H_2O$, gewonnen. Dieses wird entwässert und mit Kohlenstoff zum Chrom(III)-oxid reduziert:

$$Na_2Cr_2O_7 + 2\,C \rightarrow Cr_2O_3 + Na_2CO_3 + CO$$

Aus dem Chrom(III)-oxid kann man schließlich durch Reduktion mit Aluminium das Element herstellen:

$$Cr_2O_3 + 2\,Al \rightarrow Al_2O_3 + 2\,Cr$$

Man kann Chrom auch sehr gut elektrolytisch aus Chrom(III)-Salzlösungen abscheiden. Schwefelsaure Lösungen von Chromaten ($Cr_2O_7^{2-}$) verwendet man zum Verchromen von Stahl. Dazu bringt man die zu verchromenden Stahlteile als Kathode in die Elektrolysezelle.

Zur Herstellung von Molybdän überführt man Molybdänglanz durch Rösten bei 400 bis 650 °C in das Molybdän(VI)-oxid:

$$MoS_2 + 3{,}5\,O_2 \rightarrow MoO_3 + 2\,SO_2\uparrow$$

Zur Herstellung von Wolfram kann man Scheelit mit konzentrierter Salzsäure aufschließen:

$CaWO_4 + 2\,HCl \rightarrow CaCl_2 + WO_3 \cdot H_2O$

Die Herstellung der Metalle Molybdän und Wolfram erfolgt dann aus den sechswertigen Oxiden durch Reduktion mit Wasserstoff bei Temperaturen um 1000 °C:

$MO_3 + 3\,H_2 \rightarrow M + 3\,H_2O \qquad M = Mo, W$

Chromverbindungen

Vom Chrom gibt es Verbindungen in zahlreichen Oxidationsstufen, deshalb möchte ich an dieser Stelle etwas ausführlicher auf diese Verbindungen eingehen. Vorab sehen Sie schon mal in der nachfolgenden Übersicht die wichtigsten Reaktionen zusammengefasst.

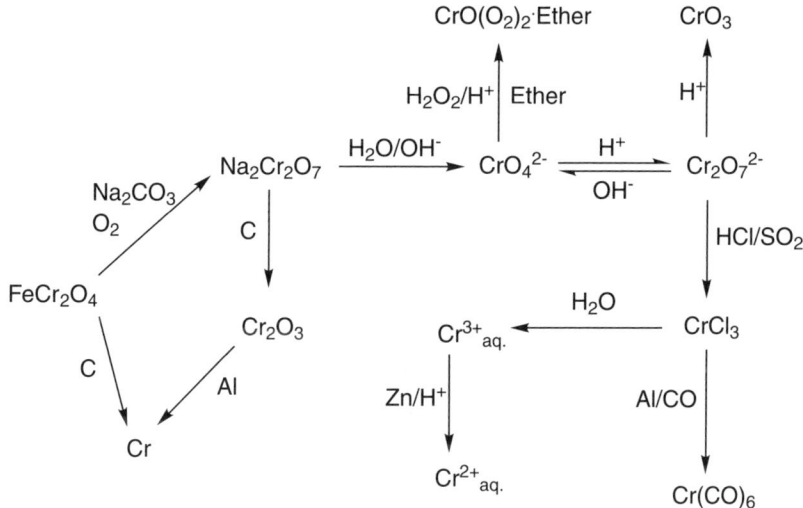

Abbildung 9.4: Chemie des Chroms.

Chrom (VI)-Verbindungen

Chromverbindungen in der höchsten Oxidationsstufe +6 sind starke Oxidationsmittel. **Natriumchromat, Na_2CrO_4**, tritt als Zwischenprodukt bei der Herstellung des Elementes auf (siehe oben). Eine brauchbare Synthese im Labor ist das Zusammenschmelzen von Chrom(III)-oxid mit Natriumcarbonat und Kaliumnitrat in einer »Oxidationsschmelze«:

$Cr_2O_3 + 2\,Na_2CO_3 + 3\,KNO_3 \rightarrow 2\,Na_2CrO_4 + 3\,KNO_2 + 2\,CO_2$

In verdünnten wässrigen Lösungen besteht ein pH-abhängiges Gleichgewicht zwischen **Chromat** und **Dichromat**. In neutraler bis basischer Lösung liegt das Chromat-Ion vor, während man in saurer Lösung das Dichromat-Ion nachweisen kann:

$2\,CrO_4^{2-} + 2\,H_3O^+ \rightleftharpoons Cr_2O_7^{2-} + 3\,H_2O$

pH größer 6   pH 2 bis 6

gelb   orange

Im Dichromat-Ion sind zwei Tetraeder aus CrO_4^{2-} über eine Ecke miteinander verknüpft (siehe Abbildung 9.5). In noch stärker sauren konzentrierten Lösungen bilden sich unter weiterer Farbvertiefung noch höher kondensierte **Polychromate** wie $Cr_3O_{10}^{2-}$ und $Cr_4O_{13}^{2-}$. Endpunkt dieser Kondensationsreaktionen ist das **Chrom(VI)-oxid, CrO_3**. Dabei handelt es sich um einen roten kristallinen Feststoff, der stark giftig und cancerogen ist.

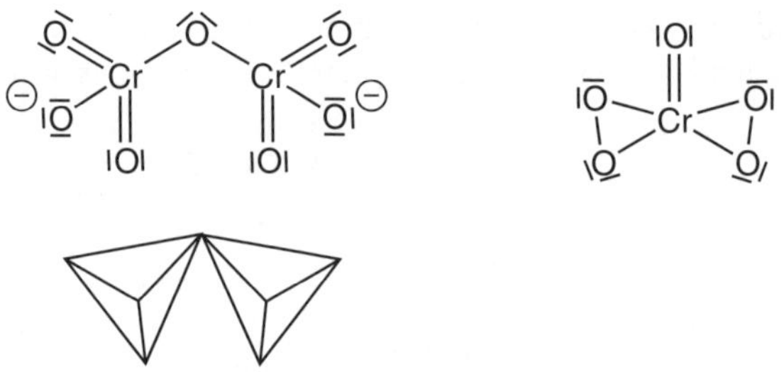

Abbildung 9.5: Valenzsstrichformel des Dichromat-Anions mit schematischer Darstellung der verknüpften Tetraeder darunter (links) und Chrom(VI)-peroxid (rechts).

Wenn man eine saure Dichromatlösung mit Wasserstoffperoxid (H_2O_2) versetzt, so entsteht das tief blaue **Chrom(VI)-peroxid, $CrO(O_2)_2$** (Abbildung 9.5). Die Verbindung zersetzt sich schnell unter Oxidation des Wasserstoffperoxids:

$Cr_2O_7^{2-} + 4\,H_2O_2 + 2\,H^+ \rightarrow 2\,CrO(O_2)_2 + 5\,H_2O$

$2\,CrO(O_2)_2 + 6\,H^+ \rightarrow 2\,Cr^{3+} + 3\,H_2O + 3{,}5\,O_2\uparrow$

Es ist möglich, das kurzlebige Chrom(VI)-peroxid durch Extraktion mit Ether zu stabilisieren. Diese Reaktion dient als spezifischer Nachweis für Chrom(VI)-Verbindungen.

Chrom (V) - und Chrom (IV) -Verbindungen

Chrom(V)- und Chrom(IV)-Verbindungen sind äußerst instabil und disproportionieren sehr schnell zu Cr(III)- und Cr(VI)-Verbindungen. Erwähnenswerte Verbindungen sind das rote flüchtige **Chrom(V)-fluorid, CrF_5**, und das braunschwarze ferromagnetische **Chrom(IV)-oxid, CrO_2**. Letzteres wird aufgrund seiner ferromagnetischen Eigenschaften als Datenspeichermaterial in Tonbändern verwendet.

Die Instabilität dieser beiden Oxidationsstufen beruht auf den ungünstigen Elektronenkonfigurationen d^1 für Chrom(V)- und d^2 für Chrom(IV)-Verbindungen.

Chrom (III)-Verbindungen

Die stabilste Oxidationsstufe des Chroms ist +3. Dementsprechend gibt es eine Vielzahl an dreiwertigen Chromverbindungen. **Chrom(III)-oxid, Cr_2O_3**, ist ein dunkelgrünes Pulver, welches sehr reaktionsträge ist. Es löst sich nicht in Wasser, Laugen oder Säuren. Aufgrund seiner Unlöslichkeit und Reaktionsträgheit wird Chrom(III)-oxid als grünes Pigment für Malerfarben verwendet. Außerdem dient es zum Färben von Glas und Porzellan. Das **Hexaaquochrom(III)-Ion, $[Cr(H_2O)_6]^{3+}$**, liegt in zahlreichen wasserhaltigen Chrom(III)-Salzen vor. Beispiele sind Chrom(III)-sulfat-Dodekahydrat, $Cr_2(SO_4)_3 \cdot 12H_2O = [Cr(H_2O)_6]_2(SO_4)_3$ oder Chrom(III)-chlorid-Hexahydrat, $CrCl_3 \cdot 6H_2O = [Cr(H_2O)_6]Cl_3$. Beim Hexaaquochrom(III)-Ion handelt es sich bereits um eine einfache Form eines **Chrom(III)-Komplexes**. Es gibt zahlreiche andere Komplexverbindungen des dreiwertigen Chroms, die alle oktaedrisch gebaut sind und die verschiedensten neutralen oder anionischen Liganden enthalten können. Mehr über die Zusammensetzung der Komplexverbindungen erfahren Sie im Kapitel 8.

Wenn man eine Lösung von Hexaaquochrom(III)-chlorid in Wasser erwärmt, so verändert sich die Farbe der Lösung von violett nach dunkelgrün. Beim Abkühlen kehrt die violette Farbe wieder zurück. Diese Erscheinung kann man mit der **Hydratisomerie** erklären. Dabei werden Wassermoleküle aus der Koordinationssphäre des Chroms gegen Chloridionen ausgetauscht. Dies führt zu der beschriebenen Farbveränderung:

$$[Cr(H_2O)_6]^{3+}+3Cl^- \rightleftharpoons [Cr(H_2O)_5Cl]^{2+}+2Cl^-+H_2O \rightleftharpoons [Cr(H_2O)_4Cl_2]^++Cl^-+2H_2O$$

violett   hellgrün   dunkelgrün

Chrom (II)-Verbindungen

Diese Verbindungen haben die Elektronenkonfiguration d^4. Bei Abgabe eines Elektrons entsteht die stabile Elektronenkonfiguration d^3. Daher sind Chrom(II)-Verbindungen starke Reduktionsmittel. Wenn man Chrom(II)-Verbindungen herstellen will, muss man unter Ausschluss von Luftsauerstoff arbeiten. Eine sehr schöne Synthese geht von einer Lösung von Hexaaquochrom(III)-chlorid in Wasser aus. Bei der Reduktion mit Zink erhält man eine himmelblaue Lösung von Hexaaquochrom(II)-chlorid. Wenn man diese Lösung mit Natriumacetat behandelt, erhält man **Chrom(II)-acetat-Hydrat** als tiefroten Feststoff:

$$2[Cr(H_2O)_6]^{3+} + 6\,Cl^- + Zn \rightarrow 2\,[Cr(H_2O)_6]^{2+} + 6\,Cl^- + Zn^{2+}$$

$$2\,[Cr(H_2O)_6]^{2+} + 4\,Cl^- + 4\,NaOOC\text{–}CH_3 \rightarrow [Cr_2(OOC\text{–}CH_3)_4](H_2O)_2 + 4\,Na^+ + 4\,Cl^-$$

Diese Verbindung hat eine besondere Struktur, die ich Ihnen erklären möchte. Wie Sie in der Reaktionsgleichung sicher bereits bemerkt haben, habe ich nicht das einfache Chrom(II)-acetat-Hydrat aufgeschrieben, sondern eine »doppelte« Verbindung mit zwei Chrom(II)-Ionen, vier Acetatresten und zwei Molekülen Wasser. Tatsächlich liegt diese Verbindung als Dimer vor, und zwischen den beiden Chromatomen kann man mittels Raman-Spektroskopie (siehe Kapitel 18) eine Vierfachbindung nachweisen! Eine Vierfachbindung zwischen zwei Metallatomen ist sehr ungewöhnlich, kann aber hier mit den vier ungepaarten Elektronen der Chrom(II)-Ionen erklärt werden. Diese haben im Chrom(II)-acetat die Möglichkeit, mit den vier ungepaarten Elektronen des zweiten Chrom-Ions eine Vierfachbindung auszubilden.

Die Acetatreste (= Anion der Essigsäure) bringen dafür die beiden Chromionen in den richtigen Bindungsabstand und stabilisieren den ganzen Komplex (Abbildung 9.6). Im Ergebnis der Dimerisierung bilden die 4+4 Außenelektronen der beiden Chromionen vier Elektronenpaare, zwischen den beiden Chromionen existiert ein sehr kurzer Bindungsabstand, und der Komplex zeigt keinen Magnetismus, er ist »diamagnetisch«.

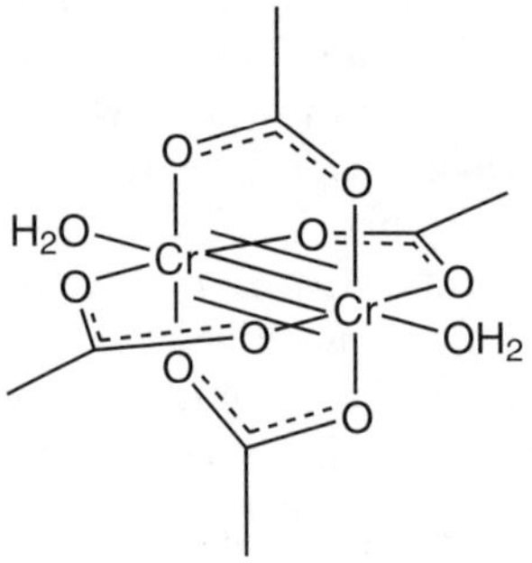

Abbildung 9.6: Struktur von Chrom(II)-acetat-Hydrat.

Chrom (0)-Verbindungen

Chrom in der Oxidationsstufe 0 hat sechs Außenelektronen. Verbindungen mit so vielen Außenelektronen am Zentralatom bedürfen einer besonderen Stabilisierung durch Liganden, die Elektronendichte abziehen. Ein geeigneter und häufig verwendeter Ligand für diese Aufgabe ist der Carbonylligand, CO, auch bekannt als Kohlenmonoxid. Dementsprechend ist **Chromhexacarbonyl, $Cr(CO)_6$**, eine kristalline farblose Verbindung, die als Ausgangsstoff für Synthesen metallorganischer Chromverbindungen im Labor dient.

Molybdän und Wolframverbindungen

Wie- bereits am Anfang dieses Kapitels erwähnt, gibt es vom Molybdän und Wolfram hauptsächlich Verbindungen in der Oxidationsstufe +6. Typische Vertreter sind das **Molybdän(VI)-** und das **Wolfram(VI)-oxid**. Beide Verbindungen sind unlöslich in Wasser und Säuren, lösen sich jedoch in Alkalilaugen unter Bildung der Metallationen MO_4^{2-}. Wenn man diese Lösungen von Molybdat- oder Wolframationen schrittweise ansäuert, findet eine Kondensation der Anionen zu polymeren Einheiten statt. Es bilden sich **Polyanionen** wie z. B. $[Mo_6O_{19}]^{2-}$, $[Mo_7O_{24}]^{6-}$, $[Mo_8O_{26}]^{4-}$. Bei den Molybdänverbindungen erfolgt die Bildung der Polyanionen sehr schnell, bei den Wolframverbindungen dauert es Tage oder Wochen, bis Polyanionen entstehen. Neben diesen Isopolyanionen (*iso* = alle Baueinheiten sind gleich) existieren noch **Heteropolyanionen**, bei denen Heteroatome (*hetero* = fremd, anders) in der Struktur enthalten sind. Ein bekanntes Beispiel ist die Nachweisreaktion von Phosphat-Anionen, die auf der Bildung eines Heteropolyanions aus Molybdat- und Phosphateinheiten beruht. Dazu wird die zu untersuchende Probe mit Salpetersäure stark sauer gemacht und Ammoniummolybdat zugegeben. Beim Erhitzen der Lösung fällt ein gelber Niederschlag von Ammoniummolybdatophosphat aus. Die Reaktionsgleichung dazu lautet:

$$12\ MoO_4^{2-} + 24\ H^+ + PO_4^{3-} + 3\ NH_4^+ \rightarrow (NH_4)_3[PMo_{12}O_{40}]\downarrow + 12\ H_2O$$

Weitere erwähnenswerte Verbindungen von Molybdän und Wolfram:

Molybdänblau und **Wolframblau** entstehen, wenn man angesäuerte Lösungen von Molybdat bzw. Wolframat mit Zinn(II)-chlorid reduziert. Es handelt sich dabei um tief blau gefärbte Lösungen von Oxid- und Hydroxidionen der 5- und 6-wertigen Metalle.

Molybdändisulfid, MoS$_2$, erhält man beim Erhitzen von MoO$_3$ mit H$_2$S. Die Verbindung besitzt eine Schichtstruktur. Die einzelnen Schichten sind leicht gegeneinander verschiebbar, daher kann man diese Verbindung als Schmiermittel verwenden.

Wolframcarbid, WC, wird unter der Bezeichnung **Widia** als extrem harter Werkstoff für Bohrer und andere Werkzeuge verwendet.

Die 7. Nebengruppe

Die Elemente der 7. Nebengruppe haben die Elektronenkonfiguration d^{5}s^2 mit sieben Außenelektronen. Von Mangan existiert eine reichhaltige Chemie, wie ich Ihnen gleich zeigen werde. Technetium wird ausschließlich künstlich hergestellt. Alle Isotope des Technetiums sind radioaktiv und zerfallen wieder. Rhenium ist ein sehr seltenes Element und wird kaum verwendet.

Also konzentrieren wir uns auf das Mangan. Von diesem Element gibt es Verbindungen in allen Oxidationsstufen von +2 bis +7. Mangan(II)-Verbindungen sind am stabilsten. Vom Mangan existieren folgende Minerale:

- Braunstein, Pyrolusit, MnO$_2$
- Manganit, MnO(OH)
- Hausmannit, Mn$_3$O$_4$
- Manganspat, MnCO$_3$
- Braunit, Mn$_2$O$_3$

Auf dem Boden der Ozeane gibt es sogenannte »Manganknollen«, die 15 bis 30 % Mangan und noch andere Metalle wie Eisen, Nickel, Kupfer und Cobalt enthalten. Eine Förderung dieser Knollen ist aber technisch aufwändig und lohnt sich zurzeit noch nicht.

Die Herstellung von Mangan erfolgt aus den Oxiden durch Reduktion mit Aluminium:

$3\,Mn_3O_4 + 8\,Al \rightarrow 9\,Mn + 4\,Al_2O_3$

$3\,MnO_2 + 4\,Al \rightarrow 3\,Mn + 2\,Al_2O_3$

oder durch Reduktion mit Silicium im Elektroofen.

Mangan ist ein wichtiges Legierungselement für Stahl. Deshalb wird ein großer Teil der manganhaltigen Erze gemeinsam mit Eisenerzen durch Reduktion im Hochofen zu **Ferromangan** verarbeitet. Dabei handelt es sich um eine Mangan-Eisen-Legierung mit 30 bis 80 % Mangan und bis zu 8 % Kohlenstoff. Das Ferromangan wird zur Herstellung manganhaltiger Stähle verwendet.

Mangan (VII)-Verbindungen

In dieser Oxidationsstufe hat das Mangan alle Außenelektronen abgegeben und ist siebenfach positiv geladen (Mn^{7+}). Daher sind alle Mangan(VII)-Verbindungen starke Oxidationsmittel. Die wichtigste Verbindung in dieser Oxidationsstufe ist das tiefviolette **Kaliumpermanganat, $KMnO_4$**. Die Herstellung dieser Verbindung erfolgt durch anodische Oxidation von Kaliummanganat(VI) in 15 %iger Kaliumhydroxidlösung. Bei Redoxreaktionen wirkt das Permanganat-Ion, MnO_4^-, als Oxidationsmittel und wird dabei selbst reduziert. In saurer Lösung erfolgt bevorzugt eine Reduktion zum schwach rosafarbenen Mn^{2+}:

$$MnO_4^- + 8\, H_3O^+ + 5\,e^- \rightarrow Mn^{2+} + 12\, H_2O$$

In neutraler oder basischer Lösung wird das Permanganat-Ion zum Mangan(IV)-oxid mit Mangan in der Oxidationsstufe +4 reduziert:

$$MnO_4^- + 2\, H_2O + 3\,e^- \rightarrow MnO_2 + 4\, OH^-$$

Im Labor wird Kaliumpermanganat als Maßlösung für Redoxtitrationen (siehe Kapitel 15) und als Oxidationsmittel verwendet. Weiterhin findet es Verwendung als Oxidationsmittel in der Wasseraufbereitung. Gegenüber Chlor hat es hierbei verschiedene Vorteile. Mit Kaliumpermanganat gibt es keine negative Beeinflussung des Wassergeschmacks und das entstehende Mangan(IV)-oxid bewirkt die Mitfällung von kolloidalen (= fein verteilten) Verunreinigungen.

Mangan (VI)- und Mangan (V)-Verbindungen

Mangan(VI)- und Mangan(V)-Verbindungen haben d^1- bzw. d^2-Konfiguration. Diese Elektronenkonfigurationen sind nicht sonderlich stabil und disproportionieren leicht. Die Herstellung von **Kaliummanganat(VI), K_2MnO_4**, erfolgt durch Zusammenschmelzen von Mangan(IV)-oxid mit Kaliumhydroxid an der Luft:

$$MnO_2 + 0{,}5\, O_2 + 2\, KOH \rightarrow K_2MnO_4 + H_2O$$

Kaliummanganat(VI) bildet dunkelgrüne, metallisch glänzende Kristalle. Lösungen von Kaliummanganat(VI) sind nur in stark basischen Lösungen beständig. In neutraler oder saurer Lösung disproportioniert es sehr schnell. Dabei schlägt die grüne Farbe des Manganat(VI) in die violette Farbe des Permanganats um:

$$\overset{+6}{3\, MnO_4^{2-}} + 4\, H_3O^+ \rightarrow \overset{+7}{2\, MnO_4^-} + \overset{+4}{MnO_2} + 6\, H_2O$$

Kaliummanganat(V), K_3MnO_4, erhält man durch Reduktion von Kaliumpermanganat mit Natriumsulfit in stark basischer Lösung:

$$\overset{+7}{MnO_4^-} + \overset{+4}{SO_3^{2-}} + 2\, OH^- \rightarrow \overset{+5}{MnO_4^{3-}} + \overset{+6}{SO_4^{2-}} + H_2O$$

Manganat(V)-Ionen disproportionieren in Lösung zu Manganat(VI)- und Mangan(IV)-oxid. Dabei geht die blaue Farbe des Manganat(V) in die grüne Farbe des Manganat(VI) über. Manganat(VI) disproportioniert dann weiter, wie bereits oben beschrieben wurde.

Mangan (IV)-Verbindungen

Mangan(IV)-oxid (Braunstein), MnO_2, ist die wichtigste Verbindung in dieser Oxidationsstufe. Die Verbindung ist braunschwarz. Man kann sie durch Erhitzen von Mangan(II)-nitrat-Hexahydrat, $Mn(NO_3)_2 \cdot 6H_2O$, auf 600 °C an der Luft herstellen. Eine andere Herstellungsmöglichkeit ist die Reduktion basischer Permanganatlösungen (siehe oben unter Mangan(VII)-Verbindungen). Mangan(IV)-oxid ist in Wasser nicht löslich, löst sich jedoch beim Erhitzen in Säuren und wirkt dabei als Oxidationsmittel. So oxidiert es z. B. Salzsäure zu Chlor:

$$MnO_2 + 4\,HCl \rightarrow MnCl_2 + Cl_2 + 2\,H_2O$$

Mangan(IV)-oxid wird als positive Elektrode in **Alkali-Mangan-Zellen** (auch RAM-Zelle = »*Rechargeable Alkaline Manganese*«) verwendet. Als Elektrolyt dient hierbei Kaliumhydroxid. Während der Stromentnahme wird die Verbindung zum Mangan(III)-oxidhydroxid reduziert. Die Reaktionen bei der Benutzung der Batterie können folgendermaßen formuliert werden:

positive Elektrode:	$2\,MnO_2 + 2\,H_2O + 2\,e^- \rightarrow 2\,MnO(OH) + 2\,OH^-$
negative Elektrode:	$Zn \rightarrow Zn^{2+} + 2\,e^-$
Elektrolyt:	$Zn^{2+} + 2\,OH^- \rightarrow ZnO + H_2O$
Gesamtreaktion:	$2\,MnO_2 + Zn + H_2O \rightarrow 2\,MnO(OH) + ZnO$

Die Elektrodenreaktionen beim **Leclanché-Element** laufen in ähnlicher Weise ab. Bei diesem Primärelement dient Ammoniumchlorid, NH_4Cl, als Elektrolyt.

Mangan (III)-Verbindungen

Mangan(III)-Verbindungen haben d^4-Konfiguration. Das granatrote Hexaaquamangan(III)-Ion disproportioniert in Wasser in Mangan(II) und Mangan(IV)-oxid:

$$2\,[Mn(H_2O)_6]^{3+} \rightarrow [Mn(H_2O)_6]^{2+} + MnO_2 + 4\,H_3O^+$$

Mangan(III)-Verbindungen sind wenig stabil und disproportionieren oder wirken als Oxidationsmittel und werden dabei zur stabilen Oxidationsstufe +2 reduziert.

Mangan (II)-Verbindungen

In dieser Oxidationsstufe hat Mangan die Konfiguration d^5. Diese Elektronenkonfiguration ist sehr günstig, da die 5 d-Elektronen jeweils ein d-Orbital besetzen, sodass die vorhandenen d-Orbitale alle halb besetzt sind. Deshalb ist +2 die stabilste Oxidationsstufe des Mangans. Es gibt eine Vielzahl von Komplexverbindungen des Mangan(II), die alle oktaedrisch koordiniert sind. Beispiele sind $[Mn(H_2O)_6]^{2+}$ oder $[Mn(NH_3)_6]^{2+}$. **Mangan(II)-oxid, MnO**, ist ein grüner Feststoff, der in Wasser unlöslich ist, sich jedoch in Säuren löst. **Mangan(II)-sulfid, MnS**, fällt mit Sulfidionen als schwer löslicher Niederschlag aus basischen Mn(II)-Salzlösungen aus. Diese Reaktion dient zum Nachweis von Mangan(II)-Verbindungen. Der frisch gefällte Niederschlag ist rosafarben und färbt sich an der Luft durch Oxidation zum Mangan(IV)-oxid langsam braun.

Zum Abschluss gebe ich Ihnen noch einmal eine Übersicht über die vielfältige Chemie des Mangans in der nachfolgenden Abbildung.

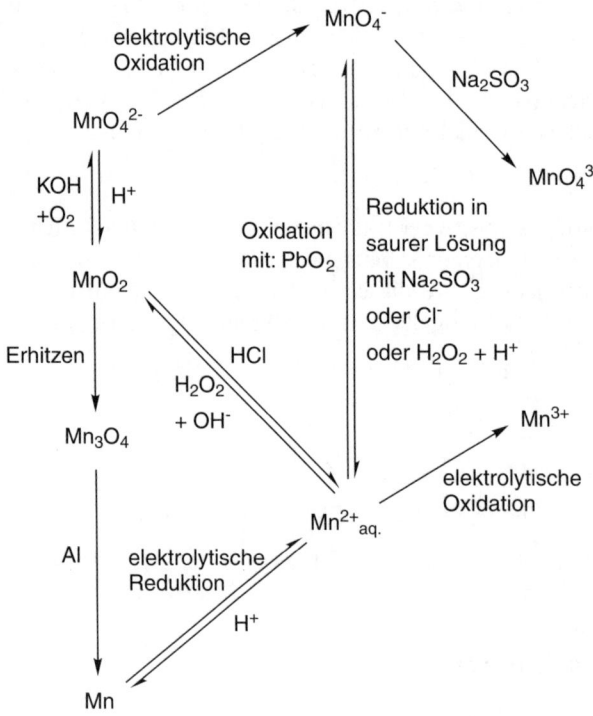

Abbildung 9.7: Chemie des Mangans.

Die 8. Nebengruppe

In der 8. Nebengruppe gibt es gleich neun Elemente! Diese haben auch noch unterschiedliche Elektronenkonfiguration. Das macht die Sache für Sie nicht gerade einfach. Deshalb gebe ich Ihnen zunächst eine Übersicht über die Elektronenkonfiguration der Elemente (Tabelle 9.4). Die ersten drei Elemente der 8. Nebengruppe nennt man auch **Eisenmetalle**. Sie ähneln sich in Ihren Eigenschaften, unterscheiden sich aber deutlich von den **Platinmetallen**. Die Eisenmetalle treten hauptsächlich in den Oxidationsstufen +2 (Fe, Co, Ni) und +3 (Fe, Co) auf. Sie haben eine reichhaltige Koordinationschemie und vielfältige Anwendungen als metallische Werkstoffe. Die Platinmetalle sind allesamt äußerst edel (im elektrochemischen Sinn), d. h. man findet diese Elemente in der Natur überwiegend in elementarer Form. Sie lassen sich nur schwer oxidieren und in chemische Verbindungen überführen. Platinmetalle werden als hochaktive Katalysatoren eingesetzt.

	Element und Elektronenkonfiguration		
Eisenmetalle	Fe $3d^6 4s^2$	Co $3d^7 4s^2$	Ni $3d^8 4s^2$
Platinmetalle	Ru $4d^7 5s^1$	Rh $4d^8 5s^1$	Pd $4d^{10} 5s^0$
	Os $5d^6 6s^2$	Ir $5d^7 6s^2$	Pt $5d^9 6s^1$

Tabelle 9.4: Elemente der 8. Nebengruppe.

Von den Elementen gibt es folgende Minerale:

Eisenerze

✔ Magneteisenstein oder Magnetit, Fe_3O_4

✔ Roteisenstein oder Hämatit, Fe_2O_3

✔ Pyrit, FeS_2

Cobalterze

✔ Cobaltglanz, CoAsS

✔ Cobaltkies, Co_3S_4

✔ Speiscobalt, $CoAs_2$

Nickelerze

✔ Gelbnickelkies, NiS

✔ Rotnickelkies, NiAs

✔ Arsennickelkies, NiAsS

Die Platinmetalle sind sehr selten und daher teuer. Sie kommen als sulfidische Erze vor, häufig vergesellschaftet mit Nickel- und Kupfererzen. Teilweise treten sie auch gediegen (= als Element) auf. In allen natürlichen Vorkommen sind die Platinmetalle miteinander vergesellschaftet.

Da sich die Eigenschaften der Elemente teils beträchtlich unterscheiden, werde ich Ihnen zunächst die Elemente Eisen, Cobalt und Nickel vorstellen und danach die Platinmetalle.

Eisen, Cobalt und Nickel sind ferromagnetisch. Die Metalle werden deshalb als Magnete verwendet.

Eisen

Eisen ist ein häufig auftretendes Element in der Erdkruste und das mit Abstand am häufigsten verwendete Metall. Die Herstellung von Roheisen geschieht im **Hochofenprozess**. Dabei werden oxidische Erze mit Koks und Zuschlagstoffen erhitzt. Der Hochofen ist ein etwa 30 m hoher birnenförmiger Behälter, der innen mit feuerfesten Steinen (Schamotte) ausgekleidet ist. Die Birnenform ist notwendig, da sich mit steigender Temperatur das Volumen der Komponenten vergrößert. Von oben nach unten steigt die Temperatur im Hochofen immer weiter an (siehe Abbildung 9.8). Der Hochofen wird von oben mit Förderbändern oder Loren befüllt (Vorwärmzone). Dabei werden immer schichtweise Koks und Eisenerz mit Zuschlagstoffen eingefüllt. Von unten wird heiße Luft (»Gichtgas«) in den Hochofen eingeblasen. Dieses verbrennt den Koks hauptsächlich zu Kohlenmonoxid. Das Kohlenmonoxid steigt im Ofen nach oben und reduziert das Eisenerz schrittweise zu einem schwammigen Metall (Reduktionszone):

$3\,Fe_2O_3 + CO \rightarrow 2\,Fe_3O_4 + CO_2$

$Fe_3O_4 + CO \rightarrow 3\,FeO + CO_2$

$FeO + CO \rightarrow Fe + CO_2$

Das Kohlenmonoxid disproportioniert in den kühleren Zonen des Hochofens teilweise zu Kohlendioxid und Kohlenstoff. Das sogenannte Boudouard-Gleichgewicht kann folgendermaßen formuliert werden:

$2\,CO \rightleftharpoons C + CO_2 + $ Wärmeenergie

Durch die bei der Bildung von Kohlendioxid frei werdende Wärmeenergie ist das Gleichgewicht stark temperaturabhängig. Bei 1000 °C liegt es vollständig auf der linken Seite (beim CO), bei Temperaturen um 300 °C und darunter auf der rechten Seite (CO_2 + C). In der Kohlungszone des Hochofens entsteht eine Legierung aus Kohlenstoff und Eisen. Dadurch sinkt der Schmelzpunkt des Eisens unter 1539 °C, das Roheisen wird flüssig und sinkt in die Schmelzzone herab. Am Boden des Hochofens sammelt sich das flüssige Roheisen und wird durch das Stichloch abgelassen. Die Schlacke entsteht aus den im Eisenerz enthaltenen Silikaten und den Zuschlagstoffen. Diese hat eine geringere Dichte als das Eisen und schwimmt daher auf diesem. Die Schlacke schützt das Roheisen vor Oxidation durch das eingeblasene Gichtgas und wird ebenfalls von Zeit zu Zeit abgelassen.

Das **Roheisen** aus dem Hochofen enthält noch etwa 4 % Kohlenstoff sowie Silicium, Mangan, Phosphor und Spuren von Schwefel als Verunreinigungen. Man kann das Roheisen wegen des hohen Kohlenstoffgehaltes nicht schmieden und nicht schweißen. Es ist spröde und würde beim Schmieden zerbrechen. Beim Erhitzen wird es plötzlich weich und beginnt zu fließen. Man kann es aber als **Gusseisen** verwenden. Um schmiedbaren **Stahl** zu erhalten, muss man den Kohlenstoffgehalt im Eisen unter 1,7 % verringern und die übrigen Verunreinigungen weitgehend entfernen. Zur Herstellung von Stahl werden z. B. das Siemens-Martin-Verfahren und das Windfrischverfahren genutzt.

9 ➤ Die Eigenschaften der Nebengruppenelemente

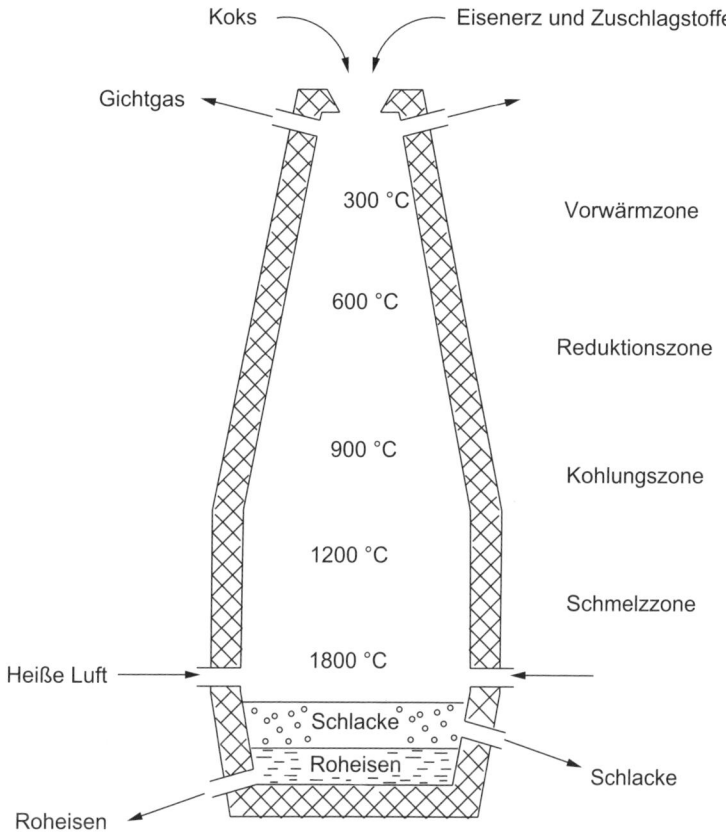

Abbildung 9.8: Skizze eines Hochofens.

Beim **Siemens-Martin-Verfahren**, auch Herdfrischverfahren genannt, wird das Roheisen gemeinsam mit Schrott geschmolzen. Dabei sorgt der im Schrott enthaltene Sauerstoff (Fe_2O_3) dafür, dass der Kohlenstoff zu Kohlenmonoxid oxidiert wird. Das Verfahren dauert mehrere Stunden und kann je nach gewünschtem Kohlenstoffgehalt im Stahl nach einer bestimmten Zeit abgebrochen werden.

Beim **Windfrischverfahren**, auch Konverterverfahren genannt, wird der Kohlenstoffgehalt im Eisen durch Einblasen von Luft in das geschmolzene Metall verringert. Das Erhitzen des Roheisens erfolgt dabei in großen birnenförmigen Behältern, die drehbar gelagert sind, damit man den flüssigen Stahl anschließend ausgießen kann. Der gesamte, im Roheisen enthaltene Kohlenstoff wird dabei durch Einpressen von Luft (Thomas-Verfahren) oder Aufblasen von Sauerstoff (Linz-Donauwitz-Verfahren) in bzw. auf die Metallschmelze oxidiert. Wenn der Kohlenstoff aus dem Eisen entfernt ist, wird die entstandene Schlacke ausgekippt. Anschließend wird das Eisen wieder mit einer bestimmten Menge Kohlenstoff versetzt, z. B. durch Zugabe von kohlenstoffreichem Eisen. Geringe Gehalte an Kohlenstoff sind im Stahl notwendig, da völlig kohlenstofffreies Eisen zu weich ist und deshalb auch als **Weicheisen** bezeichnet wird.

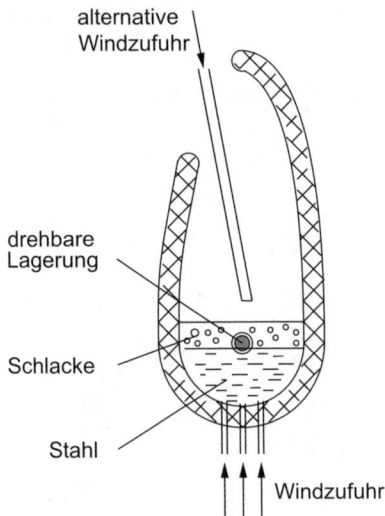

Abbildung 9.9: Schematische Darstellung eines Konverters zur Stahlerzeugung.

Korrosion

Eisen unterliegt der Korrosion. Sie haben sicher schon häufig Eisenteile gesehen, die mit einer dicken roten Rostschicht überzogen sind. Bei diesem Rost handelt es sich um Eisen(II,III)-oxidhydrat, $Fe_3O_4 \cdot nH_2O$ (= $FeO \cdot Fe_2O_3 \cdot nH_2O$). Eisen rostet immer dann, wenn Feuchtigkeit (H_2O), Kohlendioxid (CO_2) und Sauerstoff (O_2) anwesend sind. Dabei bilden sich zunächst mit dem Kohlendioxid und dem Wasser Eisencarbonate, die dann durch den Sauerstoff weiter oxidiert werden:

$Fe + 2\,CO_2 + 2\,H_2O \rightarrow Fe^{2+} + 2\,HCO_3^- + H_2$

$2\,Fe^{2+} + 0{,}5\,O_2 + 7\,H_2O \rightarrow 2\,FeO(OH) + 4\,H_3O^+$

Schließlich entsteht das Eisen(II,III)-oxid:

$Fe(HCO_3)_2 + 2\,FeO(OH) \rightarrow FeO \cdot Fe_2O_3 + 2\,H_2CO_3$

Die entstehende Oxidschicht bildet keine fest haftende Schicht auf der Oberfläche des Eisens, sondern löst sich in Schuppen ab. Dadurch wird die Eisenoberfläche immer wieder freigelegt und der Korrosionsvorgang schreitet weiter fort.

Besonders schnell verläuft die Korrosion in Meerwasser (enthält gelöste Salze) und in schwefeldioxidhaltiger (SO_2) Luft. Durch die Korrosion von eisenhaltigen Bauteilen entstehen weltweit jährlich große Schäden. Deshalb wurden verschiedene Methoden zum Rostschutz entwickelt. Die wichtigsten Methoden und deren Wirkungsweise möchte ich Ihnen hier kurz erklären:

- ✔ Die Beschichtung mit Zink (verzinkter Stahl) führt dazu, dass zuerst das unedlere Element Zink korrodiert, bevor das Eisen angegriffen wird.

- ✔ Die Beschichtung mit Zinn (Weißblech) ist solange wirksam, wie die beschichtete Oberfläche nicht verletzt wird. Sobald das Weißblech einen Kratzer hat, setzt an dieser Stelle die Korrosion des Eisens ein. Das edlere Zinn bleibt davon unberührt.
- ✔ Anstriche mit Mennige (Pb_3O_4) schützen ebenfalls vor Korrosion. Dabei entsteht durch Oxidation der Eisenoberfläche eine dünne Eisenoxidschicht. Diesen Effekt nennt man Passivierung.
- ✔ Stahllegierungen, die Chrom und Nickel enthalten (Edelstahl), rosten nicht. Hierbei wird die Korrosion durch eine dünne chrom- bzw. nickelreiche Oxidschicht verhindert.

Eisen (II)-Verbindungen

Eisen(II)-Verbindungen wirken als Reduktionsmittel. Sie werden dabei zum Eisen(III) oxidiert. Im Folgenden werde ich Ihnen einige Eisen(II)-Verbindungen vorstellen:

Eisen(II)-chlorid-Hexahydrat, $FeCl_2 \cdot 6H_2O$, entsteht beim Auflösen von Eisen in Salzsäure. Die sechs Wassermoleküle sind oktaedrisch am Eisen koordiniert.

Eisen(II)-sulfat-Heptahydrat, $FeSO_4 \cdot 7H_2O$, entsteht beim Auflösen von Eisen in verdünnter Schwefelsäure. Die Verbindung wird auch Eisenvitriol genannt. Sechs Wassermoleküle sind am Eisen koordiniert, ein Wassermolekül ist über Wasserstoffbrücken an das Sulfat gebunden. Die Verbindung wird zur Herstellung von Tinte und zur Unkrautvernichtung verwendet. An der Luft oxidiert die Verbindung recht schnell zum Eisen(III)-sulfat.

Kaliumhexacyanoferrat(II), $K_4[Fe(CN)_6]$, entsteht aus Fe^{2+}-Salzlösungen durch Zugabe von Kaliumcyanid (KCN). Der historische Name »gelbes Blutlaugensalz« stammt daher, dass die Verbindung früher durch Erhitzen von Blut mit Kaliumcarbonat und anschließendes Auswaschen (»Auslaugen«) des festen Rückstandes mit Wasser gewonnen wurde.

Eisen (III)-Verbindungen

Eisen(III)-Verbindungen wirken als Oxidationsmittel. Sie werden dabei zum Eisen(II) reduziert.

Eisen(III)-chlorid, $FeCl_3$, entsteht aus den Elementen Eisen und Chlor. Die Verbindung bildet ein Schichtgitter. Verwendung findet Eisen(III)-chlorid als Ätzmittel bei der Herstellung von Leiterplatten.

Kaliumhexacyanoferrat(III), $K_3[Fe(CN)_6]$ (rotes Blutlaugensalz), entsteht aus dem gelben Blutlaugensalz durch Oxidation mit Chlor. Die Verbindung ist weniger stabil als das Kaliumhexacyanoferrat(II) und gibt langsam Blausäure ab.

Vom **Eisen(III)-oxid, Fe_2O_3**, gibt es verschiedene Modifikationen. α-Fe_2O_3 ist antiferromagnetisch, β-Fe_2O_3 ist paramagnetisch und γ-Fe_2O_3 ist ferromagnetisch. Letzteres wird deshalb für Magnetbänder verwendet. Die Modifikationen unterscheiden sich in ihrem kristallinen Aufbau.

Es gibt zahlreiche **Pigmente**, die Eisenoxide enthalten. Diese zeichnen sich durch hohe Stabilität und Lichtechtheit aus. Eisenoxidpigmente können von gelb über orange, rot bis braun und schwarz gefärbt sein. Die Farben kommen dabei durch die unterschiedlichen Modifikationen, Korngrößen und Zusammensetzungen der Oxide sowie Vermengungen mit anderen Bestandteilen wie Tonmineralien zustande. Die Farben der Eisenoxide sind folgende:

- gelb – α-FeO(OH)
- orangegelb – γ-FeO(OH)
- rot – α-Fe_2O_3
- braun – γ-Fe_2O_3
- schwarz – Fe_3O_4

Ebenfalls als Pigmente werden **Berliner Blau** und **Turnbulls Blau** verwendet. Dabei handelt es sich um unlösliche Niederschläge der Zusammensetzung $Fe_4[Fe(CN)_6]_3 \cdot 14–16H_2O$. Man erhält diese Verbindungen durch Reaktion von gelbem Blutlaugensalz mit einem Überschuss eines Eisen(III)-Salzes oder umgekehrt durch Reaktion von rotem Blutlaugensalz mit einem Überschuss eines Eisen(II)-Salzes.

In Abbildung 9.10 finden Sie eine Skizze mit den wichtigsten Reaktionen der Eisenverbindungen.

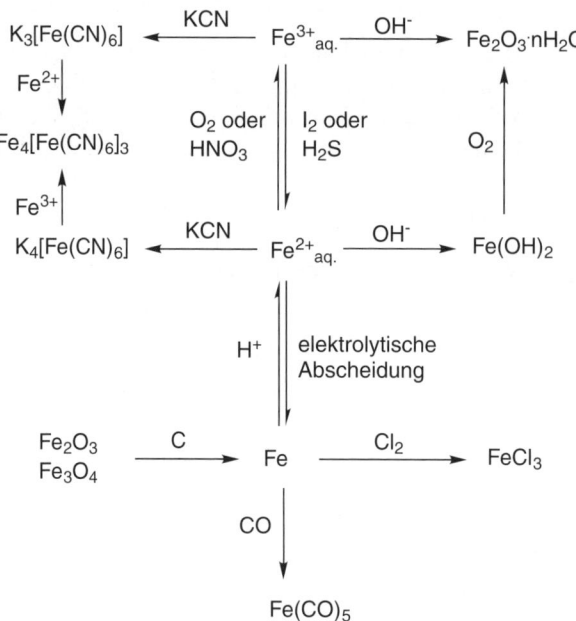

Abbildung 9.10: Chemie des Eisens.

9 ► Die Eigenschaften der Nebengruppenelemente

Eisenkomplexe in der Natur

Komplexverbindungen des Eisens sind an vielen biologischen Prozessen beteiligt. Der gesamte Sauerstofftransport bei Wirbeltieren wird mithilfe von Hämoglobin in den roten Blutkörperchen realisiert. Beim Hämoglobin handelt es sich um ein Protein, welches aus vier Einheiten Hämin besteht. Jedes Häminmolekül ist an einen Proteinrest gebunden. Die Proteinreste sind ineinander verschlungen, sodass ein tetrameres (= vierfaches) Makromolekül entsteht. Im nachfolgenden Formelbild sehen Sie, dass es sich beim Hämin um einen quadratisch planaren Komplex des Eisens mit einem makrocyclischen Liganden handelt. Dieser Ligand wird als Porphyrin bezeichnet. Die fünfte Koordinationsstelle wird durch einen zusätzlichen Stickstoffliganden besetzt. Die sechste Koordinationsstelle am Eisen dient zur reversiblen Bindung von Sauerstoff. Der Sauerstoff wird in den Lungenbläschen an das Hämoglobin gebunden, über den Blutkreislauf zu den Körperzellen transportiert und dort wieder abgegeben. Dadurch steht in allen Körperzellen genügend Sauerstoff zur Verfügung, damit Nährstoffe in Energie liefernden Prozessen verbrannt werden können (Zellatmung, »kalte Verbrennung«).

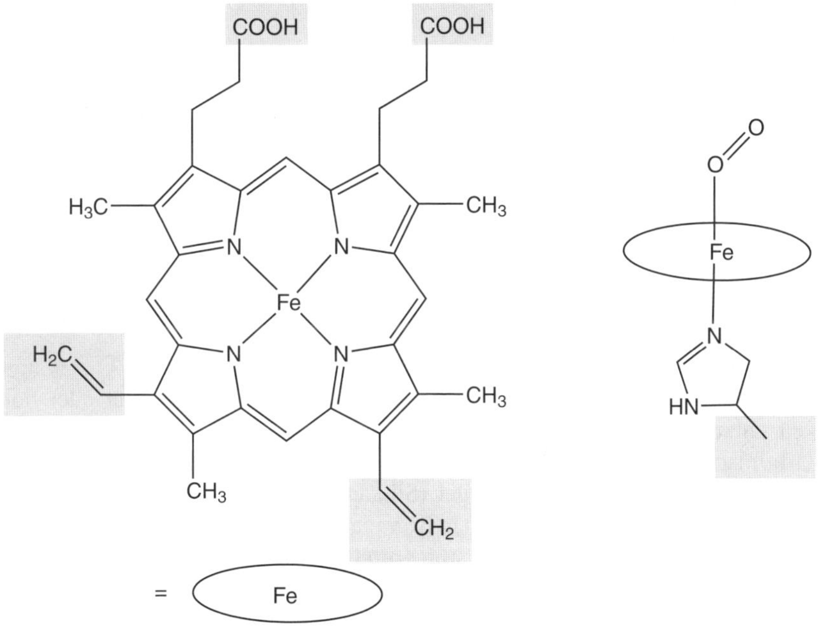

Abbildung 9.11: Struktur von Hämin (links). Die grau unterlegten Felder zeigen die Stellen, an denen eine Bindung an das Protein erfolgt. Schematische Darstellung der Bindung des axialen Stickstoffliganden und des Sauerstoffs (rechts.)

Es gibt noch eine Vielzahl anderer Hämoproteine, die aus Eisen-Porphyrin-Komplexen bestehen. Hier eine kleine Übersicht über diese Proteinkomplexe und ihre Funktionen:

✔ Hämoglobin – Sauerstofftransport im Körper

✔ Myoglobin – Sauerstoffspeicherung in den Muskelzellen

- ✔ Cytochrome – Redox-Coenzyme, katalysieren Redoxreaktionen
- ✔ Oxidasen – reduzieren Sauerstoff
- ✔ Peroxidasen – katalysieren Reaktionen mit Wasserstoffperoxid
- ✔ Katalasen– zersetzen Wasserstoffperoxid

Sie sehen also, dass eine Reihe von wichtigen Reaktionen in Ihrem Körper nur mit Eisenkomplexen funktionieren. Zum Glück gibt es Eisen in der Natur in ausreichender Menge, sodass wir mit der Nahrung genug davon aufnehmen können!

Cobalt

Reine Cobalterze sind recht selten, sodass dieses Metall meist als Nebenprodukt bei der Verarbeitung von Kupfererzen oder von Magnetkies gewonnen wird. Cobalt tritt hauptsächlich in den Oxidationsstufen +2 und +3 auf.

Bei einfachen Cobaltverbindungen ist die Oxidationsstufe +2 die stabilste. Bei Komplexverbindungen des Cobalts ist die Oxidationsstufe +3 stabiler. Dies kann mit der Ligandenfeldtheorie begründet werden (siehe Kapitel 8).

Cobalt (II)-Verbindungen

Eine wichtige Verbindung ist **Cobalt(II)-oxid, CoO**. Dieses wird zum Färben von Glas verwendet. Die Verbindung selbst ist olivgrün, bildet allerdings mit den Silikaten des Glases eine intensiv blaue Farbe.

Wasserfreies **Cobalt(II)-chlorid, $CoCl_2$**, ist blau. In Gegenwart von Wasser oder hoher Luftfeuchtigkeit entsteht der rosafarbene Komplex **Hexaaquocobalt(II)-chlorid, $[Co(H_2O)_6]Cl_2$**. Dieser Farbumschlag wird verschiedentlich als Feuchtigkeitsindikator benutzt, z. B. in »Wetterbildern« oder im Labor im Blaugel (Silikagel als Trockenmittel, welches ein wenig $CoCl_2$ als Feuchtigkeitsindikator enthält). Komplexverbindungen des Cobalt(II) sind sehr instabil und werden bereits mit Luftsauerstoff zum Cobalt(III) oxidiert.

Cobalt (III)-Verbindungen

Es gibt eine große Anzahl an **Komplexverbindungen des Cobalts(III)**. Diese Komplexverbindungen gehen nur sehr langsam Ligandenaustauschreaktionen ein. Deshalb gibt es z. B. 2000 strukturell gut charakterisierte Komplexverbindungen von Co^{3+} mit Aminliganden (NH_3, NR_3, u. Ä.). In all diesen Komplexverbindungen liegt eine *low-spin*-Konfiguration vor, d. h. die sechs d-Elektronen sind gepaart (siehe Abbildung 9.12). Es gibt nur wenige *high-spin*-Komplexe vom Cobalt(III). Ein Beispiel für einen solchen Komplex mit ungepaarten Elektronen ist das blaue Hexafluorocobaltat(III), $[CoF_6]^{3-}$.

9 ➤ Die Eigenschaften der Nebengruppenelemente

Cobalt(III) hat die Elektronenkonfiguration d^6. Dadurch sind oktaedrische Komplexverbindungen energetisch besonders begünstigt. Entsprechend der Ligandenfeldtheorie werden nur die energetisch tief liegenden Orbitale besetzt. Dadurch gehen Cobalt(III)-Komplexe auch kaum oder nur sehr langsam Substitutionsreaktionen ein, denn das würde die energetisch günstige Lage dieser Orbitale stören. Man sagt daher, dass Cobalt(III)-komplexe **kinetisch inert** sind.

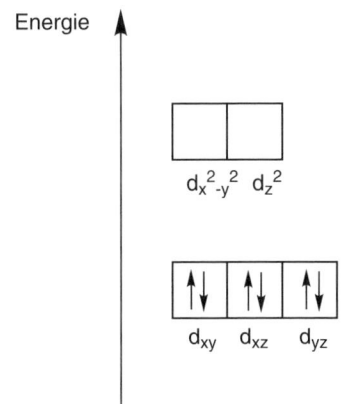

Abbildung 9.12: Besetzung der d-Orbitale bei oktaedrischen Co(III)-komplexen.

Vitamin B$_{12}$

Vitamin B$_{12}$ ist das einzige Vitamin, welches ein Metallatom besitzt. Das Vitamin wird wahrscheinlich ausschließlich von Bakterien synthetisiert. Es ist essenziell für alle höheren Tiere, muss also mit der Nahrung aufgenommen werden. Die Verbindung besitzt die Fähigkeit zur Ausbildung von Metall-Kohlenstoff-Bindungen. Das ist sehr ungewöhnlich, da metallorganische Verbindungen häufig so reaktiv sind, dass sie in der Natur nicht beständig sind. Die Struktur der Verbindung kann folgendermaßen beschrieben werden: Der makrozyklische vierzähnige Stickstoffligand (»Corrin«-Ligand) ähnelt dem Porphyrinliganden (siehe Abbildung 9.11) und gewährleistet eine quadratisch planare Koordination des Cobalt-Ions. Die fünfte Koordinationsstelle wird durch einen weiteren Stickstoffliganden besetzt, und die sechste Koordinationsstelle »X« kann durch verschiedene Substituenten besetzt werden (siehe Abbildung 9.13). Im Vitamin B$_{12}$ ist X eine Cyanidgruppe (CN$^-$). Aber auch mit anderen Substituenten wie z. B. Methyl (CH$_3^-$), Hydroxid (OH$^-$) oder Desoxyadenosyl-Resten bleibt die katalytische Funktion dieses Vitamins erhalten. Die Funktion des Vitamin B$_{12}$ besteht darin, bei Bedarf Radikale für Isomerisierungen bereitzustellen. So funktionieren zahlreiche Enzyme (Mutasen, Lyasen, Desaminasen), die für Umlagerungsreaktionen verantwortlich sind, nur bei Anwesenheit von Vitamin B$_{12}$.

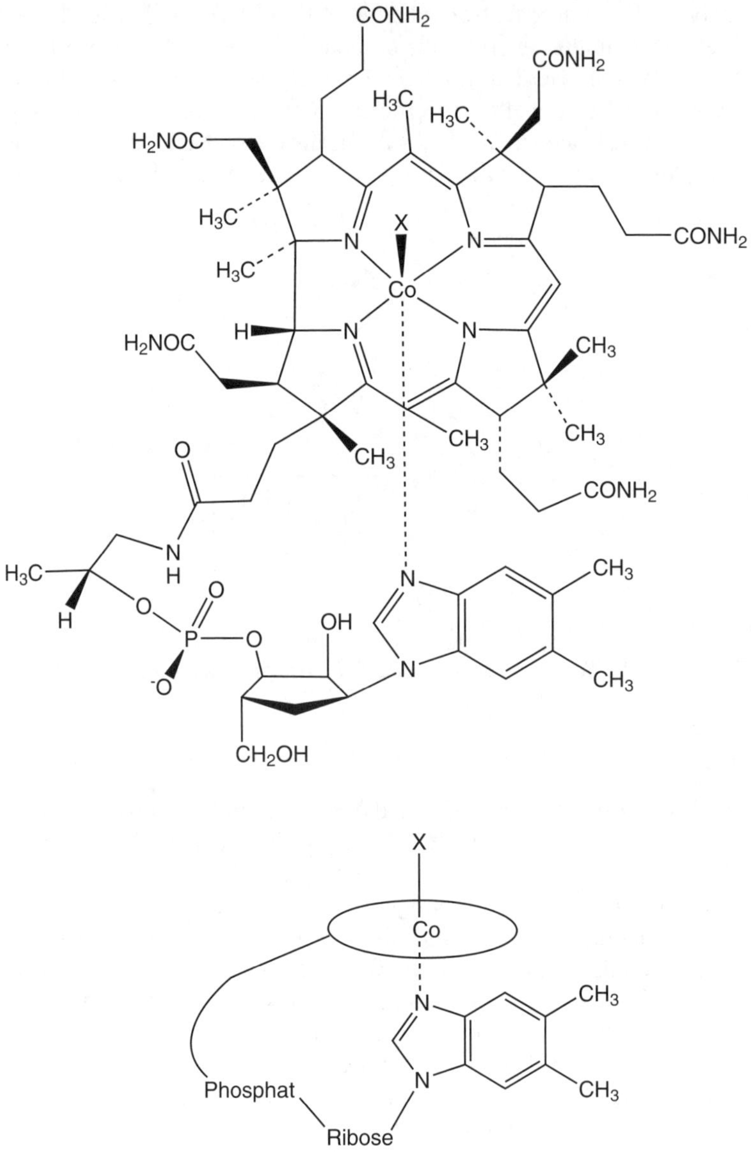

Abbildung 9.13: Struktur von Vitamin B_{12} (oben) und schematische Darstellung der Koordinationsgeometrie (unten).

Zusammenfassend zur Chemie der Cobaltverbindungen finden Sie hier noch eine Übersicht über typische Reaktionen:

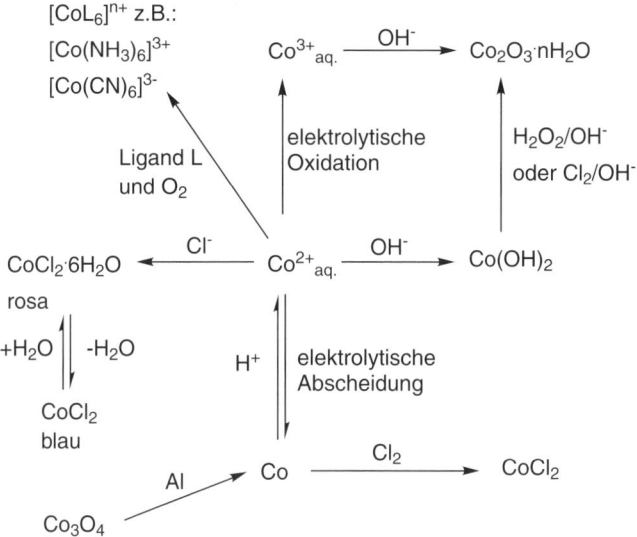

Abbildung 9.14: Chemie des Cobalts.

Nickel

Reine Nickelerze sind selten, sodass dieses Metall meist als Nebenprodukt bei der Verarbeitung von Kupfer- oder von Eisenerzen gewonnen wird. Nickel tritt hauptsächlich in der Oxidationsstufe +2 mit d^8-Konfiguration auf. Metallisches Nickel löst sich bereits in verdünnten Säuren. Es gibt daher viele Salze des Nickels, die alle gut wasserlöslich sind. Wasserhaltige Salze des Nickels enthalten das Hexaaquanickel(II)-Ion, $[Ni(H_2O)_6]^{2+}$. Vom Nickel(II)-Ion gibt es zahlreiche Komplexverbindungen in verschiedensten Koordinationsgeometrien. Diese möchte ich Ihnen hier an ausgewählten Beispielen vorstellen.

Oktaedrische Nickel(II)-Komplexe

Das Hexaaquanickel(II)-Ion, $[Ni(H_2O)_6]^{2+}$, tritt in vielen wasserhaltigen Salzen des Nickels auf. Ebenfalls oktaedrisch sind Hexaamminnickel(II)-Komplexe mit dem Ion $[Ni(NH_3)_6]^{2+}$. Die Aufspaltung der d-Orbitale im oktaedrischen Ligandenfeld ist in der nachfolgenden Abbildung dargestellt. Wie Sie der Abbildung entnehmen können, besitzen diese Komplexe immer zwei ungepaarte Elektronen, sie sind also **paramagnetisch**. Wie die Aufspaltung der d-Orbitale zustande kommt, erfahren Sie im Kapitel 8.

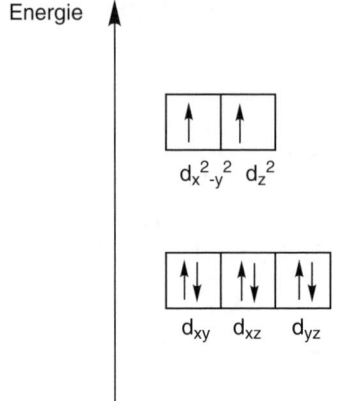

Abbildung 9.15: Besetzung der d-Orbitale bei oktaedrischen Nickel(II)-Komplexen.

Tetraedrische Nickel(II)-Komplexe

Anionische Liganden wie Chlorid, Bromid und Iodid bilden mit Nickel(II) tetraedrische Komplexverbindungen der Zusammensetzung $[NiX_4]^{2-}$. Die Aufspaltung der d-Orbitale im tetraedrischen Ligandenfeld zeigt die Abbildung 9.16. Auch bei dieser Aufspaltung der d-Orbitale stellen wir fest, dass diese Komplexverbindungen immer zwei ungepaarte Elektronen besitzen und somit **paramagnetisch** sind.

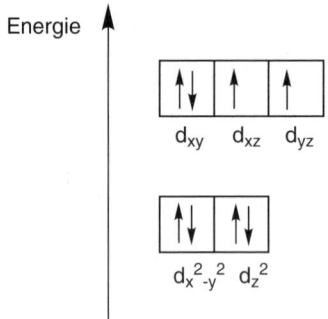

Abbildung 9.16: Besetzung der d-Orbitale bei tetraedrischen Nickel(II)-Komplexen.

Quadratisch-planare Nickel(II)-Komplexe

Sehr starke Liganden bewirken eine große Ligandenfeldaufspaltung. Bei Nickel(II)-komplexen führt diese große Aufspaltung dazu, dass die quadratisch-planare Koordinationsgeometrie bevorzugt wird. Ein solcher sehr starker Ligand ist das Cyanid-Ion (CN-). Das Tetracyanoniccolat(II), $[Ni(CN)_4]^-$, ist quadratisch-planar. Die Aufspaltung der d-Orbitale zeigt, dass quadratisch-planare Nickel(II)-Komplexe **diamagnetisch** sind.

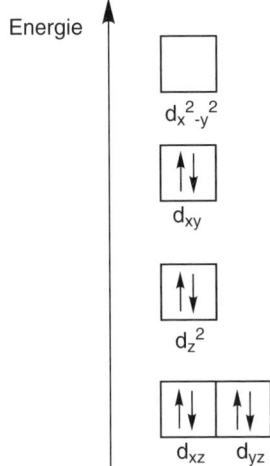

Abbildung 9.17: Besetzung der d-Orbitale bei quadratisch-planaren Nickel(II)-Komplexen.

Nickel(II)-Ionen bilden mit dem zweizähnigen Liganden Dimethylglyoxim eine schwerlösliche Komplexverbindung, das Bis(dimethylglyoximato)nickel(II). Diese Verbindung wird zur gravimetrischen Bestimmung von Nickel genutzt. Die Reaktionsgleichung zur Bildung dieses Chelatkomplexes sehen Sie in der folgenden Abbildung.

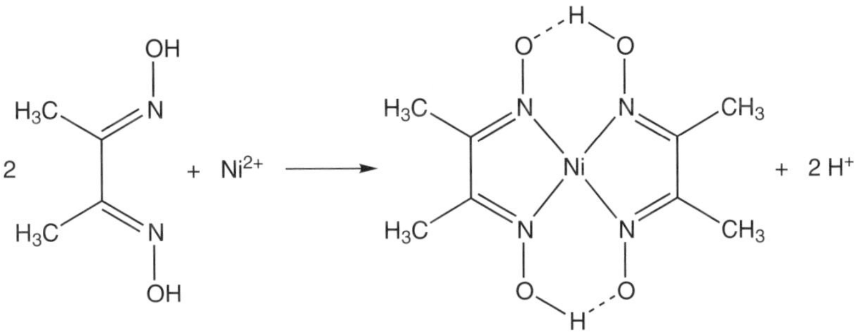

Abbildung 9.18: Bildung von Bis(dimethylglyoximato)nickel(II).

Nickel(0)-Komplexe

Es gibt einige wenige Verbindungen mit Nickel in der Oxidationsstufe 0. Dies erfordert Liganden, die durch Rückbindungen die hohe Elektronendichte am Nickelatom verringern. Ein bewährter Ligand für diesen Zweck ist der Carbonylligand, auch als Kohlenmonoxid bezeichnet. Die wichtigste Nickel(0)-Verbindung ist das Tetracarbonylnickel(0), $Ni(CO)_4$. Die Verbindung wird zur Herstellung von hochreinem Nickel genutzt (siehe Kapitel 7, unter »Herstellung der Metalle«).

Zum Abschluss gebe ich Ihnen noch eine Übersicht über die Chemie des Nickels:

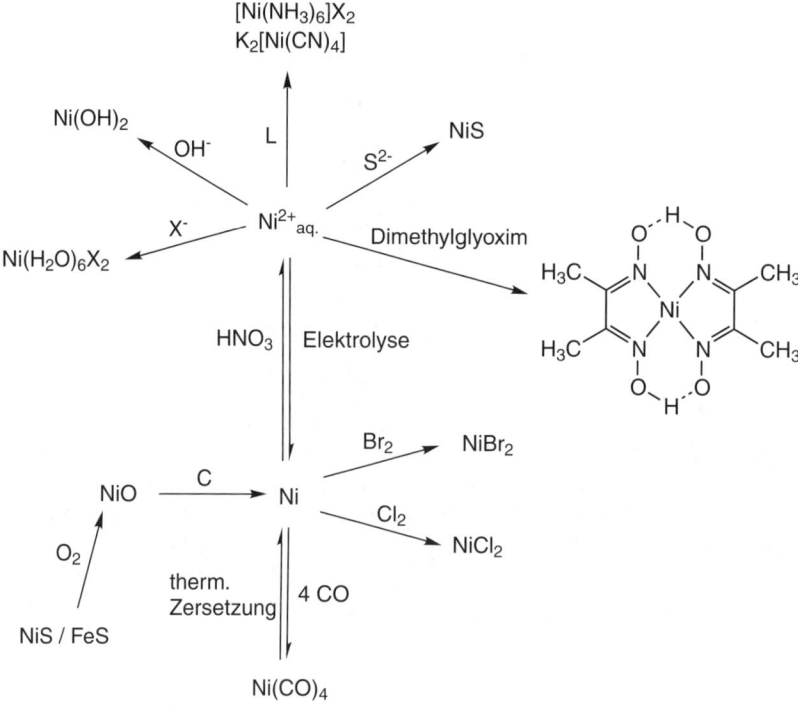

Abbildung 9.19: Chemie des Nickels.

Platinmetalle

Die Metalle Ruthenium, Rhodium, Palladium, Osmium, Iridium und Platin fasst man unter dem Begriff Platinmetalle zusammen. Diese Metalle sind edel, kommen sehr selten vor und haben hohe Schmelzpunkte. Man verwendet z. B. Platin-Iridium-Legierungen zur Herstellung von Laborgeräten und hochwertigen Schreibfedern. Platin, Palladium und Rhodium werden vielfach als Katalysatoren eingesetzt. An dieser Stelle möchte ich Ihnen einige wichtige Verbindungen nennen, die zumeist als Ausgangsstoffe für chemische Reaktionen dienen.

Ruthenium und **Osmium** bilden Verbindungen bis zur Oxidationsstufe +8. So verwendet man z. B. die Oxide Rutheniumtetraoxid, RuO_4, und Osmiumtetraoxid, OsO_4, als starke Oxidationsmittel.

Rhodium und **Iridium** bevorzugen die Oxidationsstufe +3. Ausgangsstoff für Rhodiumverbindungen ist Rhodium(III)-chlorid-Hexahydrat, $RhCl_3 \cdot 6H_2O$. Die beiden Metallionen können planar-quadratische, 4fach koordinierte, und 6fach koordinierte, oktaedrische Komplexverbindungen bilden.

Palladium und **Platin** bilden Verbindungen in den Oxidationsstufen +4 und +6. Komplexverbindungen in der Oxidationsstufe +4 sind quadratisch-planar, solche in der Oxidationsstufe +6 oktaedrisch koordiniert. Typische Ausgangsverbindungen sind Hexachloroplatinsäure, $H_2[PtCl_6] \cdot 6H_2O$ und Palladium(II)-chlorid-Dihydrat, $PdCl_2 \cdot 2H_2O$.

Die 1. Nebengruppe

Die Elemente der 1. Nebengruppe haben die Elektronenkonfiguration $d^{10}s^1$. Die Valenz-d-Orbitale sind somit voll besetzt und werden von den Elementen nur ungern für die Bindungsbildung zur Verfügung gestellt. Beim Kupfer ist das noch möglich, dieses Element bildet gern Verbindungen in der Oxidationsstufe +2. Silber tritt fast nur in der Oxidationsstufe +1 auf. Vom Gold gibt es Verbindungen in den Oxidationsstufen +1 und +3. Die Metalle dieser Gruppe sind wenig reaktiv und lassen sich nur schwer oxidieren, man bezeichnet sie daher auch als **Edelmetalle**. Der edle Charakter nimmt innerhalb der Gruppe nach unten hin zu. Die Elemente der 1. Nebengruppe werden auch **Münzmetalle** genannt, da sie bereits seit der Antike für Geldmünzen verwendet wurden. Gold kommt fast ausschließlich gediegen, also als Element vor. Silber und Kupfer kommen manchmal gediegen vor. Von diesen beiden Elementen gibt es aber auch typische Minerale:

- Kupferglanz, Cu_2S
- Rotkupfererz, Cuprit, Cu_2O
- Malachit, $CuCO_3 \cdot Cu(OH)_2$
- Kupferkies, $CuFeS_2$ (= $Cu_2S \cdot Fe_2S_3$)
- Silberglanz, Ag_2S
- Hornsilber, $AgCl$

Kupfer

Zur Herstellung von Kupfer muss man aus den sulfidischen Erzen zunächst den Schwefel entfernen. Das geschieht durch Oxidation mit Luftsauerstoff (»Röstarbeit«). Aufgrund des edlen Charakters des Kupfers braucht man kein weiteres Reduktionsmittel, sondern kann durch geschickte Reaktionsführung das entstehende Kupfer(I)-oxid mit Kupfersulfid direkt zum metallischen Kupfer umsetzen (»Reaktionsarbeit«).

Röstarbeit: $\quad 2\,Cu_2S + 3\,O_2 \rightarrow 2\,Cu_2O + 2\,SO_2$

Reaktionsarbeit: $\quad Cu_2S + 2\,Cu_2O \rightarrow 6\,Cu + SO_2$

Wenn man eisenhaltige Kupfererze verarbeitet (z. B. Kupferkies), muss man zuerst das Eisen durch Zusatz von Silikaten in flüssige Eisensilikat-Schlacke überführen und abtrennen. Die Reinigung des hergestellten Rohkupfers erfolgt durch **elektrolytische Raffination**. Dazu wird das Rohkupfer als Anode in eine schwefelsaure Kupfer(II)-sulfatlösung eingetaucht. Als Kathode dient reines Kupfer. Beim Anlegen von Strom an die beiden Elektroden geht Kupfer an der Anode in Lösung und scheidet sich in reiner Form an der Kathode wieder ab. Das elektrolytisch gereinigte Kupfer hat einen Gehalt von 99,95 %. Die im Rohkupfer enthaltenen unedleren Metalle wie Eisen und Zink gehen ebenfalls in Lösung, scheiden sich aber nicht wieder an der Kathode ab. Im Rohkupfer sind noch geringe Mengen edlerer Metalle wie Silber, Gold, Palladium und Platin enthalten. Diese Metalle gehen nicht in Lösung, sondern fallen nach und nach von der Anode ab und setzen sich als Anodenschlamm auf dem Boden des Elektrolysegefäßes ab. Die edlen Metalle aus dem Anodenschlamm werden separat aufgearbeitet.

Kupfer ist gelbrot, bildet jedoch an der Luft auf der Oberfläche eine dünne Oxidschicht (Cu_2O) aus, die dem Metall die typische kupferrote Farbe verleiht. Das Metall ist korrosionsbeständig, lässt sich gut verformen und hat sehr gute Wärmeleitfähigkeit und elektrische Leitfähigkeit. Aufgrund dieser Eigenschaften ist Kupfer ein wichtiges Gebrauchsmetall für die verschiedensten Anwendungen wie elektrische Kabel, Leiterplatten, Wärmetauscher, im Schiffbau und im chemischen Apparatebau.

Weiterhin gibt es verschiedene Kupfer enthaltende Legierungen:

- ✔ Messing besteht aus Kupfer und Zink.
- ✔ Bronze besteht aus Kupfer und Zinn.
- ✔ Monel enthält 30 % Kupfer, 70 % Nickel und ist sehr korrosionsbeständig.
- ✔ Konstantan enthält 60 % Kupfer, 40 % Nickel und hat bei verschiedenen Temperaturen nahezu konstante elektrische Leitfähigkeit.
- ✔ Neusilber enthält ca. 60 % Kupfer, 20 % Nickel und 20 % Zink und wird als Silberimitat, z. B. für Münzen, verwendet.

Kupfer(II)-Verbindungen

Kupfer in der Oxidationsstufe +2 hat die Elektronenkonfiguration d^9. Damit ist ein ungepaartes Elektron vorhanden und diese Verbindungen sind paramagnetisch.

Kupfer(II)-oxid, CuO, entsteht beim Verbrennen von Kupfer an der Luft als schwarzes Pulver. Beim Erhitzen auf ca. 900 °C entsteht unter Sauerstoffabgabe das rote Kupfer(I)-oxid.

Kupfer(II)-sulfid, CuS, entsteht als schwer löslicher schwarzer Niederschlag aus Kupfer(II)-salzlösungen und Schwefelwasserstoff.

Kupfer(II)-hydroxid, $Cu(OH)_2$, entsteht als blassblauer, sehr feiner Niederschlag beim Versetzen einer Kupfer(II)-salzlösung mit Hydroxidionen. Kupfer(II)-hydroxid ist amphoter, löst sich also im Überschuss von Hydroxid-Ionen wieder:

$$Cu^{2+} + 2\,OH^- \rightarrow Cu(OH)_2$$

$$Cu(OH)_2 + 2\,OH^- \rightleftharpoons [Cu(OH)_4]^{2-}$$

In ähnlicher Weise bildet sich aus Kupfer(II)-Ionen und Ammoniak in wässriger Lösung das **Tetramminkupfer(II)-Ion, [Cu(NH$_3$)$_4$]$^{2+}$**. Der Komplex hat eine tiefblaue Farbe, die zum Nachweis von Kupferionen genutzt werden kann.

Wasserfreies **Kupfer(II)-sulfat** ist weiß. Bei Aufnahme von Wasser wandelt es sich in das blaue **Kupfer(II)-sulfat-Pentahydrat, CuSO$_4$·5H$_2$O** um (Trivialname: Kupfervitriol). Im Kupfervitriol sind vier Moleküle Wasser an das Kupfer(II)-Ion koordiniert, das fünfte Wassermolekül ist im Kristallgitter eingeschlossen und bildet Wasserstoffbrücken zu den Sulfatresten aus.

Es gibt verschiedene kupferhaltige Pigmente. Das sind im Einzelnen:

- ✔ Malachit (grün), CuCO$_3$·Cu(OH)$_2$
- ✔ Azurit, Kupferlasur (blau), 2CuCO$_3$·Cu(OH)$_2$
- ✔ Grünspan (grün), Cu(CH$_3$CO$_2$)$_2$·2Cu(OH)$_2$
- ✔ Schweinfurter Grün (grün), Cu(CH$_3$COO)$_2$·3Cu(AsO$_2$)$_2$

Schweinfurter Grün wird aufgrund seiner Giftigkeit (Arsenverbindung!) heute nicht mehr verwendet.

Kupfer(I)-Verbindungen

Kupfer in der Oxidationsstufe +1 hat die Elektronenkonfiguration d^{10}s^0. Aufgrund der vollständig besetzten d-Orbitale sind Kupfer(I)-Verbindungen farblos und diamagnetisch. In wässriger Lösung sind Kupfer(I)-Ionen instabil und disproportionieren sehr leicht in Cu^{2+} und Cu^0. Nur Anionen, die mit Kupfer(I)-Ionen schwer lösliche Verbindungen bilden, oder bestimmte Komplexliganden können die Disproportionierung verhindern. Beispiele für solche schwer löslichen Verbindungen sind **Kupfer(I)-iodid, CuI**, und **Kupfer(I)-cyanid, CuCN**. Letzteres löst sich im Überschuss von Kaliumcyanid unter Bildung des Tetracyanocuprat(I)-Komplexes wieder auf:

CuCN + 3 KCN → 3 K$^+$ + [Cu(CN)$_4$]$^{3-}$

Die Bildung von **Kupfer(I)-oxid, Cu$_2$O**, hatten wir bereits beim Kupfer(II)-oxid erwähnt.

Hier noch einmal die Zusammenfassung zur Chemie des Kupfers:

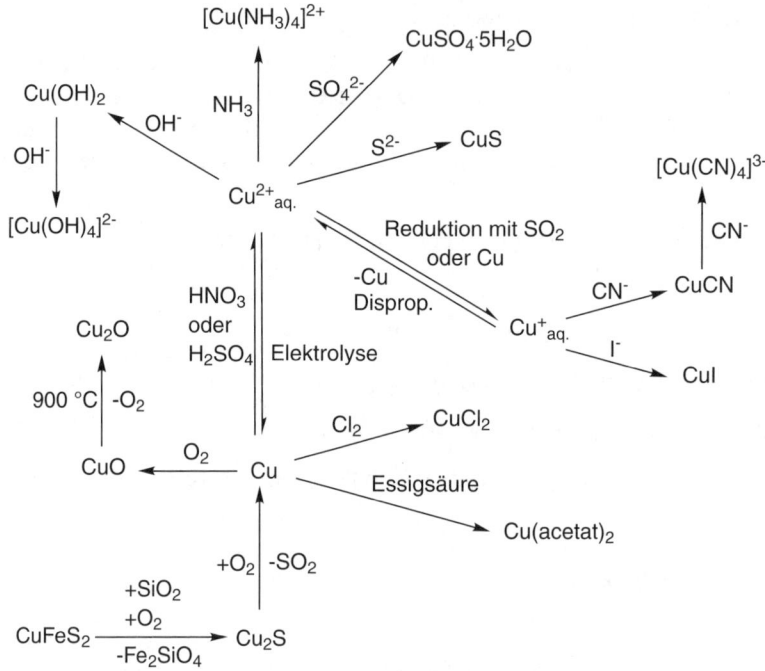

Abbildung 9.20: Chemie des Kupfers.

Silber

Silber erhält man z. B. aus dem Anodenschlamm der Kupferraffination oder als Nebenprodukt bei der Bleiherstellung. Silber enthaltende Erze kann man effektiv durch **Cyanidlaugerei** verarbeiten. Dabei wird das gesamte im Erz enthaltene Silber in Form eines Cyanokomplexes aus dem Erz herausgelöst:

$Ag_2S + 4\,CN^- + 2\,O_2 \rightarrow 2\,[Ag(CN)_2]^- + SO_4^{2-}$

$4\,Ag + 8\,CN^- + O_2 + 2\,H_2O \rightarrow 4\,[Ag(CN)_2]^- + 4\,OH^-$

Anschließend wird das Silber durch Reduktion mit Zinkstaub wieder ausgefällt:

$2\,[Ag(CN)_2]^- + Zn \rightarrow 2\,Ag + [Zn(CN)_4]^-$

Silber ist (wie der Name schon sagt) ein silberglänzendes, weiches Metall. Für Gebrauchsgegenstände wird es meist mit etwas Kupfer legiert, damit es härter wird. Es besitzt die höchste Wärmeleitfähigkeit und elektrische Leitfähigkeit von allen Metallen. Aufgrund seines edlen Charakters wird Silber für Münzen, Schmuck und Gebrauchsgegenstände verwendet. Die hohe Leitfähigkeit ermöglicht Anwendungen für elektrische Kontakte und Leitungsbahnen.

Silberverbindungen

Silber bildet hauptsächlich Verbindungen in der Oxidationsstufe +1 mit der Elektronenkonfiguration $d^{10}s^0$. Die wichtigste Ausgangsverbindung für andere Silberverbindungen ist das leicht lösliche **Silber(I)-nitrat, AgNO$_3$**. Dieses entsteht beim Auflösen von metallischem Silber in Salpetersäure:

$$3\,Ag + 4\,HNO_3 \rightarrow 3\,AgNO_3 + NO + 2\,H_2O$$

Silber(I)-sulfid, AgS, entsteht beim Einleiten von Schwefelwasserstoff in eine Silber(I)-Salzlösung als schwarzer, extrem schwer löslicher Niederschlag. **Silber(I)-chlorid, AgCl**, ist ebenfalls schwer löslich und dient häufig zum qualitativen Nachweis von Chloridionen. Silber(I)-chlorid löst sich in konzentrierter Salzsäure als $[AgCl_2]^-$.

Silber(I)-bromid, AgBr, wird in fotografischen Filmen als lichtempfindliche Substanz eingesetzt.

Der fotografische Prozess

Die lichtempfindliche Schicht von Schwarz-Weiß-Filmen und Fotopapieren enthält in Gelatine eingebettete, sehr fein verteilte Silberbromidkristalle. Bei der Belichtung des Films entstehen durch fotochemische Zersetzung winzige Silberkeime. Zum Entwickeln des Films verwendet man ein Reduktionsmittel, welches zuerst an den Stellen, an denen bereits Silberkeime vorliegen, wirksam wird. Als Reduktionsmittel (»Entwickler«) verwendet man verschiedene organische Verbindungen, wie z. B. Hydrochinon, Brenzkatechin, *para*-Phenylendiamin, *para*-Aminophenol. Die Reaktionsgleichung unten ist mit Hydrochinon formuliert. Durch das Entwickeln werden die belichteten Stellen des Films durch reduziertes Silber schwarz gefärbt. Man erhält ein Negativbild. Anschließend wird das restliche Silberbromid mit Natriumthiosulfat, Na$_2$S$_2$O$_3$, unter Bildung einer Komplexverbindung aus dem Film herausgelöst und somit der Film gegen weitere Belichtung unempfindlich gemacht (»Fixieren«). Man hat nun einen Negativfilm, bei dem hell und dunkel vertauscht sind.

Belichtung: $\quad AgBr + Licht \rightarrow Ag\text{-Keime} + 1/2\,Br_2$

Entwicklung: $\quad 2\,AgBr + \text{Hydrochinon} \rightarrow 2\,Ag + \text{Benzochinon} + 2\,HBr$

Fixieren: $\quad AgBr + 2\,Na_2S_2O_3 \rightarrow [Ag(S_2O_3)_2]^{3-} + 4\,Na^+ + Br^-$

Zur Herstellung eines Positivbildes schickt man mithilfe eines Vergrößerungsapparates Licht durch das Negativbild und belichtet das Fotopapier. Dieses wird ebenso entwickelt und fixiert. Dabei werden Hell und Dunkel wieder vertauscht, sodass jetzt ein naturgetreues Foto entsteht.

Gold

Gold erhält man ebenfalls aus dem Anodenschlamm der Kupferraffination. Ebenso kommt hierbei die Cyanidlaugerei zum Einsatz (siehe im Abschnitt über Silber). Eine weitere Möglichkeit zur Goldgewinnung ist das Amalgamverfahren. Hierbei wird das Gold durch Quecksilber in ein Amalgam überführt und aus dem Gestein herausgelöst. Amalgame sind Legierungen von Quecksilber mit anderen Metallen. Bei genügend großem Überschuss von Quecksilber sind die Amalgame flüssig. Anschließend kann das Quecksilber wieder abdestilliert werden und zurück bleibt das Gold, eventuell noch mit anderen Metallen verunreinigt. Die Reinigung des Goldes erfolgt durch Elektrolyse, ähnlich wie beim Kupfer.

Gold ist sehr reaktionsträge und ein sehr weiches Metall. Für Schmuckgegenstände wird das Gold meist mit Kupfer und Silber legiert. Die Angabe des Goldgehaltes in Legierungen erfolgt in Karat oder Tausendstel. Reines Gold hat 24 Karat. Gebräuchliche Legierungen enthalten z. B. 585 Tausendstel (14 Karat) oder 750 Tausendstel (18 Karat).

Gold(I)-Verbindungen

Goldverbindungen in der Oxidationsstufe +1 sind in wässriger Lösung wenig beständig und disproportionieren sehr leicht in Gold(0) und Gold(III). Nur schwer lösliche Verbindungen, wie AuI oder AuCN, oder Komplexverbindungen können in dieser Oxidationsstufe stabilisiert werden. Beispiel für ein stabiles, komplexes Gold(I)-Ion ist das **Dicyanoaurat(I), [Au(CN)$_2$]$^-$**, welches während der Cyanidlaugerei auftritt.

Gold(III)-Verbindungen

Das Gold(III)-Ion ist ein starkes Oxidationsmittel und tritt fast immer in Form quadratisch planarer Komplexverbindungen auf. **Gold(III)-chlorid, AuCl$_3$**, erhält man beim Überleiten von Chlorgas über fein verteiltes Gold bei 250 °C. Die Verbindung besteht aus Dimeren, dadurch erreicht das Gold die Koordinationszahl 4.

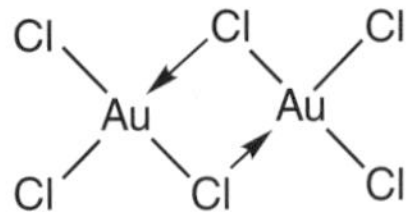

Abbildung 9.21: Dimere Struktur von Gold(III)-chlorid.

Tetrachlorogoldsäure, H[AuCl$_4$] · 4H$_2$O, erhält man beim Auflösen von Gold in Königswasser. Dabei handelt es sich um ein Gemisch aus Salzsäure und Salpetersäure. Dieses Säuregemisch ist so stark, dass es sogar Gold, den »König der Metalle«, aufzulösen vermag! Daher stammt der Name Königswasser. Die stark oxidierende Wirkung dieser Mischung beruht auf der Bildung von reaktivem Chlor und Nitrosylchlorid:

$HNO_3 + 3\,HCl \rightarrow NOCl + 2\,Cl + 2\,H_2O$

$Au + 3\,Cl + HCl + 4\,H_2O \rightarrow 2\,H[AuCl_4] \cdot H_2O$

Durch Reduktion von Gold(III)-Salzlösungen mit Zinn(II)-chlorid erhält man **Goldpurpur**:

$2\,Au^{3+} + 3\,Sn^{2+} + 18\,H_2O \rightarrow 2\,Au + 3\,SnO_2 + 12\,H_3O^+$

Das Gold liegt hierbei extrem fein verteilt vor (»kolloides Gold«) und hat dadurch eine purpurrote Farbe. Dieser Goldpurpur wird z. B. zur Herstellung von rubinrotem Glas verwendet (»Goldrubinglas«).

Die 2. Nebengruppe

Die Elemente der 2. Nebengruppe haben die Elektronenkonfiguration $d^{10}s^2$. Die d-Orbitale sind voll besetzt und werden von den Elementen gar nicht mehr zur Bindungsbildung benutzt. Daher haben die Elemente dieser Gruppe ein ähnliches Reaktionsverhalten wie diejenigen der 2. Hauptgruppe. Die Elemente Zink und Cadmium treten in der Oxidationsstufe +2 auf. Beim Quecksilber gibt es ein- und zweiwertige Verbindungen. Zink und Cadmium zeigen ein sehr ähnliches Reaktionsverhalten. Quecksilber ist deutlich edler als diese beiden Metalle und zeigt ein anderes chemisches Verhalten.

Zink und Cadmium kommen häufig gemeinsam in Mineralen vor. Quecksilber tritt teilweise gediegen auf. Da dieses Element bei Raumtemperatur flüssig ist, handelt es sich dabei um kleine Tröpfchen, die im Gestein eingeschlossen sind oder an die Oberfläche treten. Bekannte Minerale dieser Elemente sind:

- Zinkblende (Sphalerit, Wurzit), ZnS
- Zinkspat (Galmei, Smithsonit), $ZnCO_3$
- Zinnober, HgS

Zink

Zur Herstellung von Zink werden die sulfidischen Erze mit Sauerstoff erhitzt (Rösten) und das dabei entstehende Oxid mit Kohlenstoff bei ca. 1200 °C reduziert (thermisches Verfahren):

$ZnS + 1,5\,O_2 \rightarrow ZnO + SO_2$

$ZnO + C \rightarrow Zn + CO$

Das Zink verdampft bei dieser Temperatur (Siedepunkt 908 °C) und wird aus dem Ofen abdestilliert. Als Verunreinigungen sind noch Eisen, Cadmium und Blei enthalten. Durch fraktionierte Destillation kann man das Zink weiter reinigen.

Anstelle der Reduktion mit Kohlenstoff kann man das Zinkoxid auch mit Schwefelsäure in Lösung bringen und elektrolytisch abscheiden. Edlere Verunreinigungen wie Cadmium werden vorher mit Zinkstaub ausgefällt.

$ZnO + H_2SO_4 \rightarrow ZnSO_4 + H_2O$

Zinkblech wird für Dachabdeckungen, Dachrinnen und Fallrohre verwendet. Weitere Anwendungen sind als Anode in Trockenbatterien, als Reduktionsmittel in der Chemie und Metallurgie und als Korrosionsschutz für Bauteile aus Eisen.

Zinkverbindungen

Lösungen, die Zink(II)-Ionen enthalten, ergeben mit Lauge zunächst einen weißen Niederschlag von Zinkhydroxid. Dieser löst sich im Überschuss von Hydroxidionen wieder auf. Zink(II)-Ionen reagieren also amphoter:

$Zn^{2+} + 2\,OH^- \rightarrow Zn(OH)_2 \downarrow$

$Zn(OH)_2 + 2\,OH^- \rightarrow [Zn(OH)_4]^{2-}$

Zinksulfid, ZnS, bildet sich als weißer, schwerlöslicher Niederschlag beim Einleiten von Schwefelwasserstoff in Zinksalzlösungen.

Zinkoxid, ZnO, wird als weißes Pigment (Zinkweiß) verwendet.

Bei der Umsetzung von Bariumsulfid mit Zinksulfat entsteht ein schwerlöslicher weißer Niederschlag, der ebenfalls als Weißpigment verwendet wird. Das Gemisch aus Bariumsulfat und Zinksulfid wird als **Lithopone** bezeichnet:

$ZnSO_4 + BaS \rightarrow BaSO_4 + ZnS$

Cadmium

Bei der Herstellung von Zink fällt das selten vorkommende Cadmium als Nebenprodukt mit an. Beim thermischen Verfahren wird es während der fraktionierten Destillation abgetrennt, beim elektrolytischen Verfahren fällt es im Elektrolyseschlamm an. Die Reinigung des Cadmiums erfolgt durch Elektrolyse.

Mit Cadmium beschichtete Eisenteile sind widerstandsfähiger gegenüber Laugen und Meerwasser als verzinkte Eisenteile. Für bestimmte Spezialanwendungen verwendet man deshalb elektrolytisch aufgebrachte Cadmiumbeschichtungen auf Eisen. Cadmium besitzt eine hohe Absorptionsfähigkeit für Neutronen. Deshalb werden Regelstäbe für Kernreaktoren aus diesem Element gefertigt.

Cadmiumverbindungen

Cadmium(II)-Ionen reagieren ebenso wie Zink(II)-Ionen amphoter. Überhaupt ähnelt das Reaktionsverhalten des Cadmiums sehr stark demjenigen des Zinks.

Cadmiumsulfid, CdS, bildet sich als gelber, schwerlöslicher Niederschlag beim Einleiten von Schwefelwasserstoff in Cadmiumsalzlösungen. Cadmiumsulfid wird auch als gelbes Pigment (Cadmiumgelb) verwendet.

Cadmiumselenid, CdSe, ist ein rotes Pigment (Cadmiumrot).

Quecksilber

Beim Rösten von Zinnober erhält man direkt elementares Quecksilber:

$HgS + O_2 \rightarrow Hg + SO_2$

Dabei entweicht das Quecksilber gasförmig und wird abdestilliert. Eine weitere Reinigung ist durch Waschen mit verdünnter Salpetersäure möglich. Dabei werden zuerst die unedleren Metalle aus dem flüssigen Quecksilber herausgelöst. Anschließend wird das Quecksilber mit Wasser gewaschen und im Vakuum destilliert.

Quecksilber ist das einzige Metall, welches bei Raumtemperatur flüssig ist. Der Schmelzpunkt liegt bei –39 °C, der Siedepunkt bei 357 °C. Hinzu kommt eine sehr hohe Dichte von 13,55 g/cm^3. Bei Anregung der Quecksilberatome senden diese starke Emissionen im UV-Bereich und im Bereich des sichtbaren Lichts aus. Diese einzigartigen Eigenschaften ermöglichen eine Reihe spezieller Anwendungen. Diese sind:

- ✔ als Anzeigeflüssigkeit in Messgeräten wie Thermometern, Manometern und Barometern
- ✔ als flüssige Kathode bei der Alkalichloridelektrolyse
- ✔ als flüssige Elektrode bei der Polarographie
- ✔ in Quecksilberdampflampen und Energiesparlampen
- ✔ flüssiges Extraktionsmittel bei der Goldgewinnung
- ✔ Zahnfüllungen aus Silberamalgam
- ✔ Natriumamalgam als Reduktionsmittel in der Chemie

Allerdings sind Quecksilberverbindungen giftig. Ausgetretenes Quecksilber ist aufgrund des hohen Dampfdruckes ebenfalls gefährlich, sofern es nicht eingesammelt und entfernt wird. Deshalb bemüht man sich darum, Ersatzstoffe oder alternative quecksilberfreie Technologien zu finden.

Quecksilber(I)-Verbindungen

Bei Quecksilber(I)-Verbindungen sollte man aufgrund der Elektronenkonfiguration $d^{10}s^1$ Paramagnetismus erwarten. Diese Verbindungen sind aber diamagnetisch, da das s^1-Elektron mit einem weiteren s^1-Elektron eine Bindung eingeht und dimere $[Hg-Hg]^{2+}$-Ionen entstehen! Quecksilber(I)-Ionen disproportionieren sehr leicht zu Hg^0 und Hg^{2+}.

Quecksilber(I)-chlorid (Kalomel), Hg_2Cl_2, entsteht aus Quecksilber(II)-chlorid und Zinn(II)-chlorid:

$2\,HgCl_2 + SnCl_2 \rightarrow Hg_2Cl_2 + SnCl_4$

Der Name Kalomel bedeutet »schönes Schwarz« und stammt von der Reaktion des Quecksilber(I)-chlorids mit Ammoniak. Beim Übergießen der Verbindung mit Ammoniak färbt sich das Gemisch schwarz. Dabei läuft eine Disproportionierung in fein verteiltes schwarzes Quecksilber und in eine Quecksilber(II)-Verbindung ab:

$$Hg_2Cl_2 + 2\,NH_3 \rightarrow Hg + HgNH_2Cl + NH_4Cl$$

Die Kalomelelektrode besteht aus Quecksilber, welches mit festem Quecksilber(I)-chlorid bedeckt ist. Als Elektrolyt dient eine Kaliumchloridlösung. Diese Elektrode wird in der elektrochemischen Analytik häufig als Bezugselektrode verwendet (siehe Kapitel 16).

Quecksilber(II)-Verbindungen

Es gibt rotes und gelbes **Quecksilber(II)-oxid, HgO**. Der Farbunterschied kommt durch die unterschiedliche Teilchengröße zustande. Während gelbes Quecksilber(II)-oxid eine sehr kleine Korngröße hat, findet beim Erhitzen eine Farbvertiefung zu Rot unter Bildung größerer Teilchen statt.

Das wichtigste Quecksilbermineral ist **Quecksilber(II)-sulfid, HgS**. Dieses wird auch Zinnober genannt und dient als rotes Pigment. Allerdings existiert auch eine schwarze Modifikation vom HgS. Mit Zinnoberrot gestrichene Flächen werden deshalb mit der Zeit dunkel.

Quecksilber(II)-sulfat, $HgSO_4$, entsteht aus Quecksilber und konzentrierter Schwefelsäure:

$$Hg + 2\,H_2SO_4 \rightarrow HgSO_4 + SO_2 + 2\,H_2O$$

Quecksilber(II)-chlorid (Sublimat), $HgCl_2$, ist ein weißer Feststoff, der in Wasser gut löslich ist. Die Verbindung wird durch Erhitzen von Quecksilber(II)-sulfat und Natriumchlorid hergestellt. Das entstehende $HgCl_2$ sublimiert dabei aus dem Reaktionsgemisch heraus:

$$HgSO_4 + 2\,NaCl \rightarrow HgCl_2\uparrow + Na_2SO_4$$

In diesem Kapitel steckt eine Riesenmenge Chemiewissen. Falls Sie demnächst eine Prüfung in anorganischer Chemie vor sich haben, sollten Sie versuchen, sich die großen Reaktionsschemata einzuprägen. Wenn Sie diese wiedergeben können und deren Inhalt verstanden haben, sind Sie schon einen gewaltigen Schritt weitergekommen.

Teil II

Konzepte und Modelle in der Anorganischen Chemie

In diesem Teil ...

Konzepte und Modelle helfen uns, die vielfältigen Erscheinungen der Anorganischen Chemie besser zu verstehen und einzuordnen. Falls Sie also vom Teil I noch offene Fragen haben, oder die Zusammenhänge – das große Ganze – besser verstehen wollen, dann sind Sie in diesem Teil des Buches richtig. So können wir z. B. Säure-Base-Konzepte, die Elektrochemie oder die verschiedenen Bindungsmodelle nutzen, um das Reaktionsverhalten und die Eigenschaften von Molekülen vorherzusagen.

Säuren und Basen

In diesem Kapitel

- Säuren und Basen nach Arrhenius und Brønstedt
- pH-Wert, Definition und Messung
- Säuren und Basen nach Lewis
- harte und weiche Säuren und Basen
- Supersäuren

Sie kennen sicher zahlreiche Früchte, die sauer schmecken. Diese enthalten Fruchtsäuren, die den sauren Geschmack verursachen. Chemiker haben sich ausführlich mit Säuren und deren Gegenteil, den Basen, beschäftigt. Viele chemische Reaktionen lassen sich als Säure-Base-Reaktion klassifizieren. Da die Säure-Base-Konzepte wichtig für das Verständnis chemischer Sachverhalte sind, werde ich Ihnen die wichtigsten Säure-Base-Theorien in diesem Kapitel erklären. Die erste bis heute gültigen Säure-Base-Theorie wurde 1883 von Arrhenius aufgestellt.

Säuren und Basen nach Arrhenius

Entsprechend dieser Theorie sind Säuren Verbindungen, die in wässriger Lösung Wasserstoffionen (Protonen, H^+) abspalten, z. B.:

$HNO_3 \rightarrow H^+ + NO_3^-$

$HCl \rightarrow H^+ + Cl^-$

Basen sind demgegenüber Hydroxide, die in wässriger Lösung Hydroxidionen (OH^-) abspalten, z. B.:

$KOH \rightarrow K^+ + OH^-$

$Ca(OH)_2 \rightarrow Ca^{2+} + 2\ OH^-$

Bei der Reaktion von Säuren mit Basen findet eine **Neutralisation** statt:

$HCl + NaOH \rightarrow NaCl + H_2O$

Säure + Base $\rightarrow$ Salz + Wasser

Säuren und Basen nach Brønsted

Brønsted erweiterte 1923 die vorhandene Theorie von Arrhenius, indem er Säuren und Basen folgendermaßen definierte:

Säuren sind chemische Stoffe, die Protonen (H^+) abgeben können. Basen sind chemische Stoffe, die Protonen aufnehmen können.

So ist Chlorwasserstoff in der Lage ein Proton abzuspalten und wird daher als Säure bezeichnet. Umgekehrt ist das Chlorid-Ion in der Lage, ein Proton aufzunehmen und ist daher eine Base. Man kann diese beiden Reaktionen als Gleichgewicht schreiben:

$HCl \rightleftharpoons H^+ + Cl^-$

Säure   Proton   konjugierte Base

Durch Abspalten eines Protons aus der Säure entsteht also die konjugierte Base. Die Säure und die konjugierte Base bilden gemeinsam ein Säure-Base-Paar. In allgemeiner Schreibweise kann man das auch folgendermaßen formulieren:

Säure $\rightleftharpoons$ Proton + Base

Allerdings sollte ich an dieser Stelle noch einmal erwähnen, dass Protonen in wässriger Lösung nicht frei existieren, sondern sofort an die Moleküle des Wassers gebunden werden. Wir sollten also das obige Gleichgewicht unbedingt um folgenden Sachverhalt ergänzen:

$H^+ + H_2O \rightleftharpoons H_3O^+$

Damit wirkt also das Wassermolekül als Base und nimmt das vom Chlorwasserstoff abgegebene Proton auf. Man kann die beiden Gleichungen nun auch zusammenfassen und erhält dann folgende Gesamtgleichung:

$HCl + H_2O \rightleftharpoons H_3O^+ + Cl^-$

Säure 1 + Base 2 $\rightleftharpoons$ Säure 2 + Base 1

An Protonenübertragungsreaktionen sind immer zwei Säure-Base-Paare beteiligt. Zwischen diesen beiden Paaren besteht ein Gleichgewicht. Wenn eine Säure sehr leicht ihre Protonen abgibt, handelt es sich um eine starke Säure, da in Lösung viele H_3O^+-Ionen vorliegen. Die konjugierte Base, in unserem Fall das Chlorid-Ion, ist dann eine schwache Base. Wenn man die Konzentration der H_3O^+-Ionen in der Lösung bestimmt, kann man die Säuren und Basen nach ihrer Stärke sortieren (siehe Tabelle 10.1). Liegt das nachfolgende Gleichgewicht weit auf der rechten Seite, dann ist HA eine starke Säure. Liegt das Gleichgewicht weitgehend auf der linken Seite, dann ist HA eine schwache Säure.

$HA + H_2O \rightleftharpoons H_3O^+ + A^-$

10 ➤ Säuren und Basen

	Säure	Base		pK_S
starke Säure	HCl	Cl⁻	schwache Base	–7
	H_2SO_4	HSO_4^-		–3
	H_3O^+	H_2O		–1,74
	HNO_3	NO_3^-		–1,37
	HSO_4^-	SO_4^-		+1,96
	H_3PO_4	$H_2PO_4^-$		+2,16
	HF	F⁻		+3,18
	H_2S	HS⁻		+6,99
	HCN	CN⁻		+9,21
	NH_4^+	NH_3		+9,25
schwache Säure	H_2O	OH⁻	starke Base	+15,74

Tabelle 10.1: Ausgewählte Säure-Base-Paare nach Brønstedt.

Die Säurestärke in der letzten Spalte von Tabelle 10.1 wird über die pK_S-Werte definiert. Dabei handelt es sich um den negativen dekadischen Logarithmus des Säurekonstante K_S: $pK_S = -\lg K_S$. Für die Gleichung

$$HA + H_2O \rightleftharpoons H_3O^+ + A^-$$

ergibt sich die Säurekonstante als $K_s = \dfrac{c[H_3O^+] \cdot c[A^-]}{c[HA]}$.

»c« ist dabei die Konzentration der betreffenden Komponente in Lösung. Starke Säuren haben negative pK_S-Werte und je stärker positiv der pK_S-Wert ist, desto schwächer ist die Säure.

Es gibt einige Säuren, aus denen mehrere Protonen abgespalten werden können. Dazu gehören z. B. die Schwefelsäure (H_2SO_4) oder die Phosphorsäure (H_3PO_4). Diese Säure bezeichnet man als »mehrbasige Säuren«. Für die Abspaltung der Protonen aus mehrbasigen Säuren gilt im Allgemeinen, dass das erste Proton sehr leicht abzuspalten ist (starke Säure), die nachfolgenden Protonen aber immer schwerer abzuspalten sind (schwächere Säuren). In Tabelle 10.1 kommt dies für die Schwefelsäure und das Hydrogensulfat-Ion gut zum Ausdruck. Schwefelsäure hat einen pK_S-Wert von –3, also $K_S = 10^3 = 1000$. Dagegen hat das Hydrogensulfat einen pK_S-Wert von +1,96, also $K_S = 10^{-1,96} = 0,011$. Bei der Phosphorsäure kann man sogar schrittweise drei Protonen abspalten. Die Gleichungen für diese **Dissoziationen** lauten:

$H_3PO_4 + H_2O \rightleftharpoons H_3O^+ + H_2PO_4$ $\quad pK_S = 2,1$

$H_2PO_4^- + H_2O \rightleftharpoons H_3O^+ + HPO_4^2$ $\quad pK_S = 7,2$

$HPO_4^{2-} + H_2O \rightleftharpoons H_3O^+ + PO_4^3$ $\quad pK_S = 12,0$

Dementsprechend bildet diese Säure auch drei Reihen von Salzen, die primären Phosphate, MH_2PO_4, die sekundären Phosphate, M_2HPO_4, und die tertiären Phosphate, M_3PO_4. Stoffe wie HPO_4^{2-} können sowohl als Säure als auch als Base reagieren. Solche Stoffe bezeichnet man als **Ampholyte** oder als **amphoter**.

Der pH-Wert

Die Konzentration von Protonen, oder besser gesagt von Hydroniumionen (H_3O^+), in wässriger Lösung ist ein wichtiges Kriterium dafür, ob die Lösung »sauer« oder »basisch« reagiert. Auch in völlig sauberem Wasser findet in geringem Umfang eine Hydrolyse statt und es liegt eine geringe Konzentration von Hydronium- und Hydroxidionen vor.

Autoprotolyse des Wassers: $2\ H_2O \rightleftharpoons H_3O^+ + OH^-$

Die Konzentration von Hydroniumionen in reinem Wasser beträgt 10^{-7} mol/l. Diese Konzentration von Hydroniumionen bezeichnet man als **neutrale Lösung**. Wenn mehr als 10^{-7} mol/l Hydroniumionen vorliegen, so reagiert die Lösung **sauer**. Wenn weniger als 10^{-7} mol/l Hydroniumionen vorliegen, so reagiert die Lösung **basisch**. Da es etwas unbequem ist, immer mit Zahlenwerten um 10^{-7} mol/l zu hantieren, hat man sich darauf geeinigt, dass man saure und basische Lösungen anhand des pH-Werts unterscheidet. Dieser ist folgendermaßen definiert:

Der pH-Wert einer Lösung ist definiert als der Zahlenwert des negativen dekadischen Logarithmus der H_3O^+-Konzentration:

$$pH = -\lg \frac{c[H_3O^+]}{mol \cdot l^{-1}}.$$

In der nachfolgenden Tabelle sind einige Beispiele für pH-Werte zusammen gestellt. In einer sauren Lösung ist der pH-Wert kleiner als 7, in einer basischen Lösung ist er dagegen größer als 7.

	pH-Wert	Beispiel
sauer	0,8–1	Batteriesäure
	1,5	Magensäure
	2,3	Zitronensaft
	2,8	Speiseessig
	2,0–3,0	Cola
	4,5	saure Milch
	< 5	saurer Regen
	5,6	Regen
neutral	7,0	reines Wasser
	7,3	menschliches Blut
	8,0	Meerwasser
	10–11	Waschmittellösungen
	11,5	Ammoniakwasser (Salmiakgeist)
basisch	13–15	Natronlauge

Tabelle 10.2: Beispiele für pH-Werte.

Vielleicht wundern Sie sich, warum normales Regenwasser ebenfalls leicht sauer reagiert. Dies kommt hauptsächlich durch den Kohlendioxidgehalt der Luft zustande. Das Kohlendioxid löst sich im Regenwasser, bildet dort teilweise Kohlensäure und diese reagiert als schwache Säure leicht sauer:

$CO_2 + H_2O \rightleftharpoons H_2CO_3$

$H_2CO_3 + H_2O \rightleftharpoons HCO_3^- + H_3O^+$

Alles unter Kontrolle: Pufferlösungen

Puffer oder auch Pufferlösungen wirken einer Veränderung des pH-Werts entgegen. Zu solchen Lösungen kann man sowohl Protonen als auch Hydroxidionen geben, ohne dass sich der pH-Wert der Lösung dabei deutlich ändert. Für diesen Zweck sind folgende Systeme geeignet:

- ✔ eine schwache Säure und das Salz dieser schwachen Säure (z. B. Essigsäure und Natriumacetat, pH-Wert bei 5)
- ✔ eine schwache Base und das Salz dieser schwachen Base (z. B. Ammoniak und Ammoniumchlorid, pH-Wert bei 9)
- ✔ amphotere Stoffe (z. B. Hydrogenphosphat, HPO_4^{2-})

Puffersysteme spielen häufig eine Rolle in biologischen Systemen. So sollte das Blut in unserem Körper z. B. einen pH-Wert von etwa 7,3 haben. Die Steuerung des pH-Werts im Blut erfolgt durch die Puffersysteme Kohlensäure/Hydrogencarbonat (H_2CO_3/HCO_3^-) und durch das Hydrogenphosphat-Ion (HPO_4^{2-}). Bei sehr hartem Training wird von den Muskelzellen Milchsäure an den Blutkreislauf abgegeben. Wenn das Hydrogencarbonat nicht ausreicht, um die Milchsäure zu neutralisieren, sinkt der pH-Wert des Bluts. Der Betreffende bekommt eine Azidose. Im entgegengesetzten Fall kann es passieren, dass der pH-Wert des Bluts ansteigt, wenn ein Mensch zu schnell atmet (hyperventiliert). Beim Hyperventilieren wird zu viel Kohlendioxid ausgeatmet und der Gehalt an Kohlensäure im Blut sinkt. Dieser Zustand der Alkalose kann ebenfalls zu ernsten Gesundheitsschäden führen.

Messung des pH-Werts

Der pH-Wert einer Lösung kann mit Säure-Base-Indikatoren oder mit einem pH-Messgerät bestimmt werden. Bei den Säure-Base-Indikatoren handelt es sich um organische Farbstoffe, die selbst schwache Säuren oder Basen sind. Dabei hat die Säure eine andere Farbe als ihre korrespondierende Base. So ist z. B. bei Methylrot die Säure rot und die korrespondierende Base gelb. Das entsprechende Gleichgewicht für die Reaktion des Indikators »HIn« kann man folgendermaßen formulieren:

$$HIn(aq.) + H_2O \rightleftharpoons H_3O^+ + In^- (aq.)$$

Farbstoff	Farbe der Säure	Farbe der Base	pH-Bereich des Farbumschlags
Neutralrot	rot	blau	6,8–8
Methylrot	rot	gelb	4,2–6,3
Methylorange	orangerot	gelb	3,1–4,4
Bromthymolblau	gelb	blau	5,8–7,6
Phenolphthalein	farblos	rot	8,3–10

Tabelle 10.3: Beispiele für Indikatoren und deren Umschlagbereiche.

Indikatoren werden bei Säure-Base-Titrationen verwendet (siehe Kapitel 15). Außerdem finden Indikatoren in zahlreichen Indikatorpapieren oder Teststäbchen Anwendung. Das bei uns im Labor am häufigsten eingesetzte Indikatorpapier ist das »Unitest-Papier«. Das sind mit mehreren Indikatoren getränkte Papierstreifen, mit denen man den gesamten pH-Bereich von 0 bis 14 anzeigen kann. Die Genauigkeit ist dabei allerdings nicht sehr hoch.

Wer es genauer wissen will, muss eine Messung mit einem pH-Messgerät vornehmen. Dazu erfahren Sie mehr im Kapitel 16 im Abschnitt Potenziometrie.

Säuren und Basen nach Lewis

Etwa um die gleiche Zeit wie Brønsted entwickelte Lewis ein Säure-Base-Konzept, welches noch allgemeiner gefasst ist.

Lewis-Säuren sind Teilchen mit unvollständig besetzter äußerer Elektronenschale, die gegenüber anderen Teilchen als Elektronenpaarakzeptoren wirken können. Lewis-Basen sind Teilchen, die ein freies Elektronenpaar haben, welches zur Bindungsbildung zur Verfügung gestellt wird (Elektronenpaardonoren).

Wenn Lewis-Säuren ein Elektronenpaar aufnehmen können, müssen sie eine Elektronenlücke aufweisen, also unbesetzte Orbitale haben. Beispiele für Lewis-Säuren sind: BF_3, $AlCl_3$, SiF_4, PCl_3, $SnCl_4$, SO_2, H^+, Ca^{2+}, Al^{3+}, Cu^{2+}, Ag^+.

Lewis-Basen hingegen müssen mindestens ein freies Elektronenpaar besitzen; Beispiele sind: F^-, Cl^-, NH_3, H_2O, OH^-, CO, CN^-.

Nach dieser Definition ist die Säure-Base-Reaktion nicht mehr an die Übertragung eines Protons gebunden. Bei der Reaktion einer Säure mit einer Base entsteht eine Atombindung. Nachfolgend einige Beispiele für Säure-Base-Reaktionen nach Lewis:

Lewis-Säure	Lewis-Base	
BF_3 +	NH_3 →	$F_3B\text{-}NH_3$
SiF_4 +	$2F^-$ →	$[SiF_6]^{2-}$
SO_2 +	OH^- →	HSO_3^-
Ag^+ +	$2\,NH_3$ →	$[Ag(NH_3)_2]^+$
Ni +	$4\,CO$ →	$[Ni(CO)_4]$

Hart und weich im Reich der Säuren und Basen

Bei der Definition der Säuren und Basen nach Lewis fehlt eine Möglichkeit, die Säure- oder Basenstärke quantitativ zu beschreiben. Es gibt beim Säure-Base-Konzept nach Lewis keine Säurekonstante oder ähnliche Zahlenwerte. Stattdessen erfolgt eine qualitative Einteilung der Säuren und Basen in hart und weich.

Harte Säuren sind kleine Teilchen mit einer hohen Ladung und geringer Polarisierbarkeit. **Weiche Säuren** sind große, leicht polarisierbare Teilchen. Beispiele für die Einteilung der Lewis-Säuren finden Sie in der nachfolgenden Tabelle.

Hart	Zwischenstellung	Weich
H^+, Li^+, Na^+, Be^{2+}, Mg^{2+}, Ca^{2+}, Al^{3+}, Fe^{3+}, Cr^{3+}, Ti^{4+}, BF_3	Fe^{2+}, Co^{2+}, Ni^{2+}, Cu^{2+}, Zn^{2+}, Sn^{2+}	Pd^{2+}, Pt^{2+}, Cu^+, Ag^+, Au^+, Hg^+, Hg^{2+}, Tl^+, Cd^{2+}

Tabelle 10.4: Einteilung der Lewis-Säuren.

Harte Basen sind kleine Teilchen mit geringer Polarisierbarkeit, die schwer zu oxidieren sind. **Weiche Basen** sind große, leicht polarisierbare Teilchen, die leicht oxidierbar sind.

Hart	Zwischenstellung	Weich
F^-, OH^-, O^{2-}, ClO_4^-, SO_4^{2-}, NO_3^-, PO_4^{3-}, CO_3^{2-}, H_2O, NH_3	Br^-, NO_2^-, SO_3^{2-}, N_3^-	H^-, I^-, CN^-, SCN^{-*} S^{2-}, $S_2O_3^{2-}$, CO

Tabelle 10.5: Einteilung der Lewis-Basen.

Ob ein Ion hart oder weich ist, wird vor allem durch das Verhältnis von Radius zu Ladung bestimmt. Kleine, hoch geladene Ionen sind hart, große Ionen mit geringer Ladung sind weich.

Die Einteilung in »hart« und »weich« ist nützlich. Die Reaktion von harten Säuren mit harten Basen führt nämlich zu stabilen Verbindungen. Ebenso liefern Reaktionen von weichen Säuren mit weichen Basen stabile Verbindungen. Weniger stabile Verbindungen erhält man hingegen aus Reaktionen von »harten« mit »weichen« Reaktionspartnern. Das möchte ich Ihnen an einigen Beispielen demonstrieren:

- ✔ Die weichen Kationen Cu^+, Hg^{2+}, Zn^{2+} bilden mit dem weichen Anion Sulfid, S^{2-}, extrem schwer lösliche Niederschläge. Die Metallsulfide kommen aufgrund ihrer Schwerlöslichkeit auch in der Natur vor.
- ✔ Die harten Kationen Mg^{2+}, Ca^{2+} und Al^{3+} bilden schwer lösliche Verbindungen mit den harten Anionen SO_4^{2-}, CO_3^{2-}, PO_4^{3-} und O^{2-} und kommen in der Natur auch in diesen Kombinationen vor.
- ✔ Der Komplex $[AlF_6]^{3-}$ (Kombination »hart/hart«) ist stabiler als der Komplex $[AlI_6]^{3-}$ (»hart/weich«).
- ✔ Der Komplex $[HgI_4]^{2-}$ (Kombination »weich/weich«) ist stabiler als der Komplex $[HgF_4]^{2-}$ (»weich/hart«).

Nicht Superman, sondern Supersäure

Schwefelsäure ist eine sehr starke Säure. Stoffgemische, die saurer sind als 100 %ige Schwefelsäure, bezeichnet man als Supersäuren. Mit Supersäuren kann man selbst so unreaktive Moleküle wie Wasserstoff, Chlor, Brom oder Kohlendioxid protonieren. Auch die Protonierung des Edelgases Xenon gelingt mit Supersäuren!

Da gibt es zum einen die Lösung von Antimon(V)-fluorid, SbF_5, in Fluorsulfonsäure, HSO_3F. Diese Mischung wird auch als »magische Säure« bezeichnet. Man kann damit sogar Paraffine lösen. Bei der Herstellung der »magischen Säure« läuft hauptsächlich folgende Reaktion ab:

$$SbF_5 + 2\,HSO_3F \rightarrow H_2SO_3F^+ + FSO_3SbF_5^-$$

Eine weitere Supersäure erhält man aus der Reaktion von Antimon(V)-fluorid, SbF_5, mit reinem Fluorwasserstoff, HF:

SbF_5 + 2 HF → H_2F^+ + SbF_6^-

Die Bildung dieser beiden Supersäuren verläuft über eine Reaktion der starken Lewis-Säure SbF_5 mit den schwachen Lewis-Basen SO_3F^-, bzw. F^-. Dadurch entstehen die für den sauren Charakter der Mischungen verantwortlichen Kationen $H_2SO_3F^+$ bzw. H_2F^+. Diese beiden Kationen sind extrem stark daran interessiert, wenigstens eines der Protonen loszuwerden und protonieren daher so ziemlich alles, was ihnen in den Weg kommt.

Elektrochemie

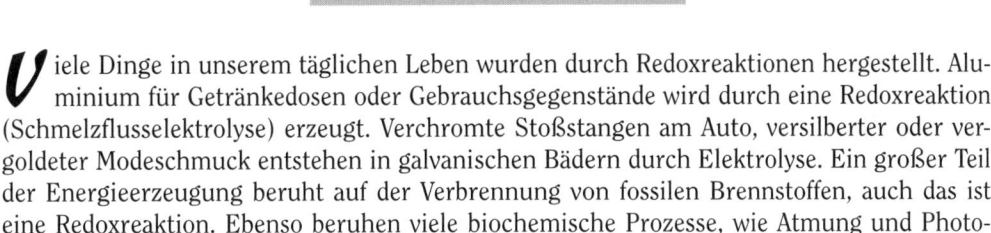

In diesem Kapitel

▶ Redoxreaktionen und Standardelektrodenpotenzial

▶ elektrochemische Spannungsreihe

▶ Elektrolyse

▶ Oxidationszahlen

---

*V*iele Dinge in unserem täglichen Leben wurden durch Redoxreaktionen hergestellt. Aluminium für Getränkedosen oder Gebrauchsgegenstände wird durch eine Redoxreaktion (Schmelzflusselektrolyse) erzeugt. Verchromte Stoßstangen am Auto, versilberter oder vergoldeter Modeschmuck entstehen in galvanischen Bädern durch Elektrolyse. Ein großer Teil der Energieerzeugung beruht auf der Verbrennung von fossilen Brennstoffen, auch das ist eine Redoxreaktion. Ebenso beruhen viele biochemische Prozesse, wie Atmung und Photosynthese auf Redoxreaktionen.

In diesem Kapitel erkläre ich Ihnen grundlegende Zusammenhänge bei Redoxreaktionen, wie man Oxidationszahlen bei chemischen Verbindungen bestimmt, was die elektrochemische Spannungsreihe ist und wie man mit diesen Kenntnissen eine Batterie bauen kann.

Redoxreaktionen

Dieser Begriff ist aus zwei Worten zusammengesetzt: Reduktion und Oxidation. Beide Reaktionen laufen bei einer Redoxreaktion gleichzeitig ab. Bei der Oxidation gibt ein Reaktionspartner Elektronen ab. Bei der Reduktion nimmt der andere Reaktionspartner eben diese Elektronen auf. Man kann auch sagen, dass der eine Reaktionspartner reduziert, der andere oxidiert wird. Der Reaktionspartner, der reduziert wird, heißt Oxidationsmittel; der Reaktionspartner, der oxidiert wird, heißt Reduktionsmittel. Eine Redoxreaktion findet z. B. bei der Verbrennung von Kohle oder bei der Herstellung von Roheisen statt:

C +	O_2	$\rightarrow CO_2$
$3\,CO\,+$	Fe_2O_3	$\rightarrow 2\,Fe\ +\ 3\,CO_2$
Reduktionsmittel	Oxidationsmittel	

Oxidation

Es gibt verschiedene Möglichkeiten, an denen Sie eine Oxidation erkennen können:

- ✔ Abgabe von Elektronen, z. B. $Na \rightarrow Na^+ + e^-$

  Diese Reaktion tritt immer ein, wenn metallisches Natrium mit einer anderen Verbindung reagiert.

- ✔ Aufnahme von Sauerstoff, z. B. $C + O_2 \rightarrow CO_2$

  Aufnahme von Sauerstoff ist ein typisches Merkmal aller Verbrennungsprozesse.

- ✔ Abgabe von Wasserstoff, z. B. $CH_3OH \rightarrow CH_2O + H_2$

  In diesem Beispiel wird aus Methanol durch Oxidation ein Molekül Wasserstoff abgespalten. Das entstehende Produkt heißt Formaldehyd.

Reduktion

Ebenso gibt es ganz klare Merkmale, an denen Sie eine Reduktion erkennen können:

- ✔ Aufnahme von Elektronen, z. B. $Ag^+ + e^- \rightarrow Ag$

  Das Silber-Ion wird durch ein Elektron zum Metall reduziert. Dieser Prozess wird beim Versilbern von Gegenständen in einem Elektrolysebad genutzt.

- ✔ Abgabe von Sauerstoff, z. B. $3\,CO + Fe_2O_3 \rightarrow 2\,Fe + 3\,CO_2$

  Das Eisenerz wird im Hochofen durch das Reduktionsmittel Kohlenmonoxid vom enthaltenen Sauerstoff befreit. Zurück bleibt metallisches Eisen.

- ✔ Aufnahme von Wasserstoff, z. B. $CO + H_2 \rightarrow CH_3OH$

  In diesem Beispiel reagiert das Kohlenmonoxid unter Aufnahme von Wasserstoff zu Methanol.

Des einen Verlust ist des anderen Gewinn

Oxidation und Reduktion können niemals getrennt voneinander stattfinden. Sonst hätten wir bei einer Oxidation plötzlich Elektronen übrig. Einzelne Elektronen kann man aber nicht in einer Flasche aufbewahren, sondern diese müssen immer mit einem anderen Reaktionspartner reagieren! Wenn wir uns also noch einmal die Herstellung von Roheisen anschauen, stellen wir fest, dass diese Redoxreaktion aus zwei Teilprozessen besteht:

Reduktion: $Fe_2O_3 + \mathbf{6\,e^-} \rightarrow 2\,Fe + 3\,O^{2-}$

Oxidation: $3\,CO + 3\,O^{2-} \rightarrow 3\,CO_2 + \mathbf{6\,e^-}$

Gesamtgleichung: $3\,CO + Fe_2O_3 \rightarrow 2\,Fe + 3\,CO_2$

Die Elektronen, die bei diesen Teilreaktionen übertragen werden, habe ich fett markiert. In der Gesamtgleichung tauchen diese aber nicht mehr auf. Jede Redoxreaktion kann man in

Teilgleichungen für den Oxidations- und den Reduktionsprozess zerlegen. Wenn Sie einmal selbst Redoxgleichungen aufstellen müssen, sollten Sie sich zuerst überlegen, was bei den beiden Teilreaktionen passiert. Anschließend bilden Sie anhand der Anzahl der Elektronen in den beiden Teilreaktionen das kleinste gemeinsame Vielfache. Dann können Sie die Teilreaktionen zur Gleichung der Redoxreaktion zusammenfügen. Dabei gelten die gleichen Regeln wie in der Mathematik. Wenn Sie zwei Gleichungen addieren, können Sie Dinge kürzen, die auf der linken **und** der rechten Seite der Reaktionsgleichung auftauchen.

Oxidationszahlen

Damit Sie die Zahlenspiele beim Ausgleichen von Redoxreaktionen sicher beherrschen, fehlt Ihnen eventuell noch eine wichtige Voraussetzung. Sie sollten möglichst in der Lage sein, den Elementen in ihren Verbindungen Oxidationszahlen zuzuordnen. Oxidationszahlen (manchmal auch Oxidationsstufe) sind positive oder negative Zahlen, die jedem Element einer Verbindung nach bestimmten Regeln zugeordnet werden. Die Oxidationszahl wird häufig über das Element geschrieben. Die Regeln für die Zuordnung von Oxidationszahlen finden Sie in der nachfolgenden Zusammenstellung.

1. Die Oxidationszahl eines Elements im elementaren Zustand ist Null. Das gilt für einatomige oder mehratomige Elemente in gleicher Weise. Beispiele:

   $\overset{0}{Ar} \quad \overset{0}{N_2} \quad \overset{0}{H_2} \quad \overset{0}{C_n}$ (Graphit)

2. Die Oxidationszahl eines einatomigen Ions ist gleich der Ionenladung

Verbindung	Ionen mit Oxidationszahlen
NaCl	$\overset{+1}{Na^+} \quad \overset{-1}{Cl^-}$
CaO	$\overset{+2}{Ca^{2+}} \quad \overset{-2}{O^{2-}}$
LiH	$\overset{+1}{Li^+} \quad \overset{-1}{H^-}$

3. Die Summe aller Oxidationszahlen einer neutralen Verbindung ist gleich Null. Die Summe aller Oxidationszahlen eines mehratomigen Ions ist gleich der Ionenladung.

4. Die Oxidationszahl von Fluor ist immer −1, die von Sauerstoff fast immer −2.

5. Größere Verbindungen werden gedanklich in Ionen aufgeteilt. Die Aufteilung erfolgt in der Weise, dass der elektronegativere Bindungspartner immer die Bindungselektronen zugeteilt bekommt. Bei gleichen Atomen als Bindungspartnern erhalten beide die Hälfte der Bindungselektronen.

Verbindung	Lewis-Formel	Oxidationszahlen
H_2O		$\overset{+1-2}{H_2O}$
H_2O_2		$\overset{+1-1}{H_2O_2}$
SiF_6^{2-}		$\overset{+4-1}{SiF_6^{2-}}$
KNO_3		$\overset{+1+5-2}{KNO_3}$
H_2SO_4		$\overset{+1+6-2}{H_2SO_4}$

Das Standardelektrodenpotenzial

Wenn man einen Zinkstab in eine Lösung mit Kupfer(II)-Ionen eintaucht, so läuft ebenfalls eine Redoxreaktion ab. Das Zink löst sich langsam auf, und das Kupfer scheidet sich am Zinkstab ab:

$$Zn + Cu^{2+} \rightleftharpoons Cu + Zn^{2+}$$

Reduktionsmittel   Oxidationsmittel

Die Lage dieses Gleichgewichtes wird dabei durch das **Standardelektrodenpotenzial** der beteiligten Elemente bestimmt. Standardelektrodenpotenzial heißt das deshalb, weil man diese Stoffeigenschaft mithilfe einer standardisierten Messanordnung ermittelt. Dazu verwendet man die Standard-Wasserstoffelektrode. Diese besteht aus einem Platindraht, der in eine wässrige Lösung mit genau festgelegter Konzentration (1 mol/l) an Protonen (H^+-Ionen) eintaucht. Durch diese Lösung wird Wasserstoff mit Atmosphärendruck hindurchgeleitet. Eine solche Lösung, bei der sich Wasserstoff mit Wasserstoffionen im Gleichgewicht befindet, wurde als Standardelektrodenpotenzial mit $E^0 = 0$ V definiert. Diese halbe galvanische Zelle kann man nun mit anderen Halbzellen kombinieren und so die Elektrodenpotenziale von Elementen und Verbindungen relativ zur Standard-Wasserstoffelektrode experimentell bestimmen (siehe Abbildung 11.1). In Tabelle 11.1 sind die Standardelektrodenpotenziale für einige Elemente zusammengefasst.

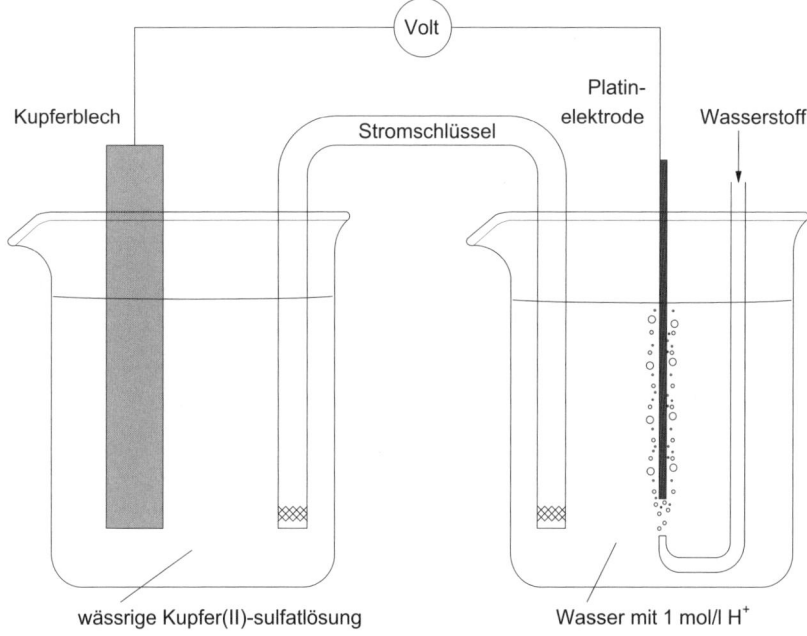

Abbildung 11.1: Experimentelle Bestimmung des Standardelektrodenpotenzials von Kupfer.

Das Standardelektrodenpotenzial ist ein wichtiges Hilfsmittel zur Vorhersage von Redoxreaktionen. Anhand der Stellung des Elementes in der Tabelle kann man sehr schnell entscheiden, ob ein Element in der Lage ist, ein anderes Element aus seinen Ionen zu reduzieren. Man spricht dabei auch vom »edlen« oder »unedlen« Charakter der Elemente. Die reduzierte Form eines Elementes (z. B. Natrium) gibt Elektronen nur an die oxidierte Form eines Elementes ab, das in der Spannungsreihe darunter steht (z. B. Quecksilber(II)):

$2\,Na + Hg^{2+} \rightarrow 2\,Na^+ + Hg$

Metalle mit positivem Standardelektrodenpotenzial, die unter dem Wasserstoff stehen, sind edler als dieser und lösen sich nicht in Protonensäuren auf. Diese bezeichnet man als **edle Metalle**.

Alle Metalle mit negativem Standardelektrodenpotenzial können Elektronen an die Hydroniumionen, H_3O^+, abgeben. Dabei entsteht Wasserstoff. Diese Metalle bezeichnet man als **unedle Metalle**. Beispiele für solche unedlen Metalle sind Eisen und Zink, die sich in Salzsäure unter Wasserstoffentwicklung auflösen:

$Fe + 2\,H_3O^+ \rightarrow Fe^{2+} + H_2 + 2\,H_2O$

$Zn + 2\,H_3O^+ \rightarrow Zn^{2+} + H_2\uparrow + 2\,H_2O$

	reduzierte Form	oxidierte Form	E in Volt
»unedle« Elemente	Li	Li^+	−3,04
	K	K^+	−2,93
	Ca	Ca^{2+}	−2,87
	Na	Na^+	−2,71
	Mg	Mg^{2+}	−2,36
	Al	Al^{3+}	−1,67
	Zn	Zn^{2+}	−0,76
	Fe	Fe^{2+}	−0,44
	Fe	Fe^{3+}	−0,04
	$H_2 + 2\, H_2O$	$2H_3O^+$	0
»edle« Elemente	Cu	Cu^{2+}	+0,34
	Cu	Cu^+	+0,52
	Ag	Ag^+	+0,8
	Hg	Hg^{2+}	+0,86
	Pd	Pd^+	+0,92
	Pt	Pt^{2+}	+1,18
	Au	Au^+	+1,69

Tabelle 11.1: Ausgewählte Standardelektrodenpotenziale E für saure wässrige Lösungen.

Einige unedle Metalle lösen sich nicht in Wasser oder Säuren auf, obwohl man dies entsprechend ihrer Stellung in der Spannungsreihe eigentlich erwarten würde. Ursache dafür ist die **Passivierung** der Oberfläche mit einer dünnen Oxidschicht. Eine solche Passivierung tritt z. B. beim Element Aluminium auf. Die Oxidschicht ist hier sehr haltbar, sodass Aluminiumprofile und -werkstoffe auch vielfach im Außenbereich eingesetzt werden. Lediglich durch Lauge wird die Oxidschicht unter Komplexbildung aufgelöst.

Elektrolyse

In den galvanischen Zellen, die wir im vorigen Abschnitt besprochen haben, laufen Redoxreaktionen aufgrund der unterschiedlichen Standardelektrodenpotenziale freiwillig ab. Redoxvorgänge, die nicht freiwillig ablaufen, kann man durch Zufuhr elektrischer Energie erzwingen. Solche Prozesse bezeichnet man als Elektrolyse. Die zu Anfang des Kapitels verwendete Gleichung könnten wir also folgendermaßen ergänzen:

$$\text{Zn} + \text{Cu}^{2+} \xrightleftharpoons[\text{Elektrolyse}]{\text{freiwillig}} \text{Cu} + \text{Zn}^{2+}$$

Reduktionsmittel Oxidationsmittel

Wenn wir also metallisches Zink aus einer wässrigen Lösung abscheiden wollen, so müssen wir an die beiden Elektroden, die in die Zinksalzlösung eintauchen, eine Gleichspannung anlegen. Das metallische Zink scheidet sich an der Elektrode ab, an der der negative Pol der Spannungsquelle angeschlossen ist. Der positive Pol ist an ein Kupferblech angeschlossen, dort gehen die Kupferionen in Lösung. Die beiden Elektrodenräume müssen noch durch eine halbdurchlässige Membran voneinander getrennt werden. Durch diese Membran können die Anionen, in unserem Beispiel Sulfationen, hindurchdiffundieren (siehe Abbildung 11.2).

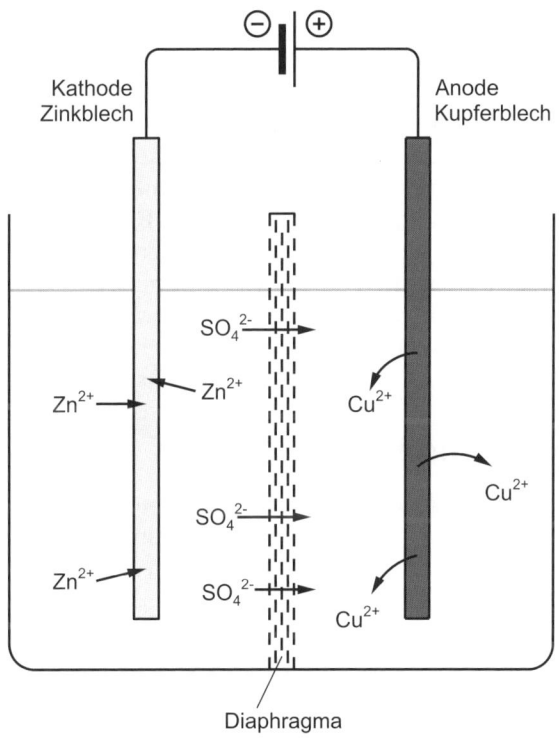

Abbildung 11.2: Schematische Darstellung einer Elektrolysezelle.

Die hier dargestellten Reaktionen sind genau die Umkehrung der in einem Daniell-Element ablaufenden Prozesse. Während allerdings das Daniell-Element Strom für Ihre Taschenlampe oder ein Modellauto liefert, müssen wir in den hier beschriebenen Prozess elektrische Energie hineinstecken. Elektrolyseverfahren werden häufig in der Industrie benutzt. Beispiele dafür sind:

✔ Gewinnung unedler Metalle durch Schmelzflusselektrolyse (siehe Kapitel 3)

✔ Herstellung von Natrium- und Kaliumhydroxid (siehe Kapitel 3)

✔ Elektrolytische Reinigung von Metallen aus wässrigen Lösungen bei Kupfer, Chrom, Nickel, Zink und Silber (siehe Kapitel 7)

Von der Taschenlampe zum Laptop – elektrochemische Stromquellen

Das Daniell-Element haben wir gerade erwähnt. In diesem Kapitel haben Sie bereits erfahren, dass bestimmte Redoxreaktionen freiwillig ablaufen, wenn man die richtigen Elemente miteinander kombiniert. Wenn man also ein unedles Metall über eine geeignete Lösung oder ein Gel elektrochemisch an das Salz eines edlen Metalls koppelt, so fließt ein Strom. Diesen Strom können wir nutzen, um unsere Taschenlampen, Handys oder Laptops zu betreiben. Es ist also höchste Zeit, dass ich Ihnen die verschiedenen elektrochemischen Stromquellen vorstelle. Man bezeichnet diese auch als **galvanische Elemente**. In diesen wird chemische Energie direkt in elektrische Energie umgewandelt. Bei **Batterien** (Primärelementen) und **Akkumulatoren** (Sekundärelementen) ist die Energie in den chemischen Verbindungen oder Elementen der Elektroden gespeichert. Batterien kann man nur einmal verwenden, dann wirft man sie weg, bzw. man führt sie einem Recyclingprozess zu. Akkumulatoren kann man wieder Aufladen und erneut verwenden. Schließlich gibt es noch **Brennstoffzellen**. Bei diesen wird den Elektroden kontinuierlich ein geeigneter Brennstoff zugeführt.

Die Taschenlampenbatterie

Die Taschenlampenbatterie wird auch als Trockenbatterie oder **Leclanché-Element** bezeichnet. Sie ist nicht wieder aufladbar. Die Anode besteht aus Zink, die Kathode aus einem Kohlestab, der mit Mangan(IV)-oxid umhüllt ist. Als Elektrolyt dient eine Ammoniumchloridlösung, die mit Stärke oder Methylcellulose (»Tapetenkleister«) zu einer dicken Paste angerührt wurde (siehe Abbildung 11.3). Das Leclanché-Element liefert eine Spannung von 1,5 Volt. Während der Stromentnahme wird das Zink oxidiert und das Mangan(IV)-oxid zum Mangan(III)-oxidhydroxid reduziert. Die ablaufenden Reaktionen bei der Benutzung der Batterie können folgendermaßen formuliert werden:

negative Elektrode: $Zn \rightarrow Zn^{2+} + 2\,e^-$

positive Elektrode: $2\,MnO_2 + 2\,H_2O + 2\,e^- \rightarrow 2\,MnO(OH) + 2\,OH^-$

Elektrolyt: $2\,NH_4Cl + 2\,OH^- + Zn^{2+} \rightarrow Zn(NH_3)_2Cl_2 + 2\,H_2O$

Gesamtreaktion: $2\,MnO_2 + Zn + 2\,NH_4Cl \rightarrow 2\,MnO(OH) + Zn(NH_3)_2Cl_2$

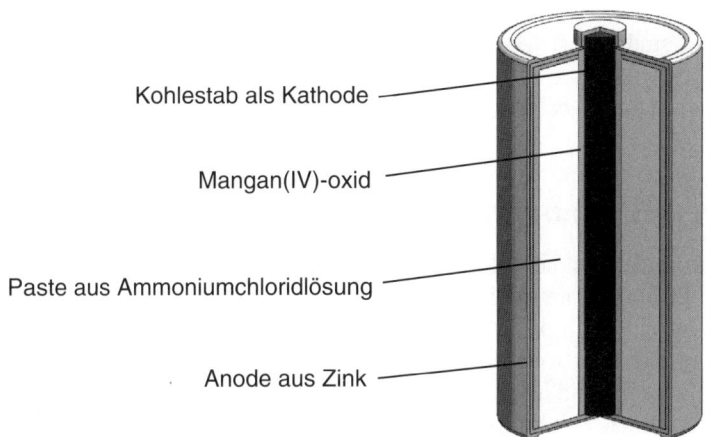

Abbildung 11.3: Aufbau einer Taschenlampenbatterie.

Die Elektrodenreaktionen bei der **Alkali-Mangan-Zelle** laufen in ähnlicher Weise ab. Hierbei dient Kaliumhydroxid, KOH, als Elektrolyt. Diese Zelle ersetzt zunehmend das Leclanché-Element. In den USA wird die Alkali-Mangan-Zelle als wieder aufladbare Zelle unter dem Begriff RAM-Zelle = »*Rechargable Alkaline Manganese*«) verkauft.

Der Nickel-Cadmium-Akkumulator

Der Nickel-Cadmium-Akkumulator ist ein Sekundärelement, also wieder aufladbar. Beim Entladen laufen die nachfolgenden Reaktionen ab. Dabei wird eine Spannung von 1,3 Volt erzeugt.

negative Elektrode: $Cd + 2\,OH^- \rightarrow Cd(OH)_2 + 2\,e^-$

positive Elektrode: $2\,NiO(OH) + 2\,H_2O + 2\,e^- \rightarrow 2\,Ni(OH)_2 + 2\,OH^-$

Gesamtreaktion: $2\,NiO(OH) + 2\,H_2O + Cd \rightarrow 2\,Ni(OH)_2 + Cd(OH)_2$

Der Nickel-Metallhydrid-Akkumulator

Der Nickel-Metallhydrid-Akkumulator ist ebenfalls ein Sekundärelement und funktioniert so ähnlich wie der Nickel-Cadmium-Akkumulator. Das giftige Cadmium wird hierbei durch Metallhydride der Zusammensetzung $LaNi_5H_{6-x}$ ersetzt. Als Elektrolyt wird konzentrierte Kaliumhydroxidlösung verwendet. Es wird eine Spannung von 1,3 Volt erzeugt.

negative Elektrode: $MH + OH^- \rightarrow M + H_2O + e^-$

positive Elektrode: $NiO(OH) + H_2O + e^- \rightarrow Ni(OH)_2 + OH^-$

Gesamtreaktion: $NiO(OH) + MH \rightarrow Ni(OH)_2 + M + H_2O$

Bleiakkumulatoren

Bleiakkumulatoren sind in fast jedem PKW eingebaut und versorgen das Fahrzeug mit der notwendigen Elektroenergie, z. B. zum Starten des Fahrzeuges. Bitte schauen Sie am Ende von Kapitel 4 nach. Dort habe ich die Reaktionen, die im Bleiakku ablaufen, ausführlich erklärt.

Lithium-Ionen-Akkumulatoren

Lithium-Ionen-Akumulatoren sind inzwischen die am häufigsten verwendeten Akkumulatoren für mobile Elektronikgeräte wie Laptops und Handys. Sie haben ein geringes Gewicht bei starker Leistung und sind sehr oft wieder aufladbar, ohne größere Ermüdungserscheinungen des Akkus. Als negative Elektrode dient hierbei Graphit, in dessen Schichtgitter reversibel Lithiumionen eingelagert sind. Die positive Elektrode besteht aus Lithiummetallat-Schichtstrukturen der Zusammensetzung $LiMO_2$ mit M = Co, Ni, Mn. Diese Schichtstrukturen können reversibel Lithiumionen aufnehmen. Für die Übertragung der Lithiumionen zwischen den Elektroden sorgen organische Elektrolyte. Es werden Spannungen zwischen 4 und 5 Volt erzeugt. Die bei der Entladung der Akkus ablaufenden Reaktionen sind im Folgenden vereinfacht dargestellt.

negative Elektrode: $Li_xC_n \rightarrow C_n + x\,Li^+ + x\,e^-$

positive Elektrode: $Li_{1-x}MO_2 + x\,Li^+ + x\,e^- \rightarrow LiMO_2$

Gesamtreaktion: $Li_{1-x}MO_2 + Li_xC_n \rightarrow LiMO_2 + C_n$

Brennstoffzellen

Brennstoffzellen sind möglicherweise wichtige Energiequellen der Zukunft. Wie diese funktionieren, erfahren Sie im Kapitel 2.

Die Struktur der Atome

In diesem Kapitel

▶ Der Atombau

▶ Das Aufbauprinzip der Elektronenhülle

▶ Die Orbitale

In diesem Kapitel möchte ich Ihnen wichtige Grundregeln des Atombaus vermitteln. In der Schule wird häufig noch mit dem **Bohr'schen Atommodell** gearbeitet. Nach diesem Modell bewegen sich die Elektronen auf definierten Kreisbahnen um den Atomkern, ähnlich wie die Planeten um die Sonne kreisen. Je weiter die Elektronen vom Kern entfernt sind, desto höher ist ihre Energie. Das Atom befindet sich normalerweise im Grundzustand. Durch Absorption von Energie können Elektronen in eine höhere Elektronenschale »springen«. Man spricht dann von einem angeregten Zustand, der kurzzeitig erreicht wird. Das Elektron kehrt sehr schnell unter Abgabe von Energie in den Grundzustand zurück. Mit diesem Modell kann man die Linienspektren von angeregtem Wasserstoff erklären. Allerdings versagt dieses einfache Modell bereits bei der Erklärung der Spektren von Atomen mit mehreren Elektronen.

Aus diesem Grund verwendet man heute ein weiterentwickeltes und komplexeres Modell, das **quantenmechanische Modell**. Ich möchte Ihnen hier nicht die gesamte Theorie dazu vorstellen, sondern nur die Aspekte, die wir zum Verständnis des Atombaus benötigen.

Der Atombau

Atome bestehen aus Elektronen (e), Protonen (p) und Neutronen (n). Die Elektronen besitzen eine negative Elementarladung, befinden sich in der **Elektronenhülle** und bestimmen weitgehend die chemische Reaktivität jedes Atoms.

Die Protonen und Neutronen bilden den **Atomkern**. Protonen besitzen eine positive Elementarladung und Neutronen sind ungeladen. Die Anzahl der Protonen bestimmt die Größe der positiven Ladung des Atomkerns und wird daher auch **Kernladungszahl** genannt. Die Anzahl von Protonen und Neutronen bestimmt die Masse des Atoms und heißt daher **Massenzahl** oder **Nukleonenzahl**.

Folgende Grundregeln für den Atombau sind wichtig:

✔ Massenzahl = Zahl der Protonen + Zahl der Neutronen

✔ Kernladungszahl = Zahl der Protonen = Zahl der Elektronen

✔ Ein chemisches Element besteht aus Atomen gleicher Kernladungszahl.

Zur vollständigen Charakterisierung eines Elementes schreibt man die Massenzahl oben vor das Element und die Protonenzahl unten vor das Element. Das sieht dann so aus:

$^{\text{Massenzahl}}_{\text{Protonenzahl}}$ Elementsymbol

Jedes chemische Element besitzt die gleiche Anzahl an Protonen. Die Anzahl der Neutronen kann unterschiedlich sein. Wenn Atome des gleichen Elementes unterschiedliche Neutronenzahlen aufweisen, so spricht man von **Isotopen**. Fast alle Elemente treten in mehreren Isotopen auf, unterscheiden sich also in der Anzahl der Neutronen im Atomkern. Beispiele für Isotope finden Sie in der folgenden Tabelle.

Isotop	Symbol	Massenzahl	Protonen	Neutronen
Wasserstoff	^1_1H	1	1	0
Deuterium	^2_1H	2	1	1
Tritium	^3_1H	3	1	2
Uran-238	$^{238}_{92}U$	238	92	146
Uran-235	$^{235}_{92}U$	235	92	143
Uran-236	$^{236}_{92}U$	236	92	144

Tabelle 12.1: Beispiele für Isotope und deren Zusammensetzung.

Das Aufbauprinzip

Die Anordnung der Elemente im Periodensystem folgt quantenmechanischen Gesetzmäßigkeiten. Diese fasst man unter dem Begriff **Aufbauprinzip** zusammen. An dieser Stelle möchte ich Ihnen diese Gesetzmäßigkeiten so einfach wie möglich erklären:

1. Die Anzahl von Protonen im Kern ist gleich der Anzahl von Elektronen in der Elektronenhülle.

2. Die Elektronenhülle besteht aus verschiedenen Aufenthaltsräumen für die Elektronen. Diese Aufenthaltsräume bezeichnet man als Orbitale. Die Gestalt der Orbitale wird durch die **Quantenzahlen** n, l und m_l beschrieben.

3. Dabei ist n die **Hauptquantenzahl**. Diese legt fest, wie groß die Orbitale sind. Manchmal spricht man auch von »Elektronenschalen«. Im Periodensystem finden wir die Hauptquantenzahl in den Zeilen = »Perioden« wieder. Die erste Zeile entspricht der Hauptquantenzahl $n = 1$, die zweite Zeile $n = 2$ usw. Bei größer werdendem n ist das Elektron weiter vom Kern entfernt, hat eine größere Energie und ist daher weniger fest an den Atomkern gebunden.

4. Die **Nebenquantenzahl** l kann für jeden Wert von n ganzzahlige Werte von 0 bis $n-1$ annehmen. Diese Quantenzahl bestimmt die räumliche Gestalt des Orbitals. Den Zahlenwerten von l wurden dazu noch Buchstaben zugeordnet, die meistens zur Beschreibung der Gestalt der Orbitale verwendet werden (siehe Tabelle 12.2). Man spricht daher auch von »s-, p-, d- oder f-Orbitalen« und jeder Chemiker weiß was damit gemeint ist.

12 ➤ Die Struktur der Atome

Nebenquantenzahl $l =$	0	1	2	3
Buchstabe	s	p	d	f

Tabelle 12.2: Zahlenwerte der Nebenquantenzahl l und Buchstaben zur Bezeichnung der Orbitale.

5. Die **Magnetquantenzahl** m_l nimmt ganzzahlige Werte von $-l$ bis l ein. Diese Quantenzahl beschreibt die räumliche Orientierung der Orbitale im Raum. Mit der Regel $m_l = -l$ bis l ist festgelegt, dass ein s-Orbital nur die Magnetquantenzahl $m_l=0$ haben kann. p-Orbitale (mit $l = 1$) können für m_l die Werte -1, 0 und $+1$ annehmen. Bei den d-Orbitalen ($l = 2$) gibt es fünf und bei den f-Orbitalen ($l = 3$) gibt es sogar sieben mögliche Orientierungen im Raum! Die räumliche Gestalt der Orbitale wird im nächsten Abschnitt erklärt.

6. Jedes Orbital kann nun mit 2 Elektronen besetzt werden. Diese Elektronen im gleichen Orbital unterscheiden sich dann nur noch in einer einzigen Quantenzahl. Dies ist die **Spinquantenzahl s**. Man kann sich den Spin des Elektrons stark vereinfacht als Drehsinn des Elektrons um die eigene Achse vorstellen. Die Werte von s bezeichnet man dann mit $s=+1/2$ oder $-1/2$. Das eine Elektron dreht sich links herum, das andere rechts herum. Aber erzählen Sie diese primitive Vorstellung bitte niemals einem Physiker, der lacht sie sonst aus!

Versuchen wir einmal, ob wir die Regeln für den Aufbau von Atomen verwenden können. In der nachfolgenden Tabelle sind die Beziehungen zwischen den einzelnen Quantenzahlen noch einmal dargestellt.

n	Werte von l	Werte von m_l	Bezeichnung der Schale	Bezeichnung der Orbitale	mögliche Anzahl der Elektronen in den Orbitalen
1	0	0	1s	s	2
2	0	0	2s	s-Orbital	2
	1	$-1, 0, 1$	2p	p-Orbitale	6
3	0	0	3s	s-Orbital	2
	1	$-1, 0, 1$	3p	p-Orbitale	6
	2	$-2, -1, 0, 1, 2$	3d	d-Orbitale	10
4	0	0	4s	s-Orbital	2
	1	$-1, 0, 1$	4p	p-Orbitale	6
	2	$-2, -1, 0, 1, 2$	4d	d-Orbitale	10
	3	$3, 2, 1, 0, -1, -2, -3$	4f	f-Orbitale	14

Tabelle 12.3: Beziehungen zwischen den Quantenzahlen.

Die Besetzung der Orbitale mit Elektronen wird mit kleinen Pfeilen in »Orbitalkästchen« symbolisiert. Orbitaldarstellungen in Lehrbüchern sind stark formalisiert. Typische Darstellungsarten sind in Abbildung 12.1 zusammengefasst. Für ein leeres Orbital zeichnet man einen Strich oder ein Kästchen. Wenn sich ein Elektron in einem Orbital befindet, zeichnet man einen Pfeil ein. Dieser Pfeil kann willkürlich nach oben oder unten gerichtet sein und symbolisiert den Spin des Elektrons. Wenn sich zwei Elektronen in einem Orbital befinden, so zeichnet man zwei entgegengesetzt gerichtete Pfeile ein. Die entgegengesetzt gerichteten Pfeile zeigen an, dass die Elektronen im gleichen Orbital unterschiedlichen Spin haben müssen.

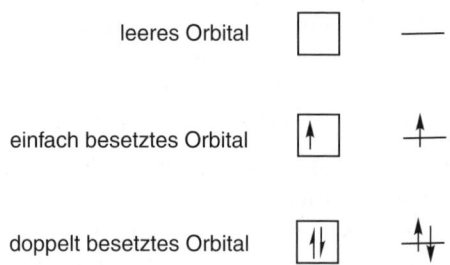

Abbildung 12.1: Symbolische Darstellung von Orbitalen und ihrer Besetzung.

Wichtig ist noch die Energie der Orbitale. Die Orbitalenergien steigen mit größer werdender Hauptquantenzahl und größerer Nebenquantenzahl an. Von dieser Regel gibt es leider wieder Ausnahmen! Die d- und die f-Orbitale tanzen hierbei aus der Reihe und werden erst jeweils **nach** dem folgenden s-Orbital besetzt. Die 3d-Orbitale haben also z. B. eine höhere Energie als die 4s-Orbitale. Dieser Zusammenhang ist noch einmal ganz links in dem nachfolgenden Energieniveauschema dargestellt. Wenn die Elemente mit besetzten d-Orbitalen oxidiert werden, so geben sie zuerst die Elektronen im s-Orbital wieder ab! Das ist verwirrend, aber ich kann es leider nicht ändern.

Weitere Regeln müssen wir uns merken:

✔ Es werden immer die Orbitale mit niedrigster Energie zuerst mit Elektronen besetzt.

✔ Orbitale gleicher Energie werden zunächst solange einfach besetzt, bis das nicht mehr geht. Dabei haben die Elektronen alle gleichen Spin.

Die zweite Regel wird in der chemischen Literatur auch als »**Hund'sche Regel**« bezeichnet. Diese besagt im Wortlaut: »Bei entarteten Orbitalen (= Orbitale mit gleicher Energie) wird die niedrigste Energie erreicht, wenn die Anzahl der Elektronen mit gleichem Spin maximal ist.«

Mit den Quantenzahlen und den Regeln zur Elektronenbesetzung können Sie sich die Elektronenkonfiguration jedes beliebigen Elementes selbst überlegen. In Abbildung 12.2 sind zwei Beispiele dargestellt. Wir müssen nur wissen, dass Kohlenstoff insgesamt sechs Elektronen hat, dann können wir uns die Besetzung der Orbitale überlegen (siehe Abbildung 12.2 Mitte). Ganz rechts sehen wir noch ein schönes Beispiel für die Anwendung der Hund'schen Regel. In den 3d-Orbitalen befinden sich insgesamt fünf Elektronen. Diese haben alle parallelen Spin!

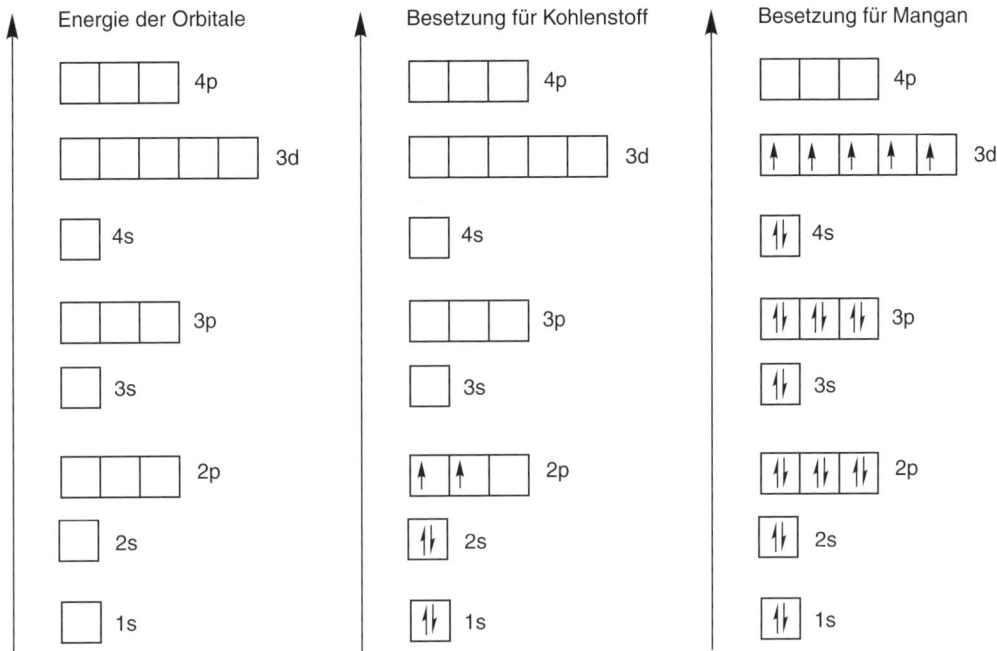

Abbildung 12.2: Allgemeines Energieniveauschema für Atome (links) und zwei Beispiele für Orbitalbesetzungen (Mitte und rechts).

Gestalt der Orbitale

Im vorigen Abschnitt haben wir gelernt, dass die Gestalt der Orbitale durch die **Quantenzahlen** n, l und m_l beschrieben wird. Jetzt wollen wir uns dem konkreten Aussehen der Orbitale zuwenden. Ein Orbital beschreibt den Raum der größten Aufenthaltswahrscheinlichkeit des Elektrons im Raum um den Atomkern. In einem Orbital können sich maximal zwei Elektronen aufhalten. Wenn zwei Elektronen in einem Orbital sind, müssen diese verschiedenen Spin besitzen. Die Gestalt der Orbitale wird mathematisch durch Kugelfunktionen dargestellt.

s-Orbitale

Es gibt pro Hauptquantenzahl (= »Elektronenschale«) ein s-Orbital. Dieses hat eine kugelförmige Gestalt:

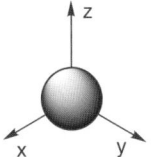

p-Orbitale

Pro Hauptquantenzahl existieren drei p-Orbitale. Diese sind entlang der Achsen des kartesischen Koordinatensystems orientiert und werden dann entsprechend dieser Orientierung als p_x-, p_y- bzw. p_z-Orbital bezeichnet.

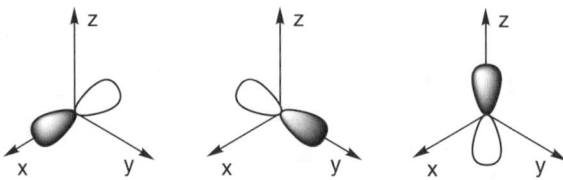

Bitte beachten Sie, dass es verschiedene Darstellungsweisen für Orbitale in der Literatur gibt. Häufig wird die Oberfläche der Orbitale dunkel / hell oder rot / blau oder mit den Vorzeichen plus / minus versehen. Diese Darstellungsweisen sind alle gleichwertig und bezeichnen die **Vorzeichen der Wellenfunktion**. Diese sind von Bedeutung, wenn es um die Wechselwirkung verschiedener Orbitale miteinander geht.

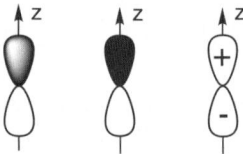

d-Orbitale

Pro Hauptquantenzahl existieren fünf d-Orbitale. Die Gestalt der d-Orbitale ist bereits recht komplex. Sie können ihre Lage im Raum aus der folgenden Abbildung entnehmen. Die Orbitallappen der drei Orbitale d_{xy}, d_{xz} und d_{yz} liegen zwischen den Achsen des Koordinatensystems. Diese Orbitale haben gleiche Symmetrie. Im Unterschied dazu, liegen die Orbitallappen der Orbitale d_{z^2} und $d_{x^2-y^2}$ auf den Achsen des Koordinatensystems und haben dadurch eine andere Symmetrie. Dieser Sachverhalt ist bei Komplexverbindungen (Ligandenfeldtheorie in Kapitel 8) ganz wichtig.

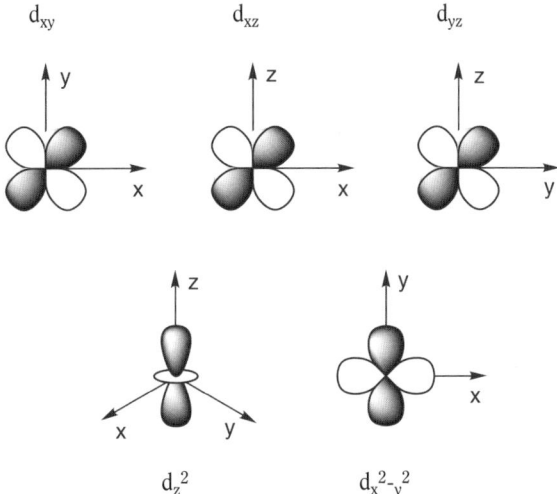

Je größer die Hauptquantenzahl der Orbitale (= »höhere Elektronenschale«), desto größer werden diese, desto weiter weg vom Atomkern ist der Raum der größten Aufenthaltswahrscheinlichkeit der Elektronen. Insofern steckt schon ein Fünkchen Wahrheit im Atommodell von Niels Bohr.

Bindungsmodelle in der Anorganischen Chemie

In diesem Kapitel

▶ Metallbindung

▶ Ionenbeziehung

▶ Atombindung

▶ Valenzstrichformeln zeichnen

▶ Vorhersage der Molekülgeometrie

▶ Molekülorbitale

▶ Valenzstrukturen

*I*n diesem Kapitel werde ich Ihnen grundlegende Konzepte der chemischen Bindung vorstellen. Wir haben hierbei drei extreme Grenzfälle: die Metallbindung, die Ionenbeziehung und die Atombindung. Dazwischen gibt es fließende Übergänge. Die Geometrie der Moleküle kann man mit einfachen Betrachtungen zur Anzahl der Bindungen und freien Elektronenpaare eines Atoms herleiten. Wie das geht, erfahren Sie im Abschnitt über die »VSEPR-Theorie«. Die Beschreibung der chemischen Bindung in einem Molekül ist mithilfe der Molekülorbitaltheorie oder der Valenzstrukturtheorie möglich.

Metallbindungen

Metalle haben eine niedrige Elektronegativität und meist wenige Außenelektronen. Kombiniert man mehrere Metallatome miteinander, so erreichen diese Atome eine stabile Edelgaskonfiguration, indem sie ihre Außenelektronen abgeben. Am Beispiel von zwei Magnesiumatomen sähe das folgendermaßen aus:

Mg: + Mg: → 2 Mg^{2+} + 4e^-

Die positiv geladenen Magnesiumionen werden durch die negativ geladenen Elektronen zusammengehalten. Wenn dieser Prozess mit sehr vielen Metallatomen abläuft, so erreicht man einen kristallinen Zustand, das Metallgitter. In diesem Metallgitter oder metallischen Kristall befinden sich die Metallionen auf festen Gitterplätzen, und die Elektronen bilden ein leicht verschiebbares »Elektronengas« um diese herum. Dieses Modell der metallischen Bindung erklärt auch die gute elektrische Leitfähigkeit der Metalle. Die Metallionen bilden im Kristallgitter häufig eine dichteste Kugelpackung.

 Edelgase sind sehr reaktionsträge. Das kann man damit erklären, dass die Edelgase vollständig besetzte s- und p-Orbitale besitzen und sich dadurch in einem besonders stabilen und energiearmen Zustand befinden. Man bezeichnet diese Elektronenkonfiguration als **Edelgaskonfiguration**. Auch in Metallen, Molekülen, Ionenverbindungen und Komplexverbindungen liegen die Atome häufig in Edelgaskonfiguration vor.

Ionenbeziehungen

Wenn bei einer chemischen Reaktion ein Atom Elektronen abgibt und das andere Atom diese Elektronen aufnimmt, so entstehen geladene Teilchen, die **Ionen**. Das geschieht z. B. bei der Reaktion von elektropositiven Metallen mit elektronegativen Nichtmetallen. Dabei entstehen Salze. Ein klassisches Beispiel für eine solche Salzbildung ist die Reaktion von Natrium mit Chlor:

$$2\,Na\cdot\ +\ Cl_2\ \rightarrow\ 2\,Na^+Cl^-$$

Das dabei entstehende Natrium-Ion (Na^+) hat keine Elektronen mehr in seiner Valenzschale und damit die gleiche Elektronenkonfiguration wie das Edelgas Neon. Das Chlorid-Ion (Cl^-) hat ein Elektron aufgenommen und damit die Elektronenkonfiguration des nachfolgenden Edelgases (Argon) erreicht.

Zwischen den positiv und negativ geladenen Ionen herrscht eine elektrostatische Anziehung. Diese ist räumlich nicht gerichtet. Deshalb ist es besser von Ionenbeziehung zu sprechen anstatt Ionenbindung. Die elektrostatische Anziehung sorgt dafür, dass ionische Verbindungen im festen Zustand ein **Ionengitter** bilden. Darin sind die Kationen von den Anionen umgeben und umgekehrt. Ionische Verbindungen lösen sich häufig sehr gut in Wasser. Dabei wird das Ionengitter aufgebrochen und die Ionen durch die Wassermoleküle solvatisiert.

In der Schule habe ich gelernt, dass eine Ionenbeziehung immer dann vorliegt, wenn die Differenz der Elektronegativitäten der beteiligten Bindungspartner größer als 1,7 ist. Dies ist sicher eine grobe Faustregel und Sie sollten diese mit Vorsicht anwenden! Für unser Beispiel Natriumchlorid passt das ganz gut, Chlor hat eine Elektronegativität von 3,0 und Natrium von 0,9. Die Differenz ist demnach 2,1. Es gibt allerdings auch Fälle, in denen trotz der großen Elektronegativitätsdifferenz keine Ionenbeziehung vorliegt. Ein solches Beispiel ist Fluorwasserstoff. Fluor hat eine Elektronegativität von 4,0 und Wasserstoff von 2,1. Die Differenz ist 1,9. Untersuchungen der Elektronendichteverteilung in diesem Molekül haben jedoch gezeigt, dass zwischen Fluor und Wasserstoff eine stark polare Atombindung vorliegt. Das kann man damit erklären, dass das Fluoratom sehr klein ist und mit einer negativen Ladung ganz für sich allein eine sehr hohe Ladungsdichte haben würde. Deshalb wird diese negative Ladung zum Wasserstoff hin verschoben. Das Wasserstoffatom wiederum ist ebenfalls sehr klein und wirkt als Kation sehr stark polarisierend, es zieht also eifrig die negative Ladung zu sich heran.

13 ➤ Bindungsmodelle in der Anorganischen Chemie

Zwischen Ionenbeziehung und Atombindung

Im vorigen Abschnitt hatten wir bereits am Beispiel des HF eine stark polare Atombindung besprochen. Viele Bindungen in der Anorganischen Chemie können als polare Atombindungen angesehen werden. Eine polare Atombindung entsteht, wenn das positiv geladene Kation M^+ durch seine positive Ladung die Elektronenhülle des Anions X^- zu sich heranzieht. Dabei findet eine Deformation der Elektronenhülle des Anions statt, sodass die vorhandene Elektronendichte nicht mehr allein dem Anion gehört, sondern auch vom Kation mit genutzt wird. Man bezeichnet diesen Vorgang als Polarisierung des Anions, bzw. man spricht auch von einer polarisierenden Wirkung des Kations. Nachfolgend finden Sie eine schematische Darstellung dieses Vorgangs mit zwei alternativen Schreibweisen für die polare Atombindung. Zur Verdeutlichung der Bindungspolarität kann man diese mit einer keilförmigen Bindung zeichnen, oder man schreibt über die Atome die griechischen Buchstaben δ+ und δ− für die vorhandenen Partialladungen.

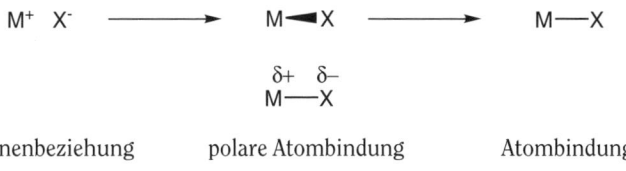

Abbildung 13.1: Übergang von der Ionenbeziehung zur Atombindung.

Voraussetzungen für die Bildung von polaren Atombindungen sind also ein polarisierend wirkendes Kation und ein polarisierbares Anion. Regeln für den Prozess der Bindungspolarisation kann man folgendermaßen formulieren:

✔ Die polarisierende Wirkung eines Kations steigt mit kleiner werdendem Radius und zunehmender Ladung.

✔ Die Polarisierbarkeit eines Anions wächst mit der Anzahl der Elektronen und bei gleicher Ladung mit der Größe des Anions.

Atombindungen

Bei einer Atombindung oder kovalenten Bindung besitzen die Bindungspartner gemeinsam genutzte Elektronenpaare. Eine kovalente Bindung liegt vor, wenn die Differenz der Elektronegativitäten sehr klein ist oder gleich Null. Atombindungen existieren also z. B. zwischen gleichen Nichtmetallatomen. In der Organischen Chemie gibt es Millionen von Verbindungen mit kovalenten C–C-Bindungen. Aber auch in der Anorganischen Chemie existieren kovalente Bindungen, z. B. in den zweiatomigen Molekülen H_2, N_2 und O_2. Eine kovalente Bindung entsteht durch die Wechselwirkung der beteiligten Atomorbitale.

Lewis-Formeln

Strukturformeln von Molekülen beschreibt man häufig mit den sogenannten Lewis-Formeln. In diesen werden Bindungen durch Striche zwischen den Atomen dargestellt und freie Elektronenpaare durch Striche am Atom symbolisiert. Für einzelne Elektronen zeichnet man einen Punkt. Beispiele für Lewis-Formeln finden Sie in der nachfolgenden Abbildung. Die bindenden Elektronenpaare entstehen bei diesen Molekülen durch Wechselwirkung der Außenelektronen. Zum Zeichnen von Lewis-Formeln braucht man nur die Elektronen der Valenzschale zu berücksichtigen.

$$H\cdot + \cdot H \longrightarrow H-H$$

$$H\cdot + \cdot \overline{Cl}| \longrightarrow H-\overline{Cl}|$$

$$|\dot{N}\cdot + \cdot \dot{N}| \longrightarrow |N\equiv N|$$

$$\cdot \dot{C}\cdot + 2\cdot \overline{O}\cdot \longrightarrow \overline{O}=C=\overline{O}$$

Abbildung 13.2: Beispiele für die Formulierung von Lewis-Formeln.

Durch die gemeinsam genutzten Bindungselektronen erreichen die Elemente die Elektronenzahl des nachfolgenden Edelgases. Also gilt auch hier wieder, dass die **Edelgaskonfiguration** besonders günstig ist.

Das Wasserstoffatom hat nur das 1s-Orbital für die Bindungsbildung zur Verfügung und kann deshalb im Normalfall nur eine kovalente Bindung ausbilden.

Die Elemente der zweiten Periode des Periodensystems (Li, Be, B, C, N, O, F) haben ein s- und drei p-Orbitale zur Verfügung. Damit können diese Elemente höchstens vier kovalente Bindungen bilden. In diesen vier Bindungen befinden sich acht Elektronen (Edelgaskonfiguration). Man bezeichnet diese Regel deshalb als **Oktettregel**.

Ab der dritten Periode des Periodensystems gilt diese Regel jedoch nicht mehr. Elemente der höheren Perioden können Moleküle bilden, in denen das Elektronenoktett am Zentralatom überschritten wird. Diese Atome kann man als **hypervalent** bezeichnen. Beispiele für hypervalente Moleküle finden Sie in Tabelle 13.1.

13 ➤ Bindungsmodelle in der Anorganischen Chemie

Molekül	Lewis-Formel	Valenzelektronen am Zentralatom	Bindungen vom Zentralatom
SO_2		10	4
SO_3		12	6
H_3PO_4		10	5
SF_6		12	6
H_2SO_4		12	6

Tabelle 13.1: Beispiele für hypervalente Verbindungen.

Die Elektronen einer kovalenten Bindung müssen nicht unbedingt von verschiedenen Atomen stammen. Es passiert auch häufig, dass ein Molekül einem anderen Molekül ein Bindungselektronenpaar zur Verfügung stellt. Typische Beispiele sind die Adduktbildung von Ammoniak (NH_3) mit Borwasserstoff (BH_3) oder die Bildung des Ammonium-Ions (NH_4^+), (siehe Abbildung 13.3). Man spricht hierbei von einer **Donor-Akzeptor-** oder **dativen Bindung**. Den beteiligten Reaktionspartnern kann man dann eine **formale Ladung** zuordnen. Die formalen Ladungen werden allein aufgrund der Anzahl der vorhandenen Außenelektronen zugeordnet. Dabei wird nicht berücksichtigt, dass die tatsächlichen Ladungsverhältnisse aufgrund der Bindungspolarität ganz anders sein können.

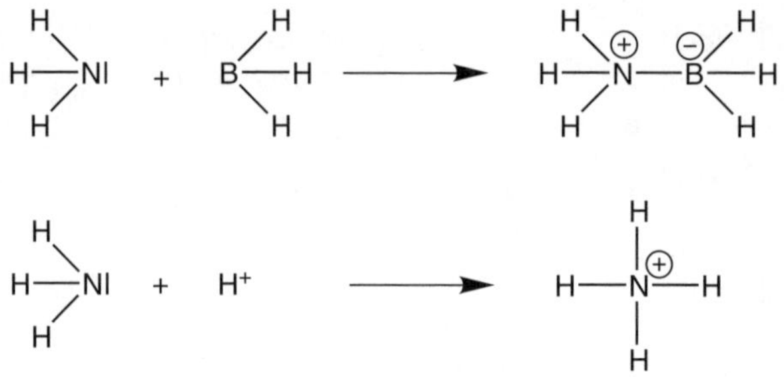

H—N(H)(H) + B(H)(H)—H ⟶ H—N⁺(H)(H)—B⁻(H)(H)—H

H—N(H)(H) + H⁺ ⟶ H—N⁺(H)(H)—H

Abbildung 13.3: Bildung von dativen Bindungen und Zuordnung von Formalladungen.

Die Geometrie von Molekülen

Die Geometrie von Molekülen kann man mit dem **Elektronenpaar-Abstoßungsmodell** (EPA-Modell) erklären. Eine andere Bezeichnung dafür ist **VSEPR-Modell** für *Valence Shell Electron Pair Repulsion* (Valenzschalen-Elektronenpaar-Abstoßungsmodell). Zur Vorhersage der räumlichen Gestalt von Molekülen muss man sich zunächst dessen Lewis-Formel überlegen. Danach genügt es, wenn man die folgenden einfachen Regeln beachtet:

1. Die räumliche Gestalt eines Moleküls AB_n wird nur durch die äußeren Elektronen (= Valenzelektronen) bestimmt. Die Elektronen der inneren Schalen müssen nicht betrachtet werden.

2. Die Valenzelektronenpaare des betrachteten Atoms ordnen sich so an, dass sie den größtmöglichen Abstand voneinander haben. Dadurch wird die elektrostatische Abstoßung zwischen den Elektronenpaaren minimiert.

3. Mehrfachbindungen werden wie Einfachbindungen behandelt.

4. Die freien Elektronenpaare befinden sich im Unterschied zu den Bindungselektronenpaaren nur an einem Atomkern. Sie benötigen daher mehr Platz als bindende Elektronenpaare.

In der Tabelle 13.2 finden Sie eine Auswahl an häufig vorkommenden Molekülgeometrien und deren Erklärung nach dem VSEPR-Modell. Die Moleküle haben darin die allgemeine Formel AB_n. Es wird jeweils die Geometrie des Zentralatoms **A** betrachtet.

13 ➤ Bindungsmodelle in der Anorganischen Chemie

Zahl der Elektronenpaare	Geometrie der Elektronenpaare	Molekülgeometrie		Beispiele
2	linear	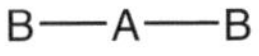 B—A—B	linear	$HgCl_2$, $CdCl_2$, $BeCl_2$, CO_2,
3	trigonal-planar	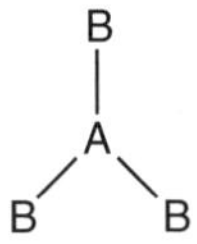	trigonal-planar	BH_3, BCl_3,
		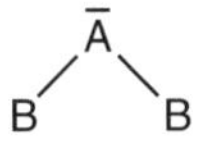	gewinkelt	$SnCl_2$
4	tetraedrisch	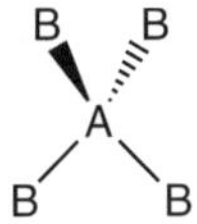	tetraedrisch	BCl_4^-, CH_4, $SiCl_4$, NH_4^+
		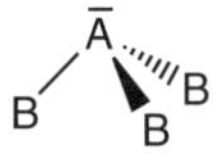	trigonal-pyramidal	NH_3, PCl_3, $AsCl_3$
		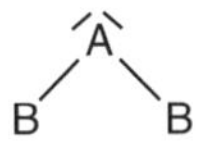	gewinkelt	H_2O, H_2S,
5	trigonal-bipyramidal	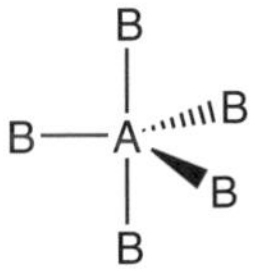	trigonal-bipyramidal	PCl_5, PF_5, $SbCl_5$
6	oktaedrisch		oktaedrisch	SF_6, PCl_6^-, SiF_6^{2-}

Tabelle 13.2: Molekülgeometrien nach dem VSEPR-Modell.

Ein Beispiel für die Anwendung der 3. Regel finden Sie gleich ganz oben in der Tabelle bei den Verbindungen $HgCl_2$, $CdCl_2$, $BeCl_2$ und CO_2. Bei den ersten drei Verbindungen liegt eine Einfachbindung zwischen dem Zentralatom und den Substituenten vor, während beim CO_2 zwei Doppelbindungen vorhanden sind. Trotzdem haben diese Moleküle alle eine lineare Struktur:

Abbildung 13.4: Beispiele für lineare Verbindungen.

Die 4. Regel kann man sehr gut anhand der Verbindungen mit vier Elektronenpaaren erklären. Während im Methan ein Bindungswinkel von 109,5 ° vorliegt, findet man im Ammoniak und Wasser deutlich kleinere Bindungswinkel am Zentralatom vor. Dies kann mit dem größeren Platzanspruch von freien Elektronenpaaren begründet werden.

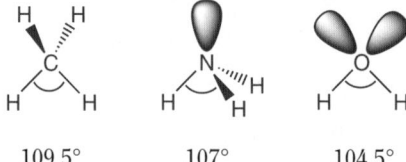

109,5°   107°   104,5°

Abbildung 13.5: Änderung der Bindungswinkel in Abhängigkeit von der Anzahl der freien Elektronenpaare.

Mit dem VSEPR-Modell kann man qualitativ die räumliche Gestalt von Molekülen vorhersagen. Dieses Modell liefert jedoch keine Informationen über die Bindungsverhältnisse zwischen dem Zentralatom und den Substituenten. Dazu benötigt man Methoden der Bindungsanalyse. Zwei dieser Methoden stelle ich Ihnen in den nächsten beiden Abschnitten vor.

Molekülorbitaltheorie

Die Wechselwirkung von Atomorbitalen in kovalenten Verbindungen kann man mit der **Linearkombination der Atomorbitale** (LCAO = *Linear Combination of Atomic Orbitals*) beschreiben. Das klingt erst einmal schrecklich kompliziert, beinhaltet aber nichts weiter als die Addition und Subtraktion der Orbitale unter Beachtung der Vorzeichen und der Symmetrie. Diesen Vorgang möchte ich Ihnen an einigen Beispielen deutlich machen.

Die Wechselwirkung der beiden s-Orbitale in Abbildung 13.6 führt unter Beachtung der Vorzeichen der Orbitale zu einem bindenden Orbital, bei dem beide Vorzeichen der s-Orbitale gleich sind, und zu einem antibindenden Orbital, bei dem entgegengesetzte Vorzeichen vorliegen. In der grafischen Darstellung des antibindenden Orbitals befindet sich zwischen den beiden Atomen eine »Knotenfläche«. Eine solche Fläche liegt immer dann vor, wenn sich das Vorzeichen des Orbitals ändert. Im unteren Teil der Abbildung sehen Sie, wie sich die Linearkombination auf die Energie der Orbitale auswirkt. Aus den beiden energetisch gleichwertigen Atomorbitalen, werden zwei Molekülorbitale die unterschiedliche Energie besitzen. Die Verringerung der Orbitalenergien bei der Bildung der bindenden Molekülorbitale ist die Ursache für die Bildung der Atombindungen.

Bei der Wechselwirkung von zwei p-Orbitalen miteinander gibt es je nach Symmetrie der Annäherung drei Möglichkeiten. Diese sind in der Abbildung 13.7 skizziert. Bei symmetriegerechter Annäherung der beiden p-Orbitale kann entweder eine σ-Bindung (»sigma«-Bindung) oder eine π-Bindung (»pi«-Bindung) entstehen. Eine σ-Bindung ist rotationssymmetrisch zur Kernverbindungslinie zwischen den beiden Atomen A und B. Die π-Bindung hat in der Ebene der Kernverbindungslinie eine Knotenfläche. Bei der nicht bindenden Wechselwirkung bringt die Linearkombination der beiden Atomorbitale kein energiegünstiges Molekülorbital hervor.

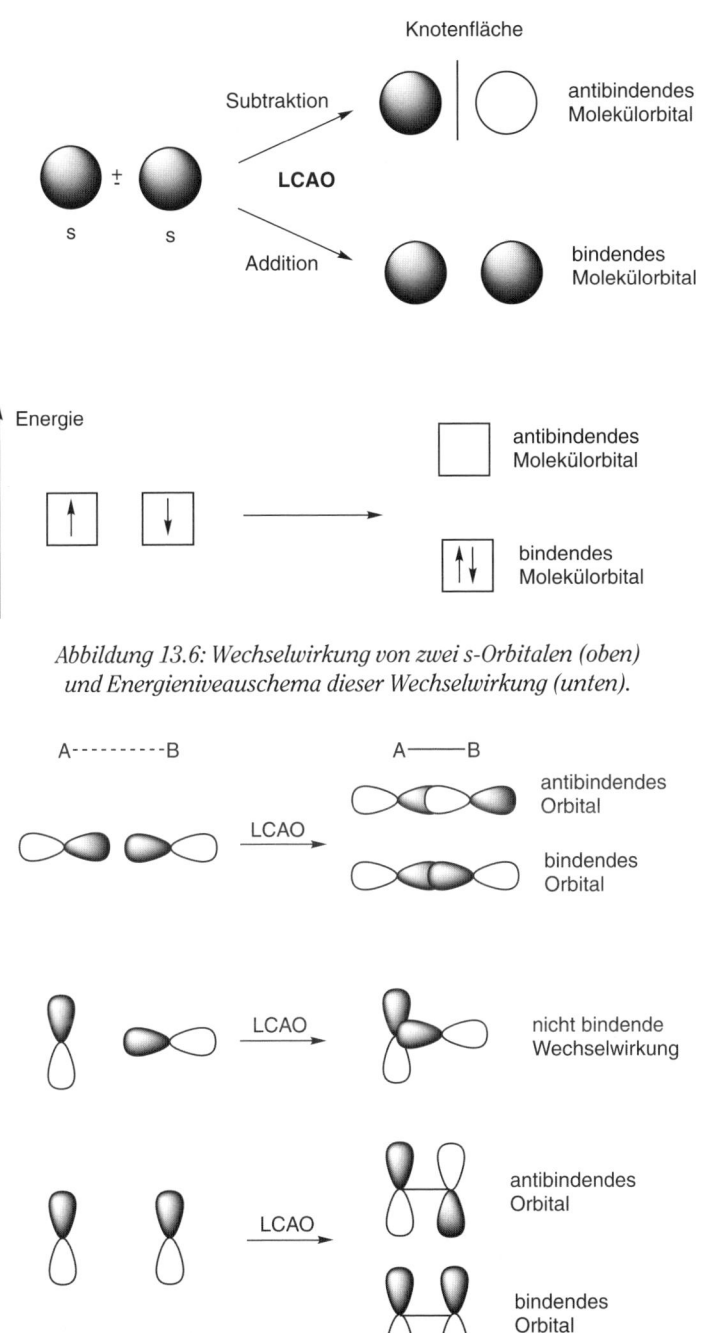

Abbildung 13.6: Wechselwirkung von zwei s-Orbitalen (oben) und Energieniveauschema dieser Wechselwirkung (unten).

Abbildung 13.7: Mögliche Wechselwirkungen von p-Orbitalen: oben – Bildung einer σ-Bindung; Mitte – nicht bindende Wechselwirkung; unten – Bildung einer π-Bindung.

In ähnlicher Weise kann man weitere Wechselwirkungen zwischen Atomorbitalen konstruieren. In den nachfolgenden Abbildungen sind die am häufigsten vorkommenden Überlappungen zwischen Atomorbitalen aufgezeichnet.

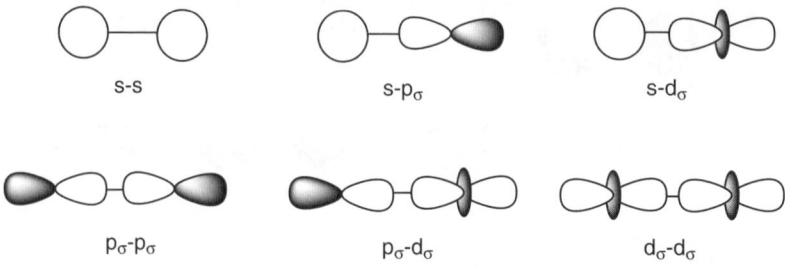

Abbildung 13.8: σ-bindende Wechselwirkungen zwischen s-, p- und d-Orbitalen.

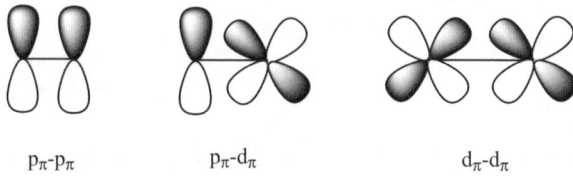

Abbildung 13.9: π-bindende Wechselwirkungen zwischen p- und d-Orbitalen.

Für zweiatomige Moleküle kann man die Molekülorbitale durch einfache Überlegungen konstruieren. Dazu zeichnet man sich zunächst die Atomorbitale der beteiligten Atome links und rechts auf ein Blatt Papier (siehe Abbildung 13.10). Für das Beispiel N_2 müssen wir dabei nur die Valenzschale der Stickstoffatome berücksichtigen (2s- und 2p-Orbitale), nur diese leisten einen Beitrag zur Bindungsbildung. Dazwischen lässt man Platz für die zu bildenden Molekülorbitale. Nun kann man die Orbitale symmetriegerecht miteinander kombinieren. Dazu fangen wir am besten ganz unten an:

✔ Die beiden 2s-Orbitale der Stickstoffatome bilden eine bindendes und ein antibindendes Molekülorbital. Diese sind in den Abbildungen als σ(s) und σ*(s) bezeichnet. Beide Orbitale sind mit Elektronen besetzt, sodass durch diese Orbitalwechselwirkung keine Stabilisierung des Moleküls erzielt wird.

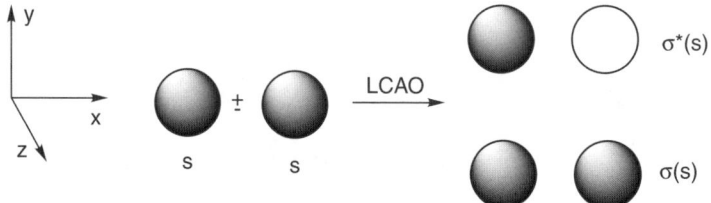

✔ Die beiden p_x-Orbitale bilden das σ-bindende Orbital σ(p_x) des Stickstoffmoleküls. Das entsprechende antibindende Orbital ist als σ*(p_x) bezeichnet.

13 ➤ Bindungsmodelle in der Anorganischen Chemie

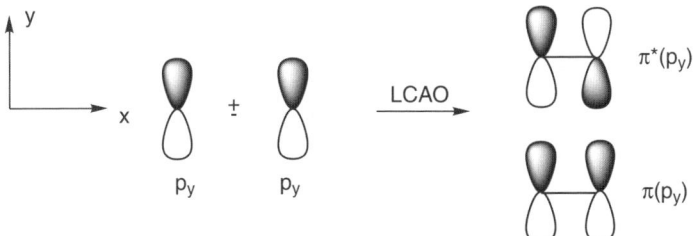

✔ Die beiden p_y-Orbitale bilden die Orbitale $\pi(p_y)$ und $\pi^*(p_y)$. Das bindende Orbital $\pi(p_y)$ ist besetzt und bildet somit eine π-Bindung im Stickstoffmolekül.

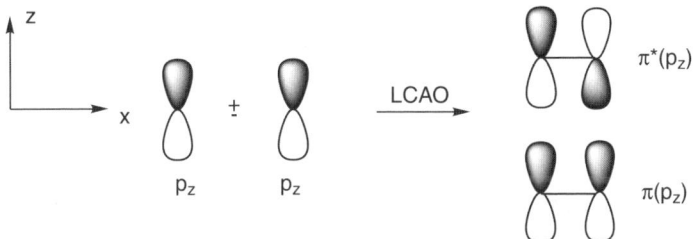

✔ Die beiden p_z-Orbitale treten in der gleichen Weise in Wechselwirkung wie die p_y-Orbitale. Bitte beachten Sie, dass die Orbitale jetzt in der xz-Ebene liegen! Durch diese Orbitalwechselwirkung entsteht eine weitere π-Bindung im Stickstoffmolekül.

Als Ergebnis dieser Überlegungen erhält man das Molekülorbitalschema in Abbildung 13.10. Auch die über dem Schema dargestellte Lewis-Formel passt ganz gut zu diesem Schema. Wir haben eine σ-Bindung und zwei π-Bindungen im Molekül, also insgesamt einen Bindungsgrad von drei oder auch eine Dreifachbindung. Die beiden freien Elektronenpaare an den Stickstoffatomen korrespondieren mit der Wechselwirkung der beiden s-Orbitale. Diese ist vom Charakter her nicht bindend, da sowohl das bindende σ(s) als auch das antibindende Orbital σ*(s) besetzt sind.

Mithilfe der Molekülorbitaltheorie kann man auch die **Polarität von Bindungen** beschreiben. Im obigen Beispiel haben wir vollkommen unpolare Bindungen, das sieht man daran, dass die Atomorbitale der beiden Stickstoffatome gleiche Energien besitzen. Wenn ein elektropositives Atom mit einem elektronegativen Atom in Wechselwirkung tritt, unterscheiden sich die Orbitalenergien der beteiligten Atome sehr stark. In Abbildung 13.11 ist das am Beispiel der Wechselwirkung eines Aluminiumatoms mit einem Chloratom dargestellt. Das elektronegativere Atom Chlor hat viel niedrigere Orbitalenergien. Das gebildete σ-bindende Molekülorbital besitzt eine ähnliche Energie wie das Atomorbital des elektronegativeren Atoms. Dadurch ist auch der Anteil des elektronegativeren Atoms Chlor an diesem Molekülorbital deutlich größer. Umgekehrt ist der Anteil des elektropositiveren Atoms Aluminium am antibindenden

Orbital σ* größer (siehe Abbildung 13.11). Die Elektronendichte der Bindung zwischen Aluminium und Chlor ist hauptsächlich beim Chloratom lokalisiert. Es handelt sich um eine polare Atombindung. In einer Lewis-Formel gibt man diesen Sachverhalt durch Angabe der Bindungspolarität wieder.

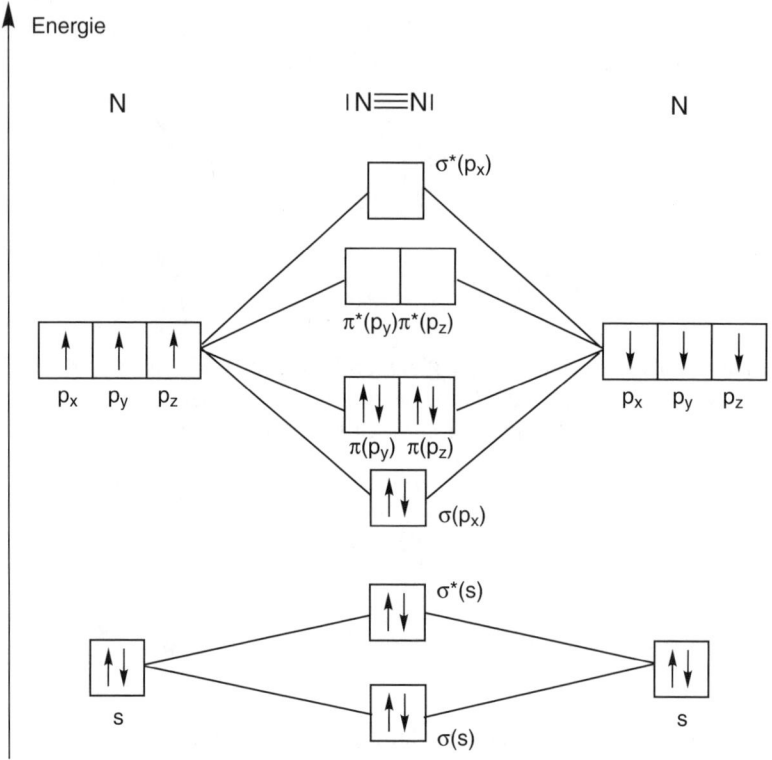

Abbildung 13.10: Konstruktion der Molekülorbitale von N_2.

In größeren Molekülen bilden sich die Molekülorbitale nicht nur zwischen zwei Atomen, sondern über alle Atome des Moleküls hinweg. Damit werden die Verhältnisse recht unübersichtlich, und man verwendet zweckmäßigerweise die Hilfe von Softwareprogrammen zur Berechnung der Molekülorbitale. Die Beschreibung von kovalent gebundenen Molekülen mit Molekülorbitalen spiegelt die spektroskopischen Daten besser wider als die Valenzstrukturtheorie (siehe nächster Abschnitt). Allerdings ist die Konstruktion der Molekülorbitale für große Moleküle nicht ohne Hilfsmittel möglich. Deshalb wird die Valenzstrukturtheorie immer noch häufig zur Beschreibung der Bindungsverhältnisse genutzt.

13 ➤ Bindungsmodelle in der Anorganischen Chemie

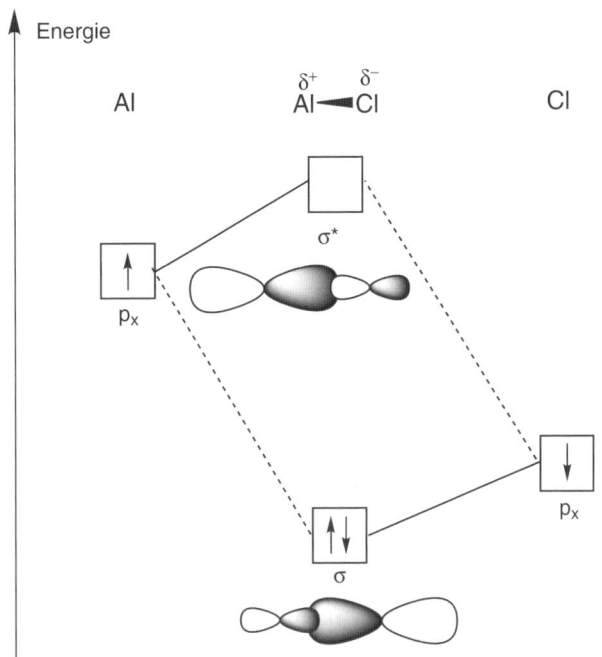

Abbildung 13.11: Qualitative Darstellung der Orbitalwechselwirkung von Al und Cl.

Valenzstrukturtheorie

Diese Methode zur Erklärung chemischer Bindungen wird auch Valenzbindungstheorie, Valence-Bond-Theorie (VB-Theorie) oder Hybridisierungskonzept genannt. Die s-, p- und d-Valenzorbitale eines Atoms besitzen unterschiedliche Energien. Demnach müsste ein Atom für Bindungen zu seinen Bindungspartnern Valenzorbitale unterschiedlichen Charakters verwenden. Es gibt jedoch viele Strukturen mit völlig gleichartigen Bindungen (z. B. Graphit, Diamant, SiF_6^{2-}). Zur Erklärung dieses Phänomens bedient man sich der »Hybridisierung«. Dabei konstruiert man aus den Valenzorbitalen unterschiedlicher Energie solche mit **gleicher** Energie. Diesen Satz von Atomorbitalen nennt man **Hybridorbitale**. Wichtige Arten von Hybridorbitalen, die in diesem Buch verwendet werden, sind in der Tabelle 13.3 dargestellt. Die Regeln bei der Hybridisierung lauten:

✔ Die Zahl der Atomorbitale, die gemischt werden, ist gleich der Zahl der Hybridorbitale.

✔ Die Energie der Hybridorbitale liegt zwischen den Energien der ursprünglichen Atomorbitale.

✔ Mit zunehmendem s-Anteil der Hybridorbitale wird ihr Energieniveau abgesenkt. Dementsprechend steigt z. B. die Elektronegativität des Kohlenstoffs gegenüber seinen Bindungspartnern.

Atomorbitale	Hybridorbitale	Anzahl	Orientierung
s, p_z	sp	2	linear auf der z-Achse
s, p_x, p_y	sp^2	3	trigonal in der xy-Ebene
s, p_x, p_y, p_z	sp^3	4	tetraedrisch
s, p_x, p_y, $d_{x^2-y^2}$	sp^2d	4	quadratisch-planar
s, p_x, p_y, p_z, d_{z^2}	sp^3d	5	trigonal-bipyramidal
s, p_x, p_y, p_z, $d_{x^2-y^2}$	sp^3d	5	quadratisch-pyramidal
s, p_x, p_y, p_z, d_{z^2}, $d_{x^2-y^2}$	sp^3d^2	6	oktaedrisch

Tabelle 13.3: Bildung von Hybridorbitalen aus Atomorbitalen.

Schauen wir uns einige Beispiele für die Hybridisierung in Molekülen an. Im Methanmolekül, CH_4, liegen vier gleichwertige Bindungen vom Zentralatom zu den Wasserstoffatomen vor. Am Zentralatom stehen für die Bindungsbildung ein energetisch tief liegendes s-Orbital und drei p-Orbitale mit etwas höherer Energie zur Verfügung. Damit man nun vier gleichartige Bindungen erhält, macht man zuerst diese vier Orbitale energetisch gleichwertig. Dazu mischt man den drei p-Orbitalen etwas s-Anteil hinzu (25 %), und dem s-Orbital mischt man einen großen p-Anteil hinzu (75 %). Im Ergebnis erhält man vier sp^3-Hybridorbitale, die in vier verschiedene Richtungen des Raumes zeigen und eine tetraedrische Symmetrie am Zentralatom bilden (siehe Abbildung 13.12). Die vier Orbitale haben gleiche Energie (Abbildung 13.13), stehen für die Bindungsbildung zu den Wasserstoffatomen zur Verfügung und können mit diesen σ-Bindungen bilden.

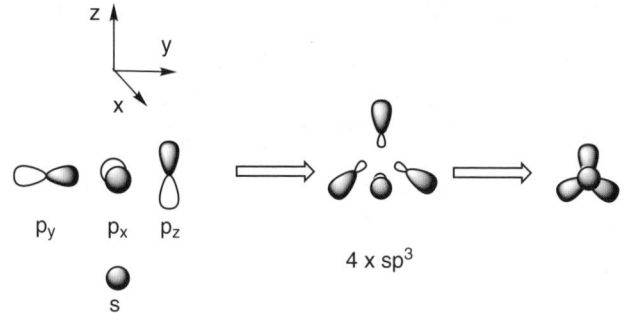

Abbildung 13.12: Schematische Darstellung der Hybridisierung, links: nicht hybridisierte Valenzorbitale, Mitte: hybridisierte Orbitale, rechts: übliche Darstellung der hybridisierten Orbitale.

13 ► Bindungsmodelle in der Anorganischen Chemie

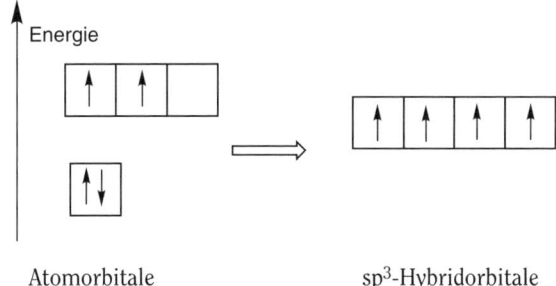

Abbildung 13.13: Energie und Besetzung der Orbitale eines Kohlenstoffatoms bei der sp³-Hybridisierung.

In Molekülen wie SF_6 hat man sechs gleichwertige Bindungen zwischen dem Schwefelatom und den Fluoratomen. Zur Erklärung der Bindungsverhältnisse nimmt man in diesem Fall eine sp³d²-Hybridisierung am Schwefelatom an. Dabei werden das s-Orbital, die drei p-Orbitale und zwei d-Orbitale, die auf den Achsen des Koordinatensystems liegen (d_{z^2}, $d_{x^2-y^2}$), in die Hybridisierung einbezogen.

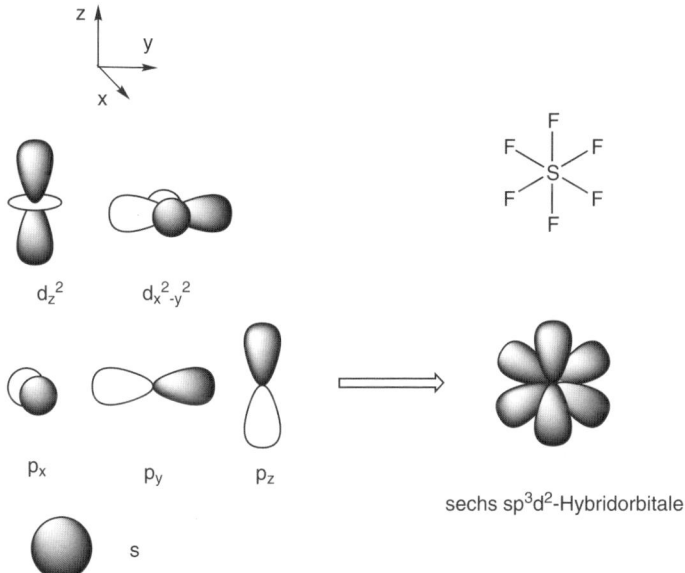

Abbildung 13.14: Bildung von sp³d²-Hybridorbitalen in SF_6.

Mithilfe der Valenzstrukturtheorie kann man die Geometrie von Molekülen voraussagen. Die Existenz gleichwertiger Bindungen in symmetrischen Molekülen wird verständlich. Die unterschiedlich großen 1. und 2. Ionisierungsenergien von Molekülen und delokalisierte π-Bindungen können hingegen mit dieser Methode nicht ausreichend beschrieben werden. Dies ist jedoch mit der Molekülorbitaltheorie möglich.

Teil III

Analytische Methoden

In diesem Teil ...

In den Fernsehserien, die sich mit »Crime Scene Investigation« beschäftigen, wird der Täter häufig innerhalb kurzer Zeit durch ein paar chemische Analysen überführt. Ganz so schnell geht das in der Realität freilich nicht. Aber falls Sie schon immer mal wissen wollten, was das für geheimnisvolle Apparate sind, die zur Lösung der Kriminalfalles beitragen, dann werden Sie in diesem Abschnitt ein wenig Aufklärung über die verschiedenen Methoden erhalten. Mit analytischen Verfahren kann man herausfinden, woraus ein Stoffgemisch besteht, welche Elemente enthalten sind, welche Verbindungen diese Elemente bilden, in welchen Konzentrationen die Verbindungen vorliegen. Ist dieses Stoffgemisch giftig, eignet es sich als Blumendünger oder wird es als Lebensmittelzusatzstoff verwendet? Zur Beantwortung dieser Fragen brauchen wir analytische Methoden!

Qualitative Analyse – der Trennungsgang

In diesem Kapitel

▶ Die Grundlagen der qualitativen Analyse verstehen

▶ Fällungsreaktionen begreifen

▶ Ionen finden und nachweisen

Stellen Sie sich vor, Sie bekommen eine unbekannte Probe in die Hand und sollen herausfinden, welche Elemente oder Ionen darin enthalten sind. Dabei kann es sich um eine Abwasserprobe, eine kontaminierte Bodenprobe oder ein Getränk handeln, mit dem möglicherweise jemand vergiftet wurde. Das ganze hat schon etwas von *Crime Scene Investigation* und ist eigentlich ganz spannend.

Die qualitative Analyse ist die grundlegende Methode in der anorganischen Chemie, um Elemente oder Ionen in einer solchen Probe zu finden und nachzuweisen. »Qualitativ« heißt das Ganze deshalb, weil man mit dieser Methode erst einmal nachweist, *welche* Elemente oder Ionen vorhanden sind, ohne deren genaue Menge zu bestimmen. Letzteres erfolgt dann mit Methoden der *quantitativen* Analyse (Kapitel 15 und 16).

Vorbereitung der Probe

Falls die zu untersuchende Probe ein Feststoff ist, versucht man diesen aufzulösen. Dazu verwendet man zunächst einmal Wasser. Wenn das keine Wirkung zeigt, greift man in folgender Reihenfolge zu immer stärker werdenden Säuren:

✔ verdünnte Salzsäure

✔ konzentrierte Salzsäure

✔ konzentrierte Salpetersäure

✔ Königswasser (3 Teile Salzsäure und 1 Teil Salpetersäure)

Wenn sich nur ein Teil der Probe löst, ist das umso besser, dann hat man schon eine erste Trennung des Stoffgemisches erreicht und kann die Lösung und den Feststoff einzeln weiter untersuchen. Den unlöslichen Feststoff muss man auch noch vollständig in Lösung bringen, um eine Analyse aller Bestandteile zu erreichen. Dazu kann man auf spezielle Aufschlussverfahren zurückgreifen. Beim Durchführen der Aufschlüsse muss man natürlich daran denken, dass man die ursprüngliche Probe verändert. Es werden, je nach Art des Aufschlusses, neue

Anionen eingebracht (Carbonat, Sulfat, Sulfid), die Oxidationsstufen können sich ändern (Oxidationsschmelze) und flüchtige Bestandteile könnten entweichen.

Soda-Pottasche-Aufschluss

Hierbei wird die unlösliche Substanz mit einem Gemisch aus Soda (Na_2CO_3) und Pottasche (K_2CO_3) zusammen in einem Eisen-, Nickel- oder Porzellantiegel aufgeschmolzen. Dabei muss man beachten, dass je nach verwendetem Tiegelmaterial etwas Eisen, Nickel oder Aluminium und Silicium gelöst wird. Besser geeignet sind deshalb natürlich Platintiegel, diese sind aber sehr teuer. Mit diesem Aufschluss kann man Sulfate der Elemente der 2. Hauptgruppe (Erdalkalisulate), unlösliche Oxide, Silicate und Silberhalogenide aufschließen und somit löslich machen. Dabei laufen folgende Reaktionen ab (Die zu analysierende Substanz ist jeweils fett geschrieben):

Erdalkalisulfate: $\mathbf{BaSO_4} + Na_2CO_3 \rightarrow BaCO_3 + Na_2SO_4$

unlösliche Oxide: $\mathbf{Al_2O_3} + Na_2CO_3 \rightarrow 2\,NaAlO_2 + CO_2\uparrow$

Silicate: $\mathbf{CaAl_2Si_2O_8} + 3\,Na_2CO_3 \rightarrow 2\,Na_2SiO_3 + CaCO_3 + 2NaAlO_2 + 2\,CO_2\uparrow$

Silberhalogenide: $\mathbf{2\,AgBr} + Na_2CO_3 \rightarrow 2\,Ag + 2\,NaBr + CO_2\uparrow + 0{,}5\,O_2\uparrow$

Die genannten Verbindungen werden durch den Aufschluss in lösliche Derivate überführt. Einzige Ausnahme sind die Silberverbindungen, die sich durch den Aufschluss in elementares Silber verwandeln. Die winzigen Silberkügelchen kann man hinterher aus dem Probentiegel heraussammeln und einzeln nachweisen.

Saurer Aufschluss

Durch Schmelzen der unbekannten Substanz mit Kaliumhydrogensulfat ($KHSO_4$) kann man Fe_2O_3, BeO, TiO_4, Ga_2O_3 und teilweise Al_2O_3 in eine lösliche Form überführen. Bis etwa 250 °C entweicht aus dem Kaliumhydrogensulfat Wasser, und es bildet sich Kaliumdisulfat ($K_2S_2O_7$). Dieses ist sehr reaktiv und knackt die unlöslichen Oxide entsprechend folgendem Beispiel auf:

$2\,KHSO_4 \rightarrow K_2S_2O_7 + H_2O\uparrow$ bis ca. 250 °C

$\mathbf{Fe_2O_3} + 3\,K_2S_2O_7 \rightarrow Fe_2(SO_4)_3 + 3\,K_2SO_4$

Oxidationsschmelze

Schwer lösliche Oxide in niedrigen Oxidationsstufen kann man mit der Oxidationsschmelze löslich machen. Das betrifft vor allem Chrom(III)-oxid und Eisen(II)-Verbindungen, z. B. ($FeCr_2O_4$):

$\mathbf{2\,Fe_2Cr_2O_4} + 4\,K_2CO_3 + 7\,NaNO_3 \rightarrow Fe_2O_3 + 4\,K_2CrO_4 + 7\,NaNO_2 + 4CO_2\uparrow$

Freiberger Aufschluss

Es ist mir eine besondere Freude, Ihnen den Freiberger Aufschluss vorzustellen, da ich in dieser Stadt in Sachsen seit vielen Jahren arbeite. Dieser Aufschluss wurde hier im Zusammenhang mit dem Bergbau entwickelt und diente ursprünglich zum Nachweis von Zinn in Erzen. Dementsprechend wird dieser Aufschluss hauptsächlich dazu genutzt, unlösliche Zinnverbindungen in eine lösliche Form zu überführen:

2 SnO_2 + 9 S + 2 Na_2CO_3 → 2 Na_2SnS_3 + 3 SO_2↑ + 2 CO_2↑

Nachweis der Anionen

Da zahlreiche Kationen den Nachweis der Anionen stören können, wendet man häufig einen Trick an, um diese Kationen erst abzutrennen. Die Analysensubstanz wird erst mit Soda (Na_2CO_3) in Wasser gekocht. Dabei bilden die meisten störenden Kationen schwerlösliche Carbonate oder Hydroxide. Diese werden durch Filtration abgetrennt und in der filtrierten Lösung kann man die Anionen nachweisen. Ein Nachweis von Carbonat ist jetzt natürlich nicht mehr möglich, da wir ja selbst vorher das Carbonat hinzugegeben haben! Die Nachweise der Anionen funktionieren im Einzelnen so:

- ✔ **Chlorid (Cl^-)** – Der Sodaauszug wird mit Salpetersäure angesäuert. Der Nachweis erfolgt mit Silbernitrat, dabei fällt ein weißer Niederschlag von Silberchlorid aus.

- ✔ **Sulfat (SO_4^{2-})** – Der Sodaauszug wird mit Salzsäure angesäuert. Der Nachweis erfolgt mit $BaCl_2$. Man erhält einen weißen Niederschlag von Bariumsulfat.

- ✔ **Nitrat (NO_3^-)** – Der Sodaauszug wird mit Schwefelsäure angesäuert und mit frisch hergestellter gesättigter Eisen(II)-sulfat-Lösung versetzt. Beim vorsichtigen Unterschichten mit konzentrierter Schwefelsäure entsteht ein brauner Ring einer eisenhaltigen Komplexverbindung, $[Fe(NO)(H_2O)_5]^{2+}$, die für die Anwesenheit von Nitrat charakteristisch ist.

Einige andere Anionen kann man aus der ursprünglichen Probe nachweisen. Dazu gehören:

- ✔ **Carbonat (CO_3^{2-})** – Man macht die Probe mit Salzsäure oder Salpetersäure sauer. Falls eine Gasentwicklung (CO_2) zu beobachten ist, leitet man das entstehende Gas in eine Lösung von Bariumhydroxid ein. Dabei fällt schwer lösliches Bariumcarbonat, $BaCO_3$, aus. Falls es nur sehr wenig Kohlendioxid sein sollte, sieht man nur eine leichte Trübung der Lösung.

- ✔ **Phosphat (PO_4^{3-})** – Die Probe wird mit Salpetersäure stark sauer gemacht und Ammoniummolybdat zugegeben. Beim Erhitzen der Lösung fällt ein gelber Niederschlag von Ammoniummolybdatophospat aus. Die Reaktionsgleichung dazu lautet:

   2 $[Mo_6O_{21}]^{6-}$ + 11 H^+ + **HPO_4^{2-}** + 3 NH_4^+ → $(NH_4)_3[P(Mo_3O_{10})_4]\cdot aq$↓

✔ **Sulfid (S^{2-})** – Man säuert die Probe mit Salzsäure an. Wenn das entstehende Gas nach faulen Eiern riecht, handelt es sich um Schwefelwasserstoff (H_2S). Man kann den entstehenden Schwefelwasserstoff auch noch durch eine Fällungsreaktion mit einer Blei(II)-acetat-Lösung als Bleisulfid nachweisen.

Nachweis der Kationen

Die qualitative Analyse der Kationen erfolgt mit dem **Trennungsgang der Kationen**. Dieser beruht auf der unterschiedlichen Löslichkeit der Kationen mit verschiedenen Fällungsmitteln. Der klassische Trennungsgang der Kationen nach R. Fresenius (1840) besteht aus folgender Reihenfolge von Fällungsreaktionen:

1. Salzsäuregruppe, Fällung von Ag, Hg(I), Pb
2. Schwefelwasserstoffgruppe, Fällung von Cu, Cd, Hg(II), Sn, Pb, As, Sb, Bi, Mo
3. Ammoniumsulfidgruppe, Fällung von Zn, Al, U, Ti, Cr, Mn, Fe, Co, Ni, V, W
4. Ammoniumcarbonatgruppe, Fällung von Ba, Sr, Ca
5. Lösliche Gruppe, Nachweis von Mg, Na, K, Li

Wie Sie sehen, entspricht die Reihenfolge der Fällungsreaktionen nicht der Stellung der Elemente im Periodensystem, sondern beruht ausschließlich auf den Eigenschaften der Kationen. Der Trennungsgang wurde rein empirisch (= durch Ausprobieren) danach entwickelt, welches Kation mit welchem Anion einen schwer löslichen Niederschlag bildet. Im Folgenden erfahren Sie noch einige Details zu den einzelnen Nachweisreaktionen.

Salzsäuregruppe

Bei diesem ersten Schritt des Kationentrennungsganges versetzt man die wässrige Lösung der Probe mit Salzsäure. Dabei werden die schwerlöslichen Chloride von Ag, Hg(I), und Pb ausgefällt.

Schwefelwasserstoffgruppe

Viele Übergangsmetalle und einige Elemente der 4. und 5. Hauptgruppe bilden schwerlösliche Niederschläge mit Schwefelwasserstoff in saurer Lösung. Die Sulfide von Cu, Hg(II), Pb, Bi und Cd sind in Ammoniumpolysulfid, $(NH_4)_2S_n$, unlöslich und werden unter dem Begriff **Kupfergruppe** zusammengefasst. Im Unterschied dazu kann man die ausgefallenen Sulfide von As, Sb, Sn und Mo mit Ammoniumpolysulfid wieder auflösen. Diese letzteren Elemente bezeichnet man als **Arsengruppe**.

Die Löslichkeit von Salzen wird über das Löslichkeitsprodukt definiert. So kann man z. B. die Löslichkeit von Cadmiumsulfid folgendermaßen beschreiben: $CdS \rightleftharpoons Cd^{2+} + S^{2-}$ mit dem Löslichkeitsprodukt $K_L = c[Cd^{2+}] \cdot c[S^{2-}]$. Die Angaben $c[Cd^{2+}]$ und $c[S^{2-}]$ sind dabei die Konzentrationen der Cadmium- und Sulfidionen in der Lösung. Die Löslichkeitsprodukte für die Sulfide der Schwermetalle sind extrem klein, daher sind die hier beschriebenen Nachweise mit Schwefelwasserstoff und anderen sulfidhaltigen Reagenzien sehr empfindlich. Beispiele für Löslichkeitsprodukte von Sulfiden in mol²/l²: ZnS $4,5 \cdot 10^{-24}$, CdS $8 \cdot 10^{-27}$, PbS $4 \cdot 10^{-28}$, HgS $3 \cdot 10^{-53}$.

Ammoniumsulfidgruppe

Nachdem man die oberen Fällungsreaktionen ausgeführt hat, macht man die verbliebene Lösung mit Ammoniak basisch. Daraufhin fallen die schwerlöslichen Sulfide und Hydroxide von Zn, Al, U, Ti, Cr, Mn, Fe, Co, Ni, V und W aus. Da hier eine große Anzahl an Kationen mit einem einzigen Fällungsreagenz ausgefällt wird, muss man die Kationen dann noch einzeln nachweisen. Dafür gibt es spezielle Nachweisreaktionen, die ich Ihnen hier aber nicht erklären kann, da dies den Rahmen des Buches sprengen würde. Falls Sie mehr darüber erfahren wollen, suchen Sie bitte nach Speziallliteratur zu dem Thema. Im Anhang B habe ich Ihnen auch ein entsprechendes Buch notiert.

Ammoniumcarbonatgruppe

Ein großer Teil der möglicherweise enthaltenen Kationen ist jetzt bereits ausgefällt und nachgewiesen worden. Die verbliebenen Ionen von Ba, Sr und Ca können als schwer lösliche Carbonate mit Ammoniumcarbonat aus der basischen Lösung ausgefällt werden.

Lösliche Gruppe

Nunmehr sind nur noch die Ionen übrig, die mit den bisher verwendeten Fällungsmitteln keine schwer löslichen Niederschläge bilden. Dabei handelt es sich um die Elemente Mg, Na, K und Li. Für diese gibt es spezielle Nachweisreaktionen oder der Nachweis erfolgt anhand der Flammenfarben.

Quantitative Analyse

In diesem Kapitel

▶ Quantitative Analyse von Ionen

▶ Titration und Gravimetrie kennen lernen

▶ Moderne Elementanalytik – CSI: den Tätern auf der Spur

Im vorigen Kapitel haben Sie die Grundlagen der *qualitativen* Analyse kennen gelernt. Dabei wird die Anwesenheit von Ionen in einer Probe nachgewiesen. In diesem Kapitel beschäftigen wir uns mit der *quantitativen* Analyse, d. h. mit der Frage, wie viel von einem bestimmten Ion in der Probe enthalten ist. Zur Lösung dieser Frage gibt es sehr vielfältige Methoden. Die klassischen Verfahren der sogenannten »Nassanalytik« sind die Titration und die Gravimetrie. Inzwischen haben aber mehr und mehr instrumentelle Methoden das Feld der quantitativen Analytik erobert. Instrumentelle Analytik bedeutet, vereinfacht ausgedrückt, dass man ein großes Analysengerät im Labor stehen hat, mit dem man die anstehenden Analysen ausführt. Solche Geräte können sehr teuer sein und erfordern häufig speziell geschultes Personal. Dafür erhält man die Analyseergebnisse häufig in sehr kurzer Zeit und mit hoher Genauigkeit. Einige dieser modernen Methoden möchte ich Ihnen in diesem Kapitel vorstellen. Sie haben meist kryptische Abkürzungen wie AAS, AES, ICP oder RFA. Im nächsten Kapitel lernen Sie darüber hinaus noch die UV-Vis-, IR- und Raman-Spektroskopie kennen.

In Fernsehserien, die sich mit Spurensicherung und Forensik befassen (Quincy, CSI, Crossing Jordan), stehen diese Geräte meist im Hintergrund herum und liefern in Sekundenschnelle die entscheidenden Hinweise auf die Todesursache und den Täter. Ganz so schnell geht es in der Wirklichkeit nicht. Meist müssen die Proben erst vorbereitet werden, Maßlösungen mit einem genau abgemessenem Gehalt an Elementen müssen hergestellt werden, das Spektrometer muss kalibriert werden, sodass so eine Analyse schon ein paar Stunden oder einen ganzen Tag dauern kann.

Titration

Diese quantitativen Analyseverfahren werden auch manchmal unter den Begriffen **Maßanalyse** oder **Volumetrie** zusammengefasst. Dabei geht man nach folgender Methode vor. Eine in einem Erlenmeyer-Kolben vorgelegte Lösung enthält den Stoff A. Von A soll die Konzentration in der Lösung und damit die vorhandene Menge bestimmt werden. Dazu tropft man aus einer Bürette mit einer Maßlösung bekannter Konzentration den Stoff B hinzu, bis entsprechend der Reaktion

A + B → Produkt

die äquivalente Menge an B hinzugegeben wurde (siehe Abbildung 15.1). Dieser Endpunkt oder auch **Äquivalenzpunkt** der Titration wird durch den Farbumschlag eines **Indikators** angezeigt. Als Indikatoren verwendet man meist organische Farbstoffe. Es besteht aber auch die Möglichkeit, den Endpunkt der Titration elektrochemisch zu bestimmen.

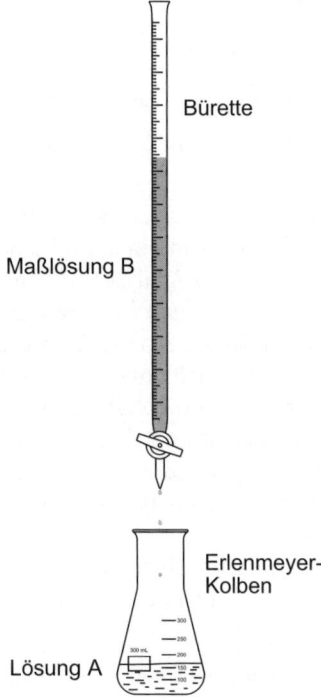

Abbildung 15.1: Einfache Anordnung zur Titration.

Vor Beginn der Titration sind noch einige Vorbereitungen notwendig. Man muss z. B. zunächst die Maßlösung B mit genau bekannter Konzentration herstellen. Häufig gehört noch eine Faktorbestimmung dazu, da die Maßlösung mit der Zeit ihren Gehalt verändern kann. Weiterhin muss eine Menge der Probe A eingewogen und so vorbereitet werden, dass man eine klare wässrige Lösung vorliegen hat. Schließlich braucht man noch einen geeigneten Indikator. Bei den Indikatoren handelt es sich meist um schwache organische Säuren oder Basen, die auf eine Änderung des pH-Wertes mit einem Farbumschlag reagieren. Den Indikator legt man in der Probenlösung A vor. Er soll den Endpunkt der Titration zuverlässig anzeigen. Wenn diese Vorbereitungen getroffen sind, ermöglicht diese einfache Anordnung von Geräten eine Vielzahl von quantitativen Bestimmungen. Folgende Hauptanwendungsgebiete für Titrationen gibt es:

1. **Säure-Base-Titration**

    Hierbei bestimmt man den Gehalt von Säuren (z. B. Salzsäure oder Schwefelsäure) mit Basen (z. B. Natrium- oder Kaliumhydroxid). Umgekehrt funktioniert das genau so gut.

So kann man beispielsweise den unbekannten Gehalt einer Schwefelsäure mit einer Maßlösung von Kaliumhydroxid titrieren. Die ablaufende Reaktion formuliert man folgendermaßen:

H_2SO_4 + 2 KOH → K_2SO_4 + 2 H_2O

zu bestimmender Stoff   Maßlösung

(Titrant)   (Titrator)

Als Indikator verwendet man einen organischen Farbstoff, der einen Farbumschlag anzeigt, sobald alle Protonen der Säure neutralisiert sind. Dazu eignet sich z. B. Methylrot. Dieser Indikator ist in saurer Lösung rot und schlägt bei der Titration nach gelb um.

2. Redoxtitration

Diese Methode kann man für alle Stoffe anwenden, die in einer eindeutigen Reaktion quantitativ (= vollständig) oxidiert oder reduziert werden. Als Maßlösungen (Titrator) zur Oxidation kann man Kaliumpermanganat ($KMnO_4$), Kaliumbromat ($KBrO_3$) oder Iod (I_2) verwenden. Als Maßlösungen für Reduktionsreaktionen eignen sich Natriumthiosulfat ($Na_2S_2O_3$) oder Titan(III)-chlorid.

Beispiel zur Titration mit einem Oxidationsmittel (»Oxidimetrie«) in stark saurer Lösung:

5 Fe^{2+} + $KMnO_4$ + 8 H^+ → 5 Fe^{3+} + Mn^{2+} + K^+ + 4 H_2O

zu bestimmender Stoff   Maßlösung

Einen Indikator braucht man in diesem Fall nicht, da das Kaliumpermanganat intensiv violett gefärbt ist. Sobald alles Eisen(II) in der Lösung verbraucht ist, sieht man den Überschuss an Titrator als leichte Rosafärbung im Erlenmeyer-Kolben.

Beispiel zur Titration mit einem Reduktionsmittel (»Reduktometrie«):

I_2 + 2 $S_2O_3^{2-}$ → $S_4O_6^{2-}$ + 2 I^-

zu bestimmender Stoff   Maßlösung

Die Anzeige des Endpunktes der Titration erfolgt hierbei durch Zugabe von etwas Stärke in den Erlenmeyer-Kolben. Die Iodmoleküle bilden eine tiefblaue Einschlussverbindung mit den Stärkemolekülen. Sobald das Iod verbraucht ist, verschwindet die blaue Farbe.

3. Fällungstitration

Reaktionen, die vollständig unter Bildung schwerlöslicher Salze ablaufen, eignen sich ebenfalls für Titrationen. So kann man z. B. Silberionen (Ag^+), Halogenidionen (Cl^-, Br^-, I^-) oder Pseudohalogenidionen (CN^-, SCN^-) bestimmen. Eine häufig angewandte Methode ist die Bestimmung der Konzentration von Chloridionen mit Silbernitratlösung:

Cl^- + $AgNO_3$ → $AgCl\downarrow$ + NO_3^-

zu bestimmender Stoff   Maßlösung

4. Komplexbildungstitration

Hierbei kann man den Gehalt an Metallionen bestimmen, sofern diese ausreichend stabile Komplexe mit Chelatliganden bilden. Ein für diesen Zweck häufig verwendeter Chelatligand ist Komplexon III. Hinter dieser geheimnisvollen Bezeichnung verbirgt sich das Dinatriumsalz von Ethylendiamintetraacetat (Na_2H_2EDTA). Formel und schematische Darstellung der Komplexbildung finden Sie in Abbildung 15.2. Für die Komplexbildungstitration gibt es maßgeschneiderte Indikatoren. Welche für die beabsichtigte Titration geeignet sind, finden Sie in den entsprechenden Arbeitsvorschriften. Als Beispiel sei hier die Titration von Magnesium(II)-Ionen mit Komplexon angeführt:

$$Mg^{2+} + Na_2H_2EDTA \rightarrow Mg(H_2EDTA)) + 2\,Na^+$$

| zu bestimmender Stoff | Komplexon III Maßlösung | | |

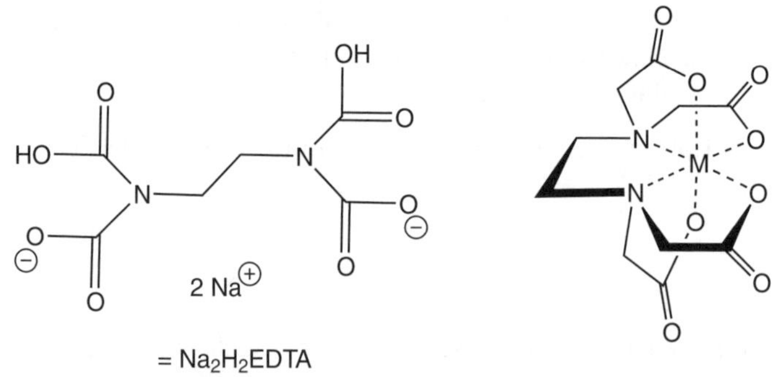

Abbildung 15.2: Strukturformel von Komplexon III (links) und schematische Darstellung der Koordination eines Metalls mit diesem Chelatliganden (rechts).

Elektrochemische Indikation

Neben der Indikation (= Anzeige) des Endpunktes mit Farbstoffindikatoren besteht noch die recht elegante Möglichkeit, den Endpunkt einer Titration mit elektrochemischen Methoden zu bestimmen. So kann man z. B. die Leitfähigkeit (»Konduktometrie«) der zu untersuchenden Lösung verfolgen. Diese Methode eignet immer dann, wenn Ionen mit hoher Leitfähigkeit (H^+ oder OH^-) verbraucht oder zugetropft werden.

Eine andere Herangehensweise besteht in der Messung der Zellspannung galvanischer Zellen (»Potenziometrie«). Dabei wird die Konzentrationsänderung eines an der Titration beteiligten Ions mit einer ionenselektiven Elektrode verfolgt. So kann man z. B. eine Silber/Silbersulfidelektrode für Fällungstitrationen mit Silbernitrat verwenden.

15 ➤ Quantitative Analyse

Gravimetrie

Bei den Analysenmethoden der Gravimetrie oder Gewichtsanalyse überführt man die zu untersuchende Substanz in einen schwer löslichen Niederschlag und bestimmt den Gehalt durch Wägung. Man benötigt bei der Gravimetrie keine Kalibrierung oder Maßlösungen, es handelt sich also um eine Absolutbestimmung. Gravimetrische Methoden eignen sich vor allem für Probenmengen im Grammbereich, aber nicht für winzige Mengen oder Spurenanalytik. Wenn man z. B. den Gehalt an Eisen in einer Erzprobe ermitteln will, so geht man folgendermaßen vor:

- ✔ Entnahme einer repräsentativen Probe
- ✔ genaue Einwaage der Probe
- ✔ Auflösen der Probe oder falls diese unlöslich ist, Aufschlussverfahren und anschließendes Auflösen
- ✔ Ausfällen der zu analysierenden Komponente mit einem Fällungsmittel
- ✔ Abfiltrieren und Auswaschen des Niederschlages
- ✔ Trocknen des Niederschlages, bzw. Veraschen (= kontrolliertes Verbrennen) des Filterpapiers, evtl. Glühen des Rückstandes zum Überführen in eine definierte Verbindung

Die Gravimetrie wird heute nur noch selten angewandt. Sie ist vielfach durch instrumentelle Methoden verdrängt worden.

Moderne Elementanalytik

Es gibt inzwischen einen ganzen Zoo moderner Methoden der Elementanalytik. Ich möchte Ihnen hier nur einige wichtige und häufig genutzte Methoden vorstellen. Vielleicht verstehen Sie dann bei der nächsten Folge von CSI besser, wie der *Detective* den Täter so schnell überführen konnte. Es gibt verschiedene Methoden, bei denen die quantitative Bestimmung der Elemente auf der Absorption, Emission oder Fluoreszenz von Atomen oder Ionen beruht. Diese Methoden fasst man unter dem Begriff **Atomspektroskopie** zusammen. Die Tabelle 15.1 gibt Ihnen eine Übersicht über einige dieser Methoden. Die Probe wird während der Analyse meist in einen atomaren Dampf verwandelt. Dazu braucht man sehr hohe Temperaturen, die bei der Atomabsorptionsspektroskopie (AAS) und Atomemissionsspektroskopie (AES) z. B. durch Acetylen/Luft- (ca. 2200 °C), Wasserstoff/Sauerstoff- (ca. 2800 °C), Acetylen/Sauerstoff-Gemische (ca. 3100 °C) oder häufig elektrothermisch im Graphitrohrofen erzeugt werden. Noch höhere Temperaturen erreicht man bei der ICP durch elektrische Entladungen oder einen Lichtbogen, mit denen man ein Argonplasma mit Temperaturen zwischen 4000 und 6000 °C erzeugt. Bei der AES und ICP-OES (induktiv gekoppeltes Plasma mit optischer Emissionsspektroskopie) werden die Atome zur Emission von Licht angeregt. Bei der AAS wird die Absorption von Licht registriert, bei der Röntgenfluoreszenzanalyse (RFA) die Fluoreszenz.

Abkürzung	Bezeichnung der Methode	Anregungsmethode	Erzeugung der Signale
AAS	Atomabsorptionsspektroskopie	Flamme oder elektrothermisch	Absorption
AES	Atomemissionsspektroskopie	Flamme	Emission
ICP-OES	induktiv gekoppeltes Plasma mit optischer Emissionsspektroskopie	induktiv gekoppeltes Plasma	Emission
RFA	Röntgenfluoreszenzanalyse	Röntgenstrahlung	Fluoreszenz

Tabelle 15.1: Methoden der Atomspektroskopie.

Für die meisten Analysen muss man die Proben zunächst in eine lösliche Form überführen. Deshalb gilt folgende allgemeine Vorgehensweise:

- ✔ Entnahme einer repräsentativen Probe
- ✔ genaue Einwaage der Probe
- ✔ Auflösen der Probe oder falls diese unlöslich ist, Aufschlussverfahren und anschließendes Auflösen
- ✔ Herstellen einer verdünnten Lösung mit definiertem Volumen in einem Maßkolben.
- ✔ Aufgabe der Probe in das Messgerät
- ✔ Vergleich der beobachteten Signale mit einem Referenzstandard oder einer Kalibrierungskurve
- ✔ Ausrechnen der Konzentration über das Volumen und die eingewogene Menge an Probe

Zu den einzelnen Methoden möchte ich noch einige Besonderheiten erwähnen:

AAS

Bei der Atomabsorptionsspektroskopie erfolgt eine Lichtabsorption der zu bestimmenden Atome im gasförmigen Zustand. Die Atome liegen dabei im Grundzustand vor und absorbieren Licht derjenigen Wellenlänge, die sie im angeregten Zustand selbst ausstrahlen würden. Deshalb verwendet man als Lichtquellen Hohlkathodenlampen, bei denen die Kathoden aus dem zu bestimmenden Element bestehen. Man braucht also für jedes Element, welches man bestimmen möchte, eine eigene Lampe. Man kann mit dieser Methode mehr als 60 verschiedene Metalle des Periodensystems bestimmen. AAS ermöglicht die Bestimmung von Elementen im Ultraspurenbereich. Die Methode ist aber aufwändig, zeitintensiv und teuer.

AES

Die Atomemissionsspektroskopie dient zur qualitativen und quantitativen Bestimmung von Elementen. Vor allem die sonst schwer zu bestimmenden Elemente Lithium, Natrium, Kalium und Calcium aus biologischen Proben können hiermit gut bestimmt werden. Der Gehalt der Probe an dem entsprechenden Element wird mit einer Kalibrierkurve bestimmt. Für quantitative Bestimmungen benötigt man eine konstante Flamme und bestimmte Konzentrationsbereiche in den Probenlösungen.

ICP-OES

ICP-OES ist eigentlich auch eine Art von Atomemissionspektroskopie. Sie unterscheidet sich von der klassischen AES nur durch eine andere Anregungsmethode. Diese Methode ist aufgrund einer hohen Empfindlichkeit besonders für die Spurenanalyse von Elementen geeignet, da hiermit Gehalte von 10^{-3} bis 10^{-6} % bestimmt werden können. Allerdings kann man bei Bedarf auch sehr hohe Gehalte bestimmen, da der Analysenbereich mehrere Dekaden abdeckt. Man kann mit dieser Methode mehrere Elemente gleichzeitig bestimmen. Das ist ein wichtiger Vorteil gegenüber der AAS. ICP-OES zählt heute zu den Standardmethoden in fast jedem analytischen Labor.

Die Proben müssen nicht unbedingt als Lösung vorliegen, sondern es besteht auch die Möglichkeit für spezielle Problemstellungen schwerlösliches Material, z. B. Metalle oder Keramik, durch Funkenanregung zu atomisieren.

RFA

Bei der Röntgenfluoreszenzanalyse wird keine Flamme zur Anregung verwendet, wie bei den anderen Methoden, sondern hier dient Röntgenstrahlung als Strahlungsquelle zur Anregung der Probe. Durch diese energiereiche Strahlung werden aus den inneren Elektronenschalen der Atome Elektronen herausgeschlagen. Dabei entstehen Ionen. Die Lücken in den inneren Elektronenschalen werden durch Elektronen aus den äußeren Elektronenschalen aufgefüllt. Die Elektronen »springen« sozusagen von einer energiereichen Position auf eine energieärmere Position. Dabei wird Energie frei. Diese Energie wird in Form von Fluoreszenzlicht abgestrahlt. Die Wellenlänge dieses Lichts ist für die einzelnen Elemente charakteristisch. Die quantitative Bestimmung der einzelnen Elemente erfolgt über Kalibrierungskurven anhand der Intensität des abgestrahlten Fluoreszenzlichts. Diese Methode wird vor allem zur zerstörungsfreien Untersuchung von Festkörpern, wie metallischen Legierungen, Gläsern, Keramiken oder Mineralen, angewandt.

Anwendungen

Die genannten Methoden liefern eine solide Basis für die sehr genaue Bestimmung von Elementen in den verschiedensten Proben. Hier noch einige Beispiele für Anwendungen:

✔ Bestimmung von Blei in Sickerwasser von Mülldeponien mit AAS

✔ Bestimmung von Cadmium in Getreideproben mit Graphitrohr-AAS

- Bestimmung des Schwefelgehaltes in Mineralölen und Brennstoffen mittels ICP-OES
- Bestimmung der Wasserbeschaffenheit durch ICP-OES. Dabei kann man mehr als 33 Elemente wie Arsen, Blei, Cadmium, Chrom, Eisen usw. quantitativ bestimmen.
- Bestimmung des Chromoxidgehaltes in Leder mittels ICP-OES
- Bestimmung des Cadmiumgehaltes in buntem Kinderspielzeug mit RFA

Elektrochemische Analytik

In diesem Kapitel

▶ Die Prinzipien der elektrochemischen Analytik verstehen

▶ Die Methoden der elektrochemischen Analytik kennen lernen

Elektrochemische Analysenverfahren arbeiten schnell und präzise. Diese Verfahren werden in vielfältiger Weise in der Routine- und Produktanalytik eingesetzt. Für alle elektrochemischen Analysenverfahren braucht man eine elektrochemische Zelle mit zwei Elektroden, die in eine Lösung eintauchen. Diese Methoden nutzen die Konzentrationsabhängigkeit elektrochemischer Reaktionen zwischen Elektroden für analytische Zwecke. Man kann auf diese Weise Konzentrationsbestimmungen schnell und mit hoher Genauigkeit ausführen. Deshalb zählen diese Methoden zu den wichtigsten Verfahren in der analytischen Chemie. In Tabelle 16.1 finden Sie eine Übersicht über die verschiedenen Methoden der elektrochemischen Analytik.

Prinzip		Methode	Messgrößen
Wanderung von Teilchen		Konduktometrie	elektrische Leitfähigkeit
Elektrodenreaktion	kein Stromfluss	Potenziometrie	Spannungsdifferenz zwischen zwei Elektroden
	mit Stromfluss	Voltammetrie, Polarographie	Stromstärke als Funktion der Spannung
		Amperometrie, Coulometrie	Stromstärke
		Elektrogravimetrie	Masse

Tabelle 16.1: Einteilung der elektrochemischen Analysenmethoden.

Konduktometrie

Bei dieser Methode wird die Leitfähigkeit einer Lösung bestimmt. Dazu braucht man zwei Elektroden, die in die Lösung eintauchen, eine Stromquelle und ein Messgerät zur Anzeige des Stromflusses. Für die Leitfähigkeitsmessung benutzt man meist Wechselspannung, um Veränderungen an den Oberflächen der Elektroden auszuschließen. Die Leitfähigkeit einer Lösung hängt von der Anzahl der in der Lösung vorhandenen Ionen, von der Ladung der Ionen und von der Beweglichkeit der Ionen ab. Die Beweglichkeit der Ionen wiederum hängt vom Ionenradius, von der Größe der Solvathülle (= Lösungsmittelhülle des Ions), vom Lösungsmittel und von der Temperatur ab. Besonders hohe Leitfähigkeiten haben Hydronium- (H_3O^+) und Hydroxidionen (OH^-). Durch die Übertragung von Wasserstoffbrücken innerhalb der wässrigen Lösung verläuft der Transport dieser Ionen praktisch ohne Stofftransport.

Anwendungen der Konduktometrie liegen in der Produktanalytik, insbesondere bei der Überwachung der Produktqualität, wo bei der Herstellung von Verbindungen immer wieder Lösungen ähnlicher Zusammensetzung anfallen. So kann man zum Beispiel die Konzentrationen von Salzlösungen (Natriumcarbonat, Natriumchlorid) oder von reinen Säuren und Basen (Essigsäure, Schwefelsäure, Kalilauge) konduktometrisch bestimmen. In der Wasseranalytik lässt sich konduktometrisch der Gesamtgehalt an dissoziierbaren Stoffen ermitteln. Hauptanwendungsgebiet der Konduktometrie ist die Maßanalyse. Bei Säure-Base-Titrationen und bei Fällungstitrationen (siehe auch Kapitel 15) treten am Äquivalenzpunkt schlagartig große Änderungen an Ionenkonzentrationen in der Lösung auf. Diese Konzentrationsänderungen kann man sehr gut konduktometrisch beobachten.

Potenziometrie

Bei der Potenziometrie werden Konzentrationen von Stoffen in Lösung über die Messung der Spannungsdifferenzen zwischen zwei Elektroden (Zellspannung) ermittelt. Dazu benötigt man eine elektrochemische Zelle mit einer Indikatorelektrode (auch Messelektrode genannt) und einer Referenzelektrode (auch als Bezugselektrode bezeichnet). Die beiden Halbzellen werden über einen Stromschlüssel oder Diaphragma (z. B. eine poröse Glasfilterplatte) miteinander verbunden. Mithilfe der Potenziometrie kann man die Konzentration von gelösten Stoffen (Direktpotenziometrie) oder den Äquivalenzpunkt einer Titration bestimmen (siehe Kapitel 15).

Hier eine kleine Übersicht über einige der verwendeten Elektroden:

✔ Platinelektrode – vielfältiger Einsatz, da oxidationsstabil

✔ Silber-Silberchloridelektrode – Messung von Chloridionen-Konzentrationen

✔ Kalomelelektrode ($Hg/Hg_2Cl_2/KCl$)

✔ $Ag/Ag_2S/CuS$-Elektrode – Messung von Cu^{2+}

✔ Glaselektrode – Messung des pH-Werts

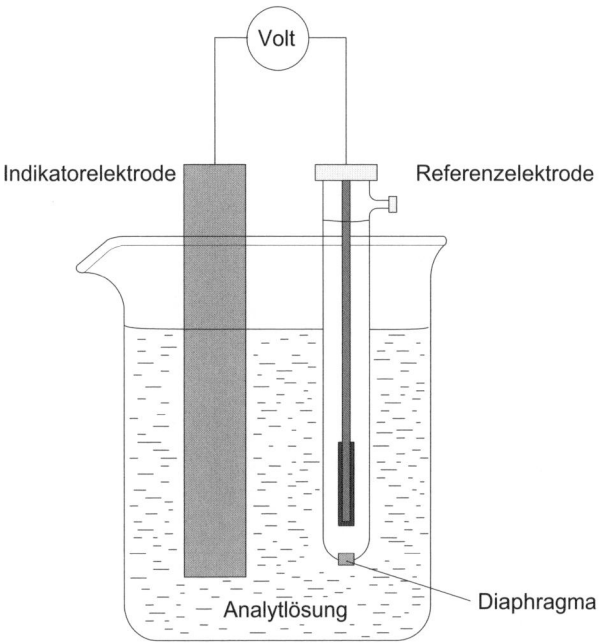

Abbildung 16.1: Schematische Darstellung einer potenziometrischen Zelle.

pH-Wert messen

Dazu verwendet man eine Glaselektrode und eine Bezugselektrode als elektrochemische Messkette. Die von dieser Messkette gelieferte Spannung wird auf einer pH-Skala angezeigt. Vor Beginn der pH-Messung muss das Gerät kalibriert werden. Das geschieht mit einer Pufferlösung, die z. B. den pH-Wert 7,0 hat. Mit einer weiteren Pufferlösung wird ein zweiter pH-Wert eingestellt, z. B. 4,0. Nun können die Messungen beginnen, und man kann mit dem Gerät direkt die pH-Werte der zu untersuchenden Lösungen ablesen. Die Glaselektrode besteht aus einem Glasrohr mit einer Glasmembran am unteren Ende. Die Protonen können nicht durch die Glasmembran hindurchdiffundieren, sondern es werden Potenzialunterschiede zwischen Innen- und Außenseite der Membran ausgewertet. Zur Messung des pH-Werts benötigt man noch eine Referenzelektrode. Als solche eignet sich z. B. die Silber-Silberchloridelektrode. Beide Elektroden sind in der nachfolgenden Abbildung dargestellt.

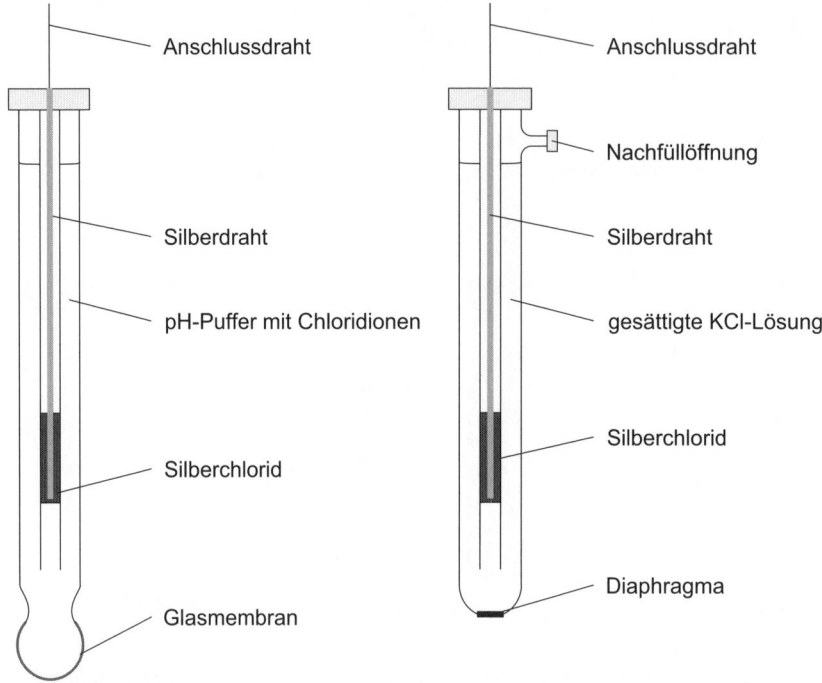

Abbildung 16.2: Glaselektrode (links) und Silber-Silberchloridelektrode (rechts).

Cyclovoltammetrie

Bei der Cyclovoltammetrie wird an die Arbeitselektrode zunächst eine steigende Spannung angelegt und anschließend wird die Spannung wieder gesenkt. Dabei werden Strom-Spannungskurven aufgezeichnet. Die Spannung an der Arbeitselektrode wird mithilfe der Bezugselektrode bestimmt. In wässrigen Lösungen begrenzt man die Spannung so, dass die Bereiche der Sauerstoff- (+1,229 V) und Wasserstoffentwicklung (0 V) nicht erreicht werden. Falls der zu messende Bereich außerhalb dieser Grenzen liegt, kann man auch andere Lösungsmittel wie Acetonitril (CH_3–CN) oder Methylenchlorid (CH_2Cl_2) verwenden.

Wenn sich in der Lösung ein reduzierbarer oder oxidierbarer Stoff befindet, wird dieser bei einer bestimmten Spannung reduziert bzw. oxidiert. Die gemessenen Spannungen sind charakteristisch für die untersuchten Verbindungen. Wenn mehrere Peaks im Cyclovoltammogramm auftreten, dann wird die Verbindung über mehrere Stufen oxidiert bzw. reduziert.

In Abbildung 16.3 ist ein typisches Cyclovoltammogramm abgebildet. Am Punkt **A** wird die Messung mit einer bestimmten Spannung begonnen. Am Punkt **B** findet eine Reduktion des Ions statt (Reduktionspotenzial). Ab Punkt **C** wird die Spannung langsam wieder gesenkt (Umkehrpotenzial), und am Punkt **D** findet wieder die Oxidation in die vorherige Oxidationsstufe statt (Oxidationspotenzial).

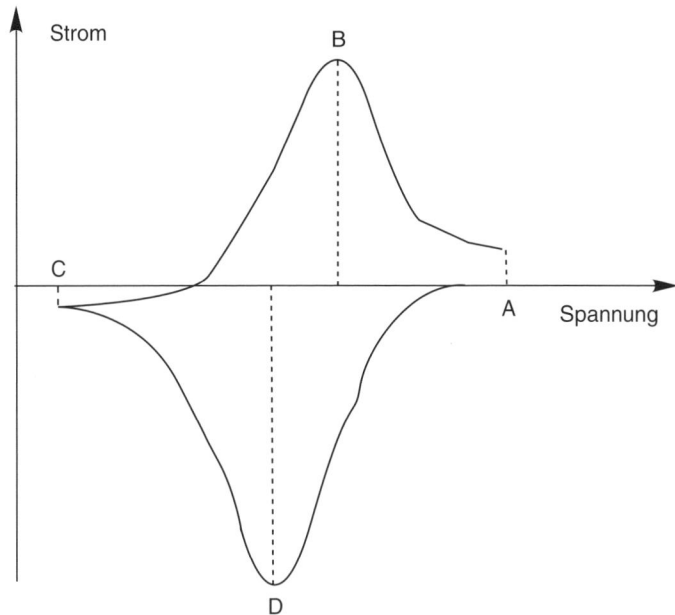

Abbildung 16.3: Schematische Darstellung eines Cyclovoltammogramms.

Polarographie

Die Polarographie ist eine spezielle voltammetrische Methode. Hierbei wird eine flüssige Quecksilberelektrode verwendet. Durch die tropfende Quecksilberelektrode erneuert sich die Oberfläche dieser Arbeitselektrode ständig und wird dadurch von störenden Einflüssen frei gehalten. Bei der Polarographie werden Strom-Spannungskurven aufgezeichnet. Mit der Polarographie kann man jeden Stoff bestimmen, der sich in Lösung anodisch oxydieren oder kathodisch reduzieren lässt. Ein Polarograph besteht aus einer Gleichspannungsquelle **a**, einem Potenziometer **b** (zum Einstellen der Spannung) einem Galvanometer **c** (zum Messen des Stromflusses), der Probezelle **d** (die die zu untersuchende Lösung enthält), der Bezugselektrode **e** (hier das Quecksilber am Boden der Probezelle) und der Quecksilbertropfelektrode **f** als Arbeitselektrode. Eine schematische Darstellung eines Polarographen finden Sie in der nachfolgenden Abbildung.

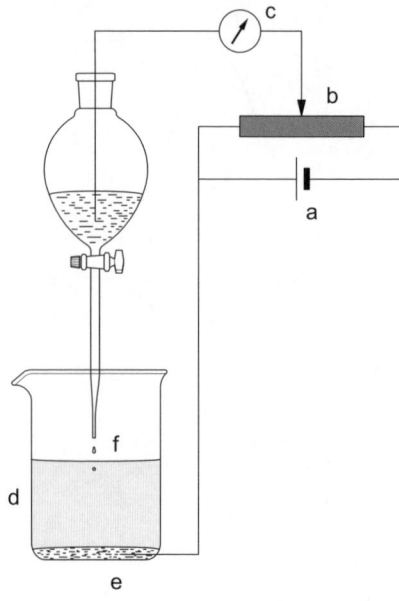

Abbildung 16.4: Schematische Darstellung eines Polarographen.

Mithilfe der Polarographie kann man noch sehr kleine Ionenkonzentrationen bestimmen. Außerdem ist es möglich, mehrere Ionenarten nebeneinander zu bestimmen, sofern die Redoxpotenziale ausreichend große Unterschiede aufweisen. Wenn dies der Fall ist, so erhält man eine stufenförmige Kurve (siehe Abbildung 16.5). Zunächst beginnt man die Messung bei kleinen Spannungen. Dort fließt nur der Grundstrom (I_1). Beim langsamen Erhöhen der Spannung wird die Zersetzungsspannung V_1 der leichter reduzierbaren Ionen erreicht. Die Stromstärke nimmt dabei sprunghaft zu, da diese Ionen reduziert werden. Es gelangt immer nur ein kleiner Teil der leicht reduzierbaren Ionen durch Diffusion an den Quecksilbertropfen, sodass die Stromstärke bei weiterer Erhöhung der Spannung vorerst beim Wert I_2 (Diffusions- oder Grenzstrom) konstant bleibt. Das Halbstufenpotenzial (H_2) der schwerer reduzierbaren Ionen wird bei weiterer Erhöhung der Spannung erreicht. Das Halbstufenpotenzial ist bei reversiblen Elektrodenreaktionen mit dem Redoxpotenzial identisch. Daher kann man das Halbstufenpotenzial zur qualitativen Identifizierung der Ionenart nutzen. Die Stufenhöhe des Halbstufenpotenzials kann zur Konzentrationsbestimmung verwendet werden. Man benötigt dazu allerdings noch Vergleichslösungen der betreffenden Ionenart mit bekannter Konzentration.

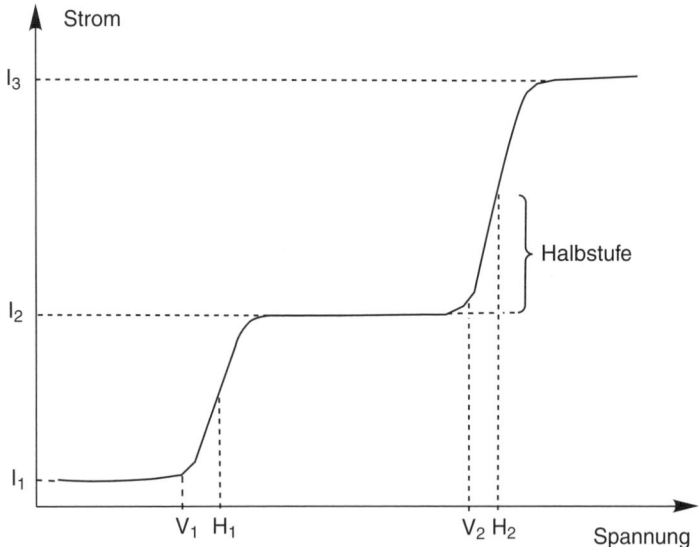

Abbildung 16.5: Polarogramm einer Lösung, die zwei reduzierbare Ionen enthält. Erklärung im Text.

Ein Nachteil dieser Methode ist die Verwendung flüssigen Quecksilbers. Dies erfordert aufgrund der giftigen und umweltgefährlichen Eigenschaften von Quecksilber und dessen Verbindungen besondere Sorgfalt beim Arbeiten.

Eine wichtige Anwendung der Polarographie ist die Spurenbestimmung von Schwermetallen in Lebensmitteln.

Coulometrie

Bei der Coulometrie werden Elektrizitätsmengen gemessen. Bei quantitativ ablaufenden Elektrolysen ist die Menge der abgeschiedenen Elektrolyseprodukte proportional zu der durch den Stromkreis geflossenen Elektrizität. Durch Bestimmung der Elektrizitätsmenge kann man auf die Stoffmengen schließen und so quantitative Bestimmungen ausführen. Damit ähnelt die Coulometrie sehr stark der Elektrogravimetrie. Allerdings werden bei dieser Methode die oxidierten oder reduzierten Ionen nicht an der Elektrode abgeschieden, sondern die Ionen bleiben in Lösung.

Die Coulometrie wird z. B. verwendet für die Bestimmung von

- ✔ Hauptbestandteilen in Lösungen
- ✔ geringen Wassergehalten nach Karl-Fischer
- ✔ organisch gebundenem Halogen in Wasserproben (AOX)

Elektrogravimetrie

Bei dieser Methode erfolgt die Abscheidung eines Metalls aus einer Salzlösung durch Elektrolyse. Die Elektrolysezelle enthält eine Kathode und eine Anode. An diese Elektroden wird Spannung angelegt. An der Kathode erfolgt daraufhin die Abscheidung des zu bestimmenden Metalls durch Reduktion. An der Anode laufen Oxidationsprozesse ab. Die Kathode wird vor und nach der Elektrolyse gewogen. Dadurch erfolgt eine genaue Bestimmung der in der Probenlösung enthaltenen Menge an Metall. Beispiele für die Anwendung dieser Methode sind die Abscheidung und Bestimmung von Kupfer oder Silber.

Bei bestimmten Metallen bilden sich bei kathodischer Reduktion nur sehr schlecht haftende Metallüberzüge. In diesen Fällen behilft man sich so, dass man die Metallionen aus der Lösung heraus an der Anode oxidiert und als Metalloxide abscheidet. Beispiele für diese Methode sind die Bestimmung von Blei als PbO_2 und von Mangan als MnO_2.

Moleküle sichtbar machen – die Einkristall-Strukturanalyse

In diesem Kapitel

▶ Die Einkristall-Strukturanalyse verstehen

▶ Beugung von Röntgenstrahlen

▶ Das Bragg'sche Reflexionsgesetz

▶ Das »Phasenproblem« und wie man es löst

▶ Ergebnisse der Strukturbestimmung

Die in den anderen Kapiteln behandelten analytischen Methoden liefern uns bestimmte Teilinformationen über die chemische Zusammensetzung einer Probe. So kann man z. B. mithilfe der qualitativen Analyse nachweisen, welche Elemente in einer Probe enthalten sind (Kapitel 14). Mit den Methoden der quantitativen Analyse lässt sich die prozentuale Zusammensetzung bestimmen (Kapitel 15 und 16). Mit spektroskopischen Methoden kann man die Anwesenheit bestimmter funktioneller Gruppen nachweisen (Kapitel 18).

Bei der Einkristall-Strukturanalyse erhält man genaue Informationen über den räumlichen Aufbau eines Moleküls oder den Aufbau eines Ionengitters. Einzige Bedingung für die Durchführung einer Einkristall-Strukturanalyse ist, dass man Einkristalle der entsprechenden Verbindung zur Verfügung hat! Diese Kristalle müssen nicht all zu groß sein. Kantenlängen von 0,1 bis 0,3 mm sind meist völlig ausreichend. Die dreidimensionale Struktur des Kristalls und aller enthaltenen Bausteine (Moleküle, Atome, Ionen) wird mithilfe von Röntgenstrahlung bestimmt. Die Röntgenstrahlen werden am Gitter der Elementarzelle gebeugt und treten miteinander in Interferenz.

Aus der Lage der gebeugten Reflexe im Raum lässt sich die Form und Größe der Elementarzelle berechnen (siehe Kasten). Die Intensitäten der gebeugten Röntgenstrahlen enthalten Informationen über den Inhalt der Elementarzelle, also die Raumgruppe und die vorliegenden Molekülstrukturen oder Ionengitter. Die durch die Interferenz der Röntgenstrahlen erzeugten Signale besitzen eigentlich noch Vorzeichen (auch »Phasen« genannt). Leider sind diese Vorzeichen oder Phasen unbekannt und können auch nicht gemessen werden. Das führt zum sogenannten »Phasenproblem« der Strukturanalyse. Es ist nicht möglich, aus den gemessenen Intensitäten eine Struktur einfach so abzuleiten. Man versucht stattdessen, sich mithilfe eines Computerprogramms ein Modell der Struktur zu schaffen. Für dieses Strukturmodell rechnet man die zu erwartenden Reflexe aus. Diese berechneten Reflexe werden mit den gemessenen Reflexen verglichen. Je nachdem, ob die Übereinstimmung gut oder schlecht ist, verwendet man dieses Molekülmodell weiter oder verwirft es. Wenn man ein brauchbares Molekülmodell gefunden hat, verfeinert man dieses immer weiter, bis man eine bestmögliche Übereinstimmung mit den Messwerten erreicht hat.

Man sieht in der Strukturanalyse also nicht Signale für einzelne Atome, Ionen oder Gruppen, sondern man schafft sich ein Modell, welches alle Moleküle, über alle Elementarzellen gemittelt, beschreibt.

Die sieben Kristallsysteme

Die kleinste Einheit eines Kristallgitters bezeichnet man als Elementarzelle. Diese wird durch die Gitterkonstanten a, b, c und die Winkel α, β, γ zwischen diesen Gitterkonstanten charakterisiert. Es gibt sieben Kristallsysteme, die sich im Aufbau der Elementarzelle unterscheiden. Sie sind in der nachfolgenden Tabelle zusammengefasst.

Kristallsystem	Gitterkonstanten	Winkel
triklin	$a \neq b \neq c$	$\alpha \neq \beta \neq \gamma$
monoklin	$a \neq b \neq c$	$\alpha = \gamma = 90°$ $\beta > 90°$
orthorhombisch	$a \neq b \neq c$	$\alpha = \beta = \gamma = 90°$
tetragonal	$a = b \neq c$	$\alpha = \beta = \gamma = 90°$
rhomboedrisch	$a = b = c$	$\alpha = \beta = \gamma$
hexagonal	$a = b \neq c$	$\alpha = \beta = 90°$ $\gamma = 120°$
kubisch	$a = b = c$	$\alpha = \beta = \gamma = 90°$

Tabelle 17.1: Die sieben Kristallsysteme. Definition der Achsen und Winkel siehe Abbildung 17.1.

Die sieben Kristallsysteme unterscheiden sich noch weiter hinsichtlich ihrer Symmetrieeigenschaften. Es gibt **14 Bravais-Gitter,** bei denen zusätzliche Punktlagen in der Elementarzelle vorliegen. So unterscheidet man z. B. beim monoklinen Kristallsystem zwischen primitiver Elementarzelle und monoklin c-zentrierten Elementarzellen. Bei letzteren liegt ein zusätzlicher Gitterbaustein (Molekül, Atom oder Ion) in der Mitte der ab-Ebene. Hinzu kommen weitere kristallographische Symmetrieelemente. Diese sind: Inversionszentren, Spiegelebenen, Drehachsen, Gleitspiegelebenen und Schraubenachsen. Die Kombination all dieser Symmetrieelemente mit den sieben Kristallsystemen ergibt dann 230 Raumgruppen, in denen Verbindungen und Ionenkristalle kristallisieren können.

Versuchen Sie sich, wenn möglich, die oben dargestellten Kristallsysteme zu merken. Wenn Sie mehr über die Geheimnisse der Kristallographie erfahren möchten, muss ich Sie auf Spezialliteratur zu diesem Thema verweisen. Im Anhang B habe ich Ihnen Anhaltspunkte gegeben.

17 ➤ Moleküle sichtbar machen – die Einkristall-Strukturanalyse

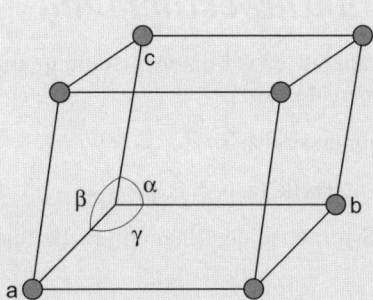

Abbildung 17.1: Allgemeine Darstellung einer kristallographischen Elementarzelle.

 Die Beugung von Röntgenstrahlen am Kristallgitter beschreibt man mit der Bragg'schen Gleichung. Diese lautet: $n \cdot \lambda = 2d \cdot \sin \Theta$. Dabei bedeutet λ die Wellenlänge der verwendeten Röntgenstrahlung, d ist der Abstand der Netzebenen voneinander, und Θ ist der Beugungswinkel. Die Herleitung dieser Gleichung ergibt sich aus der Darstellung in Abbildung 17.2. Zwei von links auf das Kristallgitter auftreffende Röntgenstrahlen werden an den Gitterpunkten gebeugt und verlassen das Kristallgitter wieder nach rechts oben. Dadurch entsteht der Gangunterschied Δ zwischen den beiden Strahlen. Wenn der Wegunterschied zwischen den beiden Röntgenstrahlen ein Vielfaches der Wellenlänge der Röntgenwellen beträgt, so tritt Interferenz auf. Damit gilt: $\Delta = n \cdot \lambda$. Das fett gezeichnete Dreieck besitzt einen rechten Winkel. Somit gilt folgende Beziehung im rechtwinkligen Dreieck: $\Delta/2 = d \cdot \sin \Theta$. Setzt man die erste Gleichung in die zweite ein, so ergibt sich die Bragg'sche Gleichung.

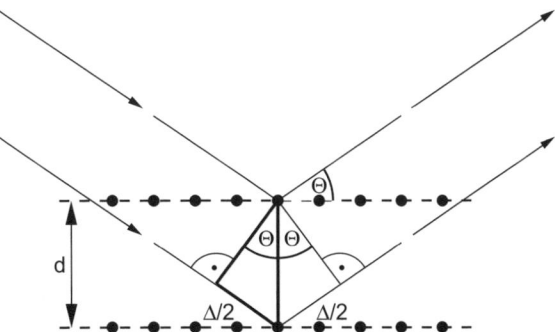

Abbildung 17.2: Ableitung der Bragg'schen Gleichung.

Ergebnisse der Strukturbestimmung

Bei einer Einkristall-Strukturanalyse erhält man vollständige Informationen über den Aufbau des Kristalls und der enthaltenen Moleküle.

Kristallographische Informationen sind z. B.:

✔ Zellkonstanten der Elementarzelle (a, b, c, α, β, γ)

✔ Informationen über die Symmetrie der Elementarzelle, diese wird immer in Form der Raumgruppe angegeben.

✔ Dichte der Kristalle

Bei Molekülverbindungen erhält man folgende Informationen über den Aufbau der Moleküle:

✔ Bindungslängen

✔ Bindungswinkel

✔ Torsionswinkel

Außerdem ist noch die Packung der Moleküle in der Elementarzelle interessant. Hierbei werden intermolekulare Wechselwirkungen zwischen den Molekülen betrachtet, z. B. Wasserstoffbrücken.

Ein Beispiel für eine Einkristall-Strukturanalyse

Als Beispiel für eine Einkristall-Strukturanalyse möchte ich Ihnen die Struktur von »Bis(pentamethylcyclopentadienyl)zirconiumdichlorid« vorstellen. Der Name klingt zunächst erschreckend, aber ich kann Ihnen erklären, aus welchen einfachen Bruchstücken das Molekül aufgebaut ist. Es handelt sich um eine metallorganische Verbindung, bei der an ein Zirconiumkation zwei Pentamethylcyclopentadienylringe und zwei Chloridionen gebunden sind (Abbildung 17.3). Verbindungen dieser Art habe ich Ihnen bereits im Kapitel 7 unter der Überschrift Aromatenkomplexe vorgestellt. Es handelt sich um einen Sandwich-Komplex, bei dem die beiden »Brötchenhälften« (die Pentamethylcyclopentadienylringe) nicht parallel sondern gewinkelt zueinander stehen. Dadurch entsteht am Zentralatom Platz zur Koordination zusätzlicher Liganden. In der vorliegenden Verbindung sind zusätzlich zwei Chloridionen koordiniert. Es können aber auch Alkylgruppen oder andere Substituenten an das Zirconiumatom gebunden werden. Verbindungen dieser Art sind interessant als Katalysatoren zur Olefinpolymerisation (siehe Kapitel 7, Abschnitt Olefinpolymerisation).

17 ➤ Moleküle sichtbar machen – die Einkristall-Strukturanalyse

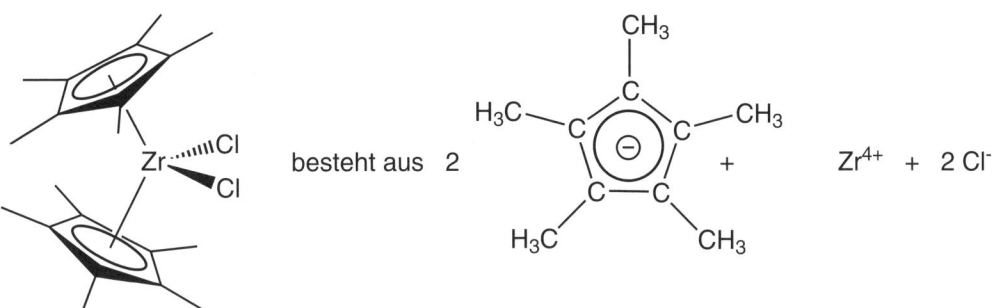

Abbildung 17.3: Strukturformel von »Bis(pentamethylcyclopentadienyl)zirconiumdichlorid« (links) und Darstellung der Bestandteile der Verbindung (rechts).

Die vorgestellte Verbindung kristallisiert im orthorhombischen Kristallsystem mit vier Molekülen in der Elementarzelle. In der Abbildung 17.4 ist die räumliche Struktur des Moleküls dargestellt. Aus der Strukturanalyse können wesentliche Bindungsparameter der Verbindung entnommen werden (siehe Tabelle 17.2). Die Daten können mit den Strukturdaten anderer Metallocenverbindungen verglichen werden und es ist möglich, daraus Schlussfolgerungen über chemische Eigenschaften der untersuchten Verbindungen zu ziehen, so z. B. über das Verhalten dieser Verbindung als Polymerisationskatalysator.

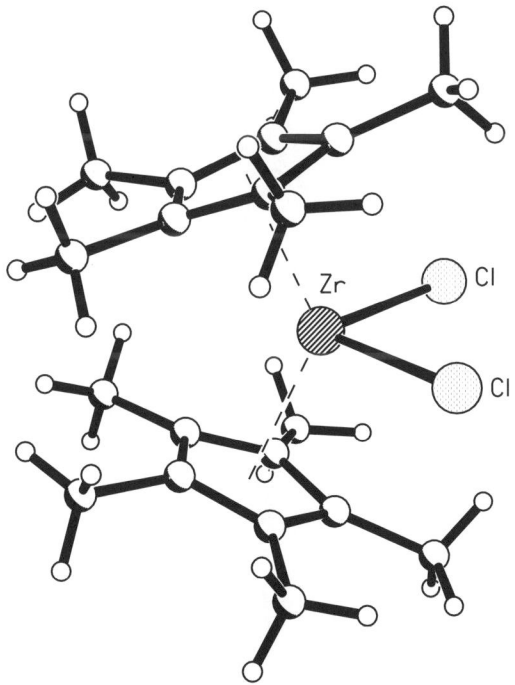

Abbildung 17.4: Molekülstruktur von »Bis(pentamethylcyclopentadienyl)zirconiumdichlorid«. Die nicht benannten Atome sind Kohlenstoff- und Wasserstoffatome.

Bindungslängen	in Angström
Zr – Cl	2,463
Cp - Zr	2,263
Bindungswinkel	in °
Cl – Zr – Cl	95,4
Cp – Zr – Cp	130,9

Tabelle 17.2: Wichtige Bindungslängen und Bindungswinkel von »Bis(pentamethylcyclopentadienyl)-zirconiumdichlorid« (Cp = Mittelpunkt Pentamethylcyclopentadienylring).

Übrigens können Sie die vollständigen Daten dieser Einkristall-Strukturanalyse kostenlos beim Cambridge Crystallographic Data Centre (CCDC) unter der Hinterlegungsnummer 102925 anfordern. Die Webadresse des CCDC ist www.ccdc.cam.ac.uk. Nahezu alle publizierten Einkristall-Strukturanalysen von organischen und metallorganischen Verbindungen sind in dieser Datenbank hinterlegt und können bei Bedarf von Interessenten abgerufen werden.

Spektroskopische Methoden

In diesem Kapitel

▶ elektromagnetische Strahlung von ultraviolett bis infrarot

▶ UV-Vis-Spektroskopie verstehen

▶ IR-Spektroskopie und Raman-Spektroskopie kennen lernen

Sie kennen auf jeden Fall das sichtbare Licht. Sie haben auch schon mal etwas von UV-Strahlung (= ultraviolett) gehört, sicher im Zusammenhang mit schädlicher Sonnenstrahlung und Sonnenbrand. Daneben gibt es auch noch die IR-Strahlung (= infrarot), die z. B. in Wärmelampen zum Einsatz kommt. All diese Strahlungsarten sind elektromagnetische Wellen und werden in der Anorganischen Chemie für spektroskopische Methoden genutzt. In der nachfolgenden Tabelle habe ich Ihnen diese elektromagnetischen Wellen mit den wichtigsten Einheiten aufgeschrieben.

elektromagnetische Strahlung	Wellenlänge in nm	Wellenzahl in cm^{-1}
UV	150 bis 400	66 667 25 000
sichtbares Licht (Vis)	400 bis 800	25 000 12 500
IR	800 bis 25 000	12 500 400

Tabelle 18.1: Elektromagnetische Strahlung vom UV- bis IR-Bereich.

Die Energie (E) eines Lichtquants hängt von der Frequenz (ν) ab. Die grundlegende Beziehung dafür lautet: $E = h \cdot \nu$. Dabei ist h die Planck'sche Konstante. Die Frequenz ist definiert als $\nu = c/\lambda$, wobei c die Lichtgeschwindigkeit und λ die Wellenlänge der Strahlung ist (siehe Tabelle 18.1). Wellenlängen werden häufig in Nanomter (nm) angegeben (1 nm = 10^{-9} m). Entsprechend dieser Gleichungen hat kurzwellige Strahlung (λ ist klein) hohe Energie, und langwellige Strahlung (λ ist groß) geringe Energie. Bei der IR-Spektroskopie wird fast ausschließlich mit der Wellenzahl $\tilde{\nu}$ gearbeitet. Diese ist das Reziproke der Wellenlänge, also: $\tilde{\nu} = 1/\lambda$.

Moleküle absorbieren Licht – die UV-Vis-Spektroskopie

Diese spektroskopische Methode wird teilweise auch als Spektralphotometrie, Elektronenspektroskopie oder Absorptionsspektroskopie bezeichnet. Die Absorption von ultraviolettem oder sichtbarem Licht durch Moleküle führt zur Anregung von Elektronen. Diese »springen« sozusagen von ihrem Grundzustand in einen angeregten Zustand. Dabei wird Licht absorbiert. Dieses Licht fehlt dann im sichtbaren Spektrum, und wir sehen mit unserem Auge die Komplementärfarbe. Zum besseren Verständnis finden Sie die Farben des sichtbaren Lichtes und die dazu gehörenden Komplementärfarben in Tabelle 18.2. Die Einstrahlung von energiereichem UV- und sichtbarem Licht führt darüber hinaus noch zur Anregung von Molekülschwingungen, Rotationen und Translation (= Bewegung im Raum) der Moleküle. Bei der UV-Vis-Spektroskopie werden allerdings nur die elektronischen Übergänge gemessen.

Wellenlänge in nm	absorbierte Farbe	Komplementärfarbe
< 400	ultraviolett	farblos
400	violett	gelb
500	blau	orange
550	grün	rot
600	gelb	violett
700	orange	blau
750	rot	grün
> 800	infrarot	farblos

Tabelle 18.2: Absorptionswellenlängen im sichtbaren Bereich.

Bei der UV-Vis-Spektroskopie werden nur die äußeren Elektronen angeregt. Das können chromophore Gruppen in organischen Molekülen sein (z. B. Mehrfachbindungen, aromatische Systeme) oder d-Elektronen in Komplexverbindungen der Übergangsmetalle. Vor allem Letztere sollen uns hier interessieren, da dies typische anorganische Verbindungen sind. Folgende Möglichkeiten zur Lichtabsorption gibt es bei Komplexverbindungen:

1. **Innerligand-Banden**

    Diese treten vorwiegend bei Wellenlängen unter 400 nm, also im ultravioletten Bereich, auf. Es handelt sich dabei um elektronische Übergänge innerhalb organischer Ligandmoleküle. Bei aromatischen Liganden wie Pyridin oder 1,10-Phenanthrolin können dann z. B. π-π*- oder n-π*-Übergänge auftreten.

2. **Charge-Transfer-Banden**

    Beobachtet man hauptsächlich bei Komplexverbindungen mit organischen Liganden. Diese Banden treten im Bereich zwischen 350 und 400 nm auf. Es handelt sich um sehr intensive Banden, die häufig die Farbe des Moleküls bestimmen. Bei der Absorption von Licht findet ein Ladungstransfer statt, entweder vom Ligand zum Metall (LMCT – *ligand to metal charge transfer*) oder vom Metall zum Liganden (MLCT – *metal to ligand charge transfer*).

3. **d-d-Übergänge**

   Diese können im ultravioletten Bereich und im gesamten Bereich des sichtbaren Lichtes auftreten. Die Intensität der d-d-Übergänge ist meist recht gering, da es sich um sogenannte »verbotene« Übergänge handelt. Die Vielzahl der möglichen Elektronenkonfigurationen der Übergangsmetalle sorgt dafür, dass man alle möglichen Farben bei den Übergangsmetallverbindungen beobachten kann. Als einfaches Beispiel sind in Tabelle 18.3 die Farben der Hexaaquokomplexe der 3d-Metalle angeführt. Diese haben die Zusammensetzung $[M(H_2O)_6]^{2/3+}$, sind oktaedrisch gebaut und haben *high-spin*-Konfiguration.

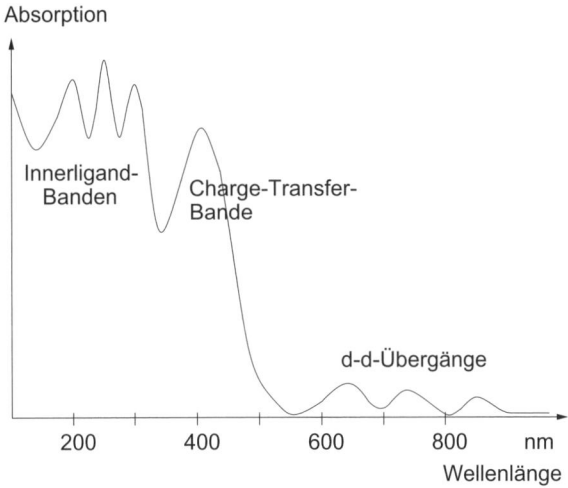

Abbildung 18.1: Typisches Absorptionsspektrum einer Komplexverbindung.

Ion	Konfiguration	Farbe	absorbierte Wellenlänge in nm
Sc^{3+}	d^0	farblos	–
Ti^{3+}	d^1	rotviolett	493
V^{3+}	d^2	grün bis blauviolett	278, 391, 581
V^{2+}	d^3	blauviolett	330, 550 (breit), 800 (breit)
Cr^{3+}	d^3	violett	259, 408, 575
Cr^{2+}	d^4	himmelblau	714 (breit)
Mn^{2+}	d^5	schwach rosa	–
Fe^{3+}	d^5	schwach rosa	–
Fe^{2+}	d^6	schwach blau bis grün	962
Co^{2+}	d^7	rosa	515, 625, 1149
Ni^{2+}	d^8	grün	395, 725 1176
Cu^{2+}	d^9	blau	800 (breit)
Zn^{2+}	d^{10}	farblos	–

Tabelle 18.3: Farben der Hexaaquokomplexe der 3d-Elemente.

Eine genaue Interpretation der UV-Vis-Spektren ist nur durch Betrachtung der elektronischen Zustände möglich. Erschwerend kommt hinzu, dass die Banden teilweise durch *charge-transfer*-Absorptionen verdeckt bzw. durch Jahn-Teller-Effekt aufgespalten sein können. Aus der obigen Tabelle lassen sich aber zumindest ein paar einfache Regeln für die Interpretation von UV-Vis-Spektren von Komplexverbindungen ableiten.

Bei oktaedrischen Komplexverbindungen der Übergangsmetalle in *high-spin*-Konfiguration tritt folgendes Absorptionsverhalten im UV-Vis-Spektrum auf:

Elektronenkonfiguration	Anzahl der Banden
d^0, d^5, d^{10}	0
d^1, d^4, d^6, d^9	1
d^2, d^3, d^7, d^8	3

Die UV-Vis-Spektroskopie wird sowohl zur Identifizierung von unbekannten Substanzen, als auch zur quantitativen Bestimmung von farbigen Verbindungen verwendet. Man kann auch farblose Metallionen UV-Vis-spektroskopisch charakterisieren, indem man zunächst durch Zugabe geeigneter Reagenzien einen farbigen Metallkomplex erzeugt und diesen dann photometrisch bestimmt. UV-Vis-Spektrometer haben verhältnismäßig geringe Anschaffungskosten und sind einfach zu handhaben. Deshalb wird die Methode häufig verwendet, insbesondere auch in der Umweltanalytik, z. B. für die Überwachung von Gewässern.

Moleküle tanzen – die IR- und Raman-Spektroskopie

Bei der **IR-Spektroskopie** wird mit einer geeigneten Strahlungsquelle IR-Licht auf eine Probe eingestrahlt. Ein Teil der IR-Strahlung wird durch die Probe absorbiert. Den aus der Probe austretenden Strahl registriert man mit einem geeigneten Detektor. Als Detektor dient z. B. ein Thermoelement.

Bei der **Raman-Spektroskopie** wird mit einer starken Strahlungsquelle sichtbares Licht mit einer einzigen Wellenlänge (»monochromatisches Licht«) eingestrahlt und dabei die nach den Seiten hin emittierte Streustrahlung gemessen.

Durch die Absorption von infrarotem Licht werden in Molekülen mechanische Schwingungen angeregt. Daneben bewirkt die IR-Strahlung noch Rotation und Translation der Moleküle. Man kann die Anzahl der zu erwartenden Molekülschwingungen anhand der möglichen Bewegungen (»Freiheitsgrade«) eines Moleküls vorhersagen. Jedes mehratomige Molekül hat $3N$ Freiheitsgrade, wobei N die Anzahl der Atome ist. Davon muss man drei Freiheitsgrade für die Translation in die drei Raumrichtungen und bei nichtlinearen Molekülen noch drei Freiheitsgrade für die Rotation abziehen. Somit ergibt sich die Anzahl der möglichen Molekülschwingungen eines nichtlinearen Moleküls aus $F = 3N-6$. Für das Wassermolekül mit drei Atomen erhält man $F = 3 \cdot 3 - 6 = 3$. Das Wassermolekül sollte also drei Molekülschwingungen besitzen. Tatsächlich kann man diese im IR-Spektrum finden und nachweisen (siehe Tabelle 18.4).

Schwingung:	Deformations-schwingung	asymmetrische Streckschwingung	symmetrische Streckschwingung
Wellenzahl in cm^{-1}	1595	3756	3657
grafische Darstellung			

Tabelle 18.4: Schwingungen des Wassermoleküls.

Grundsätzlich treten bei jedem Molekül mit mehr als zwei Atomen Deformations- und Streck- oder Valenzschwingungen auf. Bei den Deformationsschwingungen werden Bindungswinkel »verbogen« bzw. deformiert. Bei den Valenzschwingungen erfolgt eine Streckung und Stauchung der Bindungen. Letztere erfordern mehr Energie und werden deshalb bei höheren Wellenzahlen als die Deformationsschwingungen beobachtet.

Eine Schwingung ist Raman-aktiv, wenn sich während der Schwingung die Polarisierbarkeit des Moleküls ändert. Eine Schwingung ist IR-aktiv, wenn sich während der Schwingung das Dipolmoment des Moleküls ändert.

Die Valenzschwingung des Wasserstoffmoleküls (H_2) ist Raman-aktiv, da sich während der Schwingung die Bindungslänge und damit die Polarisierbarkeit ändern. Das Wasserstoffmolekül hat jedoch kein Dipolmoment. Damit ist diese Schwingung IR-inaktiv.

Die antisymmetrische Valenzschwingung des Kohlendioxidmoleküls (CO_2) ist Raman-inaktiv, da sich die Polarisierbarkeit des Moleküls während der Schwingung nicht ändert. Das Volumen des Moleküls bleibt ungefähr gleich. Diese Schwingung ist jedoch IR-aktiv, da diese Bindung sehr polar ist und sich das Dipolmoment des Moleküls während der Schwingung ändert.

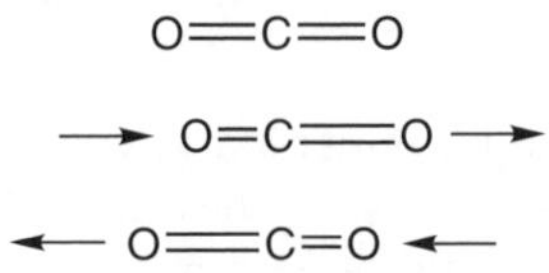

$$O=C=O$$
$$\rightarrow O=C=O \rightarrow$$
$$\leftarrow O=C=O \leftarrow$$

Abbildung 18.2: Schematische Darstellung der Valenzschwingung des CO_2-Moleküls.

IR- und Raman-Spektren ergänzen sich teilweise. Die beiden Methoden detektieren unterschiedliche Bindungen in Molekülen. So kann man mit der Raman-Spektroskopie vor allem die Anwesenheit unpolarer Bindungen, z. B. Metall-Metall-Mehrfachbindungen, nachweisen. Mit der IR-Spektroskopie gelingt der Nachweis von mehratomigen Liganden und Ionen in Komplexverbindungen. Die IR-Valenzschwingungen ausgewählter Gruppen sind in der nachfolgenden Tabelle zusammengestellt.

Anion oder Molekül	Valenzschwingung in cm^{-1}
Carbonyl (CO)	1790–2170
Nitro (NO_2^-),	1315–1340 (sym.) und 1370–1470 (asym.)
Nitrito (O=N–O$^-$)	1400–1485 (N=O) und 1050–1110 (N–O)
Cyano (CN$^-$),	2100 –2150
Cyanato (OCN$^-$)	2200–2250
Thiocyanato (SCN$^-$)	2060–2185
Azido (N_3^-)	2030–2195

Tabelle 18.5: Bereiche der Valenzschwingungen anorganischer Gruppen.

Die Identifizierung anorganischer Verbindungen kann sehr gut über die charakteristischen IR- oder Raman-Schwingungen erfolgen. Diese findet man tabelliert. Inzwischen ist es auch möglich, diese Schwingungen mit quantenchemischen Methoden zu berechnen.

Zur quantitativen Analyse werden diese beiden Methoden kaum verwendet, da die Kalibrierung aufwändig ist und trotzdem nur wenig genaue Ergebnisse erzielt werden.

Die IR-Spektroskopie wird auch in der Kriminaltechnik eingesetzt. Jede organische oder anorganische Verbindung hat ein IR-Spektrum, welches charakteristisch wie ein Fingerabdruck ist. Damit ist es z. B. möglich, im Fall eines Unfalls mit Fahrerflucht, Lackproben vom Unfallort, mit Lackproben von möglichen Tatfahrzeugen zu vergleichen. Wenn die IR-Spektren genau übereinstimmen, hat man das Tatfahrzeug gefunden.

Teil IV
Der Top-Ten-Teil

In diesem Teil ...

Manchmal wird ein Fachgebiet sympathischer oder besser verständlich, wenn man sich wichtige Entdeckungen in diesem Fachgebiet anschaut. Dinge, die für uns heute selbstverständlich sind, mussten erst mühsam entdeckt oder entwickelt werden. Dafür finden Sie einige Beispiele in »Zehn wichtige Entdeckungen in der Anorganischen Chemie«.

Im Studium ist vieles anders als in der Schule. Mögliche Fallstricke für Studenten und wie man einige Fehler vermeiden kann, habe ich versucht in den »Zehn Tipps für Studenten« zu erklären. Zu guter Letzt noch »Zehn Tipps für das wissenschaftliche Arbeiten«. Ich hoffe diese beiden Kapitel helfen Ihnen während Ihres Studiums.

Zehn wichtige Entdeckungen in der Anorganischen Chemie

- Entdeckungen, die uns satt machen
- Entdeckungen, die angeblich schöner machen
- Explosive Entdeckungen

Schwer ist es sich an dieser Stelle auf zehn Entdeckungen zu beschränken, aber ich habe Ihnen die zehn ausgesucht, die mir die wichtigsten sind. Und wer weiß? Wenn Sie das Buch fleißig studiert haben, taucht in der 10. Auflage vielleicht auch Ihr Name auf.

Organische und Anorganische Verbindungen sind verwandt

Zu Anfang des 19. Jahrhunderts glaubte man, dass »organische Stoffe« nur aus Lebewesen und »anorganische Stoffe« nur aus toter Materie gewonnen werden könnten. Die organischen Stoffe sollten nach dieser Vorstellungsweise nur durch eine besondere »Lebenskraft« in lebenden Zellen erzeugt werden. Friedrich Wöhler beobachtete 1828 durch Zufall, dass man organische Verbindungen sehr wohl aus anorganischen Stoffen herstellen kann. Bei Versuchen mit der anorganischen Verbindung Ammoniumcyanat entdeckte er, dass die wässrige Lösung dieses Salzes beim Erhitzen Harnstoff liefert. Harnstoff war damals bereits als Bestandteil des Urins bekannt und beschrieben worden. Die Synthese von Harnstoff aus Ammoniumcyanat stand in scharfem Gegensatz zu den damaligen Vorstellungen. Wöhler wiederholte den Versuch vielfach und wagte erst eine Veröffentlichung, als er vollständige Beweise besaß. Damit war die These von der »Lebenskraft« widerlegt.

Heute verläuft die Grenze zwischen organischer und anorganischer Chemie nicht mehr zwischen belebter und unbelebter Materie. Diese Unterscheidung trifft besser auf die Grenze zwischen organischer Chemie und Biochemie zu. Unter organischer Chemie versteht man heute hauptsächlich die Chemie der Kohlenwasserstoffe unter Einschluss bestimmter Heteroelemente, wie N, O, S und den Halogenen. Die Chemie aller anderen Elemente ist anorganische Chemie. Aber auch diese Grenzen sind in Bewegung, es gibt noch die Anorganische Biochemie, die metallorganische Chemie, die supramolekulare Chemie ... Es entwickeln sich ständig neue Teil- und Spezialgebiete.

Pflanzen brauchen Dünger

Im 19. Jahrhundert wuchs die Bevölkerung in Europa immer schneller. Demgegenüber gab es nahezu gleich bleibende Erträge in der Landwirtschaft. Die intensive Bewirtschaftung der Böden führte zu einer Verarmung an Pflanzennährstoffen. Leider war damals niemandem klar, welche Nährstoffe die Pflanzen brauchten. Man glaubte, dass die Pflanzen sich nur aus gleichartigen Nährstoffen, also Humus oder Stallmist, ernähren könnten. Hungersnöte traten auf, das Vieh war vielerorts unterernährt.

Justus von Liebig fand in zahlreichen Experimenten heraus, welche Nährstoffe Pflanzen brauchen und in welcher Form man diese zuführen kann. 1840 veröffentlichte er sein Buch über »Die Chemie in ihrer Anwendung auf Agrikultur und Physiologie«. Darin zog er diese Schlussfolgerung: Was die Kulturpflanzen dem Ackerboden entzogen haben, müssen wir ihm wieder ersetzen, sonst erschöpft er sich und wir treiben Raubbau. Er war der Erste, der die Verwendung anorganischer Minerale, z. B. Phosphatsalze, als Düngemittel propagierte. Damit wurde Liebig zum Begründer der Agrikulturchemie.

Liebigs Lehre von der Düngung mit anorganischen Mineraldüngern setzte sich nur sehr langsam durch. Etwa 20 Jahre nach der Veröffentlichung seines Buches zur Agrikulturchemie erfuhr er weitgehende Anerkennung. Die Anwendung seiner Erkenntnisse führte seither zu einer Vervielfachung der Ernteerträge. Weltweite Hungersnöte, wie man sie noch in den 60er-Jahren des 20. Jahrhunderts befürchtete, blieben zum Glück aus.

Periodizität der Elemente

Einige chemische Elemente, wie zum Beispiel Kupfer, Eisen, Zinn, Blei, Schwefel und Quecksilber, sind bereits seit der Antike bekannt und wurden seitdem verwendet. Eine große Anzahl der natürlich vorkommenden Elemente wurde im 19. Jahrhundert entdeckt und beschrieben. Der zunehmend besser werdende Wissenstand ermöglichte eine Systematisierung der Elemente. So stellten z. B. Johann Wolfgang Döbereiner und John Alexander Reina Newlands fest, dass es Zusammenhänge zwischen den Atommassen und den chemischen Eigenschaften der Elemente gibt. Den eigentlichen Durchbruch in der wissenschaftlichen Systematisierung der Elemente erreichten jedoch Dmitri Iwanowitsch Mendelejew und Lothar Meyer. Diese ordneten nahezu gleichzeitig und unabhängig voneinander die chemischen Elemente nach ihren Atommassen und gruppierten die Elemente mit der gleichen Anzahl der Außenelektronen untereinander. Damit kamen sie zum periodischen System der Elemente (= PSE), wie wir es auch jetzt noch verwenden. Das PSE ist heute ein wichtiges Hilfsmittel zum Verständnis der chemischen Reaktivität und zur Vorhersage vieler Eigenschaften der Elemente. Wenn Sie dazu noch mehr wissen wollen, schauen Sie doch bitte einmal in Kapitel 1 nach.

19 ➤ Zehn wichtige Entdeckungen in der Anorganischen Chemie

Die Entdeckung der Radioaktivität

1896 untersuchte Henri Becquerel die Phosphoreszenz von Uransalzen. Nachdem er einige Uranverbindungen mit einer Fotoplatte zusammen in einem dunklen Raum gelagert hatte, stellte er fest, dass die Platte geschwärzt war. Da die Fotoplatte dem Sonnenlicht nicht ausgesetzt war, musste die Schwärzung von einer anderen Strahlung stammen. Er konnte später nachweisen, dass die unbekannte Strahlung lichtundurchlässige Stoffe durchdringt und Luft ionisiert. Er hatte damit die radioaktive Strahlung entdeckt. 1898 entdeckten Marie und Pierre Curie die Elemente Radium und Polonium als Spaltprodukte des Urans. Diese beiden Elemente sind viel stärker radioaktiv als Uran.

Das war der Ausgangspunkt für die systematische Untersuchung der Kernspaltung, die bis zum Bau von Kernreaktoren und Atombomben führte.

Becquerel, Pierre und Marie Curie erhielten 1903 den Nobelpreis für Physik für Ihre Arbeiten zur Radioaktivität.

Das erste High-Tech-Material

Teflon wurde 1938 von Roy Plunkett, einem Chemiker bei DuPont, entdeckt. Eigentlich arbeitete er an der Entwicklung neuer Kühlmittel und hatte sich dafür eine Druckgasflasche mit Tetrafluorethylen bestellt. Beim Öffnen des Ventils stellte er jedoch fest, dass die Flasche zwar voll war, aber nichts herauskam. Er ließ den Behälter öffnen und stellte fest, dass der gesamte Zylinder mit einer glatten weißen Masse gefüllt war. Das Gas war polymerisiert und hatte sich in Perfluorpolyethylen verwandelt. Dieses Polymer ist heute als Teflon bekannt und wird an vielen Stellen für chemikalienbeständige und äußerst widerstandsfähige Dichtungen, Ventile und Beschichtungen verwendet. Sie kennen Teflon sicher alle als Antihaftbeschichtung für Bratpfannen.

Heutzutage werden alle paar Jahre neue High-Tech-Materialien entdeckt. Da gibt es die Buckminster-Fullerene (C_{60}, C_{70} usw.), Kohlenstoff-Nanoröhren, Metal-Organic-Frameworks (MOF) usw. Welche von diesen spannenden neuen Verbindungen wirklich den Weg in tatsächliche Anwendungen finden, muss sich erst noch herausstellen.

Die Entdeckung der Katalyse

Katalytische Prozesse werden bereits seit der Antike genutzt, z. B. die alkoholische Gärung. Allerdings war man sich damals noch nicht über die dabei ablaufenden Reaktionen im Klaren. Jöns Jakob Berzelius fand um 1835 heraus, dass viele Reaktionen nur dann ablaufen, wenn ein bestimmter Stoff anwesend ist, der bei der Reaktion jedoch nicht verbraucht wird. Er nannte diese Stoffe Katalysatoren. Wilhelm Ostwald gelang es schließlich um 1895, die Natur katalytischer Reaktionen aufzuklären. Er definierte einen Katalysator »als einen Stoff, der die Geschwindigkeit einer chemischen Reaktion erhöht, ohne selbst dabei verbraucht zu werden und ohne die endgültige Lage des thermodynamischen Gleichgewichts dieser Reaktion zu verändern.«

Das war die Geburtsstunde der Katalyse. Heute versucht man mit modernsten spektroskopischen Methoden die Mechanismen von katalytischen Reaktionen aufzuklären und neue Katalysatoren zu entwickeln. Egal, ob hoch klopffestes Benzin (»Super Plus«), Hochleistungspolymere, Schwefelsäure oder Ammoniak, nichts lässt sich ohne Katalysatoren herstellen!

Wilhelm Ostwald erhielt 1909 den Nobelpreis für Chemie für seine Arbeiten zur Katalyse und für seine Untersuchungen über chemische Gleichgewichte und Reaktionsgeschwindigkeiten.

Das Grignard-Reagenz

Grignard-Reagenzien waren nicht die ersten metallorganischen Verbindungen, sind aber wahrscheinlich bis heute die bekannteste und erfolgreichste Klasse metallorganischer Reagenzien. Bereits 1848 stellte Edward Frankland aus Ethyliodid und Zink Diethylzink her. Der eigentliche Durchbruch der metallorganischen Reagenzien erfolgte jedoch mit der Entdeckung der Alkylmagnesiumhalogenide durch Victor Grignard im Jahr 1900. Die Darstellung dieser Verbindungen erfolgt durch Reaktion von Alkylhalogeniden mit metallischem Magnesium in Diethylether:

RX + Mg → R–Mg–X (R = Alkylrest, X = Cl, Br, I)

Diese Verbindungen sind einfach herzustellen. In Gegenwart von Luft und Feuchtigkeit zersetzen sie sich zwar, man kann sie aber in Diethylether handhaben und lagern und braucht keinen großen Aufwand mit Schutzgasapparaturen zu treiben. Andererseits sind sie sehr reaktiv und man kann die Alkylgruppen (R) auf eine Vielzahl von organischen Substraten übertragen und so neue Moleküle herstellen. Dies ermöglichte die Synthese vieler neuer Substanzen und verlieh der Synthesechemie zu dieser Zeit einen gewaltigen Schub. Grignard-Verbindungen werden bis heute als metallorganische Reagenzien genutzt.

Victor Grignard erhielt 1912 den Nobelpreis für Chemie für die Entdeckung des nach ihm benannten Grignard-Reagenzes.

Dünger und Sprengstoffe – die Ammoniaksynthese

Das Haber-Bosch-Verfahren ermöglichte erstmals in einem effektiven industriellen Verfahren den reichlich vorhandenen Luftstickstoff in brauchbare chemische Verbindungen umzuwandeln. Der dabei hergestellte Ammoniak wird weiterverarbeitet zu Düngemitteln, Salpetersäure und Sprengstoffen. Vor allem die Düngemittel waren extrem wichtig, um die landwirtschaftlichen Erträge weltweit zu steigern. Ansonsten wären wahrscheinlich weltweite Hungersnöte im Laufe des 20. Jahrhunderts aufgetreten. Etwa 100 Millionen Tonnen Ammoniak werden jährlich weltweit auf diese Weise erzeugt. Schätzungsweise 40 % des im menschlichen Körper enthaltenen Stickstoffs haben schon mal an der Ammoniaksynthese teilgenommen.

Fritz Haber erhielt 1918 den Nobelpreis für Chemie für seine Arbeiten zur Ammoniaksynthese.

Silikone für alle

Im Jahre 1940 entdeckte Eugene G. Rochow in den USA eine einfache Synthese von Dichlordimethylsilan, Me_2SiCl_2, indem er gasförmiges Methylchlorid bei 370 °C in einem Röhrenofen über eine Kupfer-Silicium-Legierung leitete. Unabhängig davon und ohne dass der Eine etwas von den Arbeiten des Anderen wusste, machte Richard Müller in Deutschland kurze Zeit später die gleiche Entdeckung. Bei dieser »Direktsynthese« erhält man nicht nur ein Produkt, sondern die ganze Palette möglicher Chlormethylsilane. Das macht aber nichts, man kann diese nach der Synthese durch fraktionierte Destillation trennen.

Zu dieser Zeit war bereits bekannt, dass man aus Dichlordimethylsilan und Wasser Polydimethylsiloxane erhält. Diese sind auch als Silikone bekannt. Was bis dahin noch fehlte, war eine brauchbare und billige Synthese der benötigten Ausgangsstoffe. Diese Synthese stand nunmehr zur Verfügung und ermöglichte den Siegeszug der Silikone. Diese Verbindungen haben eine ungeheuer breite Palette an Eigenschaften und Anwendungsmöglichkeiten. Man kann kurzkettige Silikone herstellen, die als Silikonöle verwendet werden. Längere Ketten und Verzweigungen erhöhen dann die Viskosität, sodass man Silikonfette erhält. Starke Verzweigungen und vernetzte Strukturen führen zu Silikongummi und Silikonkautschuk. Die Anwendungsgebiete der Silikone sind entsprechend breit:

- ✔ Medizin (plastische Chirurgie, künstliche Organe, Röhren und Katheder, Kontaktlinsen)
- ✔ Pharmazie (Gleitmittel, Arzneifreisetzungssysteme)
- ✔ Textilindustrie (Faserhydrophobierung, Imprägnierung)
- ✔ Papierindustrie (Trennmittel, Reduktion von elektrostatischer Aufladung)
- ✔ Bautenschutz (Verringerung der Benetzung, Frostschutz, staub- und schmutzabweisende Oberflächen)
- ✔ Elektroindustrie (elektrische Isolatoren, dielektrische Flüssigkeiten)
- ✔ Schutzscheiben (Windschutzscheiben, einbruchsicheres Glas)
- ✔ haftende und schützende Filme (zum Imprägnieren oder Schutz vor UV Strahlung)

Das Ziegler-Natta-Verfahren

Im Jahr 1952 untersuchte man im Max-Planck-Institut für Kohlenforschung in Mülheim die Reaktionen von Aluminiumalkylen mit Ethylen. Dabei tritt normalerweise eine Aufbaureaktion ein, d. h. mehrere Ethylenmoleküle schieben sich in die Aluminium-Kohlenstoffbindung ein (Insertion):

$(H_3C–CH_2)_3Al\ +\ 3n\ CH_2=CH_2\ \rightarrow\ [(CH_3–CH_2–(H_2C–CH_2)_n]_3Al$

Ein Mitarbeiter hatte seinen Versuchsreaktor sorgfältig mit Salpetersäure gereinigt und dabei etwas Nickel aus dem Edelstahlbehälter herausgelöst. Diese in winzigen Mengen vorhandene Nickelverbindung führte zu einem Abbruch der Reaktion nach nur einer einzigen Insertion. Die Arbeitsgruppe um Karl Ziegler nahm dieses zufällige Ergebnis zum Anlass, nunmehr gezielt nach anderen Verbindungen zu suchen, die eine Polymerisation des Ethylens ermöglichen würden. Sie probierten alle Nebengruppenelemente aus und wurden schließlich beim Titan fündig. Die Reaktion von Titan(IV)-chlorid mit Diethylaluminiumchlorid und Ethylen führt zu einer Polymerisation von Ethylen. Das erhaltene Niederdruck-Polyethylen hatte deutlich andere und teilweise bessere Eigenschaften als das bis dahin hergestellte Hochdruck-Polyethylen.

Die katalytische Polymerisation von Ethylen und Propylen wurde noch in mehreren Katalysatorgenerationen weiterentwickelt. Man ist heute in der Lage, stereospezifisch ganz bestimmte Polypropylene herzustellen und Polymere nach Maß zu produzieren. Die Geburtsstunde der systematischen Suche nach Polymerisationskatalysatoren war 1952 in Mülheim.

Karl Ziegler und Guilo Natta erhielten 1963 den Nobelpreis für Chemie für ihre Entdeckungen auf dem Gebiet der Chemie und Technologie der Hochpolymere.

Zehn Tipps für Studenten

In diesem Kapitel
- Die Erfolgsgeheimnisse im Studium
- Richtig studieren
- »Knigge« für Studenten

In diesem Buch haben Sie viel über Anorganische Chemie gelernt, hoffentlich zumindest, es gibt aber einige Punkte, die für das Studentenleben generell wichtig sind (Ja, es gibt noch etwas neben der Anorganischen Chemie)

Positiv Denken!

Eine positive Einstellung ist meiner Meinung nach eine wichtige Voraussetzung, wenn man etwas erreichen will. Auch wenn Sie von diesem Fach zunächst nicht begeistert sind und denken, dass Sie die Anorganische Chemie sowieso nie wieder brauchen, sollten Sie mit einer positiven Einstellung in die Vorlesungen gehen. Versuchen Sie, das Beste aus dieser Lehrveranstaltung zu machen und dabei so viel wie möglich zu lernen. Mit einer positiven Einstellung wird das Lernen angenehmer, Sie haben mehr Spaß an der Sache und es wird einfacher werden. Denken Sie an die Dinge, die ich Ihnen im 1. Kapitel erzählt habe. Anorganische Verbindungen umgeben uns überall! Dieses Wissen ist nicht nutzlos, sondern Sie erweitern auf jeden Fall Ihren Horizont und werden Zusammenhänge hinsichtlich chemischer Sachverhalte besser verstehen und einordnen können.

Schreiben Sie in Vorlesungen mit!

Der Lehrstoff an Hochschulen wird hauptsächlich in Vorlesungen vermittelt. Hierbei präsentiert der Dozent die Dinge, die Sie auf jeden Fall wissen müssen. Ich glaube, es ist nicht sinnvoll, mit einem Laptop in der Vorlesung zu sitzen und den Stoff in den Rechner zu tippen. Mit den Formeln und Gleichungen, die an die Tafel geschrieben werden, werden Sie mit Sicherheit nicht hinterher kommen. Schreiben Sie am besten alles mit Zettel und Stift in ein Heft oder Ihren Schreibblock. Lesen Sie sich das Geschriebene abends noch einmal durch. Sie werden sehen, dass Ihnen das Lernen und Verstehen dann viel leichter fällt.

Nutzen Sie die Seminare und Übungen!

Seminare oder auch Übungen sind eine weitere Lehrform an den Universitäten. Hierbei soll das in der Vorlesung Behandelte gefestigt und durch Übungen ergänzt werden. Nutzen Sie diese Lehrform, indem Sie Fragen stellen. Fragen zu allen Dingen, die Sie in der Vorlesung nicht verstanden haben. (Es sei denn, Sie haben diese Fragen nicht schon in der Vorlesung gestellt. Allerdings ist es an vielen Universitäten unüblich, in der Vorlesung Fragen zu stellen.) Falls es so etwas wie Hausaufgaben gibt, dann versuchen Sie diese Aufgaben zu lösen. Bitten Sie, falls notwendig, auch ihre Kommilitonen um Mithilfe.

Lösen Sie Aufgaben!

Überhaupt sind Aufgaben der beste Test für Sie selbst, um zu überprüfen, ob Sie etwas verstanden haben. Allein eine positive Einstellung gegenüber der Anorganischen Chemie reicht möglicherweise nicht aus, um die anstehende Prüfung oder Klausur mit Erfolg zu überstehen. Besorgen Sie sich Aufgaben zur Anorganischen Chemie. Im günstigsten Fall erhalten Sie von vorhergehenden Studienjahren oder über den Fachschaftsrat alte Klausuren. Diese bieten eigentlich die beste Möglichkeit zur Vorbereitung auf die bevorstehende Klausur. Wenn Sie alle Fragen aus den vorhergehenden Jahren sicher beantworten können, können Sie eigentlich mit ruhigem Gewissen in die Klausur gehen. Außerdem gibt es auch einige Lehrbücher, die Testfragen enthalten. (Dieses Buch enthält keine Aufgaben, sonst hätten Sie jetzt einen dicken Wälzer in der Hand. Es gibt aber ein neu erschienenes *Übungsbuch Chemie* aus der Dummies-Reihe des Verlags.)

Praktika während des Studiums

Versuchen Sie, wenn immer möglich, bereits während des Studiums Praktika bei verschiedenen Firmen zu machen. So lernen Sie die Arbeitswelt kennen und können bereits erste Kontakte zu potenziellen Arbeitgebern knüpfen. Selbst wenn Sie mal einen Praktikumsplatz erwischen sollten, bei dem die Arbeit keinen Spaß macht, so wissen Sie hinterher auf jeden Fall, was Sie später im Berufsleben mal auf keinen Fall machen wollen. Ein angenehmer Nebeneffekt dabei ist, dass Sie dabei noch etwas Geld verdienen können.

Stellen Sie sich vor!

Ich weiß, das Thema Höflichkeit und Umgangsformen ist nicht sehr beliebt. Viele junge Leute halten das für veraltet und überflüssig. Aber wenn Sie sich mit einem Problem oder einer Frage an einen Mitarbeiter oder Professor wenden, dann sollten Sie schon elementare Formen der Höflichkeit beherrschen. Es macht einen großen Unterschied, ob Sie zur Tür hineinschlurfen und ein verträumtes »Hallo« murmeln oder ob Sie erst anklopfen, dann zielstrebig eintreten, sich vorstellen und sagen was Sie überhaupt wollen. Ich bevorzuge jedenfalls die zweite Variante. Dann weiß ich sofort, mit wem ich es zu tun habe und was der Student oder die Studentin von mir will.

E-Mails

Auch beim E-Mail-Verkehr gibt es bestimmte Umgangsformen zu beachten. Eine E-Mail ist von der Sache her genau so zu betrachten wie ein Brief. Wenn ich also als Student etwas vom Lehrpersonal wissen will, sollte ich meine Anfrage nicht mit »Hallo« anfangen und als Grußformel ein sanftes »Tschüss« hinterher schicken. Stattdessen sollte es losgehen mit »Sehr geehrte Frau... bzw. Herr...« und am Ende kann man »Mit freundlichen Grüßen« abschließen. Als Tipp nebenbei: Wenn Ihnen das Eintippen dieser Formulierungen zu stressig ist, können Sie ja mit Textbausteinen arbeiten. Auch bei E-Mails gilt: sich selbst vorstellen und das Anliegen klar und eindeutig formulieren.

Lernen Sie langfristig!

Während des Studiums werden Sie wahrscheinlich am Ende jeden Semesters oder mindestens einmal im Jahr Prüfungen ablegen müssen. Egal ob diese mündlich oder schriftlich stattfinden, Sie können auf jeden Fall zum gesamten Stoff des zu prüfenden Lehrgebietes befragt werden! Viele Dinge sind jetzt anders, als in der Zeit, als Sie noch Abitur gemacht haben. Sie wohnen wahrscheinlich nicht mehr zu Hause bei Mutti, Sie müssen nicht mehr alle 14 Tage eine Klassenarbeit schreiben und wenn Sie mal keine Lust oder Zeit haben, zur Vorlesung zu gehen, fällt das wahrscheinlich nicht weiter auf. Mit einem Wort: Sie haben jetzt viel mehr Freiheiten als früher! Niemand macht Ihnen Vorschriften, wann Sie was tun sollen. Nur am Ende des Semesters lauert die Prüfung auf Sie und man wird Ihre Leistungen bewerten. Deshalb ist es umso wichtiger für Sie, dass Sie mit Selbstdisziplin kontinuierlich während des gesamten Semesters lernen. Dadurch prägen Sie sich den Stoff viel besser ein, als wenn Sie drei Tage vor der Prüfung mit einem Gewalt-Lernmarathon beginnen. So etwas geht in den meisten Fällen schief. Nehmen Sie also, wann immer möglich, am Abend die Vorlesungsmitschriften zur Hand, lesen Sie diese noch einmal durch. Wenn Sie dabei auf offene Fragen stoßen, notieren Sie diese und versuchen Sie sie mithilfe der Fachliteratur, mit ihren Kommilitonen oder im Seminar zu klären. Wenn Sie mehr Zeit haben, nehmen Sie sich ein Fachbuch zum Thema und lesen Sie die gerade behandelten Kapitel darin. Gerade in der Chemie wird unheimlich viel Stoffwissen vermittelt und je mehr man davon aufsaugt und sich merkt, desto besser kommt man in den Prüfungen zurecht.

Eine Prüfung ist ein wichtiges Ereignis!

Ihr Erfolg oder Nichterfolg bei Prüfungen entscheidet häufig darüber, ob Sie weiter studieren dürfen und BAföG bekommen oder möglicherweise das Studium abbrechen müssen. Also bereiten Sie sich möglichst langfristig auf die Prüfung vor. Zwei Tage vorher mit Lernen anfangen, ist dabei definitiv die falsche Strategie! (Ich kenne einige wenige Studenten, die innerhalb kurzer Zeit große Mengen Lehrstoff lernen können. Das sind aber Ausnahmefälle.) Schätzen Sie zunächst ein, wie viel Zeit Sie zum Erlernen oder Wiederholen des gesamten Stoffgebietes brauchen: 14 Tage, vier Wochen, zweimal drei Wochen? Kann ich bestimmte Dinge weglassen und wo muss ich Schwerpunkte setzen? Dazu können Sie ältere Jahrgänge fragen, was bei dem entsprechenden Prüfer drankommt und wie er ungefähr fragt. An einigen Universitäten bieten die Fachschaftsräte auch Fragenkataloge oder Aufgabensammlungen an. Besorgen Sie sich diese. Überlegen Sie weiter: Wann habe ich Zeit zum Lernen? Wann kann ich danach die Prüfung ablegen? Gibt es dafür vorgeschriebene Prüfungszeiträume oder ähnliche Zeitfenster zu beachten?

Am Tag der Prüfung ist es günstig, ausgeschlafen und fit zur Prüfung zu erscheinen. Die Nacht vorher sollte also nicht auf einer Party bis zum Morgengrauen verbracht werden.

Dress Code

Zu wichtigen Ereignissen kleidet man sich besonders. Als Gast bei einer Hochzeit zieht man einen Anzug an, zu einer Beerdigung trägt man schwarz, und so weiter. Auch eine Prüfung während des Studiums ist ein offizielles Ereignis. Der Hochschullehrer oder Professor und der Beisitzer nehmen sich eine Stunde Zeit, um ein Gespräch mit Ihnen zu führen. Daher sollten Sie sich auch vom äußeren Erscheinungsbild darauf einstellen. Ziehen Sie als Mann einen Anzug an, dazu ein Hemd und es darf auch durchaus eine Krawatte dazu umgebunden werden. Sollten Sie keinen passenden Anzug haben (junge Leute wachsen manchmal sehr schnell), dann tut es sicher auch eine schwarze Hose und ein langärmeliges Hemd. Als Frau könnten Sie ein Kostüm, eine dezente schwarze Hose oder einen Rock und eine passende Bluse tragen. Gehen Sie auf keinen Fall im bunt bedruckten T-Shirt und den abgeschnittenen Sommerjeans zur Prüfung. Auch wenn der Prüfer möglicherweise nichts dazu sagt, so würde Ihr Auftreten in diesem Fall signalisieren, dass Ihnen dieser Termin so ziemlich egal ist. Das könnte für Sie von Nachteil sein.

Zehn Tipps für wissenschaftliches Arbeiten

In diesem Kapitel

- Wie funktioniert wissenschaftliches Arbeiten?
- Wissenschaftliche Protokolle
- Literaturrecherchen
- Wie schreibt man eine Abschlussarbeit?

Während Ihres Studiums werden Sie über verschiedene Stufen an unterschiedliche Aspekte des wissenschaftlichen Arbeitens herangeführt. Sie werden zunächst verschiedene Versuche im Labor durchführen und diese protokollieren. Zum Protokoll müssen Sie eine Auswertung schreiben, bei der häufig auch die wissenschaftlichen Grundlagen des Gebietes behandelt werden. Später folgen dann die Bachelor- und die Masterarbeit, die von Gutachtern bewertet und benotet werden. Wenn Sie die Universität verlassen, sollen Sie in der Lage sein, ein Thema selbständig zu bearbeiten, eventuell Mitarbeiter anzuleiten und nach Abschluss des Projektes oder Arbeitsauftrages Abschlussberichte, Prüfprotokolle und ähnliche Dokumente zu erstellen.

Das Thema

Jedes Fachgebiet hat unterschiedliche Teilgebiete, die von verschiedenen Arbeitsgruppen bearbeitet werden. Informieren Sie sich schon während des Studiums über die Forschungsgebiete der einzelnen Professoren, bzw. Arbeitsgruppen. Bedenken Sie dabei, dass das Forschungsgebiet, welches von einem Professor bearbeitet wird, durchaus ein völlig anderes sein kann, als die Dinge, die er Ihnen in der Vorlesung beibringt. Also fragen Sie ältere Kommilitonen oder ihre direkten Betreuer nach den Forschungsthemen in den Arbeitsgruppen. Erkundigen Sie sich nach den Einsatzmöglichkeiten für Absolventen. Sie können auch durchaus eine Jobbörse an der Uni besuchen oder auf eine Industriemesse gehen und dort die Vertreter der großen Firmen danach fragen, welche Arbeits- oder Spezialgebiete in der Firma gefragt sind. An einigen Universitäten werden auch Informationsveranstaltungen für Studenten angeboten, in denen die Arbeitsgruppen und Forschungsthemen vorgestellt werden.

Außerdem sollten Sie sich noch selbst fragen: Was interessiert mich? Was möchte ich später einmal machen? Danach sollten Sie sich ebenfalls richten und ein Arbeitsgebiet aussuchen, das Sie wirklich interessiert und Ihnen Spaß macht. Bedenken Sie bitte, dass diese Entscheidung ja unter Umständen Ihr ganzes Arbeitsleben (ca. 35 bis 40 Jahre) bestimmen könnte!

Der Betreuer

Der Betreuer entscheidet unter Umständen über das Wohl und Wehe Ihrer Abschlussarbeit. Wenn Sie mit dem Betreuer gut klarkommen, er Ihnen ein interessantes Thema zur Verfügung stellt, bei dem ein Großteil der Versuche funktionieren und verwertbare Ergebnisse herauskommen, dann haben Sie schon sehr gute Voraussetzungen, zu einem erfolgreichen Abschluss zu kommen. Bevor Sie sich dafür entscheiden, eine Bachelor- oder Masterarbeit bei einem Betreuer anzufangen, sollten Sie sich dezent und unauffällig über noch ein paar Dinge informieren: Unterstützt der Betreuer seine Leute bei der Verteidigung von Abschlussarbeiten? Gibt es ausreichend finanzielle Mittel in der Arbeitsgruppe? Werden die Studenten oder Doktoranden in absehbarer Zeit mit ihren Arbeiten fertig, oder gibt es immer wieder Verzögerungen? Unterstützt der Betreuer die Absolventen nach dem Abschluss des Studiums bei der Arbeitssuche? Hat der Betreuer regelmäßig Zeit, sich um seine Leute zu kümmern? Das ist wichtig, da es Professoren gibt, die einen großen Teil des Jahres auf Tagungen und für Gastprofessuren im Ausland unterwegs sind. Das zeugt sicher von der Wichtigkeit und Bedeutung des Professors, ist aber ungünstig für die Betreuung seiner Studenten.

Alle diese Dinge werden Sie nicht vor Beginn der Arbeit in Erfahrung bringen können. Wenn Sie zu einigen Fragen Antworten bekommen, haben Sie sicher schon einen wichtigen ersten Eindruck vom Arbeitsklima und den Verhältnissen in der Arbeitsgruppe und Sie sind vor unangenehmen Überraschungen gefeit.

Machen Sie sich einen Zeitplan

Für jedes größere Projekt empfiehlt es sich, einen Zeitplan mit realistischen Fristen und Zielen aufzustellen. Sie müssen nicht jede Stunde in den nächsten sechs Monaten verplanen, aber Sie sollten sich ungefähre Zeitmarken setzen, bis wann Sie welchen Abschnitt Ihrer Arbeit bewältigt haben wollen. Sie könnten sich also z. B. vornehmen, dass Sie innerhalb von drei Wochen die Literaturrecherche erledigen wollen, dann die nächsten zwei Monate Experimente im Labor durchführen und danach einen Monat lang ihre Arbeit schreiben werden. Dann haben Sie jederzeit selbst den Überblick, wie weit Sie sind, und Sie können diesen Zeitplan auch sicher mit Ihrem Betreuer abstimmen.

Lesen Sie die Fachliteratur

Wenn Sie eine experimentelle Arbeit planen, sollten Sie sich auf jeden Fall vor Beginn der Experimente darüber informieren, ob die geplanten Experimente schon jemand anders gemacht hat. Fragen Sie Ihren Betreuer nach relevanter Fachliteratur. Führen Sie entsprechend seiner Empfehlungen eine umfassende Literaturrecherche durch. Verwenden Sie dazu Datenbanken (Scifinder, Gmelin Crossfire, usw.) und gehen Sie auch ruhig einmal in die Bibliothek und schauen Sie, ob Sie dort noch etwas zum Thema finden.

Wenn Sie auf diese Weise auf die Erfahrungen von Anderen zurückgreifen, können Sie sich möglicherweise viel unnötige Mühe sparen. Entweder lernen Sie aus der Literatur, dass bestimmte Dinge nicht funktionieren oder noch besser, Sie finden Arbeitsvorschriften, die Sie verwenden können. Schließlich müssen Sie in Ihrer Abschlussarbeit ohnehin die eigenen Ergebnisse im Vergleich mit ähnlichen Versuchen aus der Literatur diskutieren. Mit einer soliden Literaturrecherche sind Sie also für die kommenden Herausforderungen bestens gerüstet.

Schreiben Sie Protokolle

Wenn Sie einen Versuch durchführen, sollten Sie unbedingt alle wichtigen Dinge notieren. Für Protokolle in der Synthesechemie heißt das z. B.:

- die Reaktionsgleichung der geplanten Reaktion,
- die Ansatzgrößen mit allen Stoffdaten wie molare Masse, Stoffmenge, eingesetzte Masse, Dichte und Volumen (bei Flüssigkeiten),
- die Versuchsvorschrift mit Literaturstelle, falls die Vorschrift aus der Literatur stammt,
- die Beobachtungen während der Reaktion und Aufarbeitung,
- eine Auswertung des Versuches mit Ausbeuteberechnung, Spektren und einer Zuordnung der Signale.

Ganz wichtig ist aus meiner Sicht, dass Sie während des Versuches alle Beobachtungen, die Sie machen, sorgfältig notieren. Deshalb ist es sinnvoll, dass das Protokoll unmittelbar vor Ort geführt wird. Wenn Sie die Beobachtungen und Daten erst auf Schmierzettel notieren und diese dann zu Hause am Computer in ein nachträglich angefertigtes Protokoll übertragen, gehen häufig wichtige Informationen verloren. Es ist ganz wichtig, dass man auch noch so kleine Abweichungen von der Versuchsvorschrift notiert. Falls bei der Versuchsdurchführung irgendetwas schief läuft, haben Sie nur mithilfe eines sorgfältig geführten Protokolls eine Chance, hinterher rauszufinden, woran es lag.

Das Konzept der Arbeit

Wenn die ersten Ergebnisse ihrer experimentellen Tätigkeit vorliegen, können Sie bereits daran gehen, ein Konzept für Ihre schriftliche Abschlussarbeit zu entwerfen. Dieses umfasst im Wesentlichen die Gliederung der Arbeit, also ein grobes Inhaltsverzeichnis, eventuell mit einigen erklärenden Stichpunkten versehen. Wenn Sie dieses Konzept verfassen, werden Sie vielleicht merken, dass Ihnen noch bestimmte Dinge fehlen, dass Sie z. B. noch zu einem speziellen Thema, das Sie bisher übersehen haben, eine kleine Literaturrecherche machen müssen, oder dass an einer anderen Stelle auch einige zusätzliche Experimente gemacht werden müssen, um die Arbeit abzurunden.

Die Arbeit schreiben

Dafür brauchen Sie Zeit und Ruhe. Suchen Sie sich einen Ort, an dem nicht alle fünf Minuten jemand hereingeschneit kommt und etwas von Ihnen will. Sei es in einem unauffälligen Kellerlabor, in der Bibliothek oder zu Hause; suchen Sie sich einen Ort, an dem Sie möglichst ungestört arbeiten können und so wenig wie möglich Ablenkung haben. Fangen Sie am besten mit der Einleitung und Problemstellung an. Werten Sie dann in einem Grundlagenteil die Ergebnisse Ihrer Literaturrecherche aus. Schreiben Sie danach im Vergleich zu den Informationen aus der Literatur Ihre eigenen Ergebnisse nieder. Den experimentellen Teil, in dem die ganzen Versuche beschrieben werden, können Sie unabhängig von den anderen Kapiteln schreiben, unter Umständen auch schon während Ihrer experimentellen Arbeiten.

Sprache und Stil

Eine einheitliche und richtige Schreibweise entsprechend den Regeln der neuen deutschen Rechtschreibung halte ich in der Arbeit eines Hochschulabsolventen für unabdingbar. Achten Sie dabei auch auf die Zeichensetzung! Auch wenn Sie nicht so sicher in der Rechtschreibung und Grammatik sein sollten, so gibt es heutzutage doch Hilfsmittel, die Ihren Text perfekt erscheinen lassen. Nutzen Sie also auf jeden Fall die Rechtschreibprüfung Ihrer Textverarbeitung! Schalten Sie die Rechtschreibhilfe nicht aus, wenn Ihr Text überall rot markiert ist, sondern arbeiten Sie mit diesem Tool. Sie können dem Wörterbuch auch manuell neue Begriffe und Wörter beibringen. Gerade in Fachtexten kommen viele Eigennamen und Spezialbegriffe vor, die die Software natürlich nicht kennt.

Wenn Sie einzelne Kapitel oder Ihre ganze Arbeit fertig haben, lassen Sie sie bitte immer noch einmal von jemandem aus Ihrem Freundes- oder Bekanntenkreis Korrektur lesen. Es kann auch ein völlig Außenstehender sein, das hilft manchmal, gravierende Fehler oder stilistische Mängel zu entdecken, bei denen ein enger Kollege vielleicht genau so »betriebsblind« ist wie Sie!

Weiterhin sollte Ihre Arbeit gut lesbar sein. Eine komplizierte und hochgestochene Ausdrucksweise mit langen Schachtelsätzen und vielen Fremdworten mag zwar auf den ersten Blick eindrucksvoll erscheinen, führt aber dazu, dass die Arbeit schwer lesbar oder gar unverständlich wird. (Dieser Satz war jetzt auch ganz schön lang, ich muss noch an meinem Stil arbeiten.) Kurze und einfache Sätze sind häufig besser als lange und komplizierte.

Als Pronomen verwendet man in wissenschaftlichen Arbeiten üblicherweise die unpersönliche Form »man«, und Versuchsvorschriften werden in der Gegenwart geschrieben.

Vorsicht bei der Nutzung des Internets

Verwenden Sie auf keinen Fall Textpassagen oder Textbausteine aus dem Internet! Irgendjemand wird das herausfinden und Sie hätten damit die Grenze zum Plagiat überschritten. Sie können im Internet lesen, soviel Sie wollen und Wissen daraus schöpfen, aber vermeiden Sie unter allen Umständen *copy and paste*.

Zitate und Literaturangaben

Alle Zitate müssen Sie als solche kenntlich machen. Wörtliche Zitate kommen in Anführungszeichen und werden Wort für Wort zitiert. Falls alte Rechtschreibung oder eine veraltete Ausdrucksweise vorkommt, übernehmen Sie diese genau so, wie im Originaltext geschrieben. Bei chemischen Texten verwendet man häufig Reaktionsgleichungen oder Strukturformeln aus der Literatur. Diese zeichnen Sie am besten mit einem Chemiezeichenprogramm neu und zitieren dann aber trotzdem die Originalstelle. Formeln einzuscannen und in die eigene Arbeit einzubinden, sieht erstens unschön aus, kostet zweitens viel Zeit und führt drittens zu großen Problemen bezüglich des Urheberrechtes.

Die Literaturangaben fassen Sie entweder am Ende der Seite, am Ende eines Kapitels oder am Ende der gesamten Arbeit zusammen. Am Ende der Seite erspart zwar viel Hin- und Herblättern, macht aber Probleme, wenn Sie mehrfach auf die gleiche Literaturstelle verweisen. Am Ende des Kapitels gelistet, schafft häufig Verwirrung, wo denn nun die richtigen Zitate stehen und sollte nur in berechtigten Ausnahmenfällen – etwa bei sehr umfangreichen Arbeiten mit vielen hundert Seiten verwendet werden. Die Literaturangaben am Ende der gesamten Arbeit zusammenzufassen ist eigentlich die beste Variante. Verwenden Sie am besten die automatische Endnotenverwaltung Ihrer Textverarbeitung. Falls Sie noch Zitate verschieben oder neue einfügen, so werden alle Zitate automatisch neu nummeriert und Sie müssen das nicht von Hand machen. Wenn Sie mehrfach auf ein und dieselbe Literaturstelle verweisen, verwenden Sie bitte die Funktion »Querverweis einfügen«. Die sollte inzwischen auch bei allen Textverarbeitungsprogrammen verfügbar sein.

Zitieren Sie alle Literaturstellen einheitlich. Ein Problem bei chemischen Fachtexten ist beispielsweise immer die Zitierweise von Zeitschriftennamen. Dafür gibt es als verbindlichen Standard den Chemical Abstracts Service Source Index (CASSI). Dieser sollte in Ihrer Universitätsbibliothek vorhanden sein. Dieses Nachschlagewerk verrät Ihnen, wie Sie die chemischen Fachzeitschriften abkürzen dürfen. Also z. B. dürfen Sie »Journal of the American Chemical Society« als »J. Am. Soc.« abkürzen. Alle anderen Abkürzungen, z. B. »JACS«, wären falsch.

Hilfreiche Webseiten

Unzählige Webseiten gibt es im großen weiten Internet. Viele persönliche Dinge, Homepages, Blogs, aber auch Seiten mit wissenschaftlichem Anspruch, Online-Lehrbücher, Nachschlagewerke und Lexika. Schließlich haben auch die wissenschaftlichen Verlage den Zug der Zeit erkannt und sind mit Hochdruck dabei, ihre Zeitschriften, Bücher und Monographien online zur Verfügung zu stellen. Das Internet ist ein nicht mehr wegzudenkender Faktor in der wissenschaftlichen Arbeit.

Es gibt natürlich auch Schwächen und Probleme mit diesem jungen Medium. So schrieben bis vor kurzer Zeit Spaßvögel regelmäßig ausgedachte und falsche Artikel in Wikipedia oder fälschten mit Absicht Angaben und Daten. Inzwischen herrscht aber bei Wikipedia eine viel stärkere Kontrolle durch freiwillige Redakteure und die Com-munity der Nutzer, sodass diese Fälle wohl immer seltener werden. Trotzdem sollte man alle Daten für die wissenschaftliche Arbeit, die man aus ungeprüften Quellen im Internet bezieht, noch einmal einer kritischen Prüfung und einem Vergleich mit sicheren Quellen (Lehrbüchern, Nachschlagewerke kommerzieller Anbieter, geprüften Daten aus wissenschaftlichen Zeitschriften) unterziehen. Also hier mein Appell:

 Seien Sie kritisch! Überprüfen Sie die Daten aus dem Internet, bevor Sie damit arbeiten!

Nachfolgend nun einige Links und Webseiten, die ich Ihnen zur Nutzung bei Fragen zur Anorganischen Chemie empfehlen kann. Die Reihenfolge enthält keine Wertung, ich habe nur versucht, die Links ein wenig nach inhaltlichen Gesichtspunkten zu sortieren.

Lexika und Nachschlagewerke

http://de.wikipedia.org/wiki/Hauptseite

Wikipedia bietet immer bessere und umfangreichere Informationen. Aber denken Sie bitte an meinen oben gemachten Appell, wenn Sie diese Seiten benutzen! Falls Sie auf den deutschsprachigen Seiten von Wikipedia nichts finden, können Sie auch auf den englischsprachigen Seiten nachsehen, dort stehen manchmal mehr und ausführlichere Artikel (**http://en.wikipedia.org/wiki/Main_Page**).

http://www.roempp.com/de/formate/encyclopedias/roempp.html

Sichere und geprüfte Informationen finden Sie in Römpps Chemielexikon. Allerdings brauchen Sie hier eine Zugangsberechtigung. Falls Sie an einer Universität studieren, erkundigen Sie sich am besten, ob über die Uni ein Online-Zugriff möglich ist.

http://www.emolecules.com/

Bezugsquellen für und Informationen über mehr als acht Millionen chemische Verbindungen.

Vorlesungen und Lehrmaterialien zur Anorganischen Chemie

http://ruby.chemie.uni-freiburg.de/

Materialien zu Vorlesungen in Anorganischer Chemie vom Arbeitskreis Röhr an der Universität Freiburg. Die Seiten sind hervorragend gestaltet und didaktisch aufbereitet.

http://www.old.uni-bayreuth.de/departments/didaktikchemie/umat/inhaltsv.htm

Unterrichtsmaterialien für Chemie am Gymnasium und an der Universität vom Bereich Didaktik der Chemie, Universität Bayreuth.

http://materials.uweboehme.de/

Webseiten zu Anorganischen Materialien.

http://www.ilpi.com/organomet/index.html

»Organometallic HyperTextBook« – Das ganze Buch ist online verfügbar!

Portale

http://www.chemie.de/

Das umfassende Chemie-Portal in Deutschland mit Links zu allen Themen, die einen jungen Chemiker interessieren: Einkaufsführer, Kataloge, Chemie-Software, Marktübersichten, Webverzeichnis, Chemie-Lexikon, Chemikaliensuche, Beruf & Karriere, Veranstaltungen, Fachwörterbücher und eine Liste aller Chemiefachbereiche in Deutschland.

http://www.chem.de/

Die Informations- und Wissensplattform Chemie fokussiert sich mehr auf Fachinformation zur Chemie. In einem systematischen Verzeichnis findet man nach Themen sortierte Informationen zur Chemie. Links hauptsächlich zu deutschsprachigen Seiten.

A ➤ Hilfreiche Webseiten

http://www.chemspider.com/

Informationsportal der Royal Society of Chemistry mit umfangreichen Suchfunktionen für Chemikalien, Zugang zu Spektrendatenbanken, Blog und aktuellen Nachrichten.

http://dir.yahoo.com/Science/chemistry

Ähnlich ist das Verzeichnis zur Chemie bei Yahoo organisiert. Hier werden weltweit Links gesammelt und systematisch nach Themengebieten sortiert.

http://www.chemweb.com/

Eine US-amerikanische Webseite mit den Kategorien Jobs, News, Büchern, Datenbanken, Termine, Zeitschriften und einem Newsletter.

Software

Es gibt unglaublich viele Softwareprogramme im Bereich der Chemie. Eine kleine Übersicht über das verfügbare Potenzial bieten die folgenden Links.

http://www.uni-koeln.de/themen/Chemie/software/index.html

Übersicht über die verfügbare Software im Bereich Chemie vom regionalen Rechenzentrum der Universität zu Köln.

http://www.anachem.umu.se/cgi-bin/pointer.exe?Software

Liste von Chemie-Software von der Umeå University in Schweden.

http://www.chemistryguide.org/chemical-software.html

Links zu kommerziellen und nichtkommerziellen Softwareanbietern.

http://fsffrance.org/science/chimie.en.html

Linkliste mit ausschließlich kostenfreier Software.

Linklisten zur Chemie

http://www.chemlin.de/

Der Internetpfad zur Chemie bietet umfangreiche Linklisten.

http://www.liv.ac.uk/Chemistry/Links/links.html

Linkliste bei der University of Liverpool

http://links.uweboehme.de/

Linkliste vom Autor dieses Buches. Hier notiere ich hauptsächlich Seiten, die ich selbst zur Arbeit nutze oder die mir gefallen.

Weiterführende Literatur

Falls Sie noch mehr über die Anorganische Chemie lernen wollen, gebe ich Ihnen hier einige Tipps für weiterführende Literatur, versehen mit kurzen Kommentaren. Die Reihenfolge der Bücher und Nachschlagewerke beinhaltet keine Wertung der Qualität. Sie müssen für sich selbst herausfinden, welches Buch das Themengebiet auf für Sie geeignete Weise darstellt. Die didaktische Herangehensweise ist gerade bei den Lehrbüchern recht unterschiedlich. Sie sollten natürlich jetzt nicht auf Verdacht die Bücher auf dieser Liste bestellen, das wird sehr teuer! Als Tipp kann ich Ihnen empfehlen, die nächstgelegene Universitätsbibliothek aufzusuchen und dort erst einmal in den Lesesaalexemplaren zu stöbern, um herauszufinden, was Ihnen vielleicht gefällt, mit welchem Lehrbuch Sie möglicherweise gut zurechtkommen. Die Bibliotheken sind normalerweise öffentlich zugänglich und Präsenzexemplare sollten im Lesesaal verfügbar sein. Man kann diese zwar nicht ausleihen, aber vor Ort anschauen und darin schmökern. Schlimmstenfalls müssen Sie sich bei der Bibliothek anmelden, bevor Sie an die Bücher rankommen. Aber keine Scheu, Bibliotheken sind für alle da!

Lehrbücher

Holleman, A. F., Wiberg, E., Wiberg, N. (2007): Lehrbuch der Anorganischen Chemie, 102. Aufl., de Gruyter, Berlin. – Das umfassende Nachschlagewerk und Kompendium zur Anorganischen Chemie.

Huheey, J. E., Keiter, E. A., Keiter, R. L. (2003): Anorganische Chemie, Prinzipien von Struktur und Reaktivität, 3. Aufl., de Gruyter, Berlin. – Nach Themengebieten geordnet werden wichtige Sachverhalte sehr gut erklärt.

Cotton, F. A., Wilkinson, G. (1985): Anorganische Chemie, eine zusammenfassende Darstellung für Fortgeschrittene, 4. Aufl., VCH, Weinheim. – Noch ein großes und umfangreiches Lehrbuch zum Thema.

Riedel, E., Janiak, C. (2007): Anorganische Chemie, 7. Aufl., de Gruyter, Berlin. – Ein weiteres Lehrbuch der Anorganischen Chemie, behandelt alle grundlegenden Fragen. Wer noch tiefer in das Fachgebiet eintauchen will, greift zu:

Riedel, E., Alsfasser, R. (2007): Moderne Anorganische Chemie, 3. Aufl., de Gruyter, Berlin. – Dieses Lehrbuch behandelt ausgewählte Themenkomplexe in vertiefter Weise. Empfehlenswert für Studenten der Chemie in höheren Studienjahren.

Spezialgebiete

Jander, G., Blasius, E., Strähle, J. (2005): Einführung in das anorganisch-chemische Praktikum einschließlich der quantitativen Analyse, 15. Aufl., Hirzel Verlag, Stuttgart. – Spezialgebiet anorganischer Trennungsgang, analytische Methoden zum Nachweis von Ionen und die Grundlagen der quantitativen Analyse.

Elschenbroich, C (2008).: Organometallchemie, 6. Aufl., Teubner Verlag, Wiesbaden. – Spezialgebiet metallorganische Chemie, wie der Titel schon sagt.

Steinborn, D. (2007): Grundlagen der metallorganischen Komplexkatalyse, 1. Aufl., Teubner Verlag, Wiesbaden. – Alles Wichtige über die Katalyse mit Komplexverbindungen der Übergangsmetalle.

Kaim, W., Schwederski, B. (2005): Bioanorganische Chemie, zur Funktion chemischer Elemente in Lebensprozessen, 4. Aufl., Teubner Verlag, Wiesbaden. – Funktion und Wirkungsweise anorganischer Elemente in biologischen Systemen.

Borchardt-Ott, W. (2009): Kristallographie, eine Einführung für Naturwissenschaftler, 7. Aufl., Springer Verlag, Berlin, Heidelberg. – Spezialgebiet Kristallographie, alles Wichtige zum Thema in kompakter Form.

Kleber, W., Bautsch, H.-J. (1998): Einführung in die Kristallographie, 18. Aufl., Verlag Technik, Berlin, 1998. – Der Klassiker auf dem Gebiet der Kristallographie im deutschsprachigen Raum; mit umfassender Beschreibung der elektrischen, optischen, mechanischen und magnetischen Eigenschaften der Kristalle.

Reinhold, J. (2004): Quantentheorie der Moleküle, eine Einführung, 2. Aufl., Teubner Verlag, Wiesbaden. – Eine einfache und verständliche Einführung in die theoretische Chemie, Methoden zur Beschreibung von Bindungsverhältnissen, Ligandenfeldtheorie, Molekülsymmetrie, quantenchemische Methoden usw.

Nachschlagewerke

Römpp, H., Falbe, J.: Römpp-Chemie-Lexikon, Thieme Verlag, Stuttgart, New York. Verschiedene Auflagen verfügbar. – Das umfassende Lexikon zur Chemie. Wenn Sie etwas nicht wissen, schauen Sie am besten zuerst dort nach (Wenn es sein muss, können Sie auch bei Wikipedia nachsehen.) Seit einigen Jahren gibt es auch eine Online-Version, die allerdings kostenpflichtig ist. Falls Sie an einer Universität studieren, erkundigen Sie sich am besten, ob über die Uni ein Online-Zugriff möglich ist.

Bohnet, M., Ullmann, F. (2002): Ullmann's encyclopedia of industrial chemistry, Verlag Wiley-VCH Weinheim, Electronic Release, 6. Aufl. der Buchausgabe. – Wenn Sie wissen wollen, wie eine anorganische Verbindung oder eine Stoffklasse in der Technik hergestellt wird, dann schauen Sie am besten in diesem Nachschlagewerk nach. Es gibt die Enzyklopädie inzwischen auch als Inhouse-Datenbank. Erkundigen Sie sich bei Ihrer Universitätsbibliothek, ob diese verfügbar ist. Für den Anfänger reicht ganz sicher auch eine ältere Ausgabe, die dann unter folgendem Titel auch in Deutsch erhältlich ist:

Ullmann, F.: Ullmanns Enzyklopädie der technischen Chemie, Urban & Schwarzenberg, Berlin, Wien, verschiedene Auflagen.

Synthesechemie

Wenn man anorganische Verbindungen herstellen will, braucht man zuverlässige Synthesevorschriften. Entweder Sie suchen in der Originalliteratur, was unter Umständen recht zeitraubend sein kann, oder Sie greifen erst einmal zu den Standardwerken, die Sammlungen von Synthesevorschriften enthalten. Dazu gehören die folgenden Werke.

Die ersten drei Bücher bieten eine begrenzte Auswahl an Synthesevorschriften, jeweils zugeschnitten für Studenten der Chemie.

Heyn, B., Hipler, B., Kreisel, G., Schreer, H., Walther, D. (1990): Anorganische Synthesechemie, Springer Verlag, Berlin.

Girolami, G. S., Rauchfuss, T. B., Angelici, R. J. (1999): Synthesis and Technique in Inorganic Chemistry, University Science Books, Sausalito.

Thiele, K.-H. (federführender Autor): Reaktionsverhalten und Syntheseprinzipien, Lehrwerk Chemie Arbeitsbuch 7, (1989) VEB Deutscher Verlag für Grundstoffindustrie Leipzig.

Hermann, W. A., Brauer, G. (bis 2002): Synthetic Methods of Organometallic and Inorganic Chemistry, G. Thieme Verlag, Stuttgart. – Mehrbändige Monographie, die einen umfassenden Katalog von Synthesevorschriften der anorganischen Chemie auf dem neuesten Stand des Wissens bereitstellt.

Brauer, G. (bis 1981): Handbuch der Präparativen Anorganischen Chemie, Ferdinand Enke Verlag, Stuttgart. – Für Anfänger reicht häufig auch die Vorgängerversion von »Herrmann/Brauer«. Diese ist in Deutsch erschienen. Nur weil Synthesevorschriften ein paar Jahre alt sind, werden sie ja schließlich nicht falsch!

Inorganic Synthesis, Volume 1–35, John Wiley & Sons, New York. Eine fortlaufende Monographie, die geprüfte Synthesevorschriften bietet.

Gmelin Handbuch der Anorganischen Chemie, Springer-Verlag, Berlin. – Wenn Sie in allen bisherigen Büchern noch keine Synthesevorschrift für Ihre Zielverbindung gefunden haben, dann müssen Sie im »Gmelin« nachschauen. Hier wird nahezu die gesamte chemische Fachliteratur ausgewertet und Sie finden Literaturhinweise darauf, wo die Synthese ihrer Verbindung stehen könnte. Achtung, dieses Werk enthält keine Arbeitsvorschriften, sondern nur Hinweise auf die Originalliteratur! Inzwischen erscheint der Gmelin in Englisch, also suchen Sie evtl. auch nach dem englischen Titel: *Gmelin handbook of inorganic chemistry*.

Analytische Chemie

Zur anorganischen Chemie gehört nicht nur die Synthese einer Verbindung, sondern Sie müssen auch bestimmte Analysenmethoden anwenden und falls notwendig auch die erhaltenen Daten und Spektren auswerten können. Eine kleine Auswahl an möglicherweise für Sie hilfreichen Arbeits- und Lehrbüchern der analytischen Chemie folgt hier.

Otto, M. (2006): Analytische Chemie, 3. Aufl., Wiley-VCH, Weinheim.

Skoog, D. A., Leary, J. J. (1996): Instrumentelle Analytik, Grundlagen, Geräte, Anwendungen, Springer Verlag, Berlin.

Schwedt, G. (2008): Analytische Chemie, Grundlagen, Methoden und Praxis, 2. Aufl., Wiley-VCH, Weinheim.

Schwedt, G., Schreiber, G. (2007): Taschenatlas der Analytik, 3. Aufl., Wiley-VCH, Weinheim.

Wichtige Trivialnamen

In der Anorganischen Chemie gibt es viele Trivialnamen. Auch in diesem Buch habe ich einige solcher Bezeichnungen verwendet. Dabei handelt es sich meist um historisch entstandene Begriffe, die heute in den allgemeinen Wortschatz des Chemikers und Technikers übergegangen sind. In diesem Kapitel habe ich für Sie die wichtigsten Trivialnamen zusammengestellt. Ich hoffe, die nachfolgende Tabelle hilft Ihnen weiter!

Außerdem gibt es Hunderte von Mineralnamen. Diese werden teilweise bei der Besprechung der Elemente auch erwähnt. Ich habe aber nicht alle Mineralnamen in diese Tabelle aufgenommen.

Verbindungsklassen

Vitriole sind Salze des Vitriolöls, also Metallsalze der Schwefelsäure. Diese haben häufig die Zusammensetzung $MSO_4 \cdot 7H_2O$. Es gibt aber auch Vitriole mit fünf Molekülen Wasser.

Blutlaugensalze gewann man früher durch Eindampfen von Tierblut in großen offenen Schalen und Auslaugen des Rückstandes mit Wasser.

Kiese und Glanze sind Bezeichnungen für schwefelhaltige Minerale, die Sulfidgruppen (S^{2-}) enthalten.

Liste der Trivialnamen

Trivialname	Formel	systematischer Name bzw. Erklärung
Ätzkali	KOH	Kaliumhydroxid
Ätzkalk	CaO	Calciumoxid
Ätznatron	NaOH	Natriumhydroxid
Barytwasser	$Ba(OH)_2$	Bariumhydroxid
(lösliches) Berliner Blau	$K[Fe^{II}Fe^{III}(CN)_6]$	Kaliumhexacyanoferrat(II/III)
(unlösliches) Berliner Blau	$Fe^{III}[Fe^{II}Fe^{III}(CN)_6]_3$	Eisen(III)hexacyanoferrat(II/III)
Bittersalz	$MgSO_4 \cdot 7H_2O$	Magnesiumsulfat

Trivialname	Formel	systematischer Name bzw. Erklärung
Blausäure	HCN	Cyanwasserstoff
Bleiglätte	PbO	Blei(II)-oxid
Borax	$Na_2B_4O_7 \cdot 10H_2O$	Natriumtetraborat-Decahydrat
Carborund	SiC	Siliciumcarbid
Carosche Säure	H_2SO_5	Peroxomonoschwefelsäure
Chilesalpeter	$NaNO_3$	Natriumnitrat
Chlorkalk	CaCl(OCl)	Calciumhypochloritchlorid
doppeltkohlensaures Natron	$NaHCO_3$	Natriumhydrogencarbonat
Fixiersalz	$Na_2S_2O_3$	Natriumthiosulfat
Flusssäure	HF	Fluorwasserstoffsäure
gebrannter Kalk/Branntkalk/ungelöschter Kalk	CaO	Calciumoxid
gelbes Blutlaugensalz	$K_4[Fe^{II}(CN)_6]$	Kaliumhexacyanoferrat(II)
gelöschter Kalk/Löschkalk	$Ca(OH)_2$	Calciumhydroxid
Gips	$CaSO_4 \cdot 2H_2O$	Calciumsulfat-Dihydrat
Glaubersalz	$Na_2SO_4 \cdot 10H_2O$	Natriumsulfat-Dekahydrat
Hirschhornsalz	$(NH_4)_2CO_3$	Ammoniumcarbonat
Höllenstein	$AgNO_3$	Silbernitrat
Kalilauge	KOH	Kaliumhydroxid in Wasser
Kalisalpeter	KNO_3	Kaliumnitrat
Kalkmilch	$Ca(OH)_2$	Calciumhydroxid
Kalkwasser	$Ca(OH)_2$	Calciumhydroxid
Kalomel	Hg_2Cl_2	Quecksilber(I)-chlorid
Karbid	CaC_2	Calciumcarbid
Knallsilber	AgCNO	Silberfulminat
Knallquecksilber	$Hg(CNO)_2$	Quecksilber(II)-fulminat
Kochsalz	NaCl	Natriumchlorid
Königswasser	$3HCl + HNO_3$	Gemisch aus Salzsäure und Salpetersäure
Korund	Al_2O_3	Aluminiumoxid
Kupfervitriol	$CuSO_4 \cdot 5H_2O$	Kupfersulfat-Pentahydrat
Mennige	Pb_3O_4	Blei(II,IV)-oxid

C ➤ Wichtige Trivialnamen

Trivialname	Formel	systematischer Name bzw. Erklärung
Natronlauge	NaOH	Natriumhydroxid in Wasser
Natronsalpeter	$NaNO_3$	Natriumnitrat
Oleum, rauchende Schwefelsäure, Vitriolöl	H_2SO_4	wasserfreie Schwefelsäure mit einem Überschuss an SO_3
Pottasche	K_2CO_3	Kaliumcarbonat
rotes Blutlaugensalz	$K_3[Fe^{III}(CN)_6]$	Kaliumhexacyanoferrat(III)
Salmiakgeist	NH_3	Ammoniak
Scheidewasser	HNO_3	Salpetersäure
schweres Wasser	D_2O	Deuteriumoxid
Soda	Na_2CO_3	Natriumcarbonat
Stanniol	Sn	dünne Zinnfolie
Steinsalz	NaCl	Natriumchlorid
Sublimat	$HgCl_2$	Quecksilber(II)-chlorid
Trockeneis	CO_2 (s)	festes Kohlendioxid
Vitriolöl	H_2SO_4	Schwefelsäure
Zyankali	KCN	Kaliumcyanid

Liste der gebräuchlicher Trivialnamen in der Anorganischen Chemie.

Stichwortverzeichnis

A

AAS *siehe* Atomabsorptionsspektroskopie
Abflussreiniger 28
Abrösten 108
Absorptionsspektroskopie 310
Absorptionsspektrum 311
Absorptionswellenlänge 310
Achat 80
Actinium 189
Actinoid 190
Äquivalenzpunkt 288
AES *siehe* Atomemissionsspektroskopie
Akkumulator 252
    Blei- 254
    Lithium-Ionen- 254
    Nickel-Cadmium- 253
    Nickel-Metallhydrid- 253
Akzeptorligand 138
Alaun 65
Alchimie 29
Alkali-Mangan-Zelle 207, 253
Alkalimetall 51
Alkenkomplex 143
Allotropie 113
Aluminium 61
Aluminiumchlorid 64
Aluminiumhydroxid 63
Aluminiumorganyl 68
Aluminiumoxid 63
Aluminiumwasserstoff 63
Aluminothermisches Verfahren 62
Alumosilikat 86
Amalgam 62
Amethyst 80
Ammoniak 96
    Synthese 93, 320
Ammoniumcarbonatgruppe 285
Ammoniumsulfidgruppe 285
Amperometrie 295
Ampholyt 238
Amphoter 238
Analyse
    qualitative 281
    quantitative 287
Analytik, elektrochemische 295
Anion, Nachweis 283
Antimon 107
Apatit 102
Aquokomplex 40
Arbeitselektrode 298–299
Argon 126
Aromatenkomplex 143
Arsen 107
Arsengruppe 284
Arsenik 108
Arsenprobe 108
Arsenvergiftung 108
Asbest 85
Atomabsorptionsspektroskopie 291–292
Atombau 255
    Schnellkurs 192
Atombindung 265
Atombombe 193
Atomemissionsspektroskopie 291, 293
Atomkern 192, 255
Atommodell
    nach Bohr 255
    quantenmechanisches 255
Atomorbital, Linearkombination 270
Atomreaktor 194
Atomspektroskopie 291
Aufbauprinzip 33, 256
Aufbaureaktion 68
Aufschluss
    Freiberger 283
    saurer 282
    Soda-Pottasche- 282
Azid 97, 124
Azurit 225

B

Backpulver 28, 53
Base 235
    harte 242

im Alltag 239
nach Arrhenius 235
nach Brønsted 236
nach Lewis 241
weiche 242
Batterie 252
Becquerel, Henri 319
Berliner Blau 214
Beryll 84
Berzelius, Jöns Jakob 319
Beton 28
Bezugselektrode 296–297
Bindung 32
chemische 263
dative 161, 267
Donor-Akzeptor- 267
Donor-Akzeptor-Wechselwirkung 32
Doppelbindung 32
Dreifachbindung 32
Einfachbindung 32
ionische 264
koordinative 161
kovalente 265
metallische 263
pi- 270
polare 265
Polarität 273
sigma- 270
Bindungsisomerie 164
Bindungsmodell 263
Blattsilikat 86
Blei 88
Bleiakkumulator 89
Blutlaugensalz 341
Bor 56
Boran 58
Borax 57
Borcarbid 58, 76
Bornitrid 58
Borsäure 57
Bragg'sche Gleichung 305
Braunstein 207
Brausepulver 53
Bravais-Gitter 304
Brennstoffzelle 41
Brom 119
Bromwasserstoff 121
Bronze 88, 137, 224
Brutreaktor 194

Buckminster-Fulleren 319

C

Cadmium 229–230
Verbindungen 230
Calciumcarbid 77
Cancerostatikum 165
Carbid 76
kovalentes 76
metallartiges 77
salzartiges 76
Carbonylierung von Methanol 151
Carbonylligand 138
Cer 191
Chalcedon 80
Charge-Transfer-Absorption 312
Charge-Transfer-Bande 310
Chelateffekt 161
Chelatligand 160, 290
Chilesalpeter 28, 53
Chiralität 154
Chlor 119
Sauerstoffsäuren 122
Chlorige Säure 123
Chlorkalk 123
Chlorophyll 55
Chlorsäure 123
Chlorwasserstoff 121
Chrom 200
Verbindungen 201
Chromat 201
Chrysopras 80
Citrin 80
Clathrat 127
Cluster 140
Cobalt 216
Verbindungen 216
CO_2-Kreislauf 71
Coulometrie 295, 301
Curie, Marie 319
Curie, Pierre 319
Cyanat 124
Cyanid 124
Cyanidlaugerei 226
Cyclovoltammetrie 298
Cyclovoltammogramm 298
Cytochrom 216

D

Daniell-Element 251
Deformationsschwingung 313
Diamagnetismus 168
Diamant 73
Diarsentrioxid 108
Dichromat 201
Dicyan 124
Diphosphorsäure 105
Dipolmoment 313
Direktpotenziometrie 296
Dirhodan 124
Distickstoffmonoxid 98
Distickstoffpentoxid 100
Distickstofftrioxid 99
Döbereiner, Johann Wolfgang 318
Donor-Akzeptor-Komplex 64
Donor-Akzeptor-Wechselwirkung 32
Dünger 93, 101, 318, 320
Dysprosium 191

E

Edelgas 126
Edelgasclathrat 128
Edelgaskonfiguration 264, 266
Edelgasregel 167
Edelmetall 223
Einkristall-Strukturanalyse 303
Eisen 210
    Verbindungen 213
Eisenmetall 208
Elektrochemie 245
Elektrode 296
Elektrogravimetrie 295, 302
Elektrolyse 250
Elektrolytelement 54
Elektronegativität 33
Elektronenhülle 192, 255
Elektronenpaar-Abstoßungsmodell 268
Elektronenpaarakzeptor 241
Elektronenpaardonor 241
18-Elektronenregel 139
Elektronenspektroskopie 310
d-Element *siehe* Nebengruppenelement
f-Element *siehe* Nebengruppenelement
Elementanalytik 291
Elementarzelle 303

Elementsymbol 33
Eloxal-Verfahren 63
Enantiomer 154
Energiesparlampe 231
Entropie 161
Erbium 191
Europium 191

F

Fällungstitration 289
Farbstoffe 29
Feldspat 87
Ferrocen 145
    Substitutionsreaktionen 145
Ferrochrom 200
Fluor 118
Fluorapatit 118
Fluorwasserstoff 118
Flusssäure 80, 118
Flussspat 118
Formalladung 33
Fotografischer Prozess 227
Frankland, Edward 320
Frasch-Verfahren 113
freie Enthalpie 161
Freiheitsgrad 313
Fulleren 73
Fulminat 124

G

Gadolinium 191
Germanium 88
Gerüstsilikat 86
Gewichtsanalyse 291
Gibbs-Energie 161
Gips 28, 56, 112
Glanz 341
Glaselektrode 297
Glaubersalz 52
Gleichgewicht, chemisches 32
Glimmer 86
Gold 223, 228
    Verbindungen 228
Granat 82
Graphit 72
Gravimetrie 291
Grignard-Reagenz 320

Grignard-Verbindung 67
Grignard, Victor 320
Grünspan 225
Gruppensilikat 83
Gusseisen 210

H

Haber-Bosch-Verfahren 93, 320
Haber, Fritz 321
Hämin 215
Hämoglobin 215
Hafnium 196
Halbmetall 91
Halbstufenpotenzial 300
Halogen 117
Halogenid
   ionisches 120
   kovalentes 121
Hauptgruppenelement 34
Hauptquantenzahl 256
Helium 126
Herdfrischverfahren 211
Heteroboran 61
Heteropolyanion 204
Hexafluorokieselsäure 118
High Density Polyethylene 155
High-spin-Komplex 169, 177
Hirschhornsalz 28
Hochdruckpolyethylen 155
Hochofen 210
Hochofenprozess 210
Holmium 191
Hybridisierungskonzept 275
Hybridorbital 275
Hydratisomerie 164
Hydrazin 96
Hydrid 45
   ionisches 46
   kovalentes 46
   metallisches 46
Hydridokomplex 47
Hydrierung
   asymmetrische 153
   von Alkenen 152
Hydroformylierung 149
Hydronium-Ion 39, 238
Hydrosilierung 80
Hydroxid-Ion 39, 235

Hydroxylamin 97
Hypervalent 266
Hypophosphorige Säure 107

I

ICP 291
ICP-OES 291, 293
Indikation, elektrochemische 290
Indikator 240, 288
Indikatorelektrode 296
Innerligand-Bande 310
Inselsilikat 82
Iod 119
Iodwasserstoff 121
Ionenbeziehung 264
Ionengitter 264
Ionenisomerie 164
Iridium 222
IR-Spektroskopie 313
IR-Strahlung 309
trans-Isomer 165
cis-trans-Isomerie 165
fac-mer-Isomerie 166
Isopolyanion 198
Isotop 256

J

Jahn-Teller-Effekt 183, 312
Jahn-Teller-Theorem 184
Jaspis 80
Jod *siehe* Iod
Joule-Thompson-Effekt 126

K

Kaliumalaun 65
Kaliumcarbonat 53
Kaliumhydroxid 51
Kaliumnitrat 53
Kaliumpermanganat 206
Kalk 28, 56
Kalkmörtel 56
Kalomel 231
Kalottendarstellung 30
Katalysator 146
Katalyse 143, 146, 319
   Elementarreaktionen 148
   heterogene 146

Stichwortverzeichnis

homogene 147
Katalysezyklus 148
Kation, Nachweis 284
Kernladungszahl 192, 255
Kernreaktor 192
Kernspaltung 192–193
Kettenreaktion 193
Kettensilikat 85
Kies 341
Kochsalz 27
Königswasser 101
Kohlendioxid 78
Kohlenmonoxid 77
Kohlenstoff 71
Kohlenstoff-Nanoröhre 74, 319
Komplementärfarbe 310
Komplexbildungstitration 290
Komplexon III 290
Komplexverbindung 159
   Absorptionsspektrum 182
   Bindungsverhältnisse 167
   Geometrie 163
   Isomerie 164
   kinetisch inert 184, 217
   kinetisch labil 184
   magnetisch anomal 169, 177
   magnetisch normal 169, 177
   Magnetismus 179
   Namen 162
   Nomenklatur 162
   oktaedrische 171
   quadratisch-planare 175, 179
   Redoxreaktion 184
   tetraedrische 174
Konduktometrie 295
Konstantan 137, 224
Konverterverfahren 211
Koordinationsgeometrie 160
Koordinationsisomerie 164
Koordinationszahl 160
Korrosion 212
Krebstherapie 165
Kristallfeldtheorie *siehe* Ligandenfeldtheorie
Kristallsystem 304
Kritische Masse 193–194
Kryolith 118
Krypton 126
Kugel-Stab-Darstellung 30
Kupfer 223

Kupfergruppe 284
Kupferlasur 225
   Verbindungen 224

L

Lagermetalle 88
Lanthan 189
Lanthanoid 190
Lanthanoidenkontraktion 131
Leclanché-Element 207, 252
Legierung 137
Lewis-Base 241
Lewis-Formel 266
Lewis-Säure 241
LFSE *siehe* Ligandenfeldstabilisierungsenergie
Liebig, Justus von 318
Ligand 160
   einzähniger 160
   mehrzähniger 160
Ligandenaustauschreaktion 184
Ligandenfeldstabilisierungsenergie 176
Ligandenfeldtheorie 171
Lithiumaluminiumhydrid 64
Lithiumorganyl 67
Lithopone 230
LMCT *siehe* Charge-Transfer-Bande
Lösliche Gruppe 285
Löslichkeitsprodukt 285
Lötmetall 88
Low Density Polyethylene 155
Low-spin-Komplex 169, 177
Luftverflüssigung 126
Lutetium 191

M

Magnetismus, molekularer 168
Magnetquantenzahl 257
Malachit 225
Mangan 205
   Verbindungen 206
Maßanalyse 287
Massenzahl 192, 255
Mendelejew, Dmitri Iwanowitsch 318
Mesomerie 32
Messelektrode 296
Messing 137, 224

Metall
    edles 249
    unedles 249
Metallbindung 263
Metallcarbonyl 137
Metallhalogenid 117
Metallorganische Verbindung
    der Hauptgruppenelemente 66
    der Übergangsmetalle 141
Metal-Organic-Framework 319
Metaphosphorsäure 105
Meyer, Lothar 318
MLCT *siehe* Charge-Transfer-Bande
Moderator 194
Molekülorbitaltheorie 270
Molekülstruktur 303
Molybdän 199
Molybdänblau 205
Molybdändisulfid 205
    Verbindungen 204
Monel 224
Monsanto-Verfahren 151
Müller, Richard 321
Münzmetall 223
Myoglobin 215

N

Natriumboranat 61
Natriumcarbonat 53
Natriumchlorid 27, 51, 119
Natriumhydrogencarbonat 53
Natriumhydroxid 51
Natriumhypochlorit 122
Natriumnitrat 53
Natriumperborat 57
Natriumsulfat 52
Natta, Guilo 322
Nebengruppenelement 34, 129
    Darstellungsverfahren 134
    Eigenschaften 129
    Herstellung 132
    Reinigung der Metalle 134, 139
    Valenzelektronenkonfiguration 130
    Verwendung 135
Nebenquantenzahl 256
Neodym 191
Neon 126
Neusilber 137, 224

Neutronenabsorber 194
Newlands, John Alexander Reina 318
Nichtmetall 91
Nickel 219
Nickelbronze 137
Nickelverbindungen 219
Niederdruckpolymerisation 155
Niob 198
Nitrit 99
Nukleonenzahl 192, 255

O

Oktetterweiterung 81
Oktettregel 266
Olefinpolymerisation 155
Olivin 82
Onyx 80
Opal 87
Optische Isomerie 166
Orbital, Besetzung 258
    Energie 258
    Gestalt 259
d-Orbital 260
e_g-Orbital 172
p-Orbital 260
s-Orbital 259
t_{2g}-Orbital 172
Orthophosphorsäure 105
Osmium 222
Ostwald-Verfahren 98
Ostwald, Wilhelm 319
Oxid 111
    amphoteres 112
    basisches 112
    saures 112
Oxidation 245
Oxidationsmittel 245
Oxidationsschmelze 282
Oxidationszahl 247
Oxosynthese 149
Ozon 109

P

Palladium 222
Paramagnetismus 168
Partialladung 33

Stichwortverzeichnis

Passivierung 101, 250
Perchlorsäure 124
Periodensystem 34, 318
Periodizität 33, 318
Phasenproblem 303
Phosphan 104, 138
Phosphinsäure 107
Phosphite 107
Phosphonsäure 106
Phosphor 102
   roter 102
   Sauerstoffsäuren 106
   schwarzer 102
   violetter 102
   weißer 102
Phosphorige Säure 106
Phosphorpentachlorid 104
Phosphorpentaoxid 104
Phosphorsäure 105
Phosphortrichlorid 104
pH-Wert 238, 297
   Messung 240
Pigmente 29
   eisenhaltig 214
   kupferhaltig 225
   quecksilberhaltig 232
pi-Komplex 143
pK_S-Wert 237
Platin 222
cis-Platin 165
Platinmetall 208, 222
Plunkett, Roy 319
Plutonium 191
Polarisierbarkeit 313
Polarographie 295, 299
Polyanion 204
Polyboran 61
Polyethylen 155
Polyphosphorsäure 105
Polypropylen 155
Porphyrin 215
Portlandzement 83
Potenziometrie 290, 295, 296
Pottasche 53
Praseodym 191
Primärelement *siehe* Batterie
Promethium 191
Proton 235
PSE *siehe* Periodensystem

Pseudohalogen 124
Pseudohalogenid 124
Pufferlösung 239

Q

Quantenzahl 256
Quarz 80, 87
Quecksilber 229, 231
Quecksilberdampflampe 231
Quecksilberelektrode 299
Quecksilberverbindungen 231

R

Radioaktivität 319
Radium 127
Radon 127
Raffination, elektrolytische 223
Raman-Spektroskopie 313
RAM-Zelle *siehe* Alkali-Mangan-Zelle
Reaktionsenthalpie 161
Reaktionsgleichung 31
Redoxreaktion 245
Redoxtitration 289
Reduktion 245
Reduktionsmittel 245
Referenzelektrode 296
Regenwasser 239
RFA *siehe* Röntgenfluoreszenzanalyse
Rhenium 205
Rhodium 222
Ringsilikat 83
Rochow, Eugene G. 321
Röntgenfluoreszenzanalyse 291, 293
Roheisen 210
Rubin 63
Ruthenium 222

S

Säure 235
   harte 241
   im Alltag 239
   mehrbasige 237
   nach Arrhenius 235
   nach Brønsted 236
   nach Lewis 241
   weiche 241

Säure-Base-Paar 236
Säure-Base-Titration 288
Säurestärke 237
Salpetersäure 101
Salpetrige Säure 99
Salzhydrat 40
Salzisomerie 164
Salzsäure 121
Salzsäuregruppe 284
Samarium 191
Sandwich-Komplex 144
Saphir 63
Sauerstoff 108
Scandium 189
Scheidewasser 101
Schichtsilikat 86
Schmelzflusselektrolyse 50
Schwarzpulver 102
Schwefel 112
   Sauerstoffsäuren 116
Schwefeldioxid 114
Schwefelsäure 114
Schwefeltrioxid 114
Schwefelwasserstoff 114
Schwefelwasserstoffgruppe 284
Schweflige Säure 114
Schweinfurter Grün 225
Sekundärelement *siehe* Akkumulator
Siemens-Martin-
   Verfahren 211
Silan 80
Silber 223, 226
Silberamalgam 137, 231
Silberchloridelektrode 297
Silberverbindungen 227
Silicid 80
Silicium 78
Siliciumcarbid 76
Siliciumdioxid 80
Siliciumhalogenid 81
Siliciumtetrafluorid 118
Silikat 28, 81
Silikon 28, 321
Soda 53
Solvay-Verfahren 53
Spektralphotometrie 310
Spektrochemische Reihe 174
Spektroskopie 309

Spinell 180
   inverser 181
   normaler 181
Spinpaarungsenergie 177
Spinquantenzahl 257
Sprengstoff 320
Stahl 210
Standardelektrodenpotenzial 248
Standard-Wasserstoffelektrode 248
Steinsalz 119
Stereoisomerie 165
Stickstoff 91
Stickstoffdioxid 100
Stickstoffkreislauf 92
Stickstoffmonoxid 98
Stickstoffverbindungen 95
Stickstoffwasserstoffsäure 97
Streckschwingung
   asymmetrische 313
   symmetrische 313
Stromquelle, elektrochemische 252
Strukturanalyse 303
Strukturbestimmung 306
Strukturformel 30
Strukturisomerie 164
Struktur-Wirkungs-
   Beziehung 165
Sublimat 232
Summenformel 30
Supersäure 242
Suszeptibilität, magnetische 168
Sylvin 119

T

Tantal 198
Taschenlampenbatterie 252
Tautomerie 106
Technetium 205
Teflon 319
Terbium 191
Termaufspaltungsenergie 173
Thiocyanat 124
Thulium 191
Titan 196
Titancarbid 197
Titandioxid 196
Titration 287
Tonerde 63

Stichwortverzeichnis

Tonmineral 86
Topas 82, 118
Trennungsgang 281
Triethylaluminium 69
Trinkwasser 40
Trivialname 40, 341
Trockenbatterie 252
Turmalin 84
Turnbulls Blau 214

U

d-d-Übergang 311
Unterchlorige Säure 122
Uran 191
    Anreicherung 193
    natürliches 193
UV-Strahlung 309
UV-Vis-Spektroskopie 310

V

Valence-Bond-Theorie *siehe* Valenzbindungstheorie
Valence bond theory *siehe* Valenzbindungstheorie
Valenzbindungstheorie 167, 275
18-Valenzelektronenregel 167
Valenzschwingung 313
Valenzstrukturtheorie *siehe* Valenzbindungstheorie
Vanadium 198
VB-Theorie *siehe* Valenzbindungstheorie
Verbrennung, kalte 108, 215
Vitamin B12 217
Vitriol 341
Voltammetrie 295
Volumetrie 287
VSEPR-Modell 268
Vulkanisieren 112

W

Wacker-Verfahren 152
Wasser 37
    destilliertes 41
    Dichteanomalie 38
    Eigendissoziation 38
    Eigenschaften 38
    entionisiertes 41
    hartes 40
    pH-Wert 39
    Struktur 37
    weiches 41
Wasserglas 85
Wasserstoff 42
Wasserstoffion 235
Wasserstoffperoxid 110
Weicheisen 211
Wellenlänge 309
Widia 137, 205
Wilkinson-Katalysator 152
Windfrischverfahren 211
Wismut 107
Wöhler, Friedrich 317
Wolfram 199
Wolframblau 205
Wolframcarbid 205
    Verbindungen 204
Wood'sches Metall 137

X

Xenon 126

Y

Ytterbium 191
Yttrium 189

Z

Zahnfüllung 231
Zellatmung 215
Zement 56
Zentralatom 160
Zeolith 87
Ziegler-Direktverfahren 68
Ziegler, Karl 322
Ziegler-Katalysator 156
Ziegler-Natta-Verfahren 322
Zink 229
    Verbindungen 230
Zinn 88
Zinnober 232
Zirconium 196
Zirkon 82
Zonenschmelzen 134
Zwillingselement 131

DER SCHNELLE EINSTIEG IN DIE NATURWISSENSCHAFTEN

Anatomie und Physiologie für Dummies
ISBN 978-3-527-70284-8

Anorganische Chemie für Dummies
ISBN 978-3-527-70502-3

Astronomie für Dummies
ISBN 978-3-527-70370-8

Biochemie für Dummies
ISBN 978-3-527-70508-5

Biologie für Dummies
ISBN 978-3-527-70738-6

Chemie für Dummies
ISBN 978-3-527-70473-6

Epidemiologie für Dummies
ISBN 978-3-527-70725-6

Genetik für Dummies
ISBN 978-3-527-70709-6

Mathematik für Naturwissenschaftler
für Dummies
ISBN 978-3-527-70419-4

Molekularbiologie für Dummies
ISBN 978-3-527-70445-3

Nanotechnologie für Dummies
ISBN 978-3-527-70299-2

Organische Chemie für Dummies
ISBN 978-3-527-70292-3

Physik für Dummies
ISBN 978-3-527-70396-8

Quantenphysik für Dummies
ISBN 978-3-527-70593-1

$D(U+M)+(M-I^E)/S$ = MATHE SCHNELL, LEICHT UND MIT VIEL SPASS GELERNT

Algebra für Dummies
ISBN 978-3-527-70792-8

Analysis für Dummies
ISBN 978-3-527-70646-4

Analysis II für Dummies
ISBN 978-3-527-70509-2

Differentialgleichungen für Dummies
ISBN 978-3-527-70527-6

Geometrie für Dummies
ISBN 978-3-527-70298-5

Grundlagen der Linearen Algebra
für Dummies
ISBN 978-3-527-70620-4

Grundlagen der Mathematik für Dummies
ISBN 978-3-527-70441-5

Mathematik für Naturwissenschaftler
für Dummies
ISBN 978-3-527-70419-4

Statistik für Dummies
ISBN 978-3-527-70594-8

Statistik II für Dummies
ISBN 978-3-527-70843-7

Trigonometrie für Dummies
ISBN 978-3-527-70297-8

Wahrscheinlichkeitsrechnung
für Dummies
ISBN 978-3-527-70797-3

Wirtschaftsmathematik für Dummies
ISBN 978-3-527-70375-3

EU und Wirtschaft geht uns alle an!

ISBN 978-3-527-70171-1

Wofür ist die Europäische Union eigentlich zuständig? Und was tun die da in Brüssel den ganzen Tag? Was sind die Folgen der EU-Erweiterung?
Dieses Buch geht auf alle Fragen rund um die EU ein: die verschiedenen Institutionen, der Alltag der Beamten und Politiker in Brüssel und alles Wissenswerte rund um die neuen Mitgliedsstaaten.

ISBN 978-3-527-70213-8

Angebot und Nachfrage, Rezession und Inflation – was sich hinter diesen Begriffen verbirgt, was man unter Makroökonomie und Mikroökonomie versteht und was die Ökonomen sonst so beschäftigt, das findet sich – verständlich erklärt – in diesem Buch.

ISBN 978-3-527-70437-8

»BWL für Dummies« ist eine kompetente, prägnante und umfassende Einführung in die Betriebswirtschaftslehre. Dabei stellen die Autoren die wesentlichen Elemente und Grundbegriffe der Betriebswirtschaftslehre vor und zeigen die Bezüge zur Unternehmenspraxis auf.

ISBN 978-3-527-70375-3

»Wirtschaftsmathematik für Dummies« vermittelt die Mathematikgrundlagen, die für Wirtschaftswissenschaftler von Belang sind: Algebra, Analysis, Lineare Algebra, Wahrscheinlichkeitsrechnung und Finanzmathematik. Mit vielen Praxisbeispielen.

VERSTEHEN, WAS DIE WELT IM INNERSTEN ZUSAMMENHÄLT

Mathematik der Physik für Dummies
ISBN 978-3-527-70576-4

Physik für Dummies
ISBN 978-3-527-70396-8

Physik für Ingenieure für Dummies
IBSN 978-3-527-70622-8

Physik II für Dummies
ISBN 978-3-527-70719-5

Physik kompakt für Dummies
ISBN 978-3-527-70839-0

Quantenphysik für Dummies
ISBN 978-3-527-70593-1

Übungsbuch Physik für Dummies
ISBN 978-3-527-70533-7

Die Anatomie des Denkens

ISBN 978-3-527-70313-5

ISBN 978-3-527-70382-1

Ein gutes Gedächtnis ist ein Segen und vereinfacht das Leben in Schule, Studium und Beruf erheblich. Die Dinge gehen leichter von der Hand und man fühlt sich im Alltag sicherer. Dieses Buch erklärt, wie Kurz- und Langzeitgedächtnis funktionieren, wie bestimmte Informationen gespeichert werden und mit welchen Techniken das eigene Gedächtnis trainiert werden kann.

Logik ist nicht nur ein wesentlicher Bestandteil von Mathematik und Philosophie, sondern die Basis jeden wissenschaftlichen Denkens. »Logik für Dummies« führt systematisch in diesen scheinbar komplizierten Bereich ein: vom Paradoxon über symbolische Logik bis zur Syllogistik. Anschaulich wird gezeigt, wie man Argumente prüft.

ISBN 978-3-527-70771-3

Wie behalte ich den Prüfungsstoff? Wie kann ich mir meine vielen Passwörter und PINs merken? Es ist nicht schwer, das Gedächtnis auf Hochleistung zu trimmen und sich so den (Arbeits-)Alltag zu erleichtern. Mit diesem Buch können Sie Ihr Kurzzeit- und Langzeitgedächtnis schulen und lernen, mit einfachen Techniken gezielt bestimmte Informationen zu speichern.

Qualität ist der Schlüssel

ISBN 978-3-527-70429-3

Was ist Qualität? Welche Bedeutung haben Qualitätsstandards? Wie kann die Prozessqualität messbar gemacht und verbessert werden? In »Qualitätssicherung für Dummies« geben die Autoren Antworten auf diese und weitere Fragen. Sie führen in die Grundlagen des Qualitätsmanagements ein und zeigen, wie verschiedene Methoden und Instrumente zur Problemlösung und Qualitätssicherung eingesetzt werden können.

ISBN 978-3-527-70645-7

Six Sigma ist eine auf Effizienz ausgerichtete Qualitätssicherungsmethode, mit deren Hilfe die Fehlerabweichung von einem genau definierten Ziel minimiert werden soll. Sie wird bereits von vielen Unternehmen erfolgreich eingesetzt, sei es zur Verbesserung eines Produktionsprozesses oder der Kundenorientierung. Was genau Six Sigma ist und wie man die Vorteile der Methode für sich nutzen kann, erklärt dieses Buch.

ISBN 978-3-527-70450-7

Die Balanced Scorecard hat sich in den letzten Jahren zu einem beliebten Führungsinstrument entwickelt. In »Balanced Scorecard für Dummies« erklären die Autoren zunächst die Grundlagen der Balanced Scorecard und zeigen auf, wie eine Balanced Scorecard geplant, eingeführt und umgesetzt wird.

ISBN 978-3-527-70599-3

Wer wünscht sich nicht, dass alles glatt läuft und Prozesse wie ein gut funktionierendes Räderwerk ineinander greifen? Peter Rösch erklärt Ihnen, wie Sie bestehende Prozesse analysieren, die entdeckten Schwachstellen beseitigen und perfekte Workflows definieren. So sparen Sie Zeit, Geld und Nerven!

Statistik – Kein Buch mit sieben Siegeln!

ISBN 978-3-527-70594-8

Statistik kann auch Spaß machen! Dieses Buch vermittelt das notwendige Handwerkszeug, um einen Blick hinter die Kulissen der so beliebten Manipulation von Zahlenmaterial werfen zu können: von der Stichprobe, Wahrscheinlichkeit und Korrelation bis zu den verschiedenen grafischen Darstellungsmöglichkeiten.

ISBN 978-3-527-70843-7

Statistik ist nicht jedermanns Sache, fortgeschrittene Statistik erst recht nicht, sie gilt als trocken und schwierig. »Statistik II für Dummies« führt Sie so leicht verständlich wie möglich ein in Daten- und Varianzanalyse, den Chi-Quadrat-Test und vieles mehr.

ISBN 978-3-527-70390-6

Übung macht den Meister. Ob bei der Vorbereitung auf eine Prüfung oder einfach aus Spaß an der Freude: Wer Statistik richtig verstehen und anwenden möchte, sollte üben, üben, üben. Dieses Buch bietet Hunderte von Übungen zur Festigung des Lernstoffs, natürlich mit Lösungen und Ansätzen zum Finden des Lösungswegs.

ISBN 978-3-527-70596-2

SPSS ist das Analysetool für statistische Auswertungen. Wer anhand seiner Daten Entscheidungen treffen möchte, tut gut daran, es einzusetzen. Dieses Buch vom SPSS-Profi Felix Brosius bietet eine ideale Einführung in das komplexe Programm.

Anorganische Chemie für Dummies – Schummelseite

Periodensystem der Elemente

	IA (1)	IIA (2)	IIIB (3)	IVB (4)	VB (5)	VIB (6)	VIIB (7)	VIIIB (8)	VIIIB (9)	VIIIB (10)	IB (11)	IIB (12)	IIIA (13)	IVA (14)	VA (15)	VIA (16)	VIIA (17)	VIIIA (18)
1	1 **H** Wasserstoff 1,008																	2 **He** Helium 4,00
2	3 **Li** Lithium 6,94	4 **Be** Beryllium 9,01											5 **B** Bor 10,81	6 **C** Kohlenstoff 12,01	7 **N** Stickstoff 14,00	8 **O** Sauerstoff 16,00	9 **F** Fluor 19,00	10 **Ne** Neon 20,18
3	11 **Na** Natrium 22,99	12 **Mg** Magnesium 24,31											13 **Al** Aluminium 26,89	14 **Si** Silicium 28,09	15 **P** Phosphor 30,97	16 **S** Schwefel 32,07	17 **Cl** Chlor 35,45	18 **Ar** Argon 39,94
4	19 **K** Kalium 39,10	20 **Ca** Calcium 40,08	21 **Sc** Scandium 44,96	22 **Ti** Titan 47,88	23 **V** Vanadium 50,94	24 **Cr** Chrom 52,00	25 **Mn** Mangan 54,94	26 **Fe** Eisen 55,85	27 **Co** Kobalt 58,93	28 **Ni** Nickel 58,69	29 **Cu** Kupfer 63,55	30 **Zn** Zink 65,37	31 **Ga** Gallium 69,72	32 **Ge** Germanium 72,61	33 **As** Arsen 74,92	34 **Se** Selen 78,96	35 **Br** Brom 79,90	36 **Kr** Krypton 83,80
5	37 **Rb** Rubidium 85,47	38 **Sr** Strontium 87,62	39 **Y** Yttrium 88,91	40 **Zr** Zirkonium 91,22	41 **Nb** Niob 92,91	42 **Mo** Molybdän 95,94	43 **Tc** Technetium (98,91)	44 **Ru** Ruthenium 101,07	45 **Rh** Rhodium 102,91	46 **Pd** Palladium 106,42	47 **Ag** Silber 107,87	48 **Cd** Cadmium 112,41	49 **In** Indium 114,82	50 **Sn** Zinn 118,71	51 **Sb** Antimon 121,75	52 **Te** Tellur 127,60	53 **I** Jod 126,90	54 **Xe** Xenon 131,29
6	55 **Cs** Cäsium 132,91	56 **Ba** Barium 137,33	57 – 71 **La – Lu** Lutetium	72 **Hf** Hafnium 178,49	73 **Ta** Tantal 180,95	74 **W** Wolfram 183,85	75 **Re** Rhenium 186,2	76 **Os** Osmium 190,2	77 **Ir** Iridium 192,22	78 **Pt** Platin 195,08	79 **Au** Gold 196,97	80 **Hg** Quecksilber 200,59	81 **Tl** Thallium 204,38	82 **Pb** Blei 207,2	83 **Bi** Wismut 208,98	84 **Po** Polonium (210)	85 **At** Astat (210)	86 **Rn** Radon (222,02)
7	87 **Fr** Francium (223,02)	88 **Ra** Radium (226,03)	89 – 103 **Ac – Lr** Lawrencium	104 **Rf** Rutherford. (261)	105 **Ha** Hahnium (262)	106 **Sg** Seaborgium (266)	107 **Bh** Bohrium (264)	108 **Hs** Hassium (269)	109 **Mt** Meitnerium (268)	110 **Uun** Unumilium (269)	111 **Uuu** Unununium (271)	112 **Uub** Unubnium (277)	113 **Uut** §	114 **Uuq** Ununquadium (285)	115 **Uup** §	116 **Uuh** Ununhexium (289)	117 **Uus** §	118 **Uuo** Unununoctium (293)

Elemente der Lanthanreihe	57 **La** Lanthan 138,91	58 **Ce** Cer 140,12	59 **Pr** Praseodym 140,91	60 **Nd** Neodym 144,24	61 **Pm** Promethium (146,92)	62 **Sm** Samarium 150,36	63 **Eu** Europium 151,97	64 **Gd** Gadolinium 157,25	65 **Tb** Terbium 158,93	66 **Dy** Dysprosium 162,50	67 **Ho** Holmium 164,93	68 **Er** Erium 167,26	69 **Tm** Thulium 168,93	70 **Yb** Ytterbium 173,04	71 **Lu** Lutetium 174,97
Elemente der Actiniumreihe	89 **Ac** Actinium (227,03)	90 **Th** Thorium 232,04	91 **Pa** Protactinium (231,04)	92 **U** Uran 238,03	93 **Np** Neptunium (237,04)	94 **Pu** Plutonium (244,06)	95 **Am** Americium (243,06)	96 **Cm** Curium (247,07)	97 **Bk** Berkelium (247,07)	98 **Cf** Californium (251,08)	99 **Es** Einsteinium (252,08)	100 **Fm** Fermium (257)	101 **Md** Mendelevium (258)	102 **No** Nobelium (259,10)	103 **Lr** Lawrencium (260,11)

§ Bemerkung: Die Elemente 113, 115 und 117 sind heute noch nicht bekannt. Sie sind jedoch in dieser Tabelle an ihrer erwarteten Position

Anorganische Chemie für Dummies – Schummelseite

Redoxreaktionen

Oxidation – Abgabe von Elektronen
Reduktion – Aufnahme von Elektronen
Oxidationsmittel – werden selbst reduziert
Reduktionsmittel – werden selbst oxidiert

Zuordnung von Oxidationszahlen

1. Die Oxidationszahl eines Elements im elementaren Zustand ist Null.
2. Die Oxidationszahl eines einatomigen Ions ist gleich der Ionenladung.
3. Die Summe aller Oxidationszahlen einer neutralen Verbindung ist gleich Null. Die Summe aller Oxidationszahlen eines mehratomigen Ions ist gleich der Ionenladung.
4. Die Oxidationszahl von Fluor ist immer –1, die von Sauerstoff fast immer –2.
5. Größere Verbindungen werden gedanklich in Ionen aufgeteilt. Der elektronegativere Bindungspartner bekommt immer die Bindungselektronen zugeteilt. Bei gleichen Atomen als Bindungspartnern erhalten beide die Hälfte der Bindungselektronen.

Säuren und Basen

Eine Säure gibt Protonen (H^+) ab, eine Base nimmt Protonen auf.

$pH = -\log c_{H^+}$ $c_{H^+} = 10^{-pH}$

c_{H^+} = Konzentration der Protonen in Lösung

$pH = 1$ starke Säure
$pH = 7$ neutrale Lösung
$pH = 14$ starke Base

Elektronenbesetzung

1s,   2s, 2p,   3s, 3p,   4s, 3d, 4p,
5s, 4d, 5p,   6s, 4f, 5d, 6p,   7s, 5f, 6d

Bindungstypen

Metallbindung – zwischen Elementen mit niedriger Elektronegativität

Ionenbeziehung – zwischen Metall (niedrige Elektronegativität) und Nichtmetall (hohe Elektronegativität)

Atombindung (kovalente Bindung) – zwischen Nichtmetallen (mittlere bis hohe Elektronegativität)

Elektronegativitäten der Elemente

Hauptgr.		Nebengruppen									Hauptgruppen						
1.	2.	3.	4.	5.	6.	7.	8.			1.	2.	3.	4.	5.	6.	7.	8.
H 2,1																	He
Li 1,0	Be 1,5											B 2,0	C 2,5	N 3,0	O 3,5	F 4,0	Ne
Na 0,9	Mg 1,2											Al 1,5	Si 1,8	P 2,1	S 2,5	Cl 3,0	Ar
K 0,8	Ca 1,0	Sc 1,3	Ti 1,5	V 1,6	Cr 1,6	Mn 1,5	Fe 1,8	Co 1,8	Ni 1,8	Cu 1,9	Zn 1,6	Ga 1,6	Ge 1,8	As 2,0	Se 2,4	Br 2,8	Kr
Rb 0,8	Sr 1,0	Y 1,3	Zr 1,4	Nb 1,6	Mo 1,8	Tc 1,9	Ru 2,2	Rh 2,2	Pd 2,2	Ag 1,9	Cd 1,7	In 1,7	Sn 1,8	Sb 1,9	Te 2,1	I 2,5	Xe
Cs 0,7	Ba 0,9	La 1,1	Hf 1,3	Ta 1,5	W 1,7	Re 1,9	Os 2,2	Ir 2,2	Pt 2,2	Au 2,4	Hg 1,8	Tl 1,8	Pb 1,8	Bi 1,9	Po 2,0	At 2,2	Rn
Fr 0,7	Ra 0,9	Ac 1,1	Rf	Ha	Sg	Bh	Hs	Mt									
Elektronenkonfiguration																	
s^1	s^2	d^1	d^2	d^3	d^4	d^5	d^6	d^7	d^8	d^9	d^{10}	p^1	p^2	p^3	p^4	p^5	p^6